Digitale Produktion

Engelbert Westkämper · Dieter Spath · Carmen Constantinescu · Joachim Lentes
(Hrsg.)

Digitale Produktion

Herausgeber
Engelbert Westkämper
Fraunhofer IPA, IFF und GSaME, Universität
Stuttgart
Stuttgart
Deutschland

Dieter Spath
Fraunhofer IAO, IAT, Universität Stuttgart
Stuttgart
Deutschland

Carmen Constantinescu
Fraunhofer IAO, Fraunhofer-Gesellschaft
Stuttgart
Deutschland

Joachim Lentes
Fraunhofer IAO, Fraunhofer-Gesellschaft
Stuttgart
Deutschland

ISBN 978-3-642-20258-2
DOI 10.1007/978-3-642-20259-9
ISBN 978-3-642-20259-9 (eBook)

Die Deutsche Nationalbibliothek verzeichnet diese Publikation in der Deutschen Nationalbibliografie; detaillierte bibliografische Daten sind im Internet über http://dnb.d-nb.de abrufbar.

Springer Vieweg

Gedruckt auf säurefreiem Papier

Springer Vieweg ist Teil der Fachverlagsgruppe Springer Science+Business Media
www.springer-vieweg.de

Vorwort

Die digitale Produktion ist die Bezeichnung einer Produktionsweise, in der die Informationen durchweg in digitaler Form erzeugt, verwaltet, gespeichert, verteilt, verarbeitet und kommuniziert werden. In diesem Buch wird zunächst der Weg beschrieben, den die rechnergestützte Produktion vom Computer Integrated Manufacturing (CIM) bis zu heutigen Plattformen und internetbasierter Kommunikation genommen hat. Im Mittelpunkt steht dabei eine Orientierung technischer Produkte am Lebenszyklus. Fabriken werden als komplexe technische Systeme verstanden, deren Perfektion und Adaption mit modernen Mitteln der Informations- und Kommunikationstechnik maßgeblich verbessert werden kann. Fabriken werden darin auch als Produkte verstanden, in denen die Informationsverarbeitung wie ein Nervensystem beteiligt ist.

Die Beiträge zu diesem Buch stammen aus einem Gemeinschaftsprojekt der Fraunhofer Institute IPA und IAO sowie ihren Kooperationsinstituten IFF und IAT der Universität Stuttgart im Rahmen eines Fraunhofer-Innovationsschwerpunkts zur digitalen Produktion. Zahlreiche Beispiele stammen aus aktuellen Forschungsprojekten.

Wenn die Herausgeber auch versucht haben, eine möglichst umfassende Abhandlung der Konzepte und Lösungen sowie der Innovationen in einem Buch zusammenzufassen, so waren sie sich stets im Klaren, dass es sich nur um Momentaufnahmen und um eine Auswahl repräsentativer Lösungen handeln kann. Zahlreiche Ausführungen sollen der Praxis Ideen liefern, um die Implementierung digitaler Werkzeuge mit einer cyber-physikalischen Perspektive für die Produktion der Zukunft zu befruchten. Das Buch soll Praxis und Wissenschaft eine Darstellung des aktuellen Stands und der Zukunftsperspektiven liefern.

Neben den genannten Autoren waren einige Personen bei der Fertigstellung des Buchs besonders engagiert. Ihnen danken die Herausgeber für Ihr hohes Engagement. Besonders danken möchte ich Herrn Landherr für seine Zu- und Mitarbeit. Ohne ihn wäre das Buch sicher in seinem Aufbau und in den Darstellungen nur eine Reihung spezifischer Kapitel geblieben. Zum Redaktionsteam gehörten auch die Herren Neumann und Volkmann, die wesentliche Beiträge zum Verständnis und zur Darstellung geleistet haben.

Schließlich möchte ich Frau Hestermann-Beyerle und Frau Kollmar-Thoni von Springer Vieweg für ihre hervorragenden Anregungen und Hinweise sowie für ihre Betreuung danken, die stets mit der Zuversicht verbunden war, dass wir dieses Werk auch tatsächlich zustande bringen.

Engelbert Westkämper für die Herausgeber

Inhaltsverzeichnis

Autoren

Dr.-Ing. Carmen Constantinescu MBA studierte und promovierte im Maschinenbau an der Technischen Universität Klausenburg, Rumänien. In Stuttgart forscht sie seit 2001 an der Universität und am Fraunhofer IPA und seit August 2012 am Fraunhofer IAO im Bereich der Digitalen Fabrik.

Dr. Manfred Dangelmaier studierte und promovierte im Maschinenbau an der Universität Stuttgart. Seit 1985 forscht er am Fraunhofer IAO in den Bereichen Ergonomie und virtuelles Engineering. Seit 2009 leitet er als Direktor das Geschäftsfeld Engineering-Systeme am IAO.

Dipl.-Ing. Holger Eckstein M.S.I.E. (Miami) ist wiss. Mitarbeiter am Fraunhofer IAO in der Abt. Digital Engineering im Geschäftsfeld Engineering Systems. Er nimmt als Forscher und Projektleiter in vielen nationalen und internationalen, öffentlichen und privat finanzierten Forschungsprojekten teil.

Dipl.-Ing. Jochen Eichert studierte Maschinenwesen an der Universität Stuttgart. Er ist wissenschaftlicher Mitarbeiter am Fraunhofer IAO in Stuttgart und als Leiter und Bearbeiter zahlreicher nationaler und internationaler Forschungsprojekte tätig.

Dipl.-Ing. Hans-Friedrich Jacobi studierte Maschinenbau an der Technischen Universität Braunschweig. Er war 31 Jahre lang in verschiedenen Funktionen am Fraunhofer IPA tätig und engagiert sich derzeit intensiv als Mentor für Promovierende der Graduate School of Excellence advanced Manufacturing Engineering.

Dipl.-Ing. Jens Michael Jäger studierte Maschinenwesen – Produktionstechnik an der Universität Stuttgart und ist wissenschaftlicher Mitarbeiter am Fraunhofer IPA Stuttgart. In der Abteilung Auftragsmanagement und Wertschöpfungsnetze beschäftigt er sich mit Komplexitätsbewirtschaftung.

Dipl.-Ing. Andreas Kluth studierte Technologiemanagement an der Universität Stuttgart und war von 2009 bis 2012 wissenschaftlicher Mitarbeiter am Fraunhofer IPA Stuttgart in der Abteilung Digitale Fabrik. Seit 2012 ist er Projektleiter in der Abteilung Auftragsmanagement und Wertschöpfungsnetze.

Dipl.-Ing. Martin Landherr studierte an der Universität Stuttgart Maschinenwesen. Seit 2010 erhält er ein Promotionsstipendium durch die Graduate School of Excellence advanced Manufacturing Engineering (GSaME) und das Fraunhofer IPA. Sein Forschungsschwerpunkt liegt in der konfigurationsgestützten Entwicklung technischer Prozesse.

Joachim Lentes studierte Maschinenwesen an der Universität Stuttgart. Nach seiner Zeit bei einem internationalen Ingenieurdienstleister begann er 2002 als Mitarbeiter am Fraunhofer IAO wo er seit 2009 als Abteilungsleiter für das Competence Team Digital Engineering verantwortlich ist.

Dipl.-Ing. Dominik Lucke studierte Maschinenwesen an der Universität Stuttgart. Seit 2007 ist er wissenschaftlicher Mitarbeiter am IFF der Universität Stuttgart später am Fraunhofer IPA. Seine Forschungsschwerpunkte sind die Bereiche Smart Factory und kontextbezogene Anwendungen in der Produktion.

Dr.-Ing. Jorge Mínguez promovierte 2012 mit Auszeichnung an der Graduate School of Excellence advanced Manufacturing Engineering zum Thema Serviceorientierung in Produktionsanlagen. Er trägt regelmäßig auf internationalen Konferenzen vor und hat bereits in hochrangigen Journals veröffentlicht.

Dipl.-Ing. Michael Neumann studierte an der Universität Stuttgart Maschinenwesen. Seit 2010 erhält er ein Promotionsstipendium durch die Graduate School of Excellence advanced Manufacturing Engineering in Stuttgart (GSaME) und das Fraunhofer IPA. Sein Forschungsschwerpunkt liegt in der Produktionssystemmodellierung.

Dipl.-Ing. Omar Abdul Rahman studierte Maschinenbau – Produktionstechnik am Karlsruher Institut für Technologie KIT und ist wissenschaftlicher Mitarbeiter am Fraunhofer IPA Stuttgart. In der Abteilung Auftragsmanagement und Wertschöpfungsnetze beschäftigt er sich mit dem Thema Supply Chain Management.

Dipl.-Ing. Günther Riexinger studierte an der Universität Stuttgart Maschinenwesen. Als wissenschaftlicher Mitarbeiter betreut und leitet er verschiedene Forschungsprojekte in der Abteilung Fabrikplanung und Produktionsoptimierung am Fraunhofer IPA.

Univ.-Prof. Dr.-Ing. Dr.-Ing. E. h. Dr. h. c. Dieter Spath ist Institutsleiter des Fraunhofer IAO und des IAT der Universität Stuttgart. Er ist Mitglied zahlreicher Vereinigungen wie acatech - Deutsche Akademie für Technikwissenschaften e. V. sowie CIRP und Träger des Bundesverdienstkreuzes am Bande.

Dipl-Inf. (FH), Dipl.-Ing.(FH) Frank Sulzmann studierte Bauingenieurwesen in Konstanz und Medieninformatik in Furtwangen. Als wissenschaftlicher Mitarbeiter am Fraunhofer IAO arbeitet er seit 2006 im Competence Center Virtual Environments.

Dipl.-Ing. Johannes Volkmann studierte an der Universität Stuttgart Maschinenwesen. Seit 2010 ist er wissenschaftlicher Mitarbeiter erst an der Universität, dann am Fraunhofer IPA. Sein Forschungsschwerpunkt liegt in der Konzeption und Wirtschaftlichkeitsrechnung des Einsatzes digitaler Werkzeuge.

Univ.-Prof. Dr.-Ing. Prof. E.h. Dr.-Ing. E.h. Dr. h.c. mult. Engelbert Westkämper i. R. war Leiter des Fraunhofer IPA und des IFF der Universität Stuttgart. Er ist Initiator und Clusterdirektor der Graduate School of Excellence advanced Manufacturing Engineering (GSaME) und engagiert sich intensiv in nationalen und internationalen Gremien im Bereich der Produktion.

Dipl. Inf. (FH) Philipp Westner M.Sc. Jahrgang 1971 ist wissenschaftlicher Mitarbeiter am Fraunhofer IAO. Er arbeitet dort im Competence Team Visual Technologies mit dem Schwerpunkt der Anwendungsentwicklung für Virtual Reality Systeme.

Teil I
Digitale Produktion – Einführung

1 Deindustrialisierung der Wirtschaft in den Industrieregionen

Engelbert Westkämper

Die Bedingungen der globalen Wirtschaft verändern gegenwärtig die Strukturen der Industrie weltweit. Konsum und Produktion fließen in die Regionen mit starkem Wachstum. Die Migration von Produktion und Konsum (Abb. 1.1) technischer Produkte in sich entwickelnde Regionen der Welt ist ein seit langem bekanntes Phänomen. Ganze Industriebereiche sind aus den Zentren der verarbeitenden Industrie abgewandert in Regionen, in denen die Produktionskosten niedriger sind als in ihren Entstehungszonen. Als Beispiele mögen die Fotoindustrie oder andere Bereiche der technischen Konsumgüter gelten. Aber nicht allein die Produktionskosten waren Gründe dafür sondern auch die Nähe zu den wachsenden Märkten und Kunden. Selbst hohe und epochale Innovationen konnten vielfach diese strukturellen Veränderungen nicht aufhalten. Als Beispiele dafür mögen jüngere Entwicklungen herangezogen werden wie der Verlust an Produktionen in den USA auf Gebieten des Maschinenbaus. Die Verlagerung von Produktion und Konsum hat sich beschleunigt, woraus Beschäftigungs- und Innovationsdefizite resultieren.

Der Prozess der Deindustrialisierung lässt sich an einer Betrachtung der Anzahl der Beschäftigten in der verarbeitenden Industrie aber auch an den wachsenden Schulden der öffentlichen Hand festmachen, da die Staaten versuchen den sozialen Standard mit aller Macht zu erhalten. Die weltwirtschaftlichen Auswirkungen dieser Migration haben die Industrieländer in der jüngsten Weltwirtschaftskrise deutlich zu spüren bekommen. Der Anteil der Industrieproduktion an der gesamten Wirtschaftsleistung – gemessen am BIP – ist in allen westlichen Ländern permanent zurückgegangen. In einigen Ländern liegt er mittlerweile nur noch bei rund 10 % während die sogenannten BRICS-Staaten (Brasilien, Russland Indien, China, Südafrika) ein stetiges und teilweise fast zweistelliges Wachstum ihrer Wirtschaft verzeichnen konnten. Südeuropäische Länder wie Griechenland, Italien,

E. Westkämper (✉)
Fraunhofer IPA, IFF und GSaME, Fraunhofer-Gesellschaft und
Universität Stuttgart, Nobelstr. 12, 70569 Stuttgart, Deutschland
E-Mail: engelbert.westkaemper@ipa.fraunhofer.de

E. Westkämper et al. (Hrsg.), *Digitale Produktion*,
DOI 10.1007/978-3-642-20259-9_1,

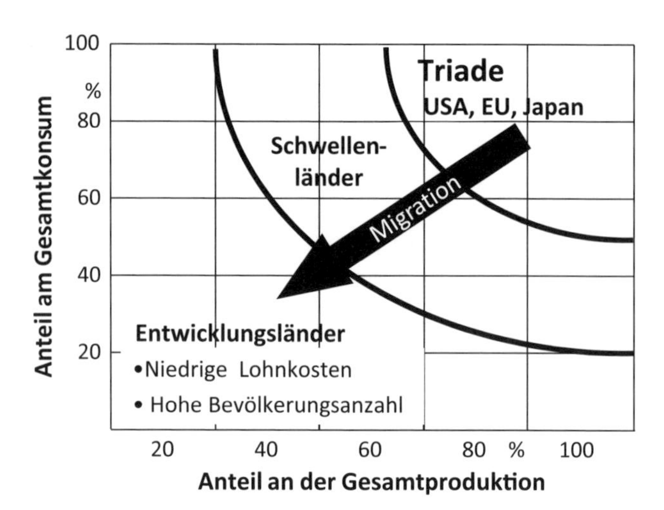

Abb. 1.1 Migration von Produktion und Konsum technischer Güter

Spanien, Portugal mussten gravierende Einschnitte in ihr soziales System einleiten, um einen Rest an Wettbewerbsfähigkeit zu erhalten. Die Globalisierung vertreibt die Produktion aus den Industrieländern (Abb. 1.2).

Deutschland hat zumindest bisher seine Wertschöpfung durch eine reale Wirtschaft und seine Exportfähigkeit erhalten können. Einen starken Einbruch verzeichnete die deutsche Wirtschaft in den 90er Jahren. Damals war die globale Wettbewerbsfähigkeit gegenüber Ländern mit niedrigen Lohnkosten nicht gegeben. Arbeit floss in die Niedriglohnregionen West- und Osteuropas. Reformen in den Arbeitssystemen und massive Rationalisierungen sowie Verbesserungen in der betrieblichen Organisation trugen zum Wiedergewinn der globalen Wettbewerbsfähigkeit hierzulande bei. Die Innovationsfähigkeit ließ die Exporte zur tragenden Stütze der Wirtschaft werden.

Für die deutsche Entwicklung gibt es viele nachvollziehbare Gründe wie beispielsweise die Senkung der Produktionsstückkosten oder die Innovationsfähigkeit seiner Ingenieure. Der Anteil der Ingenieure an der Anzahl der Beschäftigten hat sich in deutschen Unternehmen in den vergangenen 10 Jahren nahezu verdoppelt. Um zu überleben, haben viele Unternehmen drastische Kostensenkungsprogramme und Rationalisierungsmaßnahmen durchführen müssen. Im Vordergrund standen Maßnahmen, welche die eigenen Ineffizienzen in Technik und Organisation durch neuartige Methoden und Philosophien beseitigen sollten. Lean Management, fraktale Produktion, Segmentierung, KVP, Humanzentrierung heißen die Schlagworte, mit denen eine neue Ära der Produktion eingeleitet werden konnte. Nur wenige dieser Philosophien sind jedoch geeignet, nachhaltige Vorteile und Wachstumschancen in einer durch technische Innovationen geprägten Umgebung und einem sich verschärfenden internationalen Wettbewerb um Beschäftigung zu erschließen.

In der Vergangenheit glaubte man, vor allem durch die Platzierung der richtigen Produkte auf den richtigen Märkten und allenfalls durch Marketing und Diversifikation erfolgreich sein zu können. Aus dieser Überzeugung heraus setzten viele Unternehmen stra-

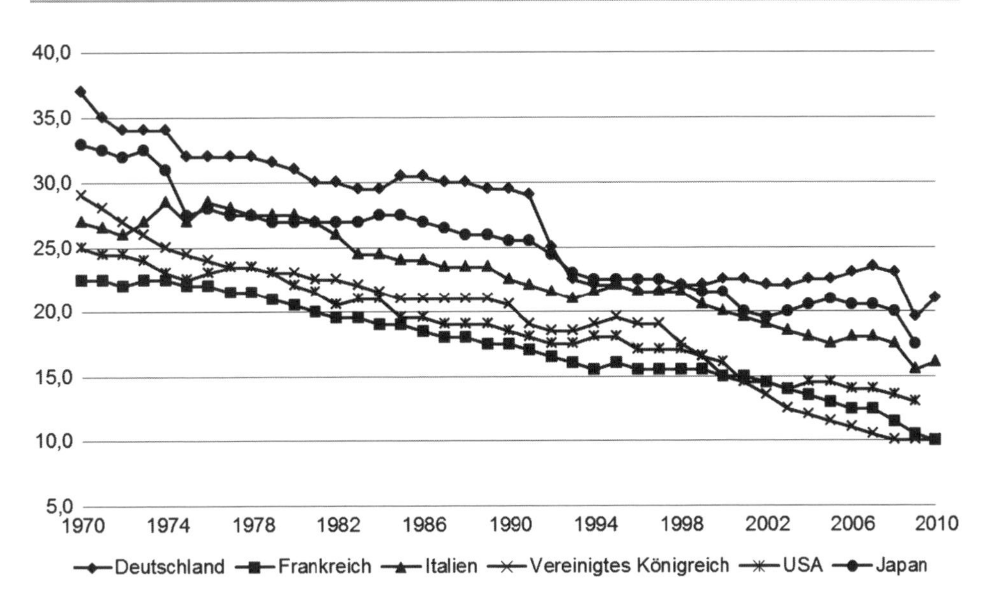

Abb. 1.2 Anteil der verarbeitenden Industrie am Bruttosozialprodukt in den Industrieländern

tegische Planungen ein, die im Gegensatz zu den operativen Planungen einen langfristigen Planungshorizont hatten. Portfolios markierten mehr oder weniger exakt die Position der Produkte am Markt oder die Lage des Unternehmens. Stärken-Schwächen-Analysen charakterisierten die Situation meist aus betriebswirtschaftlicher Sicht. Ließ man den Strategen freien Raum, so entwickelten sie sehr schnell Visionen einer glorreichen Zukunft, unabhängig von den realen technischen Entwicklungen, jeglichen Erschwernissen der Konjunktur oder den *kleinen* Problemen der Umsetzung.

Struktureller Wandel durch Megatrends

2

Engelbert Westkämper

Heute werden tiefgreifende strukturelle Veränderungen in der industriellen Produktion durch sogenannte Megatrends ausgelöst. (Tab. 2.1) Produktionsquellen werden dort erschlossen, wo momentan die Märkte wachsen und günstigste Ressourcen zur Verfügung stehen.

Schon immer haben Krisen die Veränderung der Paradigmen beeinflusst. Heute müssen wir erkennen, dass nahezu alle Megatrends Auswirkungen auf die Entwicklung der Produkte und Prozesse der industriellen Produktion haben. Alternde Gesellschaft und Individualisierung lassen die Anforderungen an Produkte steigen. Wissen wird schnell, jederzeit und an jedem Ort im Zeitalter der globalen Information und Kommunikation verfügbar gemacht. Der Schutz natürlicher Ressourcen und der Umwelt ist nicht nur eine allgemeine Erwartung der Gesellschaft sondern eine technische und wirtschaftliche Notwendigkeit.

Logistische Systeme stoßen an Grenzen in den urbanen Ballungszentren der Welt. Die Finanzmärkte nutzen die vernetzte Kommunikation verstärkt zur Gewinnung kurzfristiger hoher Profite und verursachen Turbulenzen mit Auswirkungen auf das Investitionsverhalten der Unternehmen. Und schließlich braucht der Staat Einnahmen (Steuern), mit denen sich der soziale Wohlstand einer alternden Gesellschaft finanzieren lässt.

Das Bild der zukünftigen Produktion wird maßgeblich zu ändern sein. Wir erwarten in der Zukunft massive Einflüsse der sogenannten Megatrends auf die industrielle Produktion. Es ist jetzt die Zeit, die zu erwartenden Veränderungen für neue Chancen zu nutzen. Die Fabrik der Zukunft sollte in der Lage sein, die sich abzeichnende Entwicklung nicht nur zu kompensieren, sondern ihr mit einer Veränderung der Paradigmen zu begegnen. Nach

E. Westkämper (✉)
Fraunhofer IPA, IFF und GSaME, Fraunhofer-Gesellschaft und
Universität Stuttgart, Nobelstr. 12, 70569 Stuttgart, Deutschland
E-Mail: engelbert.westkaemper@ipa.fraunhofer.de

E. Westkämper et al. (Hrsg.), *Digitale Produktion*,
DOI 10.1007/978-3-642-20259-9_2, © Springer-Verlag Berlin Heidelberg 2013

Tab. 2.1 Megatrends mit Wirkung auf die industrielle Produktion

Globale Megatrends	Wirkung auf die Produktion
Alterung der Gesellschaft	Zukünftige Märkte und Produkte
	Workflow und Management der Produktion
Individualisierung	Individuelle und kundenspezifische Produkte
	Komplexität der Produkten und Produktionen
	Synchronisierung in der vernetzten globalen Produktion
Wissen	Wissensbasierte Produktentwicklung
	Wissensbasierte Produktionsprozesse
Nachhaltigkeit	Ökonomische, ökologische und soziale Effizienz der Produktion
	Änderung der Verfügbarkeit und Kosten der von Material und Energie
	Globaler Wettbewerb um Ressourcen
Globalisierung	Produkte und Produktionstechnologien für globale Märkte
	Globale Prozess-Standards in OEMs
	Lokale Rahmenbedingungen im globalen Wettbewerb (Standortfaktoren)
Urbanisierung	Lokale Infrastruktur
	Emissionen, Mobilität, Verkehr, …im Umfeld der Fabriken
	Produktion/Arbeit in Mega-Cities
Finanzen	Ökonomische Zyklen mit hoher Dynamik
	Finanzierung von Investitionen in F&E und Sachanlagen
Verschuldung der Staaten	Mehr Wertschöpfung – mehr Beschäftigung
	Wirtschaftspolitik, öffentliche Abgaben
	Wettbewerb der Standorte

einer Studie in den USA aus den 80er Jahren hängt die Wettbewerbsfähigkeit der Unternehmen zu 20 % von den Methoden der Kostensenkung, zu 40 % von den Produktionsstrukturen und zu weiteren 40 % von den Produktionstechnologien ab (Skinner 1986). Um wettbewerbsfähig zu werden oder zu bleiben, bedarf es also besonderer Anstrengungen in allen Bereichen. In der Historie der grundlegenden und strukturverändernden Methoden und Technologien kann man eine Entwicklungslinie erkennen, die wesentlich durch die Einführung der digitalen Technologien in die Produktion gekennzeichnet wurde. Die Konsequenz mit der dies in den Unternehmen geschah, entschied ihre Wettbewerbsposition. Im Umfeld der Produktion entwickelten sich neue Unternehmen, deren Kern die Herstellung von digitalen Lösungen in nahezu allen Geschäftsprozessen liegt (Abb. 2.1).

Immer wieder waren es Visionen einer vollständig durch digitale Werkzeuge und Lösungen sowie einer mehr oder weniger systemtechnisch integrierten Produktion geprägten Fabrik, welche strukturelle Veränderungen und Impulse gaben. Sie trugen maßgeblich zur Entwicklung neuer Produkte sowie zur Leistungssteigerung in den Prozessketten der Herstellung bei. Oftmals waren es aber nicht die Anforderungen der Produktion, welche

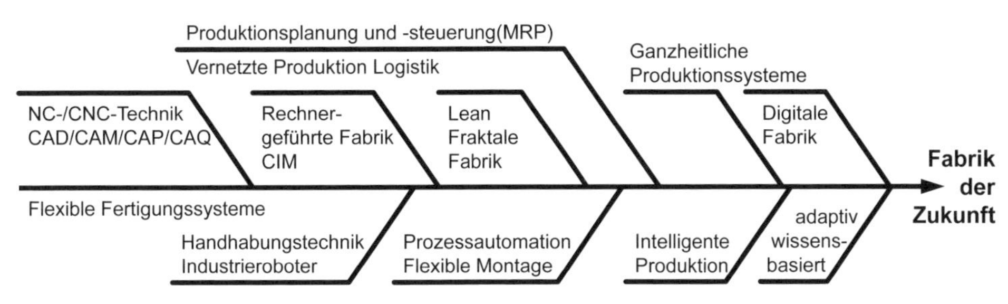

Abb. 2.1 Vordringen der digitalen Technologien in die Produktion

die Prozesse veränderten sondern die Übertragung von Technologien aus dem Konsumbereich, welche Innovationen bewirkten. Deshalb müssen wir auch in der Zukunft davon ausgehen, dass die Enabler der Produktion der Zukunft maßgeblich durch die Innovationen der Informations- und Kommunikationstechnik getrieben werden. Eine weltweite Kommunikation mit internationalen Standards und eine ungebrochene Innovation der Informationstechnik verändern auch die Produktion:

- Wissensbasierte technische und organisationale Prozesse
- Vernetzung der unternehmensinternen und externen Prozessketten
- Schnelle Bereitstellung von Informationen an jedem Ort und zu jeder Zeit
- Interaktive Arbeitsweisen mit hohem Grad der Visualisierung komplexer Prozesse
- Verknüpfung von realer technischer Welt mit der virtuellen Darstellung via Sensor-Kopplung
- Verknüpfung von Herstellern und Nutzern im Lebenszyklus aller technischen Produkte

In der Folge erweitern sich die Bilanzgrenzen der Produktion von der Herstellung technischer Produkte auf den gesamten Lebenszyklus. Die Informationstechnik unterstützt den Prozess der Individualisierung ebenso wie die Reduzierung des Ressourcenverbrauchs. Daraus leitet sich das Bild der Produktion der Zukunft ab. Eine Produktion ist ein komplexes sozio-technisches System, bestehend aus generierenden und nutzenden Prozessen, deren Ziel es ist, die Bedürfnisse ihrer Kunden mit technischen Gütern und Dienstleistungen jederzeit zu befriedigen. Die Elemente dieses Systems werden durch die Kommunikation miteinander verknüpft. Alle Prozesse des Systems erhalten Unterstützung durch digitale Lösungen.

Literatur

Skinner W (1986) The productivity paradox. Harvard Bus Rev 64(4):55–59

Das Modell der digitalen Produktion 3

Engelbert Westkämper

Die digitalen Technologien und Methoden und vor allem ihre gegenseitige Abstimmung zu einem optimierten und ganzheitlichen Ansatz geben eine visionäre Vorstellung einer Produktion dieses Jahrhunderts. Auf dieser Grundlage lassen sich die Konsequenzen für Investitionen, für die Beschäftigung aber auch für die Entwicklung der Organisation und Technik ableiten. Produkte und Fabriken entstehen heute in einer kooperativen und synergetischen Arbeitsweise, in der digitale Werkzeuge zur Definition, Ausarbeitung und zum Management genutzt werden. Die synergetische Arbeitsweise wird durch die Nutzung von Kommunikationstechniken unterstützt, die zum Austausch und zur Speicherung von Informationen genutzt werden. Der Diffusionsgrad der Informations- und Kommunikationssysteme in der Industrie ist soweit fortgeschritten, dass nahezu jeder Arbeitsplatz integriert ist. Informationen stehen jederzeit, an jedem Ort und mehr oder weniger sicher zur Verfügung. Man kann deshalb von digitalen Produkten und digitalen Fabriken bzw. der digitalen Produktion sprechen (Abb. 3.1).

In den Rechnern sind sowohl die Produkte als auch die Fabriken in digitaler Form abgespeichert. Gestalter nutzen an ihren Arbeitsplätzen eine Engineering Umgebung mit IT-Werkzeugen (CAD, FEM etc.), welche zur technischen Auslegung und Darstellung sowie zur Berechnung und Optimierung benötigt werden. Die Prozesse sind in der Regel in Workflows und digitale, administrative Managementsysteme eingebunden, welche betriebswirtschaftliche und logistische Funktionen in der gesamten Auftragsabwicklung enthalten. In der physischen Herstellung der Produkte werden heute rechnergeführte Systeme und mechatronische Elemente (Sensoren, Aktuatoren) eingesetzt, welche ebenfalls über maschineninterne IT-Systeme vernetzt sind (Feldbus, LAN etc.). Die digitale Produktion umfasst alle technischen, organisationalen und administrativen Prozesse der Unternehmen.

E. Westkämper (✉)
Fraunhofer IPA, IFF und GSaME, Fraunhofer-Gesellschaft und
Universität Stuttgart, Nobelstr. 12, 70569 Stuttgart, Deutschland
E-Mail: engelbert.westkaemper@ipa.fraunhofer.de

E. Westkämper et al. (Hrsg.), *Digitale Produktion*,
DOI 10.1007/978-3-642-20259-9_3, © Springer-Verlag Berlin Heidelberg 2013

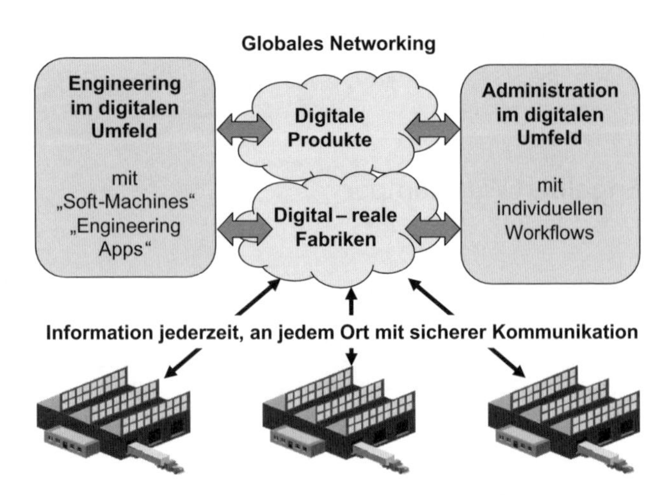

Abb. 3.1 Digitale Produktion

In der Vergangenheit bezog sich der Bilanzraum der Produktion meist auf die Prozesse bis zur Auslieferung der Produkte an die Kunden. Im Zeitalter globaler Kommunikation und steigender Verantwortung der Hersteller für den gesamten Lebenszyklus (Funktion, Zuverlässigkeit der technischen Produkte, produktbegleitender Service und Recycling) muss der Bilanzrahmen ausgeweitet werden. Digitale Produktdaten werden nicht allein für die Herstellung benötigt, sondern auch für die Nutzungs- und Recyclingphasen: von der Produktidee bis zum Ende des Produktlebens.

In diesem Buch wird der Bilanzrahmen auf den gesamten Lebenslauf der Produkte ausgedehnt (Abb. 3.2). Er enthält folglich Prozessketten von der Forschung und Produktplanung zur Konstruktion, von der Unternehmensstrategie und -planung bis zur Gestaltung der Prozesse und vom Marketing bis zum Ende des Produktlebens. In der physischen Prozesskette sind die Prozesse der Generierung des Materials bis zum Recycling enthalten. Diese wertschöpfenden Prozesse werden in der Regel durch administrative Geschäftsprozesse zur Unterstützung der Leitung, zur Verwaltung der Ressourcen (einschließlich Personal) und zur Wahrnehmung gesetzlicher Auflagen ergänzt. Im Einzelfall können alle diese Funktionen disloziert und auf verschiedene Unternehmen verteilt sein. Im systemtechnischen Sinne gehören sie aber zum Gesamtsystem der Produktion.

In den Visionen einer vollständig rechnergeführten Produktion, wie sie in den 70er und 80er Jahren beschrieben wurden, standen vollständig integrierte systemtechnische Lösungen im Mittelpunkt. Das CIM (Computer-Integrated Manufacturing) ging von einer harmonisierten IT-Architektur aus, in der die IT-Werkzeuge als standardisierte Mittel in die Workflows integriert waren. Diese nach einer Generalplanung strukturierten Konzepte erwiesen sich jedoch als nicht tragfähig, da sie die permanenten Innovationen von Hard- und Software nicht gewährleisten konnten. Heute hat sich die Bandbreite der IT-Werkzeuge in allen Prozessen exponentiell weiterentwickelt und erlaubt eine flexible anwendungsspezifische (offene) Nutzung. Ferner gelingt heute die Verknüpfung über weltweit verfügbare Kommunikationstechniken unter Nutzung von Cloud- und serviceorientierten Software-Systemen. Ferner erlauben billige Speichertechniken, Methoden der Signal-

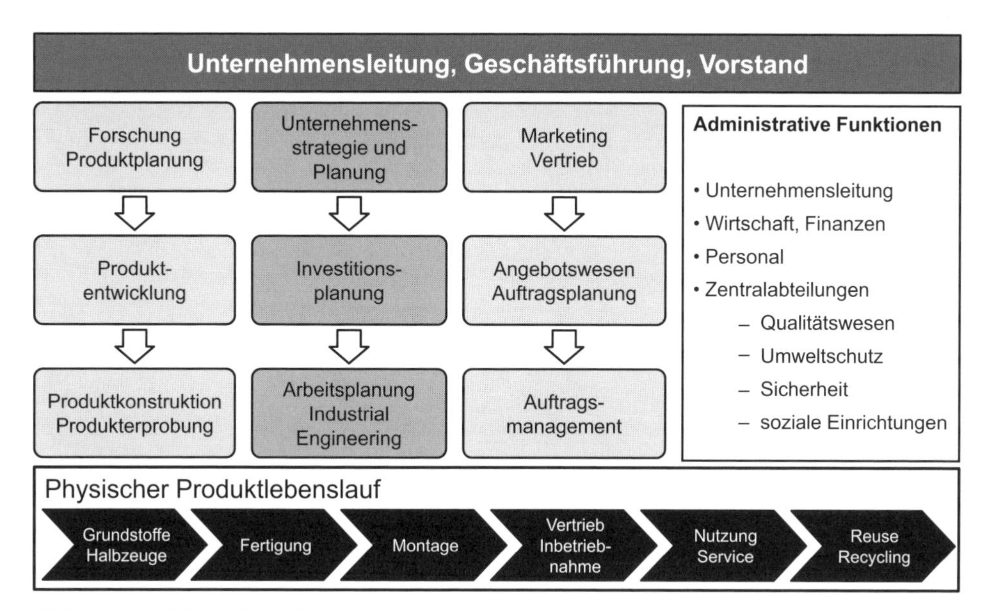

Abb. 3.2 Modell der Produktion

verarbeitung oder Visualisierungstechniken eine Individualisierung der betrieblichen IT. Ein weiterer dominierender Einfluss kam über das Internet mit seinen Kommunikations-Plattformen und Quasi-Standards. Diese Technik revolutionierte die Kommunikation und das Management der Daten von zentralen zu dezentralen und verteilten Systemen.

4 Rahmenmodell der digitalen Produktion

Engelbert Westkämper

Die Produktion wird allgemein als ein Transformationsprozess verstanden, welcher dazu dient, Wertschöpfung zu generieren. Dies geschieht einerseits mit der Entwicklung von Produkten mittels Fabriken und ihren Ressourcen. Produkte folgen einem Lebenszyklus, welcher mit der Planung und Entwicklung beginnt und mit dem Ende der physischen Nutzung endet. Fabriken können ebenso als Produkte verstanden werden, deren Leben mit der Investitionsplanung beginnt und deren Ende mit dem Verbrauch der technischen Ressourcen definiert ist. Aus der Unterschiedlichkeit der Lebensläufe (Zeit, Verbrauch etc.) resultieren zwei grundlegend unterschiedliche Anforderungen an die Informations-und Kommunikationstechnik. Beide müssen aber soweit synchronisiert werden, dass jederzeit eine hohe Synergie erreicht wird.

Die modernen Konzepte einer digitalen Produktion folgen nicht mehr den arbeitsteiligen Funktionsprinzipien der Organisation, sondern mehr dem Ansatz einer Wandlungsfähigkeit, welche davon ausgeht, dass die eingesetzten Systeme auf Veränderungen des Umfelds (Märkte, Innovationen, Rahmenbedingungen etc.) schnell und effizient reagieren können. Dies schließt auch die Nutzung von IT-Werkzeugen in den Prozessen ein. Die Wandlungsfähigkeit der IT-Systeme kann dabei von der großen Bandbreite und Flexibilität der IT-Lösungen profitieren. Dynamische Workflows werden darin durch die Möglichkeit der bedarfsgerechten Bereitstellung notwendiger Software unterstützt.

Von entscheidender Bedeutung ist der Zugriff aller Beteiligten auf digitale Informationen, die zur Ausführung der Prozesse benötigt werden. Der Zugriff auf Daten und Informationen sollte jederzeit und an jedem Ort möglich sein. Deshalb erhalten die sogenannten Modelle – eine abstrahierte Abbildung realer Prozesse und Objekte – in der digitalen

E. Westkämper (✉)
Fraunhofer IPA, IFF und GSaME, Fraunhofer-Gesellschaft und
Universität Stuttgart, Nobelstr. 12, 70569 Stuttgart, Deutschland
E-Mail: engelbert.westkaemper@ipa.fraunhofer.de

E. Westkämper et al. (Hrsg.), *Digitale Produktion*,
DOI 10.1007/978-3-642-20259-9_4,

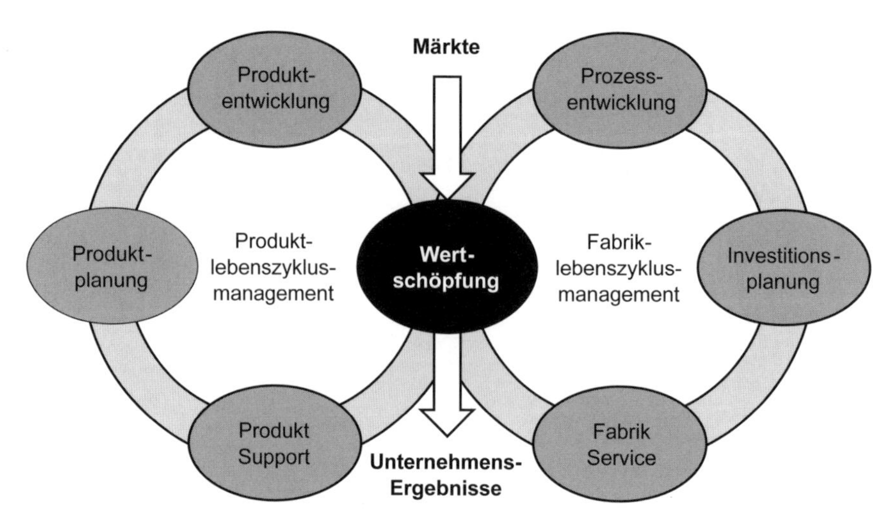

Abb. 4.1 Rahmenmodell der digitalen Produktion

Produktion eine herausragende Bedeutung. In der Praxis werden heute dazu Systeme des Datenmanagements für Produkte (PDM-Systeme) oder Fabriken (FDM-Systeme) eingesetzt. Die Daten und Informationen folgen dem Lebenslauf der Produkte und der Fabriken. Sie können prinzipiell jederzeit und an jedem Ort abgerufen, verändert oder ergänzt werden. Die Aktualität kann durch cyber-physische Technologien erreicht werden.

Die rechnerinterne Darstellung technischer Objekte bedarf einer prinzipiellen Normierung, damit IT-Werkzeuge auf diese ohne Schnittstellenverluste zugreifen können. Andererseits müssen sie die Wahrnehmungsfähigkeit der Menschen (Interaktion) ebenso unterstützen wie die systemtechnische Integration in dynamischen Workflows.

Der Aufbau dieses Buches folgt dem dargestellten Rahmenmodell (Abb. 4.1). Ausgehend von einer Beschreibung der Treiber der Entwicklungen in der digitalen Produktion und ihrer historischen Entwicklung werden zunächst die Grundlagen der digitalen Produktion behandelt. Es folgt dann eine anwendungsbezogene Behandlung der Prozesse im Lebenslauf der Produkte und der Fabriken. Dabei wird ein Bezug zu modernen Methoden der Planung und des Engineering hergestellt. Eine beispielhafte Darstellung von Entwicklungsperspektiven von Anwendungen und IT-Architekturen soll den Unternehmen mögliche Linien zur Fabrik der Zukunft zeigen.

Teil II
Globale Wettbewerbsfähigkeit und der Produktionsbereich

5 Globalisierung im Kontext der Internationalisierung und Regionalisierung

Hans-Friedrich Jacobi und Martin Landherr

In der Literatur werden in der Regel zwei Sichtweisen hinsichtlich der Definition des Begriffs „Globalisierung“ unterschieden: die gesamtwirtschaftliche (volkswirtschaftliche) und die einzelwirtschaftliche (betriebswirtschaftliche) (Oechsler 2011). Aus gesamtwirtschaftlicher Sicht wird nicht so sehr die Bezeichnung Globalisierung sondern vielmehr der Terminus „Internationalisierung“ als Oberbegriff für die Zunahme der internationalen Verflechtungen verwendet. Mit dem Wort Globalisierung brachte John Naisbitt 1982 die besonders starke Ausprägung der Internationalisierung über Kontinente hinweg zum Ausdruck (Naisbitt 1982).

Nach über dreißigjähriger Bewusstseinsentwicklung beim Thema Globalisierung ist es hilfreich, vorab Überlegungen über mögliche Weiterentwicklungen anzustellen, um für die folgenden Ausführungen bereits einen wegweisenden Einordnungsraum aufspannen zu können. Dabei sind u. a. die nachstehenden, in die Zukunft gerichteten Szenarien denkbar (Wojtkiewicz 2012):

- Szenario 1:
  Die Globalisierung hält in allen Lebensbereichen Einzug und schreitet weiter voran. Multinationale Abkommen, kulturelle und wirtschaftliche Verflechtungen nehmen einen immer höheren Stellenwert ein. Dies führt zu einer kulturellen und wirtschaftlichen Angleichung.
- Szenario 2:
  Der Effekt der Gegenglobalisierung wird wahrgenommen. Bürgerbewegungen und Organisationen schaffen es über die Medien, die Bürger für eine Gegenglobalisierung zu

H.-F. Jacobi (✉) · M. Landherr
GSaME, Universität Stuttgart, Nobelstr. 12, 70569 Stuttgart, Deutschland
E-Mail: hans-friedrich.jacobi@gsame.uni-stuttgart.de

M. Landherr
E-Mail: martin.landherr@gsame.uni-stuttgart.de

E. Westkämper et al. (Hrsg.), *Digitale Produktion*,
DOI 10.1007/978-3-642-20259-9_5, © Springer-Verlag Berlin Heidelberg 2013

gewinnen. Die mit der Globalisierung einhergehenden starken politischen und wirtschaftlichen Veränderungen beunruhigen die Menschen. Insbesondere in den Bereichen Gesundheit, Umwelt und Kultur werden die negativen Folgen der Globalisierung offenbar. Der Widerstand gegen die Homogenisierung der Lebensbereiche führt dazu, dass sich die Menschen auf ihre eigene Kultur, ihr Land oder ihre Region besinnen und dieses Erbe pflegen bzw. wieder aufleben lassen. Globale Trends werden weithin abgelehnt und Staaten versuchen, sich gegen die negativen Folgen der Globalisierung abzuschotten (Dumping und Protektionismus). Dadurch kommt die Globalisierung früher oder später zum Erliegen.

- Szenario 3:
  Es findet eine Koexistenz von globalisierter und lokaler Lebenswelt statt. In dem Maße, wie die Lebensbedingungen der Menschen globalisiert werden, erfährt das Lokale eine besondere Wertschätzung. Beide Trends existieren nebeneinander.

Im Kontext zu Szenario 3 ist zu beobachten, dass die Globalisierung der Wirtschaft mit der Schaffung und Wiederaufwertung lokaler Ballungsräume als Knotenpunkte weltweiter Vernetzung einhergeht. Mit Blick auf die Wechselwirkungen von Globalisierung und Regionalisierung erkannte (Braczyk 1997), dass – am Beispiel des technischen Wissens illustriert – technologisch wissenschaftliches Wissen zwar weltweit produziert und genutzt wird. Aber gleichzeitig kann gerade in den innovativsten Regionen der Welt eine Aufwertung lokaler, kontextgebundener und erfahrungsbasierter Wissensbestände registriert werden. Zum einen verlieren räumliche Entfernungen durch weltweite Informations-, Kommunikations- und Transportmöglichkeiten an Bedeutung und zum anderen verweisen die wirtschaftlichen Erfolge von Industrieregionen und industriellen Clustern auf die besondere Relevanz von räumlicher Nähe und persönlicher Kommunikation. Weltweite Wettbewerbsvorteile können aus der regionalen Einbettung wirtschaftlicher Prozesse erwachsen.

Die begriffliche Synthese von Globalisierung und Regionalisierung führte um das Jahr 1990 zu dem neuen Wort „Glokalisierung". Es beschreibt die Beziehung zwischen der globalen Ausrichtung von Unternehmen (Beschaffung, Absatz) und der regional begrenzten Lokalisierung der industriellen Produktion weltweit. Wie sich diese Beziehung am Beispiel des verarbeitenden Gewerbes auswirkt, demonstriert das Zahlenwerk im Überblick in Tab. 5.1.

Nach (Haas 2013) verdeutlicht sich die Glokalisierung in Form von lokalen Produktionskomplexen als Knotenpunkte in globalen Netzwerken und lokal angepassten Produktionsstrategien transnationaler Unternehmen.

Tab. 5.1 Überblick über die wirtschaftliche Situation des verarbeitenden Gewerbes Region – Bundesland – Deutschland im Monat April 2013. (IHK 2013)

	Region Stuttgart	Baden-Württemberg	Deutschland
Beschäftigte	289.876	1.080.272	5.272.703
Gesamtumsatz (in Mrd. Euro) (Vormonat)	7,85 (7,91)	25,68 (25,41)	141,10 (139,83)
Davon Auslandsumsatz (in Mrd. Euro) (Vormonat)	5,20 (5,22)	14,17 (13,89)	68,00 (66,89)
Exportquote in Prozent	66,2	55,2	47,8

Literatur

Braczyk HJ (1997) Globalisierung von Forschung und Entwicklung. Tendenzen und Herausforderungen. In: Bielmeier J, Oberreuter H (Hrsg) Der bezahlbare Wohlstand. Auf der Suche nach einem neuen Gesellschaftsvertrag. Olzog, München

Haas HD (2013) Glokalisierung. Gabler Wirtschaftslexikon. Springer Fachmedien, Wiesbaden. http://wirtschaftslexikon.gabler.de/Archiv/6405/glokalisierung-v6.html. Zugegriffen: 03. Sept. 2013

IHK (2013) Aktuelle Zahlen, Fakten und Tendenzen. Magazin Wirtschaft, Die Industrie- und Handelskammer, Stuttgart

Naisbitt J (1982) Megatrends. Ten new directions transforming our lives. Warner Books, New York

Oechsler WA (2011) Grundlagen des Human Ressource Management und der Arbeitgeber-Arbeitnehmer-Beziehungen, 9. Aufl. Oldenbourg, München

Wojtkiewicz W (2012) Zukunft der Globalisierung. Geographie Infothek. Klett-Verlag, Leipzig

6 Aspekte der Globalisierung

Hans-Friedrich Jacobi und Martin Landherr

Konkret öffnet die gesamtwirtschaftliche Perspektive mit dem Begriff der Globalisierung den Blick auf den Prozess der internationalen Verflechtung in unterschiedlichen Bereichen (Wirtschaft, Politik, Kultur, Kommunikation, Umwelt etc.) sowie auf mehreren Ebenen (Individuen, Unternehmen, Institutionen, Staaten etc.). Aus einzelwirtschaftlicher Sicht wird unter Internationalisierung jegliche grenzüberschreitende Aktivität einer Organisation verstanden. Zu definieren ist der Begriff Globalisierung als die geografisch am weitesten ausgedehnte Form internationalen Marktengagement im Sinne einer ganzheitlichen Betrachtung des Weltmarkts (Oechsler 2011). Dabei ist die Globalisierung keine neue Erscheinung – neu allein war der vor rund dreißig Jahren propagierte Begriff. Die Verflechtung der Weltwirtschaft durch Ausdehnung von Absatz, Produktion und Beschaffung von Unternehmen über die eigenen Landesgrenzen hinaus gibt es bereits sehr lange (Seiden- und Weihrauchstraße, Eintreten der Kolonialisierung, Beginn des Eisenbahntransports etc.) (Abele et al. 2006). Die Ursachen des fortgesetzten Trends der weltweiten Verflechtung in allen Bereichen und vielen Ebenen liegen vor allem im technischen Fortschritt. Denn durch die beschleunigte Ausbreitung des technischen Fortschritts, insbesondere unterstützt durch den verstärkten Einsatz moderner Informations- und Kommunikationstechnologien (IKT) beispielsweise in den Bereichen Verkehr (Waren und Menschen), Produktion (Export, Lizenzen, Joint Ventures, Gründung ausländischer Tochterunternehmen) sowie Bankenwesen (Finanzierungsinstrumente), ist eine historisch neue Dimension der Dynamik und – durch die Übertragung des Marktprinzips auf globaler Ebene – eine völlig neue weltwirtschaftliche Situation entstanden (Abb. 6.1).

H.-F. Jacobi (✉) · M. Landherr
GSaME, Universität Stuttgart, Nobelstr. 12, 70569 Stuttgart, Deutschland
E-Mail: hans-friedrich.jacobi@gsame.uni-stuttgart.de

M. Landherr
E-Mail: martin.landherr@gsame.uni-stuttgart.de

E. Westkämper et al. (Hrsg.), *Digitale Produktion*,
DOI 10.1007/978-3-642-20259-9_6, © Springer-Verlag Berlin Heidelberg 2013

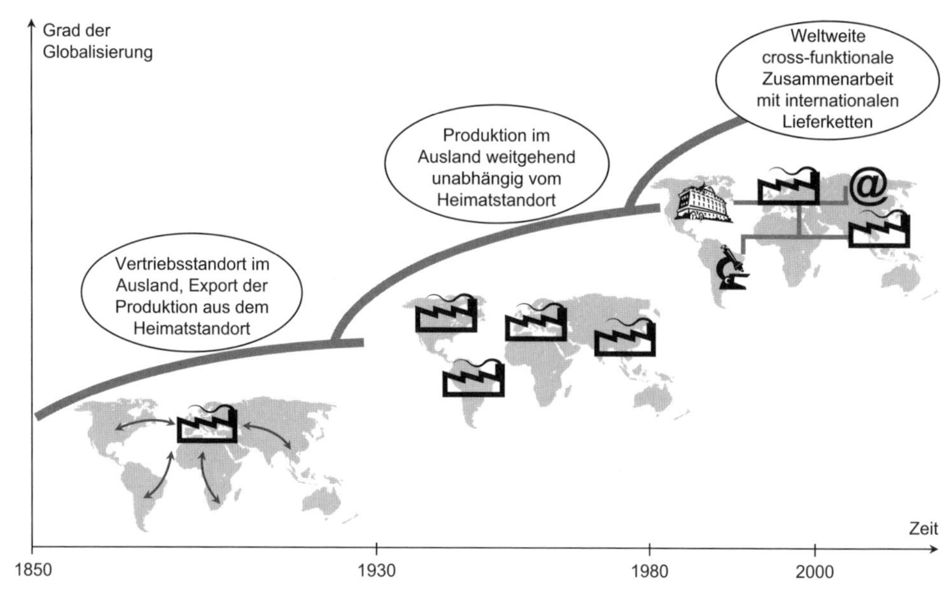

Abb. 6.1 Entwicklung der Globalisierung in drei Phasen aus dem Blickwinkel der Produktion. (Abele et al. 2006)

Diese Situation lässt sich zusammenfassend durch vier Entwicklungen kennzeichnen (Rürup und Ranscht 2006):

- Ausweitung des Welthandels (Export- und Importmärkte): Zentrales Element der globalisierten Wirtschaft, günstige Transportkosten und -geschwindigkeit
- Anstieg der Direktinvestitionen: Zunehmende Internationalisierung der Produktion insbesondere bei multinationalen Unternehmen und die damit einhergehende Kapitalverflechtung beispielsweise der heimischen Industrie mit dem Ausland
- Zunahme internationaler Finanzströme: Die steigende Bedeutung internationaler Gütermärkte führt zwangsläufig zu einem Anwachsen der Kapitalströme
- Anstieg der Arbeitsmigration: In multinationalen Unternehmen und in der Wissenschaft ist ein zeitweiliger Auslandsaufenthalt der Beschäftigten obligatorisch oder zumindest eine Schlüsselqualifikation für ein erfolgreiches Berufsleben. Quantitativ zu erwähnen sind auch die langfristigen Arbeitskräftewanderungen (Armutsmigration), die durch das Wohlstandsgefälle zwischen Industrieländern und armen Entwicklungsländern entstehen (Koch und Eggert 2012).

Dabei kann die Globalisierung als Folge gravierender Veränderungen der

- politischen (Liberalisierung: Freier Waren- und Kapitalverkehr, Deregulierungen, Standortwettbewerbe, Umweltprobleme, Sicherheitspolitik, Rechtsverkehr etc.),
- wirtschaftlichen (Internationale Vereinbarungen, Kapital- und Warenverkehr, Renditeanforderungen etc.),

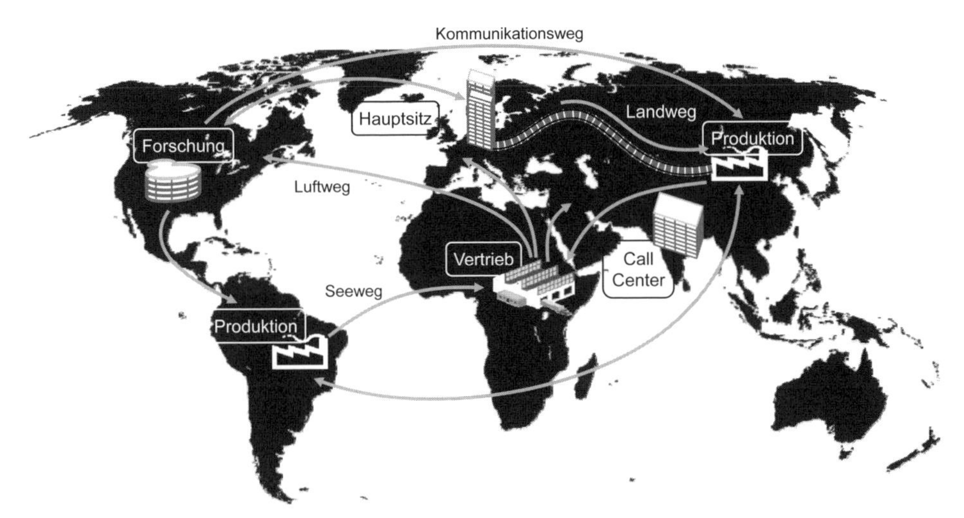

Abb. 6.2 Informations-, Kommunikations- und Transportnetzwerke als Basis für zeitgemäße Forschung, Entwicklung, Produktion und Vertrieb eines global ausgerichteten Unternehmens

- technischen (Export und Import von technologisch anspruchsvollen Industriegütern, Steigerung der Informationsgeschwindigkeit bei gleichzeitiger Senkung der Informationskosten – Internet, Netzwerke etc.) und
- gesellschaftlichen (Kulturelle Identität, Lockerung sozialer Bindungen an Familie sowie Abstammungsregion und dadurch Erhöhung der Mobilität der Arbeitskräfte etc.)

Rahmenbedingungen in den vergangenen Jahrzehnten gesehen werden. Diese Entwicklungen sind teilweise jedoch nicht nur Ursache, sondern gleichzeitig auch Folge der Globalisierung.

Ausgehend von diesen Zusammenhängen zeigt Abb. 6.2 exemplarisch, wie heutzutage ein weltweit agierendes Unternehmen arbeiten muss, um die erforderliche Wertschöpfung in verteilten Netzwerken über mehrere Kontinente hinweg erzielen zu können.

Ein deutscher Automobilproduzent begründet 2013 diese Unternehmensglobalisierung unter anderem damit, dass neben den niedrigeren Kosten insbesondere der Strategie, dass die Produktion den Märkten folgt, Rechnung getragen wird. Zukünftig soll diese Strategielinie insofern erweitert werden, als auch die Bereiche Forschung und Entwicklung zu globalisieren seien. In Tab. 6.1 wird anhand von zehn beliebig ausgewählten deutschen Unternehmen des verarbeitenden Gewerbes versucht, den Trend der derzeitigen internationalen Verflechtung zu veranschaulichen. Die in der Tabelle aufgeführten Zahlen sind Geschäftsberichten und Internetinformationen der Unternehmen entnommen, wobei Mehrdeutigkeiten aufgrund von Zuordnungsschwierigkeiten im Zahlenwerk nicht ganz auszuschließen sind.

Danach ist zu vermuten, dass zukünftig die produktbezogene Aussage „Made in Germany“ nicht mehr unbedingt die nationale Lokalisierung der Erzeugung von Produkten

Tab. 6.1 Überblick über Internationalisierungsaktivitäten definierter deutscher Unternehmen. (Unternehmensindividuelle Geschäftsberichte und Informationen 2013)

Betriebliche Funktionen und deren jeweilige Anzahl an verschiedenen Standorten \ Unternehmen			Volkswagen	Daimler	BMW	Audi	Continental	Trumpf	Wittenstein	Claas	Gebr. Heller	Wirtgen
Produktions- bzw. Montagestandorte		Europa	16	21	15	6	24	30	12	9	2	4
	Amerika	Nord- und mittel	3	13	1	1	9	7	2	1	1	k. A.
		Süd	6	3	k. A.	k. A.	2	1	k. A.	k. A.	1	1
	Asien/Mittlerer Osten		10	8	5	3	12	14	2	2	k. A.	2
	Afrika		1	1	2	k. A.	2	1	k. A.	k. A.	k. A.	k. A.
	Australien		k. A.	k. A.	k. A.	k. A.	2	k. A.	k. A.	k. A.	k. A.	k. A.
	Weltweit		36	46	23	10	49	53	16	12	4	7
FuE-Standorte	DE		1	2	4	1	10	1	1	1	1	4
	Weltweit		3	13	6	k. A.	31	k. A.	k. A.	1	k. A.	k. A.
Anzahl Länder mit Vertrieb- oder Servicevertretungen			153	43	34	117	42	102	46	11	12	136

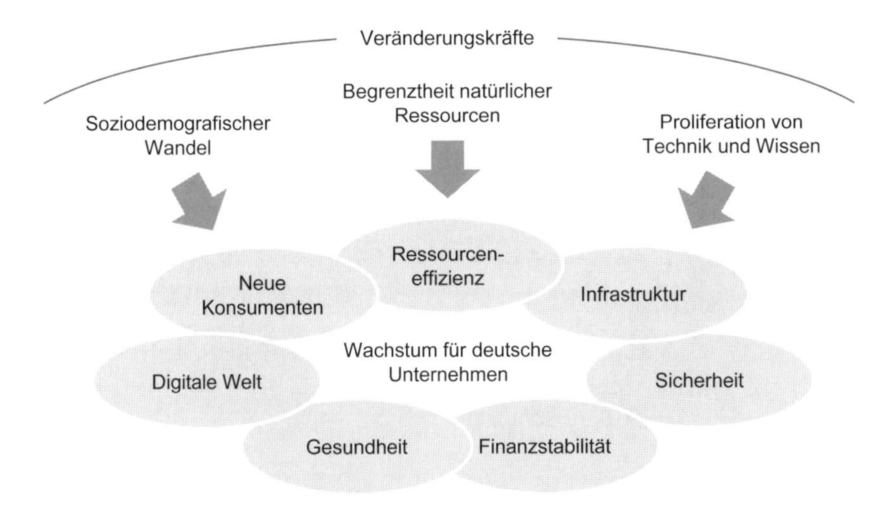

Abb. 6.3 Globale Veränderungen schaffen Raum für Wachstum. (McKinsey 2010)

wiedergeben wird, sondern die weltweite Herstellung von Produkten eines global aufgestellten Unternehmens mit der Angabe „Made by Company X".

Hinsichtlich der weiter fortschreitenden Globalisierungsprozesse lautet für ein Wirtschaftsunternehmen letztlich die entscheidende Frage: Wo liegen noch vielversprechende Wachstumsfelder? McKinsey geht davon aus, dass sich mit Bezug zu den drei auf die Weltwirtschaft wirkenden Veränderungskräften

- soziodemografischer Wandel,
- Begrenztheit natürlicher Ressourcen und Klimawandel sowie
- Proliferation von Wissen und Technik

zumindest potenzielle Wachstumsfelder identifizieren lassen (Abb. 6.3).

Diese Veränderungskräfte skizzieren nach wie vor den Orientierungsrahmen eines Wirtschaftsunternehmens beim Verfolgen des übergeordneten Ziels, die Wettbewerbsfähigkeit zu sichern und zu steigern.

Literatur

Abele E, Kluge J, Näher U (2006) Handbuch Globale Produktion. Carl Hanser, München

Koch M, Eggert K (2012) Unterrichtseinheit „Globalisierung". Handelsblatt und Carl von Ossietzky Universität Oldenburg, Oldenburg

McKinsey Deutschland (2010) Willkommen in der volatilen Welt. McKinsey & Company, Frankfurt a. M.

Oechsler WA (2011) Grundlagen des Human Ressource Management und der Arbeitgeber-Arbeitnehmer-Beziehungen, 9. Aufl. Oldenbourg, München

Rürup B, Ranscht A (2006) Gesamtwirtschaftliche Perspektive. In: Abele E, Kluge J, Näher U (Hrsg) Handbuch Globale Produktion. Carl Hanser, München

7 Treiber der unternehmerischen Wettbewerbsfähigkeit im globalen Kontext

Hans-Friedrich Jacobi und Martin Landherr

Wirtschaftlicher Wettbewerb ist das Bemühen von Marktteilnehmern, Geschäfte abzuschließen, um die sich andere Marktteilnehmer der gleichen Marktseite ebenfalls bemühen (Adam 2011). Eine ähnliche Definition findet man bei (Lang und Ulukut 2011): Wirtschaftlicher Wettbewerb ist eine Situation, in der Akteure unabhängig voneinander ökonomische Ziele verfolgen und der Erfolg des einen zu Lasten des anderen geht. D. h., beim Wettbewerb handelt es sich im wirtschaftlichen Sinn um das Rivalisieren von Marktteilnehmern um Ressourcen, Kunden, Umsatzzuwächse, Marktanteile, Renditen etc. So entsteht Wettbewerb, indem der einzelne Anbieter den Kunden die besten und günstigsten Geschäftsbedingungen anbietet, sei es im Preis-, Qualitäts-, Service-, Design-, Innovations- oder Zeitwettbewerb. Wettbewerbsprozesse enthalten daher immer einen Zwang zum aktiven Handeln. In diesem Sinne führen interner Eigenantrieb und/oder externer Konkurrenzdruck zu ständiger Entwicklung und Verwirklichung wettbewerblicher Vorteile gegenüber der Konkurrenz (Porter 1999). Demnach gehört das Streben nach Marktvorteilen (synonym: Wettbewerbsvorteile), welcher Art auch immer, zur Charakteristik jedes Wettbewerbs. Um in den Wettbewerb in einem funktionierenden Markt einzutreten, sich dort zu behaupten oder sogar eine führende Stellung einzunehmen, muss der betreffende Teilnehmer über geeignete Fähigkeiten verfügen, über Wettbewerbsfähigkeiten (Krüger 2006).

Wettbewerbsfähigkeit bedeutet in der Betriebswirtschaftslehre, dass Unternehmen an den für sie relevanten nationalen oder internationalen Märkten ihr Waren- bzw. Dienstleistungsangebot mit Gewinn absetzen können. Es spielen hierbei sowohl Preisfaktoren wie auch FuE, Standort, Service und Qualität eine Rolle (Gersmeyer 2004). Als wirtschafts-

H.-F. Jacobi (✉) · M. Landherr
GSaME, Universität Stuttgart, Nobelstr. 12, 70569 Stuttgart, Deutschland
E-Mail: hans-friedrich.jacobi@gsame.uni-stuttgart.de

M. Landherr
E-Mail: martin.landherr@gsame.uni-stuttgart.de

E. Westkämper et al. (Hrsg.), *Digitale Produktion*,
DOI 10.1007/978-3-642-20259-9_7, © Springer-Verlag Berlin Heidelberg 2013

politisches Schlagwort bezieht es sich auf die Rangordnung von ganzen Volkswirtschaften und zwar in der Hauptsache im Hinblick auf die die Unternehmen begünstigenden wirtschaftsgeografischen und institutionellen Rahmenbedingungen (Duden 2010).

In diesem Kontext ist die volkswirtschaftliche Wettbewerbsfähigkeit die Fähigkeit, ein im internationalen Vergleich hohes Pro-Kopf-Einkommen bei Wahrung des außenwirtschaftlichen Gleichgewichts und einen hohen Beschäftigungsstand zu erwirtschaften. Ermöglicht wird dies durch ein hohes Maß an Anpassungsflexibilität bei sich ändernden weltweiten Angebots- und Nachfragebedingungen (Sell 2003). Diese Zugangsebene weist auf die Makroperspektive des Begriffs „Wettbewerbsfähigkeit" hin, wobei hier alle sozialen, kulturellen und wirtschaftlichen Variablen zum Tragen kommen, die die Leistung einer Nation oder auch einer Region in internationalen Märkten beeinflussen. Die Wettbewerbsfähigkeit einer Volkswirtschaft ist jedoch anders zu betrachten als die eines einzelnen Unternehmens, da eine Volkswirtschaft nicht einfach vom Markt verschwinden kann, bis zum heutigen Zeitpunkt nicht in Konkurs gehen oder ihre vollständige Absatzfähigkeit verlieren kann (Krugmann 1999). Um eine angemessene Wettbewerbsfähigkeit zu erreichen, müssen deshalb die Parteien einer Volkswirtschaft (Staat, Gesellschaft, Unternehmen) die vorhandenen nationalen Ressourcen auf dem globalen Markt in ein attraktives Angebot für potentielle Investoren umsetzen (Meier 1999). Hierzu definiert die OECD Wettbewerbsfähigkeit als das Maß, in dem eine Nation in der Lage ist, unter Freihandelsbedingungen und gerechten Marktbedingungen Güter und Dienstleistungen zu produzieren, die auf internationalen Märkten bestehen können, während gleichzeitig das Realeinkommen der Einwohner langfristig steigen soll (OECD 1997).

Daneben ist eine branchenspezifische Wettbewerbsfähigkeit gegeben, wenn es einer Branche (Unternehmenssektor, Verbundgruppe etc. – Franchise-Systeme, freiwillige Ketten) gelingt, ohne Protektionsmaßnahmen gegen ausländische Konkurrenten zu bestehen, d. h. sowohl Inlands- als auch die Auslandsmarktanteile zu halten, wobei ebenfalls ein (zumindest langfristiger) Gewinn vorausgesetzt werden muss (Sell 2003). Die Arbeiten von Porter (Porter 1999) setzen an dieser Mesoperspektive an.

Unternehmensspezifische Wettbewerbsfähigkeit liegt dann vor, wenn sich ein Unternehmen unter Konkurrenzbedingungen am nationalen und internationalen Markt behauptet, also seinen Marktanteil mindestens hält und gleichzeitig einen Gewinn erwirtschaftet (Sell 2003). Dieser Blickwinkel wird der Mikroperspektive zugeordnet und weist auf die ursprüngliche und entscheidende Relation zum Begriff Wettbewerbsfähigkeit hin. Denn der eigentliche Wettbewerb findet im Besonderen auf Unternehmensebene statt (Mikroperspektive). Diese Perspektive erlaubt darüber hinaus, die Wettbewerbsfähigkeit auf der Ebene von Unternehmensteileinheiten, beispielsweise auf der Produktebene (Auto, Werkzeugmaschine etc.) oder auf der Ebene von Geschäftsbereichen zu betrachten.

Die in der Literatur identifizierten Zugangsebenen Makro-, Meso, und Mikroperspektive deuten auch darauf hin, dass das Feld der wissenschaftlichen Beiträge zum Verständnis des Begriffs Wettbewerbsfähigkeit weit ist und je nach Fachgebiet unterschiedliche Auffassungen vorliegen. Im Mittelpunkt der folgenden Ausführungen wird hier die Zugangsebene Mikroperspektive genutzt, um damit die weiteren Einflussfaktoren der unter-

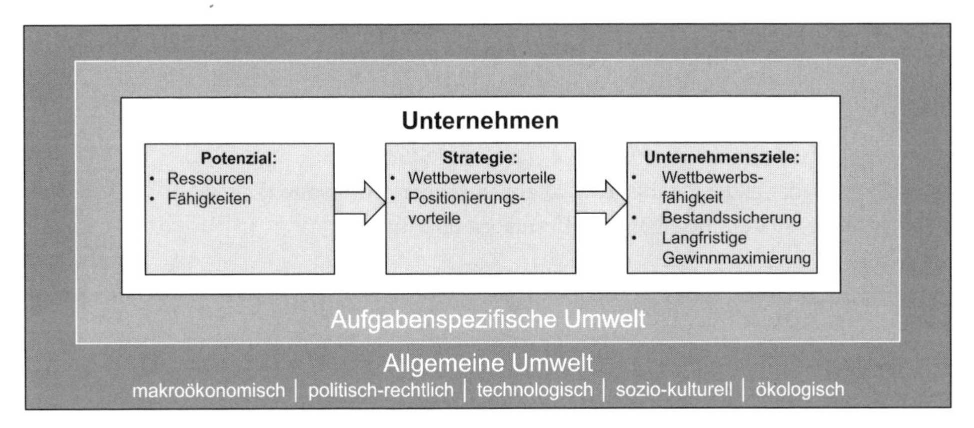

Abb. 7.1 Wettbewerbsfähigkeit im Unternehmen. (In Anlehnung an Fischer 2006)

nehmensspezifischen Wettbewerbsfähigkeit betrachten zu können, wobei mit dieser Bottom-Up-Sichtweise in Abhängigkeit von den jeweils gewählten Unternehmensstrategien durchaus auch Wirkungen zu den beiden anderen Perspektiven mit einfließen. In diesem Zusammenhang definiert (Fischer 2006) die Wettbewerbsfähigkeit wie folgt:

Auf Unternehmensebene stellt das Halten und Steigern der Wettbewerbsfähigkeit ein zentrales Unternehmensziel dar, das auf den Ressourcen und Fähigkeiten als Potenzial des Unternehmens basiert. Auf dem Potenzial aufbauend werden durch die Wahl adäquater strategischer Maßnahmen Wettbewerbsvorteile generiert, die es einem Unternehmen ermöglicht, sich im Kontext der sich verändernden Umwelt langfristig erfolgreich gegenüber den Wettbewerbern durchzusetzen.

Ausgehend von dieser Definition lässt sich nach (Fischer 2006) Wettbewerbsfähigkeit im unmittelbaren Kontext zusammenfassend auch graphisch darstellen. In Abb. 7.1 finden sich die wesentlichen Einflussfaktoren auf die Wettbewerbsfähigkeit von Unternehmen wieder. Hierzu gehört das Potenzial, das in den Ressourcen und Fähigkeiten liegt. Darauf basiert die Strategie des Unternehmens, deren Kern in den Wettbewerbsvorteilen bzw. Positionierungsvorteilen zu sehen ist, und die auf die Ziele des Unternehmens ausgerichtet ist. Weiterhin ist die Strategieformulierung im Unternehmen in eine aufgabenspezifische sowie in eine allgemeine Umwelt zu differenzieren.

Überdurchschnittliche oder deutlich überlegende Wettbewerbsfähigkeiten können zu Wettbewerbsvorteilen führen. Wettbewerbsvorteile sind Merkmale der Unternehmung oder ihrer Produkte und Leistungen, in denen sie aus Kundensicht ihre Konkurrenten übertrifft (Krugmann 1999).

Welche Veränderungskräfte können in Unternehmen Einfluss nehmen auf deren Streben nach Wettbewerbsfähigkeit bzw. welche „Treiber" sind hierbei zu beachten? Zurückgehend auf das Verb „treiben" wird dieses außer im Allgemeinen Sinne von „in Bewegung setzen" vielfach speziell verwendet für: wachsen lassen; an-, vor-, auf-, unter-, ab-, voran-, be-, hinter-, über-, um-, ein-, hin-, zusammen-, weg-, auf- und vertreiben, buntes Treiben etc. Neben der möglichen Substantivierung dieser Verben mit unterschiedlichen Präfixen werden dem Substantiv Treiber darüber hinaus im derzeitigen Sprachgebrauch vorwiegend zwei unterschiedliche Bedeutungen beigemessen:

Gesellschaftlicher Bezug

- Treiber (Jagd, bei der Treibjagd Wild aufscheuchende Personen)
- Viehtreiber, Steuereintreiber etc. (Berufsorientierung)

Technischer Bezug

- Informatik
  - Gerätetreiber (ist ein Programm oder -modul, das am Computer angeschlossene Geräte wie beispielsweise Drucker, Scanner, Monitor, Netzwerkkarte etc. in das Betriebssystem einbindet. Der Treiber enthält alle Informationen, die das Betriebssystem des Computers benötigt, um mit dem Gerät interagieren zu können)
  - Kleines Programmmodul zum Übersetzen verschiedener Arten von Datenspeicherung
- Elektronik
  - Verstärker (Signalverstärker – integrierte Schaltkreise zur Signalverstärkung in elektronischen Schaltungen)
  - Leistungstreiber (ein Bauelement zwischen Steuerung und Verbraucher)
  - Gate-Treiber (eine Schaltung zur Ansteuerung von Transistoren).

Um die Treiber der gewählten Zugangsebene Mikroperspektive und damit der wirtschaftlichen Bedeutung der unternehmensspezifischen Wettbewerbsfähigkeit Rechnung tragen zu können, soll hier der Begriff Treiber und dessen Anwendung im Weiteren auf die o. g. Bedeutung des Verbs „treiben" – „in Bewegung setzen" – zurückgeführt werden, wobei sowohl die Richtungen Abnahme als auch Zunahme (beispielsweise Verknappung oder Ausweitung) eingeschlagen werden können. So wird zumindest sprachlich der Bezug zur vorrangigen Eigenschaft Dynamik der Wettbewerbsfähigkeit hergestellt. Denn beim Begriff Wettbewerbsfähigkeit ist nicht von einem statischen Zustand auszugehen, sondern von einem dynamischen mit unterschiedlichen Veränderungskräften.

Zur Benennung dieser Veränderungskräfte ist es zunächst erforderlich, das Unternehmen – Industriebetrieb – in seiner Umwelt strukturiert darzustellen. In einer ersten Übersicht wird damit deutlich, dass ein Unternehmen sowohl von extern auf dieses Unternehmen wirkenden Treibern ausgesetzt ist als auch eigenständige, intern initiierte Treiberwirkungen in Richtung Umwelt entfalten kann. Mit dem Begriffspaar Reaktion (Unternehmen reagiert auf externe Treiber wie Rahmenbedingungen, Konkurrenten, Kooperationspartner etc.) – Aktion (unternehmensinduzierte Treiber wie eigene Technologieentwicklungen, Innovationen etc.) kann dieser Sachverhalt auch beschrieben werden. In Abb. 7.2 wird durch eine Vorstrukturierung in acht Teil-Umwelten versucht, eine vertretbare Übersichtlichkeit zu erzeugen, die notwendig ist, um zumindest die Randbedingungen und das Potenzial von Treibern sowie die Komplexität von Treiberwirkungen in Richtung Wettbewerbsfähigkeit aufzeigen zu können. Dabei sind die Grenzen nach innen,

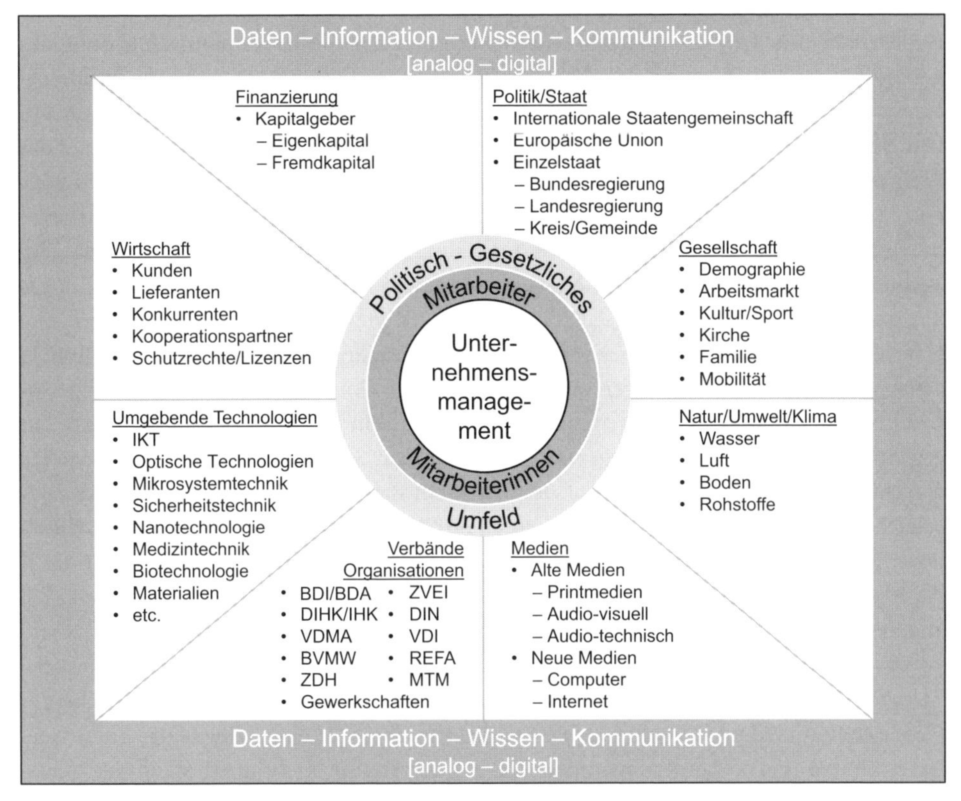

Abb. 7.2 Überblick über Einflussnahmen im Gesamtumfeld eines Produktionsunternehmens

nach außen und zwischen den Teil-Umfeldern bloße Strukturierungshilfen und keine real erfassbaren Schranken.

Ausgangspunkt dieser Umfeldbetrachtung kann beispielhaft sowohl die Gründung als auch der Betrieb eines Produktionsunternehmens bei unterschiedlicher Einflussnahme der Umfeldfaktoren sein:

- Finanzierung,
- Politik/Staat (Ansiedlungspolitik, Investitionsbeihilfen, öffentliche Ausschreibungen zu FuE-Vorhaben; Dumping bzw. Protektionismus etc.),
- Arbeitsmarkt (vorhandener, sich entwickelnder),
- Natur (zu nutzende Ressourcen, Ressourcenverbrauch),
- Wirtschaft (Unternehmen – Markt – Beziehung),
- Technologien/Techniken (zu entwickelnde bzw. anzuwendende Technologien, Prozesse und Strukturen zur Herstellung von Produkten bzw. produktionsnahen Dienstleistungen),
- Verbände/Organisationen (fördernde Institutionen hinsichtlich Meinungsführerschaft, Vorteilsnahme, Standardisierung sowie Partizipation von Mitarbeitern) und
- Medien (Mittler von Marketingfunktionen – Dialogfähigkeit, Beschleunigung von Informations- und Kommunikationsprozessen, Netzwerkbildung, Netzwerkbildung)

Gemeinsam mit den Mitarbeitern/Mitarbeiterinnen hat die Unternehmensführung zunächst das unmittelbare gesetzliche Umfeld wie Handelsrecht, Arbeitsrecht, Strafrecht etc. zu beachten. Damit sind die allgemeinen Voraussetzungen geschaffen, um sowohl auf Umfeldfaktoren reagieren als auch durch Eigeninitiative Umfeldfaktoren mit Blick auf das Ziel, Wettbewerbsfähigkeit zu halten und zu steigern, beeinflussen bzw. nutzen zu können. Beispielsweise werden die Unternehmensführung und entsprechende Mitarbeiter durch die Teilnahme an einer Forschungsförderung der Bundes- oder Landesregierung im Technologiegebiet „Neue Materialien" (unter anderem Materialien in der Biologie) in die Lage versetzt, sich in ein neues Gebiet hinein zu bewegen und bei erfolgreicher Bewegung eine Innovation hervorzubringen. D. h. die Beschäftigung mit dem Technologieumfeld Neue Materialien wurde bezogen auf das reagierende Unternehmen von außen angestoßen (Treiberwirkung), von diesem aufgenommen und in eine Innovation (neuer Treiber gegenüber der Konkurrenz) umgesetzt. Dabei können Schutzrechte entstehen, Lizenzen vergeben und bei wirtschaftlichem Erfolg auch ein Baustein für die oben genannte Zielerreichung geschaffen werden. An diesem einen Beispiel wird deutlich, dass unterschiedliche Beziehungen zwischen den Umfeldfaktoren zu berücksichtigen sind und dass darüber hinaus diese Faktoren zum einen als Referenzschema für die Treiberbildung und zum anderen die Faktoren sich selbst zu einem Treiber wandeln können.

Eine herausragende Rolle spielt hierbei die Informations- und Kommunikationstechnologie (IKT). Denn als Querschnittstechnologie durchdringt die IKT alle Bereiche der Gesellschaft und dient vermehrt auch als Basistechnologie für eine Reihe neuer Industrien. Innovationen und Veränderungen der IKT betreffen somit nicht mehr allein die Industrien, die die IK-Produkte direkt herstellen, sondern die ganze Gesellschaft. Unter IKT fallen alle digitalen Technologien, d. h. alle Konzepte und Methoden, welche die Erfassung, Verknüpfung, Verarbeitung, Speicherung, Darstellung oder Übertragung von Daten und Informationen unterstützen (Stähler 2002). Wobei es erst die Digitalisierung der IKT erlaubt, von einer Technologie zu sprechen, da vorher die Informations- und Kommunikationsgeräteindustrie auf unterschiedlichen Technologien basierten.

Wie bereits oben angedeutet, können – von außen auf ein Unternehmen wirkend – externe Entwicklungen im IKT-Bereich bzw. kann die IKT insgesamt sowohl als Umfeldfaktor als auch als dominanter externer Treiber betrachtet werden. Gleichwohl ist es demselben Unternehmen durch eigene IKT-Entwicklungen in ihren Produkten bzw. bei ihren Dienstleistungen und Prozessen darüber hinaus möglich, von intern heraus Treiberwirkungen insbesondere gegenüber ihren Konkurrenten zu erzielen (Intelligente Produkte – Smart Products).

In diesem Sinne erfährt der oft genannte Terminus „Konkurrenzdruck/Wettbewerbsdruck" eine naheliegende Konkretisierung. Denn der Begriff Konkurrenzdruck birgt in sich die Konsequenz, eine (negativ wirkende) Bewegung auf das eigene Unternehmen aushalten zu müssen. Das dem Druck ausgesetzte Unternehmen empfindet diesen Effekt als Treiber. Was aber auch als Impuls zu Veränderungen im Unternehmen verstanden werden kann: Ohne Druck keine Veränderungen. Zur Einschätzung des Begriffs Konkurrenz-

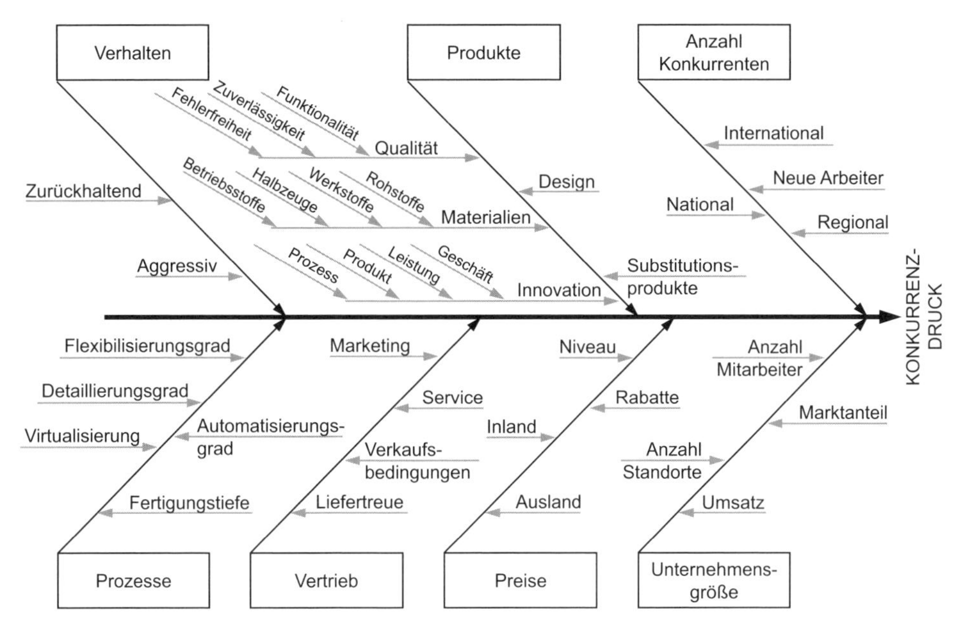

Abb. 7.3 Konkurrenzdruck im Zusammenhang mit relevanten Einflussgrößen

druck ist es deshalb unerlässlich, die charakteristischen Faktoren der Konkurrenzentwicklung mit zu beachten (Abb. 7.3).

Zu erkennen ist, dass sich hinter dem Terminus Konkurrenzdruck unterschiedliche Einflussfaktoren (Ursachen) verbergen, die aus der Sicht des Druck empfindenden bzw. betroffenen Unternehmens im positiven Sinn auch helfen kann, konkrete Ansatzpunkte zur Verbesserung der eigenen Wettbewerbsfähigkeit aufzudecken.

In Tab. 7.1 werden die acht identifizierten Umfelder eines Industrieunternehmens skizziert. Diese Umfelder sind auch im Kontext der jeweiligen Treiberwirkungen mit zu betrachten. Denn so wird es möglich, die Auswirkungen der Treiber als Konsequenz im betreffenden Umfeld zu verdeutlichen. Am Beispiel der beiden Treiber Verknappung der Rohstoffe/Materialien sowie Verknappung der Energie werden diese Konsequenzen herausgearbeitet (Tab. 7.1). Beispielsweise kann der identifizierte Treiber Verknappung der Rohstoffe/Materialien in seinen Auswirkungen im Umfeld Politik/Staat zu einer entsprechenden Rohstoff- bzw. Sicherheitspolitik, zu bi- oder multilateralen Länderkooperationen sowie zu nationalen Anreizen in der Materialforschung und -entwicklung führen.

Im Zusammenhang mit weiteren Umfeldfaktoren eines Produktionsunternehmens können darüber hinaus und situationsabhängig folgende Treiber erhebliche Wirkungen auf das Unternehmensgeschehen ausüben:

- Verknappung des Bodens – klimarelevant (Wüstenbildung, begrenzte Ansiedlungsflächen, Verstädterung etc.),

Tab. 7.1 Umfeldfaktoren im Kontext zu zwei Treiberwirkungen

Umfeld	Treiber: Verknappung von Rohstoffen/Materialien	Treiber: Verknappung von Energie
Finanzierung	Investitionen für Exploration/Abbau; Material-FuE	Energiefinanzierung: Erneuerbare Energie, Infrastruktur, Versorgung; Amortisationsberechnungen; staatliche Förderung; Energie-FuE
Politik/Staat	Rohstoffpolitik; Sicherheitspolitik; Kooperationen; staatliche Förderung: Material-FuE, Recycling	Energiepolitik: Erzeugung, CO_2-Ausst., staatliche Förderung, Steuern/Abgaben, Ordnungsrecht; Emissionshandel; abhängiger Energieimport; Sicherheitspolitik; Energie-FuE; Machtverschiebung
Gesellschaft	Nachhaltigkeitsbewusstsein; Preiserhöhungen; Arbeitsplatzgefährdung bzw. -beschaffung	Nachhaltigkeitsbewusstsein: Sparsamkeit, Energiewahl; Preiserhöhungen; Lebensqualität: Wohlstand, Mobilitätseinschränkung; innere Sicherheit: Demokratiegefährdung, soziale Stabilität; Arbeitsplatzgefährdung bzw. -beschaffung
Natur/Umwelt/Klima	Nachwachsende Rohstoffe; Raubbau; Klimawandel	Nachwachsende Rohstoffe: Flächenkonkurrenz, Monokulturen, Energie versus Nahrung; CO2-Emissionen; Wasserkraftnutzung; Energiespeicherung
Wirtschaft	Produktionsengpässe; Preissteigerungen; Logistikeinschränkungen; Recycling; Arbeitsplatzgefährdung bzw. -beschaffung; Material-FuE	Produktionsengpässe; Preissteigerungen; Logistikeinschränkungen; Energieeffizienz; Energiespeicherung; Arbeitsplatzgefährdung bzw. -beschaffung; Energie-FuE
Technologie/Techniken	Rohstoff- und Material-FuE hinsichtlich Effizienz, Ersatz für … und Neuentwicklung von …	Energie-FuE hinsichtlich Effizienz, Ersatz für … und Neuentwicklung von …
Verbände/Organisationen	Zweckverbünde; Normen/Standards; nationale bzw. internationale Kooperationen	Zweckverbünde; Normen/Standards; nationale bzw. internationale Kooperationen
Medien	Bewusstseinsschaffung; Preissteigerung; Wissensaustausch	Bewusstseinsschaffung; Preissteigerung; Wissensaustausch

- Wasserver- und Abwasserentsorgung – klimarelevant (Nahrungsmittelproduktion, Kühlmittel, Wasser als Produkt und Ware etc.)
- Umweltschutz (Boden, Wasser Luft, Klima – Gewässerschutz, Waldschutz, Klimaschutz)
- Arbeitskräftemangel (Demographie, Qualifikationsdefizite, Fachkräftemangel etc.)
- Kapitalmangel (Kreditklemme, Eigenkapitalquote, Risikokapitalzufuhr etc.)
- Gesetze, Verordnungen, Richtlinien, Regularien, Vorschriften, Normen
  - Europäische und nationale Gesetze
  - Aktiengesetz, GmbH-Gesetz, Gesetz zur Kontrolle und Transparenz im Unternehmensbereich
  - Grundgesetz, Bürgerliches Gesetzbuch, Handelsgesetz, Strafgesetz
  - Gewerbeordnung, Gewerbesteuergesetz, Einkommensteuergesetz, Umsatzsteuergesetz, Gesetz gegen unlauteren Wettbewerb
  - Arbeitsstättenverordnung, Arbeitssicherheitsgesetz, Maschinenschutzgesetz
  - Mitbestimmungsgesetz, Betriebsverfassungsgesetz, Kündigungsschutzgesetz, Jugendarbeitsschutzgesetz, Mutterschutzgesetz
  - Umweltrechte, Patentgesetz etc.
- Technologien/Techniken
  - Technologie bezeichnet allgemein wissenschaftlich fundierte Erkenntnisse über Ziel-/Mittelbeziehungen, die bei der Lösung praktischer Probleme von Unternehmen angewendet können – Technologie als Wissenschaft von der Technik (Bullinger et al. 2009): Informations- und Kommunikationstechnologien (IKT); Elektronik, Elektrotechnik; Mikrosystemtechnik; Optische Technologien; Biotechnologien; Nanotechnologien; Materialtechnologien (Rohstoffe, Werkstoffe, Betriebsstoffe etc.); Produktionstechnologien, Anlagentechnik; Medizintechnik; Sicherheitstechnik etc.
  - Technik bezeichnet die in Produkten oder Verfahren materialisierte Anwendungen von Technologien: Methoden; Werkzeuge; Verfahren
- Ethik (Wirtschafts-, Unternehmens- und Individualethik).

In Abb. 7.4 wird versucht, die Abhängigkeiten der unternehmerischen Wettbewerbsfähigkeit von den Wirkungen der Umfeldfaktoren und Treiber im Gesamtzusammenhang zu skizzieren, wobei deutlich wird, dass zumindest die Reaktion auf diese Wirkungen im positiven Sinn zwangsläufig zu einem zeitgemäßen Innovationsklima führen wird.

Das Einbringen des Begriffs „Innovationen" soll hier mit Bezug zur Bereitstellung neuer Produkte und Dienstleistungen sowie neuer Prozesse und Produktionsverfahren, zur Erschließung neuer Absatz- und Beschaffungsmärkte sowie zur Implementierung neuer Organisationsstrukturen (Produkt- oder Leistungsinnovation, Prozessinnovation) verstanden werden. Dabei ist anzumerken,

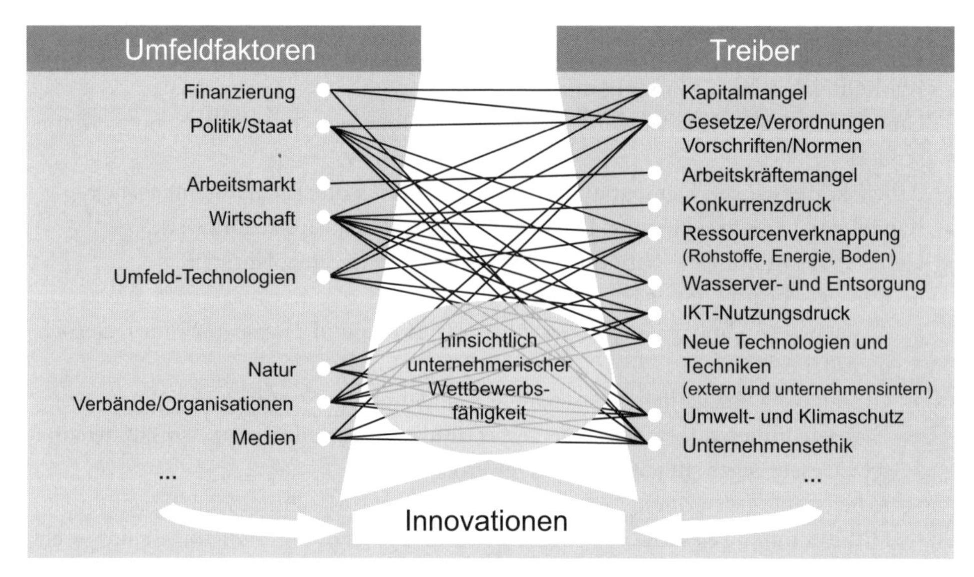

Abb. 7.4 Überblick über Einflussgrößen der unternehmerischen Wettbewerbsfähigkeit

- dass im Rahmen einer Push-Strategie ein Anbieter bzw. Unternehmen Innovationen in den Markt bringt (dann: Innovationen als Treiber erzeugen u. a. beim Wettbewerber den Konkurrenzdruck),
- dass im Rahmen einer Pull-Strategie der Markt (Kunden) einen Bedarf an Innovationen vom Unternehmen befriedigt sehen will (Kundennachfrage als Treiber für Innovationen) und
- dass zahlreiche Treiber (Technologien, Gesetze, Umweltschutz etc.) als Anstoß für erfolgreiche Innovationsprozesse dienen können.

Global betrachtet, führt insbesondere die digitale Transformation als umfassendes Innovations- und Treiberspektrum für die Wirtschaft – in der Regel induziert durch Wissenschaft, Forschung und Entwicklung – zu den notwendigen Fähigkeiten, um überhaupt im ständig zunehmenden, weltweiten Wettbewerb bestehen zu können.

Literatur

Adam H (2011) Wettbewerb, Definition, Funktion und Ursachen seiner Beschränkung. http://www.adam-poloek.de/folienneu/wpolitik/wirtwett/wettbewerb-definition-funktion-und-ursachen-seiner-beschraenkung.pdf. Zugegriffen: 25.11.2011

Bullinger HJ, Spath D, Warnecke HJ, Westkämper E (2009) Handbuch der Unternehmensorganisation. Springer-Verlag, Berlin

Duden (2010) Duden – Wirtschaft von A bis Z – Stichwort Wettbewerbsfähigkeit, 4. Aufl. Bibliographisches Institut GmbH, Mannheim

Fischer MAS (2006) Auswirkungen der EU-Osterweiterung auf die Wettbewerbsfähigkeit von KMU. Dissertation Otto-Friedrich-Universität, Bamberg

Gersmeyer H (2004) Wettbewerbsfähigkeit von Wirtschaftsstandorten unter Berücksichtigung industrieller Cluster. Lang, Frankfurt a. M.

Krüger W (2006) Wettbewerbsfähigkeit als Kriterium nachhaltiger Fortführungsfähigkeit. In: BDU Fachverband „Sanierungs- und Insolvenzberatung": Expertendialog. Bonn

Krugmann P (1999) Der Mythos vom globalen Wirtschaftskrieg: Eine Abrechnung mit den Pop-Ökonomen. Campus, Frankfurt a. M.

Lang G, Ulukut C (2011) Wettbewerbspolitik und Regulierung. http://www.wiwi.uni-augsburg.de/vwl/welzel/WS_0405/Wb_Pol_Reg/Kapitel2.pdf. Zugegriffen: 25. Nov. 2011

Meier U (1999) Der Wirtschaftsstandort Deutschland im globalen Wettbewerb. Schriften zur Nationalökonomie. POC-Verlag, Bayreuth

Organisation for Economic Co-operation and Development (OECD) (1997) World Competitiveness Report. Organisation for Economic Co-operation and Development, Paris

Porter ME (1999) Wettbewerbsstrategien: Methoden zur Analyse von Branchen und Konkurrenten, 10. Auflage. Campus Verlag, Frankfurt a. M.

Sell A (2003) Einführung in die internationalen Wirtschaftsbeziehungen, 2. Aufl. Oldenbourg, München

Stähler P (2002) Geschäftsmodelle in der digitalen Ökonomie. Josef Eulverlag GmbH, Lohmar

Bedeutung des Treibers Informations- und Kommunikationstechnik für die Wettbewerbsfähigkeit industrieller Produktion

8

Hans-Friedrich Jacobi und Martin Landherr

Im vorangegangenen Kapitel wird in unterschiedlichen Zusammenhängen bereits auf die besondere Rolle des Treibers Informations- und Kommunikationstechnik (IKT) hingewiesen. Anzumerken ist dabei, dass sich die IKT-Branche aus spezialisierten Unternehmen des produzierenden Gewerbes (IKT-Warenproduktion), aus Unternehmen des Handels mit IKT-Gütern (IKT-Großhandel) und insbesondere aus Unternehmen, die in ihrer Haupttätigkeit Service-Leistungen im Bereich IT und Telekommunikation anbieten (IKT-Dienstleistungen), zusammensetzt.

Das Bundesministerium für Bildung und Forschung (BMBF) bezeichnet IKT als den Innovationsmotor Nr. 1 in Deutschland: Mehr als 80 % der Innovationen in der deutschen Wirtschaft beruhen auf IKT. So kann beispielsweise der Automobil- und Maschinenbausektor durch den Einsatz von elektronischen High-Tech-Komponenten seine Produktionsprozesse automatisieren und der Dienstleistungssektor über das Wachstum an Online-Diensten eine größere Zielgruppe direkt ansprechen. Die moderne Medizin setzt IKT vor allem in der Mess- und Kontrolltechnik sowie in der Diagnostik ein. Banken und Versicherungen nutzen Datenverarbeitungs- und Datenanalysesoftware, um ihre Risiken exakter zu kalkulieren. Um wettbewerbsfähig bleiben zu können, kann sich kaum ein Unternehmen den Veränderungen durch die moderne IKT verschließen (Statistisches Bundesamt 2013).

In Anlehnung an den historischen Terminus technicus der „industriellen Revolution" wird der gegenwärtige, noch andauernden gesellschaftlichen Umbruch von der Industriegesellschaft zur postindustriellen Wissensgesellschaft/Dienstleistungsgesellschaft/Infor-

H.-F. Jacobi (✉) · M. Landherr
GSaME, Universität Stuttgart, Nobelstr. 12, 70569 Stuttgart, Deutschland
E-Mail: hans-friedrich.jacobi@gsame.uni-stuttgart.de

M. Landherr
E-Mail: martin.landherr@gsame.uni-stuttgart.de

E. Westkämper et al. (Hrsg.), *Digitale Produktion*,
DOI 10.1007/978-3-642-20259-9_8, © Springer-Verlag Berlin Heidelberg 2013

mationsgesellschaft als „digitale Revolution" bezeichnet. Die digitale Revolution basiert auf der Erfindung des Mikrochips und dessen stetiger Leistungssteigerung (Mooresches Gesetz), der Einführung der flexiblen, IT-orientierten Automatisierung in der Produktion (Mechatronik) und den Aufbau weltweiter Kommunikationsnetze wie dem Internet. Eine entscheidende Rolle spielt hierbei auch die allgemeine Computerisierung und dabei die Software und die digitalen Informationen an sich (Alef 2001). Doch während bei der industriellen Revolution die Kraft der Arbeiter durch die Maschine ersetzt und bestehende Arbeitsabläufe automatisiert wurden, automatisiert die Digitalisierung das Wissen. So unterscheiden sich die digitalen Informationen (Software) von klassischer Produktion (oder Hardware) dadurch, dass sie beliebig oft benutzt oder kopiert werden können, ohne sich zu verbrauchen und unabhängig davon, wie viel Arbeit in ihnen steckt.

Durchgängige, digital unterstützte Prozesse sind ein Schlüsselfaktor für produzierende Unternehmen, um den Herausforderungen zu begegnen, die sich aus den ständig ändernden Rahmenbedingungen ergeben (Kap. 7). Produktionsstätten müssen sich sowohl diesen Veränderungen als auch denen der Märkte schnell anpassen können. Eine dabei nach Effizienz- und Effektivitätskriterien vorgenommene Digitalisierung der Produktion, im Sinne einer digitalen Unterstützung durchgängiger Wertschöpfungsprozesse produzierender Unternehmen, ist mit als eine der entscheidenden Voraussetzung anzusehen. Auch im Kontext der digitalen Revolution ist das Produzieren in Deutschland sowohl unter regionalen als auch globalen Wettbewerbsgesichtspunkten erfolgreich zu gestalten und weiterzuentwickeln. Das heißt, einen entscheidenden Beitrag für die Zielsetzung, die Wettbewerbsfähigkeit zu halten und zu steigern, zu leisten und dies weltweit.

Im Monitoring-Report „Digitale Wirtschaft 2012– MehrWert für Deutschland" weist das Bundesministerium für Wirtschaft und Technologie (BMWi) darauf hin, dass die deutsche IKT-Branche 843.000 Menschen beschäftigt und darüber hinaus 350.000 Arbeitsplätze in Nicht-IKT-Branchen sichert. Die IKT-Branche erzielt jährlich einen Umsatz von rund 222 Mrd. €. Sie trägt mit knapp 4,5 % mehr zur gewerblichen Wertschöpfung bei als die Traditionsbranchen Automobil- und Maschinenbau mit jeweils knapp vier Prozent. Wie bereits oben angedeutet, sind Informations- und Kommunikationstechnologien gleichzeitig auch wirkungsvolle Treiber für Innovation, Wettbewerbsfähigkeit und Beschäftigung in anderen Bereichen der deutschen Volkswirtschaft. Beispielsweise ermöglichen und initiieren Informations- und Kommunikationstechnologien als Querschnittstechnologien im Maschinen- und Anlagenbau, in der Automobilbranche, in der Medizin, Logistik und Energiewirtschaft zahlreiche Produkt- und Prozessinnovationen. Auf diese Weise erhöhen viele Unternehmen in verschiedenen Wirtschaftszweigen ihre Produktivität. Dennoch gilt auch, dass Deutschland insgesamt derzeit im Bereich IKT zwar exzellente Forschungsergebnisse vorweisen kann, verzeichnet aber zugleich ungenutzte Potenziale bei der großflächigen Umsetzung in industriellen Anwendungen und Produkten.

Dies war und ist unter anderem Anlass für die beiden Bundesministerien BMWi und BMBF, sowohl eine IKT-Strategie als auch ein Forschungsförderungsprogramm in 2010 und 2011 vorzustellen (Abb. 8.1):

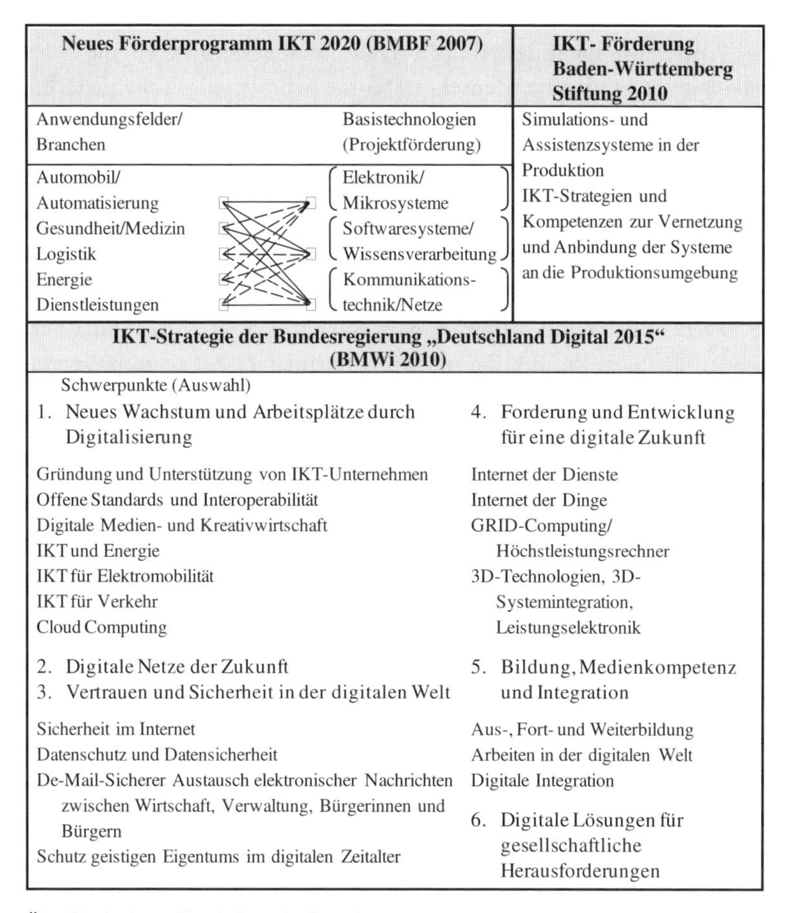

Abb. 8.1 Überblick über öffentlich zu fördernde IKT-Strategieansätze und IKT-Forschungsprogramme

- Die IKT-Strategie „Deutschland Digital 2015“ wurde vom Bundesminister für Wirtschaft und Technologie in Abstimmung mit verschiedenen Ressorts der Bundesregierung erarbeitet und bildet das Dach für die IKT-Politik der Bundesregierung. Die Strategie verbindet definierte Ziele mit konkreten Maßnahmen in den Bereichen IKT und Neue Medien (BMWi 2010)
- Das neue Forschungsförderprogramm IKT 2020 wurde vom BMBF in Abstimmung mit Wissenschaft und Wirtschaft erarbeitet. Durch eine enge Verbindung soll die Verwertung der Forschungsergebnisse in Deutschland verbessert werden (BMBF 2007).

Ergänzt werden diese Entwicklungspotenziale durch weitere Programme in den jeweiligen Bundesländern. So hat sich das Land Baden-Württemberg über ihre BW Stiftung im Rahmen des Forschungsprogramms „Effiziente Produktion durch IKT“ zum Ziel gesetzt, Produktions- und Fertigungsprozesse durch die Anwendung von IKT kostengünstiger, produktiver, flexibler sowie energie- und ressourceneffizienter weiter entwickeln zu lassen. Insbesondere wurde hier ein Forschungsbedarf für Simulations- und Assistenzsysteme in der Produktion identifiziert, der zurzeit durch gesteigerte kognitive bzw. intelligente Fähigkeiten sowie adaptive Mensch-Maschine-Schnittstellen gekennzeichnet ist. Des Weiteren zählen auch IKT-Strategien und Komponenten zur Vernetzung und Anbindung der Systeme an die Produktionsumgebung dazu (Abb. 8.1). Für das Land sind diese Informations- und Kommunikationstechnologien im Zusammenhang mit Produktion und Fertigung eine tragende Säule für die Wettbewerbsfähigkeit der heimischen Industrie (Baden-Württemberg Stiftung 2010).

Ein Konzept für eine digitale Produktion muss den jeweils in den Unternehmen anzutreffenden Gegebenheiten und Anforderungen Rechnung tragen, damit der Nutzen einer einzuführenden digitalen Produktion möglichst hoch ist. Dabei ist zum einen von kurz-, mittel- und langfristig wirkenden Nutzenentwicklungen in Bezug auf Zeit, Kosten und Qualität sowie Einzigartigkeit des Produkts bzw. der Dienstleistung, zum anderen von direkten und indirekten Wirkungen auszugehen, wie beispielsweise der Verbesserung der Integrations- und Kooperationsfähigkeit. Denn erst durch eine am tatsächlichen Bedarf ausgerichtete Digitalisierung der Produktion ermöglicht die Realisierung der erhofften Vorteile von Integrationen und Kooperationen.

Anzumerken zum hier benutzen Begriff der digitalen Produktion ist, dass dieser im deutschen Sprachraum auch in weiteren Wirtschaftsbereichen, wie in der Film- und Fernsehindustrie (Digitale Produktionstechnik in Film und TV) sowie in der digitalen Produktion von Printprodukten (Digital Publisher, digitale Workflow-Technologien, Printing on Demand etc.) Anwendung findet. Dabei werden insbesondere digitale Techniken unterstützend eingesetzt, um Filme, Fernsehen, Bücher, Zeitungen, Internetauftritte etc. wirtschaftlicher, mit besserer Qualität und in kürzeren Zeiträumen zu produzieren.

Die vorstehenden Anmerkungen zur skizzierten Auslegung des Begriffs der digitalen Produktion ist nicht thematischer Gegenstand der folgenden Ausführungen zur digitalen Produktion in Industrieunternehmen, obgleich die anzustrebenden betriebswirtschaftlich ausgerichteten Ergebnisse in beiden Gegenstandsbereichen ähnlich sind und beispielsweise für die betriebliche Funktion eines Industrieunternehmens, Marketing und Öffentlichkeitsarbeit, die digitalen Produkte aus der Film-, Fernseh- und Druckindustrie zur Marktbearbeitung bereits mehr oder weniger breitenwirksam eingesetzt werden.

Literatur

Alef N (2001) Digitale Literatur: Produktion, Rezeption, Distribution. Arbeit zur Magisterprüfung. Ruhr-Universität, Bochum

Baden-Württemberg Stiftung (2010) Effiziente Produktion durch IKT. http://www.bwstiftung.de/forschung/laufende-programme-und-projekte-forschung/information-kommunikation/effiziente-produktion-durch-ikt.html. Zugegriffen: 24.09.2012

Bundesministerium für Bildung und Forschung (BMBF) (2007) IKT 2020 – Forschung für Innovationen. BMBF, Bonn

Bundesministerium für Wirtschaft und Technologie (BMWi) (2010) IKT-Strategie der Bundesregierung „Deutschland Digital 2015". BMWi, Berlin

Statistisches Bundesamt (2013) IKT-Branche in Deutschland. Bericht zur Wirtschaftlichen Entwicklung. Statistisches Bundesamt, Wiesbaden

Teil III

Grundlagen der digitalen Produktion: Definition und Entwicklung

9 Definition und Entwicklung der digitalen Produktion

Engelbert Westkämper

In den 70er Jahren begann der Einzug der Elektronik in die Fabriken. Die zunächst eigenständigen Applikationen digitaler Informationsverarbeitung in der Produktion lagen in den Bereichen der Produkt-Konstruktion (CAD), dem Auftragsmanagement (PPS) und in der Fertigung (CNC-Technik, Flexible Fertigungssysteme). Sehr schnell entwickelten sich Visionen zukünftiger, rechnergeführter Produktionen, die bis zur vollständig automatisierten Fabrik reichten. CIM als Leitbild einer Produktion, in der die Daten von einer Applikation ohne Veränderung in die nächste überfließen konnten, führte die Anwendungen zu integrierten Rechnersystemen. Die Integration der Anwendungssysteme wurde als eine neuartige Technik verstanden, welche den Unternehmen einen hohen Gewinn an Flexibilität versprach.

Lange Zeit blieb die Teilung der Anwendungsbereiche bestehen. Der Schwerpunkt der Entwicklungen lag bei den Datenschnittstellen und der Erweiterung der Funktionalitäten der Systeme. Die Harmonisierung verlangte Standards in Hard- und Software auch bei permanenter Innovation der Betriebs- und Anwendungssysteme und der Interaktion von Menschen mit rechnerunterstützen Systemen. Die elektronischen Systeme diffundierten in alle Prozesse der Produktion und veränderten die Arbeitsweisen überall. Erst die großen Fortschritte in der technischen Leistung der Computer und die Kommunikationstechnik (LAN, WLAN etc.) schufen die Voraussetzungen für eine weitere Integration der Applikationen zu dem Stand, den wir heute mit den Begriffen der digitalen Produkte und digitalen Fabrik umschreiben. Im administrativen Bereich trugen standardisierte Workflows innerhalb und außerhalb der Unternehmen zum Fortschritt bei. Sie ermöglichten die Integration der Prozessketten zwischen Zulieferern, Produzenten und Kunden in den sogenannten Supply- und Distribution-Chains und führten zu einem integrierten und har-

E. Westkämper (✉)
Fraunhofer IPA, IFF und GSaME, Fraunhofer-Gesellschaft
und Universität Stuttgart, Nobelstr. 12, 70569 Stuttgart, Deutschland
E-Mail: engelbert.westkaemper@ipa.fraunhofer.de

E. Westkämper et al. (Hrsg.), *Digitale Produktion*,

DOI 10.1007/978-3-642-20259-9_9, © Springer-Verlag Berlin Heidelberg 2013

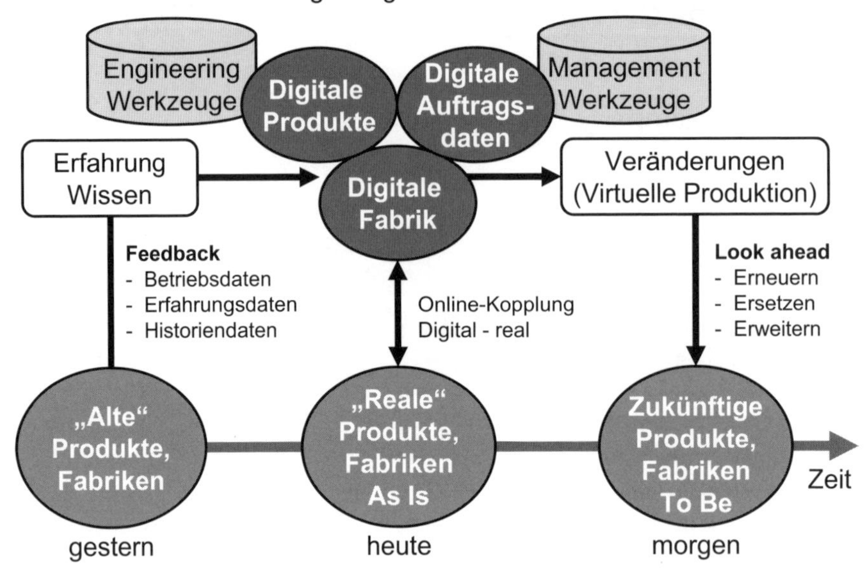

Abb. 9.1 Definition der digitalen Produktion

monisierten Ablauf der Geschäftsprozesse vom Kundenauftrag bis zur Auslieferung und in den Produktservice.

Gleichwohl behielten die drei primären Anwendungsgebiete der Rechnerunterstützen Produktion ihren familiären Charakter:

- Administration und Managementsysteme mit großen Massendaten und zentral organisierten Datenzentren mit dem Schwerpunkt der MRP-Systeme (Material and Resource Planning).
- Grafisch-interaktive Systeme für die Produktentwicklung (CAx), welche das Produktdatenmanagement (PDM) durch skalierbare Produktmodelle einbezogen.
- Die flexible Prozess-Automatisierung mit verteilten, vernetzten mechatronischen Elementen (Maschinen, Roboter, etc.), welche in MES-Systeme (Manufacturing Execution Systems) zu Leit- und Monitoringsystemen integriert wurden.

Heute folgen wir wiederum dem Integrationsaspekt mit der digitalen Produktion (Abb. 9.1). Dabei werden skalierbare Techniken der rechnerinternen Präsentation für die Modellierung der physischen Objekte eingesetzt und diese mit der modernen Kommunikationstechnik verknüpft. Die skalierbaren Modelle sind die Produkte -entsprechend ihrem Reifegrad (digitale Produkte), die technischen und humanen Ressourcen der Fabrik (digitale Fabrik) und Informationsmodelle, welche Arbeitspapiere repräsentieren. Da die

Modelle in den Rechnern speicher-, verarbeit- und transportierbar sind, entfällt das Papier als Informationsträger in der Zukunft vollständig.

IT-Werkzeuge für das Engineering, die Administration und die Prozessführung stehen als Software zur Unterstützung der Geschäftsprozesse und der technischen Prozesse in großer Vielfalt bedarfsgerecht zur Verfügung. Die Kommunikationstechnik und Kommunikationssysteme werden zum Backbone der innerbetrieblichen Kooperation und der Systemintegration.

In der Praxis stellen wir jedoch eine Differenz zwischen den digitalen Modellen und der Realität fest. Dies zu überwinden erfordert eine online Kopplung zwischen der realen Welt und der digitalen Welt (Sensor-Kopplung). Ferner ist eine rechnerinterne Darstellung von Objekten quasi eine statische Darstellung. Geht man davon aus, dass sich Objekte und Orte (Raum und Zeit) permanent verändern, muss die Veränderung der Modelle in der Zeit zum Gegenstand der Repräsentation werden. Veränderungen können real geschehen oder in der Zukunft herbeigeführt werden. Das dynamische, zeitabhängige Verhalten der Objekte wird in der digitalen Produktion für die Planung und Bewertung erforderlich.

Wesentliche Eigenschaften der digitalen Produktion sind deshalb:

1. der permanente Abgleich des realen Geschehens mit der digitalen Repräsentation und
2. eine zeitlich diskrete oder kontinuierliche Entwicklung.

Die Objekte selbst müssen als skalierbare Systeme modelliert werden. Skalen sind zum Beispiel die strukturellen Ebenen der Produkte vom Endprodukt bis zu den Features oder die Produktion vom Netzwerk bis zu den technischen Prozessen. Systemaspekte betreffen die Wirkelemente eines Systems (beispielsweise die Objekte) und ihre Relationen. Relationen entstehen beispielsweise durch den Fluss von Informationen, Materialien, Betriebsstoffen oder Energie. Relationen entstehen in der physikalischen Ebene aber auch durch das Zusammenwirken von Phänomenen. Dynamische Modelle beinhalten deshalb die Systeme einschließlich ihrer Relationen. Unter diesem Aspekt wird es möglich, die Simulationstechnik als Werkzeug der digitalen Produktion in allen Skalen einzusetzen, um das Zeitverhalten von Systemen einzubeziehen.

Wissen und Methoden der Produktion lassen sich in die Werkzeuge integrieren, die ihre Wissensbasis aus der Vergangenheit und Historiendaten ableiten. Insgesamt führt dies zu einer neuen Generation von Fabriken, die nicht wie früher CIM-Fabriken durch starre Workflows geprägt sind, sondern vielmehr durch Offenheit und Realitätsnähe der Informationsverarbeitung. In diesem Kapitel wird deshalb von einer historischen Aufarbeitung von CIM ausgegangen. Daran anknüpfend werden die strategisch-konzeptionellen Ansätze der digitalen Produkte und Fabrik sowie der Administration behandelt. Zum Schluss wird die Integration in offenen Kommunikationssystemen behandelt.

Computer Integrated Manufacturing (CIM) 10

Hans-Friedrich Jacobi

„Das weltweit wachsende immer differenziertere Güterangebot zwingt alle Produktionsunternehmen, in kürzester Zeit technisch anspruchsvolle Produkte höchster Qualität in kundenspezifische Varianten zu marktgerechten Preisen zu liefern. Diese Forderung ist nicht mehr durch eine Vorratsfertigung auf der Basis eines prognostizierten Absatzverlaufs zu erreichen. Vielmehr sind Produktionssysteme notwendig, mit denen aus dem Stand heraus Kundennachfragen befriedigt werden können und die daher flexibel automatisiert und hochproduktiv zugleich sein müssen". Diese von Wiendahl im Jahr 1992 in einem Geleitwort veröffentlichte Lagebeurteilung der damaligen Situation in Produktionsunternehmen trifft mehr oder weniger auch heute noch zu (Wiendahl 1992). Zur Erfüllung der o. g. Forderung empfahl Wiendahl in jener Zeit einen Strategiewechsel mit Unterstützung der seit den frühen achtziger Jahren des 20. Jahrhunderts bekannt gewordenen Konzeption Computer Integrated Manufacturing (CIM). Bereits Mitte der siebziger Jahr erhielten die Amerikaner Wisnosky, Shunk und Harrington von der amerikanischen Luftwaffe im Rahmen einer Modernisierungsoffensive den Auftrag, ein FuE-Programm (FuE: Forschung und Entwicklung) mit dem Ziel zu formulieren, neue Methoden, Prozesse und Werkzeuge zu entwickeln, um die notwendigen Integrationsaufgaben in Produktionsunternehmen der Luftwaffe effizient zu unterstützen. Integrated Computer-Aided Manufacturing, abgekürzt ICAM, lautete der Titel dieses visionären Programms (Wisnosky 1977; Wisnosky et al. 1980. Wisnosky und Shunk waren die ersten, die verstanden, dass ein Netz von fachlichen und informatorischen Wechselwirkungen zu beachten ist, um die erforderliche Integration der Produktionsaufgaben erfolgreich bewerkstelligen zu können. Zur Verdeutlichung dieses Ansatzes konzipierten sie ein Rad (Wheel), um zum einen die Architektur des ICAM-Projektes selbst zu veranschaulichen und zu anderen die Abhängigkeiten der

H.-F. Jacobi (✉)
GSaME, Universität Stuttgart, Nobelstr. 12, 70569 Stuttgart, Deutschland
E-Mail: hans-friedrich.jacobi@gsame.uni-stuttgart.de

E. Westkämper et al. (Hrsg.), *Digitale Produktion*,

DOI 10.1007/978-3-642-20259-9_10,

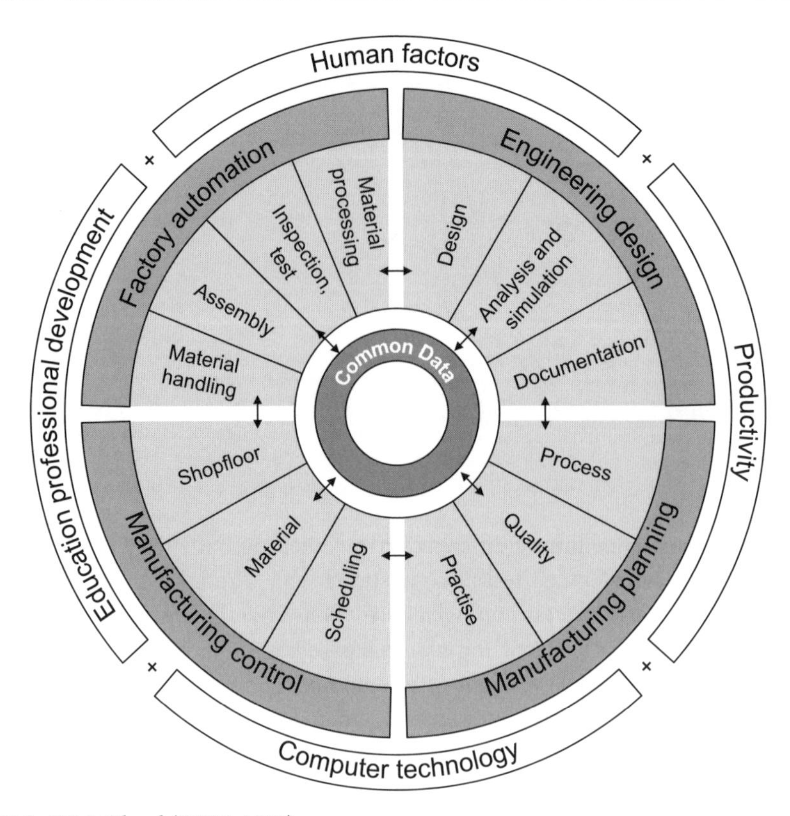

Abb. 10.1 CIM-Whee.l (CASA 1980)

aufeinander abzustimmenden, verschiedenen Elemente dieser Integrationsaufgabe aufzeigen zu können (Abb. 10.1).

Hier ist zu erkennen, dass damals bereits die Schlüsselfunktion für die Integration, nämlich das Datenmanagement (Common data) besondere Beachtung erfahren hatte. Des Weiteren, dass die vier Fachfunktionen Produktentwicklung, Produktionsplanung und –steuerung sowie die Fabrikautomatisierung zu analysieren und neu zu konzipieren sind, dass die Kennzahl Produktivität eines Unternehmens grundsätzlich mit dem Datenmanagement und mit den oben genannten vier Funktionen sowie mit den einzubeziehenden Mitarbeitern/Mitarbeiterinnen, der anzuwendenden Computertechnologie sowie der Aus- und Weiterbildung im Zusammenhang steht (Harrington 1984).

Während der ICAM-Projektbearbeitung erkannten diese Wissenschaftler, dass es notwendig sei, neue Analyse- und Dokumentationsmethoden hinsichtlich der Integration entwickeln und davon entsprechende Standardisierung ableiten zu müssen. So entstand der Standard IDEF (ICAM Definition). IDEF ist als Familie von Modellierungssprachen auf dem Gebiet des Systems- und Software- Engineering zu bezeichnen. Sie kann für ein umfangreiches Spektrum angewendet werden, von (formaler) Funktionsmodellierung zur Datenhandhabung, von Simulation über objektorientierter Analyse und Design bis hin

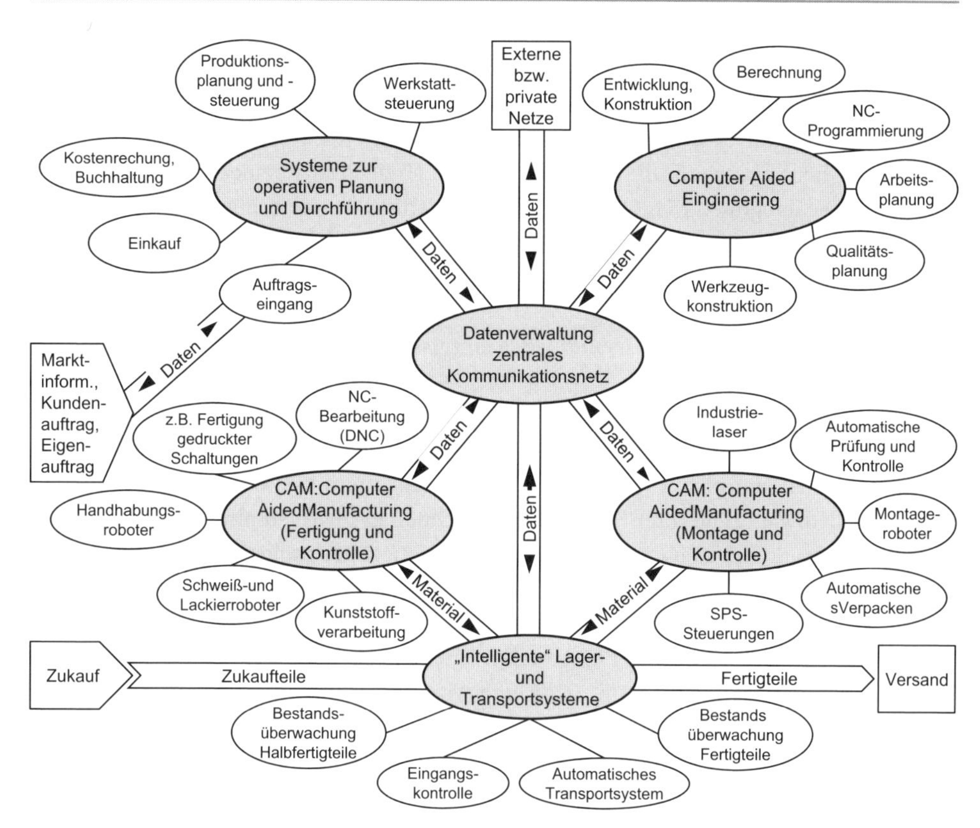

Abb. 10.2 Nutzung der Datenbasis zur Integration – CIM-Konzeption der Fa. General Electric (GE). (Beyenburg 1982)

zur Wissensverarbeitung (functional modeling approach – IDEF0/information modeling language – IDEF1). Von diesen Grundlagenarbeiten wurde später der ISO-Standard (ISO Standard for the exchange of product model data (STEP) sowie das anschließend von der Europäischen Union geförderte Projekt CIMOSA (Computer Integrated Manufacture Open Systems Architecture (ISO 10303) abgeleitet.

Insgesamt sollte durch die Inangriffnahme des Forschungsprogramms ICAM (rund 20 Teilprojekte) versucht werden, systematisch unter verstärkter Einbeziehung von Rechnern ein höheres Niveau (technisch, organisatorisch, ausbildungsorientiert) im Produktionsbereich selbst und bei den ihn beeinflussenden In- und Outputfaktoren zu erreichen. Firmennamen wie Hughes Aircraft Company, International Harvester, Booz, Allen & Hamilton und General Electric/Aerospace Electronics prägten diese Initiierungsphase von CIM, wobei sich insbesondere General Electric durch die Veröffentlichung der ersten, umfangreichen CIM-Konzeptionsgraphik auszeichnete. In deutscher Übersetzung lag diese Graphik 1982 vor. Zu erkennen ist hier bereits der erst zu einem späteren Zeitpunkt formulierte datengetriebene CIM-Konzeptionsansatz (Abb. 10.2).

Auf der Frühjahrskonferenz des Instituts für Industrial Engineers (IIE) in New Orleans (USA) wurde 1982 über die „Fabrik der Zukunft“ diskutiert (Sadowski 1984). Ein Jahr später – im Frühjahr 1983– beschlossen Mitglieder dieses Instituts, in den folgenden zwei Jahren eine Beitragsserie in die Fachzeitschrift IE (Industrial Engineering) mit dem Titel „Computer Integrated Manufacturing Systems (CIMS)“ einzubringen. Im Januar 1984 startete diese Serie, behandelte alle wesentlichen Problemfelder von CIM und endete im Januar 1986 mit dem Beitrag „CIM und die flexibel automatisierte Fabrik der Zukunft“.

Von 1977 bis 1985 übte der belgische Diplomat E. Davignon als Mitglied der Europäischen Kommission die Funktion eines EG-Kommissars für Binnenmarkt, Verwaltung der Zollunion und der industriellen Angelegenheiten aus. Er war davon überzeugt, dass ein kontinuierliches wirtschaftliches Wachstum in Europa direkt von einer umfangreichen IT-Kompetenz (IT: Informationstechnik) abhängt und dass die in 1981 existierende europäische IT-Industrie signifikant hinter den amerikanischen und japanischen Wettbewerbern zurückgefallen war: „The train (for computer technology) had left already. For us, it was clear that we could not catch it. Only the communication (technology) remained“.

In Genf betonte 1983 der damalige Tagungspräsident in seiner Eröffnungsansprache auf der ersten europäischen Konferenz Autofact (Automatisierte Fabrik), dass Computer Integrated Manufacturing (CIM) in Amerika bereits Realität sei. Seit 1980 werde laufend bewiesen, dass die Produktion mit CIM eine wissenschaftlich fundierte Technologie sei (Hrdliczka 1983).

FAZIT: Auf Anregung des amerikanischen Verteidigungsministeriums arbeiteten Forschungsinstitute und Industrieunternehmen seit 1976 an der Vision CIM, wobei diese Arbeiten auf eine außerordentlich positive Resonanz in der hochentwickelten amerikanischen Rechnerindustrie trafen. Die übrige Fachwelt in Europa bemerkte diese Entwicklung zunächst ungläubig, denn beispielsweise lief in der Bundesrepublik Deutschland zu dieser Zeit noch das umfangreiche, mit öffentlichen Mitteln gefördertes Forschungsprogramm „Humanisierung der Arbeit“, bei dem im Forschungsumfeld auch der zunehmende Rechnereinsatz in der Industrie kritisch betrachtet wurde.

Anfang der 80er-Jahre standen die Industrieunternehmen in Europa, insbesondere in Deutschland im Spannungsfeld der unterschiedlichen CIM-Einschätzungen von Gewerkschaften, Mitarbeitern, Hard- und Softwarelieferanten sowie kaum nennenswerten Stellungnahmen aus der Wissenschaft und Forschung.

10.1 CIM-Bestrebungen im Blickwinkel der Europäischen Kommission

Die umfangreichen Überzeugungsarbeiten von Davignon zuvor und die nach wie vor unbefriedigende Wettbewerbssituation setzten den folgenden deutschen EG-Kommissar, K.-H. Narjes, der von 1984 bis 1988 für Industriepolitik, Forschung und Innovation zuständig war, in die Lage, die ersten EU-Forschungsprogramme – auch mit der Zielrichtung CIM-Forschung und Entwicklung zu initiieren.

Tab. 10.1 ESPRIT- Finanzierungsrahmen. (Quelle: Europäische Kommission 1994)

Zeitraum	Budget [in Mio. ECU]	CIM-Anteil [in Mio. ECU]
ESPRIT I	714	104
ESPRIT II	1.454	245
ESPRIT III	1.491	265
Informationstechnologien 1994–1998	2.057	geplant: 229

Rechnungseinheit der europäischen Gemeinschaft bis 1998, 1999 abgelöst im Umrechnungsverhältnis von 1:1 durch den EURO
ECU European currency unit

Demzufolge wurde 1983 unter Einbindung der europäischen Informations- und Kommunikationsbranche ein Großteil der bereits existierenden europäischen Fördermaßnahmen auf Vorschlag der EU-Kommission unter dem Begriff Erstes Forschungsrahmenprogramms (FRP 1) zusammengeführt sowie vom Europäischen Rat und Parlament als ESPRIT-Programm (European Strategic Program for Information Technology) (1984–1987) verabschiedet.

„On 28 February 1984, the Council of Ministers approved Phase I of the ESPRIT programme with the originally proposed budget of 1,5 billion EUR over a four-year period; half of that amount coming from the EC and half from project participants".

Die Kommission stellte danach in drei weiteren Rahmenprogrammen erhebliche Summen für zahlreiche ESPRIT-Projekte auf dem Gebiet der Informations- und Kommunikationstechnologien zur Förderung der Entwicklung von CIM-Systemansätzen sowie -Komponenten, offener Systemarchitekturen sowie von Vorarbeiten für die Normung von Schnittstellen zur Verfügung (Tab. 10.1). Beispielhaft sind hier zu nennen:

- Das ESPRIT-Konsortium AMICE arbeitete seit 1986 an der Konzeption einer offenen Systemarchitektur für CIM: CIMOSA (König und DeRidder 1992). Die offene Architektur umfasst
  - ein konzeptionelles Gerüst für die Modellierung von Produktionsunternehmen,
  - Konstrukte und Methoden für die Modellierung sowie
  - eine integrierende Infrastruktur mit Diensten für Engineering und Betrieb.
- Im ESPRIT-Projekt „Knowledge based realtime supervision in CIM" stand die datentechnische Integration der betrieblichen Funktionen Produktion, Qualitätssicherung und Instandhaltung als Forschungsschwerpunkt zur Bearbeitung an (1985–1990). Analysierte Anwenderprobleme wurden neben verschiedenen IT-Teilsystemen auch durch den zusätzlichen Einsatz von wissensbasierten Systemen, insbesondere bei den Funktionen Qualitätssicherung und Instandhaltung an unterschiedlichen Montagelinien der Fa. Philips (Wetzlar, Wien) sowie der Fa. Pirelli (Mailand, Turin) gelöst (Konsortien: Fa. Philips, Fa. Pirelli, Universität Bordeaux, Fraunhofer IPA, Forschungszentrum Informatik Karlsruhe, Politecnico Milano, BICC Hertfordshire u. a.).

Tab. 10.2 Überblick über die Forschungsförderungsprogramme der EU bezüglich der Informations- und Kommunikationstechnik (ICT)

Jahre	Rahmenprogramme	IKT Förderprogramme	EC-Förderung für IKT Forschung (€)
1984–1987	1st Framework Programme	ESPRIT I (1984–1987) € 714 Mio.	750
1987–1991	2nd Framework Programme	ESPRIT II (1987–1989) € 1454 Mio. (€ 1,6 Mrd. verfügbar)	2275
		RACE I (1988–1992) € 550 Mio. Seit 1988:	
		DRIVE – Telematics Applications for Transport, 30 Monate, € 60 Mio.	
		DELTA – Telematics Applications for Education and Training, 2 Jahre, € 20 Mio.	
		AIM: Telematics Applications for Medicine, 2 Jahre, € 20 Mio.	
1990–1994	3rd Framework Programme	RACE II (1991–1994)	2360
		RACE Ausgaben in FP3 € 489 Mio.	
		ESPRIT III (1990–1994) € 1491 Mio. Telematics € 380 Mio. (einschließlich den Erweiterungen von DRIVE, DELTA und AIMS)	
1994–1998	4th Framework Programme	ACTS (1994–1998) € 671 Mio.	3626
		Telematics (1994–1998) € 898 Mio.	
		ESPRIT IV € 2057 Mio.	
1998–2002	5th Framework Programme	IST Programm	3600
2002–2006	6th Framework Programme	IST Programm	4000
2007–2013	7th Framework Programme	ICT Programm	9110

- Im ESPRIT-Projekt „Human-Centered CIM Systems" (1986 bis 1989) sind drei Komponenten einer CIM-Struktur entwickelt worden, die den Menschen in den Mittelpunkt stellt (Gottschalch und Wittkowski 1989):
  - Interaktion und Kooperation zwischen dem Konstruktionsbüro und der Fertigung
  - CNC-Werkstattprogrammierung und computergestützte Werkstattsteuerung
  - Organisationsstruktur (teil-)autonomer Fertigungsinseln in CIM-Strukturen.

Mit dem Auslaufen des 4. Forschungsrahmenprogramms war das Thema CIM für die EU-Kommission Forschung anscheinend umfänglich behandelt worden. Denn seit 1988 förderte die EU weitere, spezifische ICT-Programme, wie beispielsweise RACE (Research and Development in Advanced Communications Technologies), ACTS (Advanced Communications Technologies and Services) and TELEMATICS (Applications Programme) (Tab. 10.2).

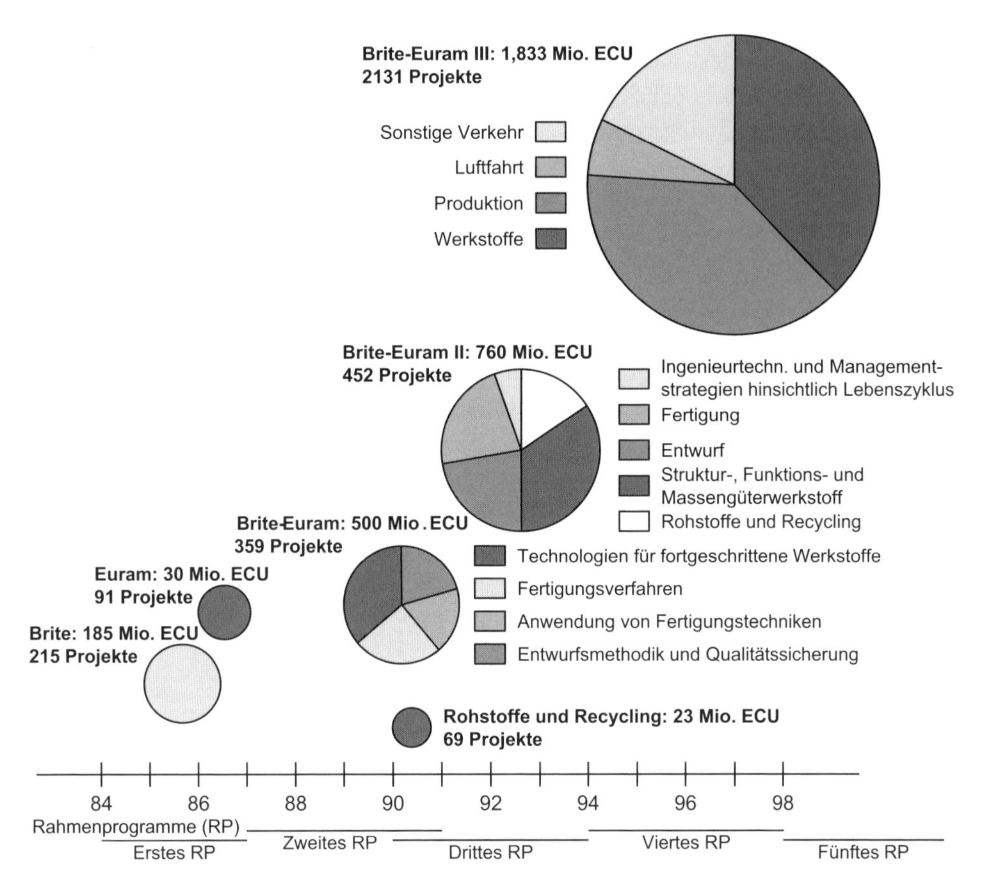

Abb. 10.3 BRITE EURAM: Rüstzeug für die Zukunft – Chronologie der industriellen Forschungsförderung in Europa (1985–2002) (Seite 22 EU-Broschüre)

Im Begriff CIM steht das „M" für Manufacturing, dem eigentlichen Zielbereich für die integrierte Computeranwendung. In weitem Sinne ergänzte die EU hierzu bereits ab 1984 mit dem lancierten BRITE-Programm (BRITE: Basic Research in Industrial Technologies for Europe) die ICT-Sicht um die Sichten Industrielle Technologien sowie spezifische Materialtechnologien, was letztlich im Kontext zum 4. EU-Forschungsrahmenprogramm zum eigenständigen BRITE-EURAM III – Programm führte (1994–1998) (EURAM: European Research in Advanced Materials). BRITE-EURAM III: „[…] to provide support to industry as well as to academic and research organisations for pre-competitive collaborative and co-operative research in materials, design and manufacturing technologies – with a special emphasis on transport sectors, including aeronautics, cars, ships and trains. Its main goals were to stimulate technological innovation, encourage traditional sectors of industry to incorporate new technologies and processes, promote multi-sectoral and multidisciplinary technologies, and develop scientific and technological collaboration" (Abb. 10.3).

Die bis 1998 geförderten unterschiedlichen thematischen Ausrichtungen der ICT-Förderprogramme – einschließlich der ESPRIT-Programme – wurden Anfang 1999 im 5. EU-Forschungsrahmenprogramm unter dem Begriff IST Programme (IST: Information Society Technologies) neu ausgerichtet (Tab. 10.2). Die Neuausrichtung erfolgte in 4 thematischen und 3 horizontalen Programmen.

Thematische Programme (Leitaktionen):

1. LIFE – Lebensqualität und Management lebender Ressourcen
2. IST – Benutzerfreundliche Informationsgesellschaft
3. GROWTH – Wettbewerbsorientiertes und nachhaltiges Wachstum sowie
4. EESD – Energie, Umwelt und nachhaltige Entwicklung.

Hierbei nahmen insbesondere die aufgeführten Teilprogramme IST und GROWTH weitläufig noch Bezug zur vormaligen Leitvision „CIM in Industrieunternehmen" mit den Schwerpunkten Informations- und Kommunikationstechnik sowie Produktion und Werkstoffe (Quelle: EU, FTEinfo, Februar 1999). Beispielweise wurde zum thematischen Programm IST die nachstehende Untergliederung angeboten:

1. Systeme und Dienstleistungen für den Bürger,
2. multimediale Inhalte (Material) und -Werkzeuge,
3. neue Arbeitsmethoden und elektronischer Geschäftsverkehr sowie
4. grundlegende Technologien und Infrastrukturen.

In der weiteren Untergliederung von 4. „Grundlegende Technologien und Infrastrukturen" konnten im Rahmen von spezifisch ausgeschriebenen Forschungsprojekten folgende Themen bearbeitet werden:

- Informationsverarbeitung, Kommunikations- und Netzmanagement: Zusammenwirkende Systeme für die Verteilung und interaktive Nutzung von Ressourcen, Echtzeitsysteme zur Verarbeitung großer Datenmengen, Breitband-Telekommunikationsnetze etc.
- Software-, System- und Diensttechnik: Entwicklung und Betrieb von Systemen mit starker Software-Komponente etc.
- Echtzeit-Simulation und -Visualisierung in großem Maßstab: Verteilte Simulationen, geteilte virtuelle Umgebungen etc.
- Dienste und Systeme für mobile und persönliche Kommunikation, einschließlich satellitengestützter Systeme und Dienste: Integriertes und durchgängiges Netzwerk, das uneingeschränkten Zugang zu drahtlosen Multimedia-Kommunikationen und -Diensten bietet. Sensorisch gesteuerte Schnittstellen – Sensoren und Steuerungs- und Visualisierungssysteme, Bild- und Tonverarbeitung und -synthese etc.

- Peripheriegeräte, Teilsysteme und Mikrosysteme: Für Anwendungen in spezifischen Bereichen (Medizin, Biochemie, Umwelt, Automobil, Raumfahrt), optische Verbindungen.
- Mikro- und Optoelektronik: Entwicklung und Prüfung von Komponenten sowie deren Konditionierung, Verbindung und Anwendung.

Zur Komplettierung des Überblicks zum 5. Rahmenprogramm sind noch die 3 horizontalen Programme zu erwähnen, deren Aktivitäten mit den o. g. thematischen Programmen zu synchronisieren waren:

1. Sicherung der internationalen Stellung der Gemeinschaftsforschung (INCO-2)
2. Förderung der Innovation und Einbeziehung von kleinen und mittleren Unternehmen (KMU) (u. a. CRAFT)
3. Ausbau des Potenzials an Humanressourcen in der Forschung und Verbesserung der sozioökonomischen Wissensgrundlage (u. a. Marie Curie-Stipendien).

Das 6. EU-Rahmenprogramm (6. FRP, Kommission Forschung) (2002–2006) wiederum wies gegenüber dem 5. EU-Rahmenprogramm eine deutlich geänderte Überblicksstruktur auf (Abb. 10.4). Definierte Aufgabe des 6. FRP war es, die Bemühungen der EU fortzusetzen, den Europäischen Forschungsraum (EFR) zu stärken und im internationalen Vergleich die Wettbewerbsfähigkeit der europäischen Wissenschaftseinrichtungen zu verbessern. Gegenstand der Förderung im 6. FRP sind sowohl angewandte Forschung als auch Grundlagenforschung bis hin zur experimentellen Entwicklung, die Verbreitung von Forschungsergebnissen, die Schaffung von Infrastrukturen und die Unterstützung von Forschermobilität [EU 6. RP]. Vor diesem Hintergrund wurden neben dem wichtigsten, aus dem 5. FRP bekannten Instrument „Spezifische gezielte Forschungsprojekte (STREPS)", größere Projektverbände, die Networks of Excellence (NoE) und Integrated Projects (IP), eingeführt. Weiterhin übertrug die EU mehr Eigenverantwortung auf die aus mindestens drei Mitgliedstaaten zusammengesetzten Konsortien. Ergänzende Finanzaudits dienten der laufenden Überwachung der Mittelverwendung.

Das 6. FRP lässt sich in drei Hauptkapitel gliedern (Abb. 10.4):

- Schwerpunkt 1: Bündelung und Integration der europäischen Forschung durch thematische Prioritäten
- Schwerpunkt 2: Ausgestaltung des europäischen Forschungsraums (ERF)
- Schwerpunkt 3: Stärkung der Grundpfeiler des Europäischen Forschungsraums.

Das Schwergewicht des 6. Forschungsrahmenprogramms wird insofern erkennbar, als bei der Integration der Gemeinschaftsforschung und hier insbesondere hinsichtlich der thematischen Priorität „Technologien der Informationsgesellschaf" ein Förderbetrag von

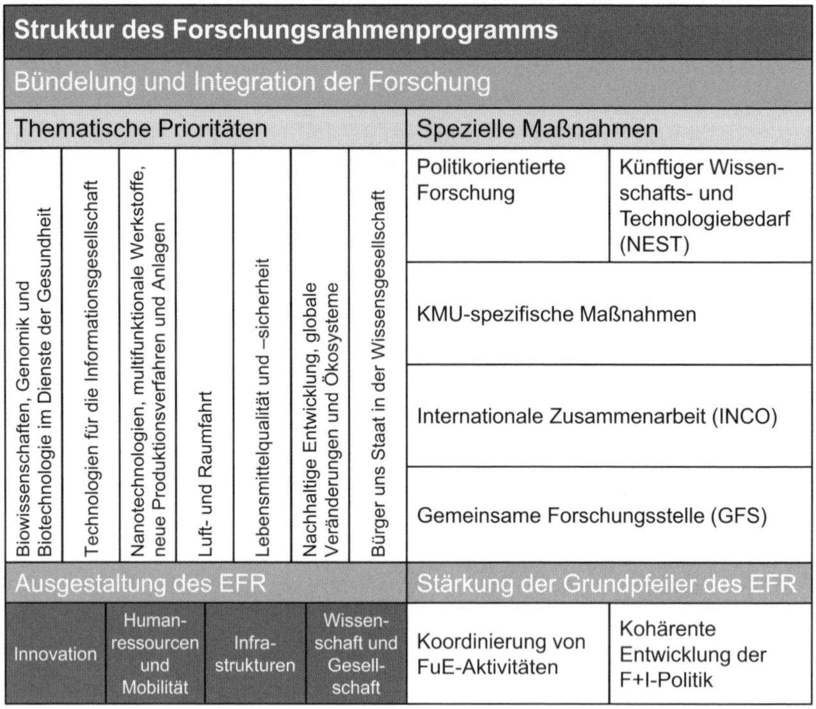

Struktur des Forschungsrahmenprogramms

Bündelung und Integration der Forschung

Thematische Prioritäten							Spezielle Maßnahmen	
Biowissenschaften, Genomik und Biotechnologie im Dienste der Gesundheit	Technologien für die Informationsgesellschaft	Nanotechnologien, multifunktionale Werkstoffe, neue Produktionsverfahren und Anlagen	Luft- und Raumfahrt	Lebensmittelqualität und –sicherheit	Nachhaltige Entwicklung, globale Veränderungen und Ökosysteme	Bürger uns Staat in der Wissensgesellschaft	Politikorientierte Forschung	Künftiger Wissenschafts- und Technologiebedarf (NEST)
							KMU-spezifische Maßnahmen	
							Internationale Zusammenarbeit (INCO)	
							Gemeinsame Forschungsstelle (GFS)	

Ausgestaltung des EFR				Stärkung der Grundpfeiler des EFR	
Innovation	Humanressourcen und Mobilität	Infrastrukturen	Wissenschaft und Gesellschaft	Koordinierung von FuE-Aktivitäten	Kohärente Entwicklung der F+I-Politik

Abb. 10.4 Struktur des 6. Forschungsrahmenprogramms. (Quelle: EU, 6. Rahmenprogramm)

3.984 Mrd. € angesetzt wurde. Für die Priorität „Nanotechnologien, multifunktionale Werkstoffe, neue Produktionsverfahren und –anlagen" waren insgesamt 1.429 Mrd. € vorgesehen.

Mit Blick auf die institutionelle und industrielle Forschungsförderung lassen sich einzelne Elemente der CIM-Vision überwiegend bei den beiden zuletzt genannten thematischen Prioritäten sowie bei der speziellen Maßnahme KMU-spezifische Maßnahmen ausmachen.

Dabei umfasste die zweite thematische Priorität – Technologien für die Informationsgesellschaft (IST) – folgende Forschungsbereiche, die übergeordnet auf die gesellschaftlichen Herausforderungen Gesundheitsfürsorge, Umwelt, Sicherheit, Mobilität und Beschäftigung im Kontext zur Informations- und Kommunikationstechnik (IKT) Antworten finden sollten (Abb. 10.5):

- Angewandte IST-Forschung zur Bewältigung wichtiger gesellschaftlicher und wirtschaftlicher Herausforderungen
- Kommunikations-, Informationsverarbeitungs- und Softwaretechnologien
- Komponenten und Mikrosysteme

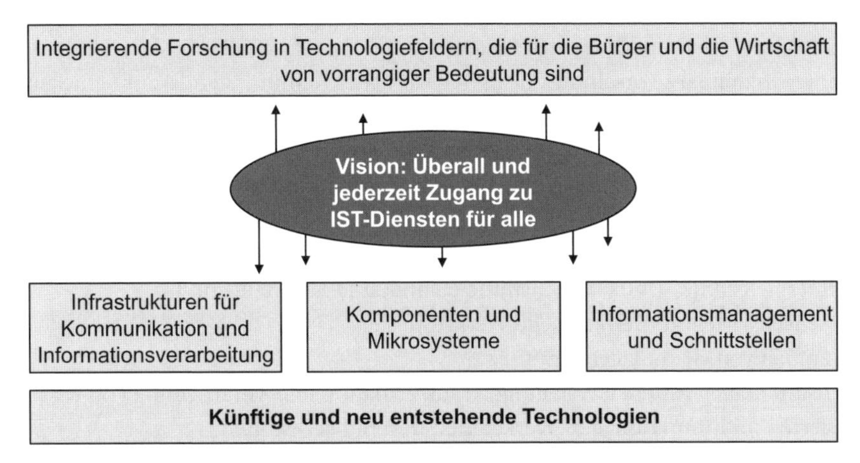

Abb. 10.5 Überblick der FuE-Aktivitäten zu den Technologien für die Informationsgesellschaft

- Wissens- und Schnittstellentechnologien
- Künftige und neu entstehende IST-Technologien

Ziel war es, die Entwicklung der Hardware- und Softwaretechnologien sowie der Anwendungen für den Aufbau der Informationsgesellschaft in Europa zu fördern, um die Wettbewerbsfähigkeit der europäischen Industrie zu stärken und es den Bürgern in sämtlichen Regionen der Union zu ermöglichen, uneingeschränkten Nutzen aus der Entwicklung der Wissensgesellschaft zu ziehen (EU-Kommission, 2002).

Eine, in diesem Kontext eigentlich explizit mit ins Auge zu fassende, CIM- Weiterentwicklung hinsichtlich der Sicherung des industriellen Beschäftigungspotenzials in europäischen Wirtschaftsunternehmen stand dabei zunächst nicht prioritär auf der Forschungsagenda.

Ähnliches lässt sich auch bei der dritten thematischen Priorität Nanotechnologien, multifunktionale Werkstoffe, neue Produktionsverfahren und –anlagen (NanoMatPro) feststellen. Vereinfacht kann im physikalischen Sinn die Nanotechnik als eine Fortsetzung und Erweiterung der Mikrotechnik ausgefasst werden (Top-down-Ansatz), unter chemischen Gesichtspunkten stellen Atome und Moleküle einer Materie die Grundlage für die Verbindung zu größeren Einheiten dar (Bottom-up-Ansatz). Beide Ansätze sowie weitere ergänzende Wissenschaftsgebiete wurden unter der Überschrift „Nanotechnologien: Interdisziplinarität praktizieren" mit erheblichen Fördersummen ausgestattet. Die naheliegende Konsequenz, dass auch hier am Ende eines Forschungsprojektes ein Wissenstransfer für eine (wirtschaftliche) Herstellung („M" von CIM) von bedarfsgerechten Produkten/produktionsnahen Dienstleistungen zu erfolgen hat, wurde kaum gezogen. Im förderungswürdig kleinsten Bereich – Neue Produktionsverfahren und –anlagen – erfolgte zwar eine Annäherung an einige Bestandteile der CIM-Vision, aber letztlich standen die wissenschaftlich-technischen Verfahren im Vordergrund. Zur Projektbeantragung innerhalb der dritten thematischen Priorität wurde folgende allgemeine Förderungsstruktur vorgegeben:

- Nanotechnologien und Nanowissenschaften
  - Interdisziplinäre Forschung zur Erweiterung des Kenntnisstands, zur Steuerung von Prozessen und Entwicklung von Forschungsinstrumenten
  - Nanobiotechnologie
  - Nanotechniken zur Entwicklung von Werkstoffen und Komponenten
  - Entwicklung von Steuer- und Kontrollgeräten und -instrumenten
  - Anwendungen in Bereichen wie Gesundheit und medizinische Systeme, Chemie, Energietechnik, Optik, Lebensmitteltechnik und Umwelttechnik
- Wissensbasierte multifunktionelle Werkstoffe
  - Aufbau von Grundlagenkenntnissen
  - Technologien für die Herstellung, Transformation und Verarbeitung von wissensbasierten multifunktionellen Werkstoffen und Biowerkstoffen
  - Flankierende Technologien für die Werkstoffentwicklung
- Neue Produktionsverfahren und -anlagen
  - Entwicklung neuer Prozesse und flexibler, intelligenter Fertigungssysteme
  - Systemforschung und Risikobewältigung
  - Optimierung des Lebenszyklus von Industriesystemen, -produkten und -dienstleistungen.
  - Integration von Nanotechnologien, neuen Werkstoffen und neuen Produktionstechnologien für verbesserte Sicherheit und Lebensqualität.

Beim Strukturelement „Neue Produktionsverfahren und –anlagen“ war geplant, neue Prozesse sowie flexiblere, intelligentere Fertigungssysteme entwickeln zu lassen. Die Forschungsarbeiten sollten sich nicht nur auf die Anlagen und Verfahren beziehen, sondern auch auf die Aspekte des Wissensmanagements sowie der Aus- und Fortbildung der mit diesen Neuerungen arbeitenden Menschen. Als Beispiele für Forschungsthemen wurden genannt: Innovative, intelligente und kostengünstige Fertigungsverfahren sowie ihre Einbeziehung in die Fabrik der Zukunft, auf neue Werkstoffe gestützte Hybridtechnologien, Einbeziehung aller Aspekte der Informations- und Kommunikationstechnologie einschließlich Sensor- und Steuerungstechnologien sowie innovativer Robotertechnik [BMBF 6. RP]. Des Weiteren sollte die Forschung zur Optimierung des Lebenszyklus von Industriesystemen, -produkten und -dienstleistungen die in den ersten beiden Teilbereichen des Strukturelements durchgeführten Forschungsaktivitäten gut ergänzen. Dabei wurde auch auf die zunehmende Bedeutung neuer Organisationsformen in Unternehmen und effizientes Informationsmanagement für die zukünftigen modernen Unternehmen hingewiesen. Die Zusammenführung der Forschung zu Informationstechnologien mit der Produktion – die Verknüpfung der 2. mit der 3. thematischen Priorität – hatte zur Folge, dass gemeinsame Aufrufe organisiert und letztlich daraus auch Projekte mit Partnern aus der Wissenschaft und Industrie mit mindestens drei Länderbeteiligungen entstanden: Indirekte Wiederaufnahme der CIM-Visionen!

In Ergänzung dazu wäre es auch im Bereich KMU-spezifische Maßnahmen (Abb. 10.4) durch die angebotene freie Forschungsthemenwahl unter bestimmten Konstellationen möglich gewesen, für KMU angepasste CIM-Ideen umzusetzen, was insbesondere mit dem Instrument der Kooperationsforschung (CRAFT-Projekte) teilweise auch versucht wurde.

Zusammenfassend setzt sich nach den Analyseergebnissen einer ZEW-Studie die Beteiligung deutscher Partner an den o. g. sieben thematischen Prioritäten wie folgt zusammen (Auswahl) (ZEW 2009):

- Hinsichtlich dieser Prioritäten nahmen deutsche Partner jeweils an rd. drei Vierteln (74 %) der Projekte teil (UK 63 %, FR 61 %; IT 55 %) – zu einem geringeren Anteil an den Bereichen Raumfahrt (49 %) und Lebensmittel (62 %), jedoch besonders stark im Bereich Luftfahrt (81 %) und NanoMatPro (79 %).
- Die thematische Priorität Technologien für die Informationsgesellschaft (IST) weist insgesamt 1.090 bewilligte Projekte aus, davon 799 (73 %) mit deutscher Beteiligung.
- Für die thematische Priorität Nanotechnologien, multifunktionale Werkstoffe, neue Produktionsverfahren und -anlagen (NanoMatPro) werden 445 Projektbearbeitungen genannt mit 353 Partnern aus Deutschland.
- Bei den KMU-spezifischen Maßnahmen wurden 490 Projekte gefördert. Deutsche Unternehmen nahmen an 301 Projekten (61 %) teil.

Der in den CIM-Visionen innewohnende Gedanke – die ständig erlebten Defizite beim Thema IKT in Industrieunternehmen durch entsprechende Integrationsmaßnahmen zu verringern – trat zunächst bei der Konzipierung des 6. FRPs in den Hintergrund, im Verlaufe der jahresbezogenen Ausschreibungen wurde – nach Hinweisen aus der Industrie und Wissenschaft – von der EU-Kommission die Bedeutung der Integration für Wirtschaftsunternehmen erkannt und insbesondere mit Blick auf die Verknüpfungschancen bei der 2. mit der 3. Priorität gemeinsame Ausschreibungen ins Leben gerufen. Seit Beginn des 5. FRPs erforschte die IKT-Klientel zahlreiche wissenschaftlicher Einzelaspekte. Aus dem Blickwinkel von Wirtschaftsunternehmen konnte die Wirkungskette „EU-Projektergebnisse – unternehmerische Wettbewerbsfähigkeit in Europa sichern und verbessern" bis zum Ende des 6. FRPs höchstens in Einzelfällen nachgewiesen werden. In diesem Kontext wird beispielsweise in der ZEW-Studie als Ergebnisandeutung des 6. FRPs aufgeführt:

- Wissenschaftlicher Output: Das wissenschaftliche Personal führt einen substanziellen Anteil der erzielten Publikationen und Patentanmeldungen auf die Beteiligung am 6. FRP zurück. Die durchgeführten Projekte haben damit einen positiven Einfluss auf die wissenschaftliche Produktivität.
- Chancen für Unternehmen: Unternehmen nennen den Zugang zu ausländischen Märkten als wichtigen Grund für eine Beteiligung. Auch die Vernetzung mit Hochschulen und Forschungsinstituten wird von Unternehmen positiv hervorgehoben. Für Unternehmen zeigen sich tendenziell positive Effekte der Beteiligung sowohl im Hinblick auf den Umfang der Durchführung eigener FuE-Aktivitäten als auch auf den Markterfolg, der mit Innovationen erzielt werden kann.

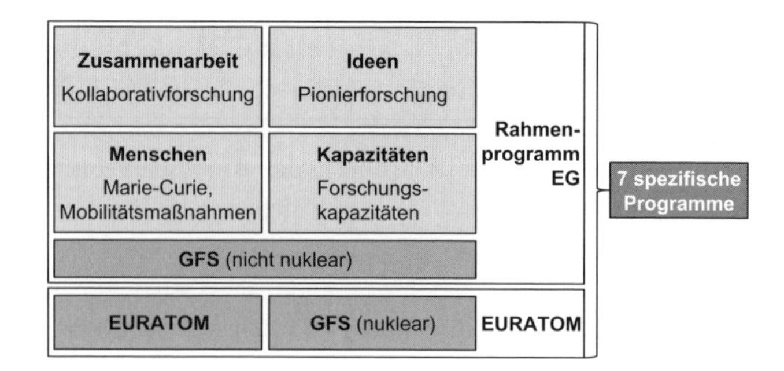

Abb. 10.6 Allgemeine Struktur des 7. EU-Forschungsrahmenprogramms

Die Lissabon-Strategie ging in ein auf einem Sondergipfel der europäischen Staats- und Regierungschefs im März 2000 in Lissabon verabschiedetes Programm ein, das zum Ziel hatte, die EU innerhalb von zehn Jahren, demnach bis 2010, zum wettbewerbsfähigsten und dynamischsten wissensgestützten Wirtschaftsraum der Welt zu machen. Als Messlatte dienten die Konkurrenten Japan und besonders die USA. Mit dieser Strategie beabsichtigte die EU, im Rahmen des globalen Ziels der nachhaltigen Entwicklung ein Vorbild für den wirtschaftlichen, sozialen und ökologischen Fortschritt in der Welt zu sein (Kok 2004). – Auf der Grundlage dieser Strategieaussage bündelte die EU-Kommission im 7. Forschungsrahmenprogramm alle forschungsverwandten EU-Initiativen, die eine zentrale Rolle im Streben nach Wachstum, Wettbewerbsfähigkeit und Arbeitsplätzen spielen, unter einem gemeinsamen Dach, zusammen mit einem neuen Rahmenprogramm für Wettbewerbsfähigkeit und Innovation CIP (Rahmenprogramm der EU-Kommission „Unternehmen und Industrie"), einem Bildungs- und Ausbildungsprogrammen, einem Struktur- sowie Kohäsionsfonds für regionale Konvergenz und Wettbewerbsfähigkeit. Diese Bündelungen sollen die charakteristischen Pfeiler für den Europäischen Forschungsraum (EFR) verkörpern.

Die dabei weit gefassten Ziele des 7. RP beziehen sich im Wesentlichen auf vier Kategorien: Zusammenarbeit, Ideen, Menschen und Kapazitäten (Abb. 10.6). Für jede Kategorie gibt es ein spezifisches Programm, abgestimmt auf die Hauptbereiche der EU-Forschungspolitik. Alle spezifischen Programme sollten koordiniert sein, um die Bildung europäischer (wissenschaftlicher) Exzellenzzentren zu unterstützen und zu begünstigen.

In Tab. 10.3 werden die Programme, Themen und zugeordneten Förderbeträge des 7. EU-Forschungsrahmenprogramms insgesamt für einen siebenjährigen Zeitraum aufgeführt. Anzumerken ist hier, dass das Zusammenarbeitsthema „Informations- und Kommunikationstechnologien (IKT)" über diesen Zeitraum die höchste Priorität zugewiesen bekam und folglich das höchste Forschungsbudget aufweist. – Das ebenfalls CIM-nahe Thema „Nanowissenschaften, Nanotechnologie, Werkstoffe und neue Produktionstechnologien" erhält in etwa ein Drittel der Fördersumme der IKT-Thematiken. Mit Blick auf entsprechende CIM-Motive ist zu ergänzen, dass das Kapazitätsprogramm Forschung zugunsten von KMU, das – wie bereits beim 6. FRP erläutert – CIM-Relevanz beinhalten konnte.

Tab. 10.3 Programme und Themen des 7. Forschungsrahmenprogramms (EU-Kommission, 2007)

Spezifische Programme	Budget in Mio. €	Themen	
Zusammenarbeit	32.413	Gesundheit	6.100
		Lebensmittel, Landwirtschaft, Biotechnologie	1.935
		Informations- und Kommunikationstechnologien	9.050
		Nanowissenschaften, Nanotechnologie, Werkstoffe und neue Produktionstechnologien	3.475
		Energie	2.350
		Umwelt (einschl. Klimaänderung)	1.890
		Verkehr (einschl. Luftfahrt)	4.160
		Sozial-, Wirtschafts- und Geisteswissenschaften	623
		Weltraum	1.430
		Sicherheit	1.400
Ideen	7.510	Wissenschaftlich angeregte Forschung (Forschungsrat)	
Menschen	4.750	Humanpotenzial (Marie-Curie-Maßnahmen)	
Kapazitäten	4.097	Forschungsinfrastrukturen	1.715
		Forschung zugunsten von KMU	1.336
		Wissensorientierte Regionen	126
		Forschungspotenzial	340
		Wissenschaft und Gesellschaft	330
		Kohärente Entwicklung von Forschungspolitiken	70
		Maßnahmen der internationalen Zusammenarbeit	185
Nicht-nukleare Maßnahmen der GFS	1.751	Maßnahmen der Gemeinsamen Forschungsstelle (GFS) außerhalb des Nuklearbereichs	
Gesamt	50.521		

Im Wesentlichen zeichnen sich die Themen der IKT-Förderung im 7. FRP durch Kontinuität zu den Förderprogrammen des 6. EU-Rahmenprogramms aus, wobei im 7. FRP versucht wurde, die bisherige Betrachtung von gesellschaftsbezogenen IT-Lösungen wieder verstärkt mit der industriellen IT-Ausrichtung zu vereinen.

Darauf deutet u. a. auch die in Abb. 10.7 skizzierte Ausrichtung des IKT-Programms in die beiden strategischen Linien „Technology Roadblocks (Technologieorientierung)" sowie End-to-end Systems, Socio-economic Goals (Anwendungs- und Gesellschaftsrelevanz) mit den beispielhaften Ausschreibungsthemen unter den Rubriken 2., 3. und 6. Diese, von der EU-Kommission Forschung angestoßenen IKT-Entwicklung kann auch so interpretiert werden, dass anscheinend zum einen die gesellschaftsbezogenen, zum anderen die technischen IKT-Anforderungen bisher ausreichend in ausschließlich IKT-Projekten bearbeitet wurden bzw. werden und nun neue IKT-orientierte Anwendungen gefunden werden mussten bzw. von der Industrie angemahnt wurden, um die Wirtschaftlichkeit von IKT-Lösungen im Allgemeinen sowie im Besonderen in der Industrie realistisch auf-

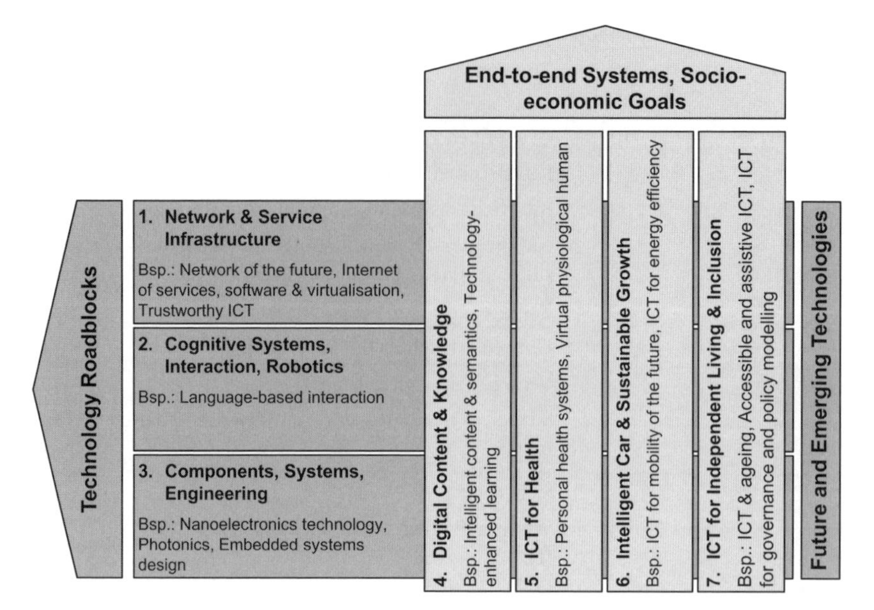

Abb. 10.7 IKT- Arbeitsprogramm für 2007 bis 2008 mit entsprechenden Ausschreibungsthemen (Filos 2007)

zeigen zu können, siehe „Cognitive Systeme für Roboteranwendungen“ oder „eingebettete Systeme auf der Komponentenebene“.

Ausgehend von den Erfahrungen aus dem 6. FRP mit den gemeinsamen Forschungsanstrengungen – IKT und NanoMatPro – sind beispielsweise unter der Überschrift – „A new phase for ICT's contribution to major socio-economic challenges in Europe“ – mit Hilfe geeigneter Ausschreibungsverfahren folgende Herausforderungen (Challenge 7) im Rahmen von Projektbearbeitungen zu meistern:

„ICT for the Enterprise and Manufacturing“

Challenge 7 will support industry in bringing together suppliers and users for experiments that target the broad uptake of ICT in all domains of manufacturing. Focus is on emerging innovative technologies and processes, which need to be validated and tailor-made for customer needs before being able to enter the market. Special emphasis is on strengthening European SMEs, both on the supply and on the demand side.

Als Reaktion auf die Weltwirtschaftskrise schlug die Europäische Kommission am 26. November 2008 ein kurzfristig anzugehendes, ergänzendes europäisches Konjunkturprogramm vor. Dieses Konjunkturprogramm (European Economic Recovery Plan, EERP) enthält unter dem Titel „Intelligente Investitionen“ konkrete Vorschläge für Partnerschaften zwischen dem öffentlichen Sektor – unter Verwendung von Finanzmitteln der Gemeinschaft, der Europäischen Investitionsbank (EIB) und Mitteln aus den Staatshaushalten – sowie dem privaten Sektor. Hierzu gehören auch spezifische Forschungsförderungsmaßnahmen, sogenannte „Public-Private-Partnership“ (PPP) – Initiativen. Die öffentliche Finanzierung dieser Forschungsinitiativen erfolgt weitgehend aus dem Haushalt des 7.

EU-Forschungsrahmenprogramms und beinhaltet faktisch keine Zusatzmittel, sondern nur eine Verschiebung der eigentlich geplanten EU-Förderungsstruktur hin zu den o. g. Initiativen.

Bei den Public-Private-Partnership-Initiativen zeichneten sich folgende Ausschreibungsthemen ab, koordiniert von der EU-Kommission Forschung:

- Factories of the Future (FoF): eine Initiative für die Fabriken der Zukunft
- Energy-efficient Buildings (EeB): eine Initiative für energieeffiziente Gebäude
- Green Cars (GC): eine Initiative für umweltgerechte Kraftfahrzeuge
- Future Internet (FI): eine Initiative zum Internet der Zukunft (neu ab dem Arbeitsprogramm 2011/2012)

An drei der vier PPP-Initiativen sind bis zum Ende des 7. FRP folgende Themenbereiche beteiligt:

- **Factories of the Future (FoF):**
- Informations- und Kommunikationstechnologien
- Nanowissenschaften, Nanotechnologien, Werkstoffe und neue Produktionstechnologien
- **Energy-efficient Buildings (EeB):**
- Informations- und Kommunikationstechnologien
- Nanowissenschaften, Nanotechnologien, Werkstoffe und neue Produktionstechnologien
- Energie
- Umwelt (inklusive Klimawandel)
- **Green Cars (GC):**
- Informations- und Kommunikationstechnologien
- Nanowissenschaften, Nanotechnologien, Werkstoffe und neue Produktionstechnologien
- Energie
- Umwelt (inklusive Klimawandel)
- Transport.

ZWISCHENFAZIT: Von Anfang der 80er-Jahre bis zum Ende der 90er-Jahre versuchte die EU-Kommission sowohl Wissenschafts- bzw. Forschungseinrichtungen als auch Wirtschaftsunternehmen bei der Entwicklung und Umsetzungen von CIM-(Teil)Konzepten im Rahmen von quasi Verbund-Projekten zu unterstützen. Mit der Initiierung der 5. bis 7. EU-Rahmenprogramme fand eine Ausweitung der IKT-Forschung über den ursprünglichen CIM-Schwerpunkt „Industrieunternehmen" hinaus sowohl auf eigenständige, überwiegend technische IKT-Felder im Sinne von Querschnittsfunktionen (Grundlegende Technologien und Infrastrukturen) als auch auf unternehmensnahen, fachlichen Teilgebieten wie beispielsweise Sensor-, Simulations-, Mikro- und Nanosysteme statt.

Mit Beginn des 6. FRPs und in Folge des 7. FRPs rückte der Begriff „Integration“, realisiert durch das Einbringen entsprechender Kompetenzen und (Software-)Werkzeugen in gemeinsam durchgeführten Projekten in den Fokus wissenschaftlicher und wirtschaftlicher Interessen. Das zusätzlich konzipierte EU-Konjunkturprogramm (EFRP) und die darin enthaltene PPP- Initiative mit der Ausrichtung auf den Aspekt Factory of the Future verstärken diese Integrationsbemühungen. In diesem Sinn sollen seit 2008/2009 IKT und Produktion mit Bezug zu den aktuellen Anforderungen von Industrieunternehmen (ursprünglicher CIM-Ansatz) unter Einsatz neuer Methoden und Werkzeugen sichtbar zusammenrücken, beispielsweise:

Information and Communication Technology (ICT) is a key enabler for improving manufacturing systems at three levels:

- Agile manufacturing and customisation involving process automation control, planning, simulation and optimisation technologies, robotics, and tools for sustainable manufacturing (smart factories);
- Value creation from global networked operations involving global supply chain management, product-service linkage and management of distributed manufacturing assets (virtual factories);
- A better understanding and design of production and manufacturing systems for better product life cycle management involving simulation, modelling and knowledge management from the product conception level down to manufacturing, maintenance and disassembly/recycling (digital factories) (Factories of the Future PPP – Strategic Multi-annual Roadmap, Ad-hoc Industrial Advisory Group of the Factories of the Future PPP (AIAG FoF PPP), 20. January 2010)

Mit dem Blick zurück auf die Feststellung von Davignon im Jahre 1981 bezüglich der Wettbewerbssituation USA – Europa – Japan liegt offensichtlich derzeit keine diesbezüglich, belastbare sowie detaillierte Untersuchung vor, die Auskunft darüber gibt, ob die von der EU-Kommission ausgegebenen erheblichen EU-Fördermittel seit 1984 (Tab. 10.2 und Abb. 10.8), auch insbesondere auf dem Gebiet IKT in Verbindung mit Anwendungen in der Industrie den europäischen Unternehmen zu den wettbewerbsrelevanten Vorsprüngen verholfen hat oder nicht. Erstaunlich ist in diesem Zusammenhang, dass insbesondere mit der jüngsten Hinwendung zum übergeordneten Thema Factory of the Future im Grundsatz die Prinzipien der früheren CIM-Konzeptionen aufgegriffen werden sollen und sich – selbstredend mit aktuellen Wissen, Methoden sowie Werkzeugen – nach so einem langen Zeitraum der Integrationsanforderungskreis der unternehmerischen Praxis bezüglich moderner IKT-Anwendungen zu schließen beginnt.

Deutsche Institutionen und Wirtschaftsunternehmen waren und sind in den bisher sieben Forschungsrahmenprogrammen an vielen EU-Projekten beteiligt, sodass auch hier eine entsprechende thematische Lenkung der forschungsbasierten Ausrichtung durch die jeweiligen EU-Ausschreibungen festzustellen ist. Beispielsweise entfielen im 6. FRP insgesamt über 20 % der EU-Förderung an deutschen Teilnehmern (ZEW-Bericht). – Mit Blick

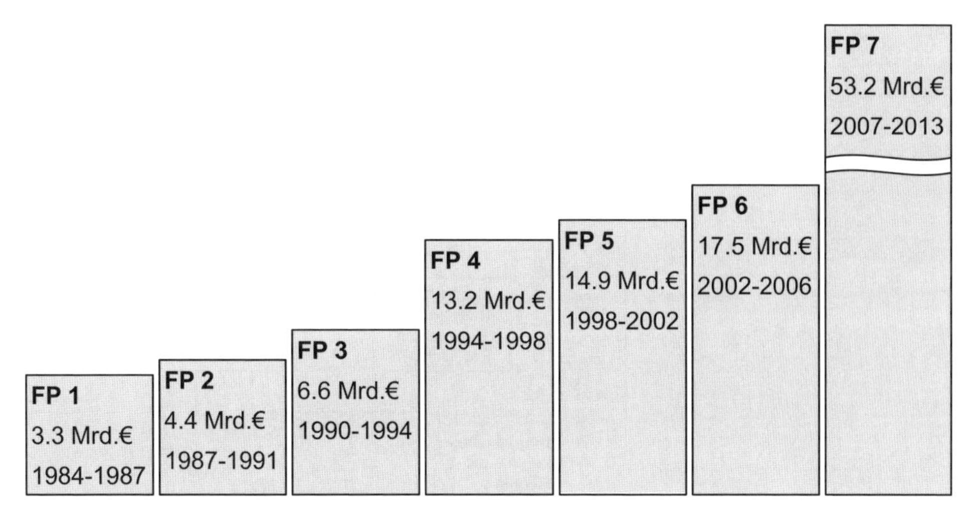

Abb. 10.8 Finanzieller Umfang der EU-Forschungsrahmenprogramme (EU)

auf die Entwicklung der CIM-Thematik ist ergänzend hierzu davon auszugehen, dass von Beginn an (~ 1980) Wirtschaftsunternehmen und Forschungseinrichtungen im deutschsprachigen Raum überwiegend eine eigene, differenzierte Einschätzung hinsichtlich der CIM-Chancen und -Herausforderungen vertraten.

10.2 CIM-Bestrebungen im deutschsprachigen Raum

10.2.1 Bestrebungen in der Wirtschaft

Die Unternehmensberatung Diebold Deutschland veröffentlichte im firmeneigenen Management Report vom August/September 1980 eine erste Integrationsgraphik (Abb. 10.9). Diese Darstellung gibt ziemlich treffend die damalige Situation wieder: Die bereits in Ansätzen vorhandenen spezifischen Soft- und Hardwaresysteme zur Unterstützung von Entwicklungs- und Konstruktionsarbeiten, Fertigungssteuerungsaufgaben sowie Verwaltungsaufgaben sollten idealerweise integriert eingesetzt werden.

Eine für die deutsche CIM-Öffentlichkeitsarbeit mehrere Jahre prägende Konzeptionsgraphik stellten Vertreter der Fa. Siemens 1983 vor (Abb. 10.10). Nicht das datengetriebene, sondern die zu integrierende, betrieblichen Funktionen bildeten den Schwerpunkt dieser CIM-orientierten Ausführungen.

Der AWF (Ausschuss für Wirtschaftliche Fertigung) unternahm 1984 einen umfassenden Versuch, CIM für den deutschsprachigen Raum zu definieren. Das Ergebnis war eine im Jahr 1985 veröffentliche AWF-Empfehlung über Begriffe, Definitionen und Funktionszuordnungen, die in etwas abgewandelter Form in Abb. 10.11 wiedergegeben wird (AWF 1985). Die beiden Technologieklassen erzeugnisbezogener Informationen und auftrags-

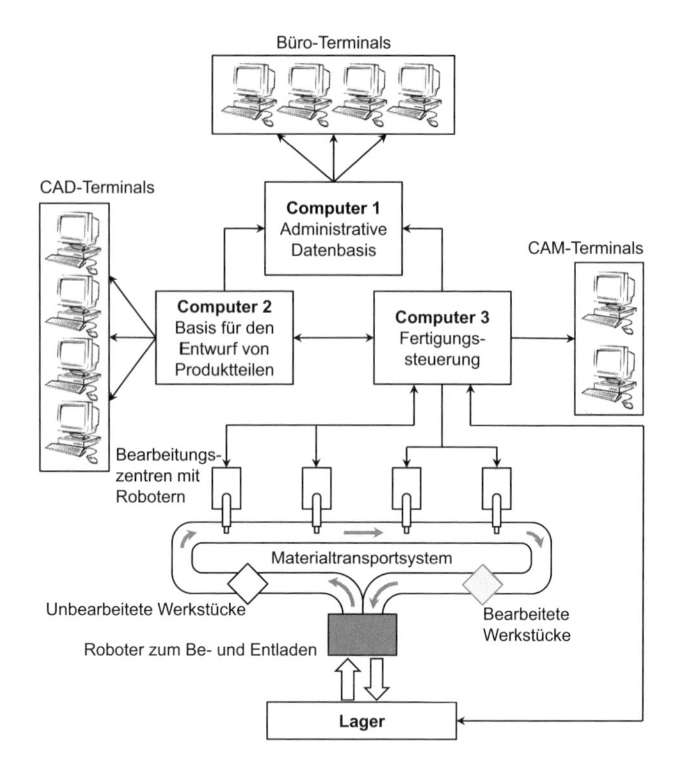

Abb. 10.9 Flexible Fertigungssysteme (Bearbeitungszentren): Herausforderung für die Industrie

bezogener Informationen dienten später als Grundlage zur Bestimmung der CIM-Ketten „Produkt" sowie „Produktionsplanung" (Eversheim 1990 und Cronjäger 1990).

Die Fa. MBB am Standort Augsburg und hier insbesondere die Abteilung „Automation Technology" versuchte 1983/1986 ein CIAM – Konzept umzusetzen (CIAM: Computerized Integrated Automated Manufacturing System), wobei zu dieser Zeit zum ersten Mal die automatisierte Fertigung mit computerintegrierten Prozessen in Verbindung gebracht wurde (Abb. 10.12)

Neu war damals die Einsicht, dass eine passende Informationsverarbeitung die Produktivität industrieller Prozesse entscheidend beeinflussen wird. Die Entscheidungsträger wären gezwungen, bestehende technisch-organisatorische Abläufe zu straffen mit den Zielen

- die Kosten zu senken
- die Flexibilität zu erhöhen
- die Qualität zu sichern und
- das Erzeugen von Produktinnovationen zu beschleunigen,

um letztlich dadurch das Betriebsergebnis zu verbessern und mindestens mittelfristig die Existenz der Unternehmung zu sichern.

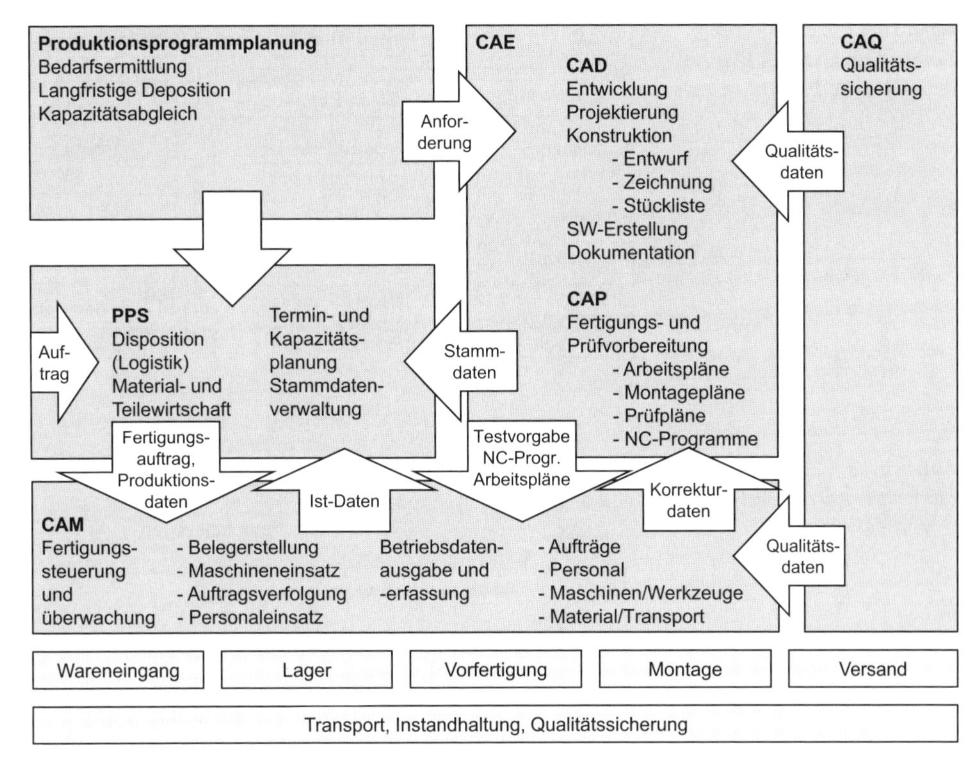

Abb. 10.10 Fachfunktionsbezogene CIM-Konzeption. (Waller 1983)

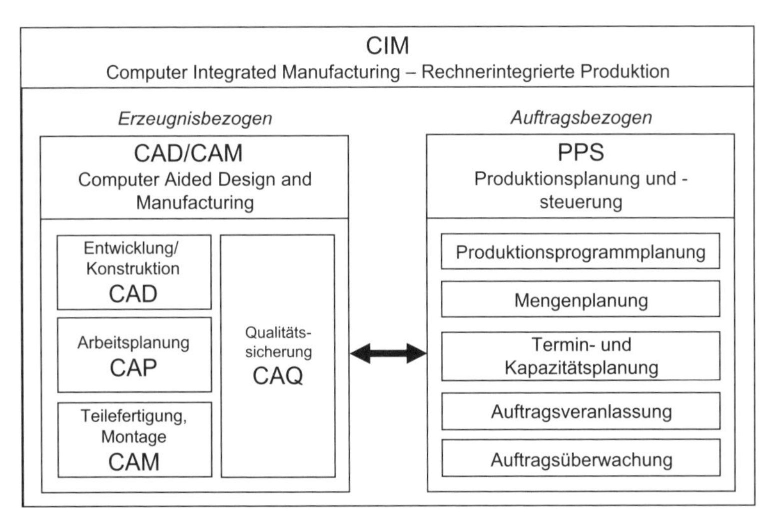

Abb. 10.11 CIM-Struktur nach der AWF-Empfehlung (heute AWF: Arbeitsgemeinschaften für vitale Unternehmensentwicklung e. V.). (AWF 1985)

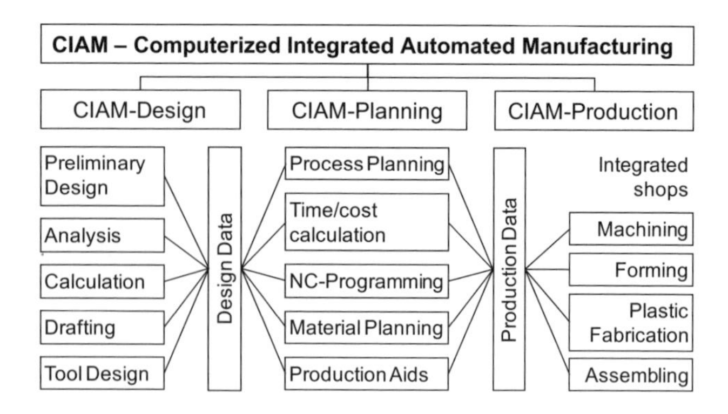

Abb. 10.12 Definition der Komponenten des CIAM-System. (Handke 1986)

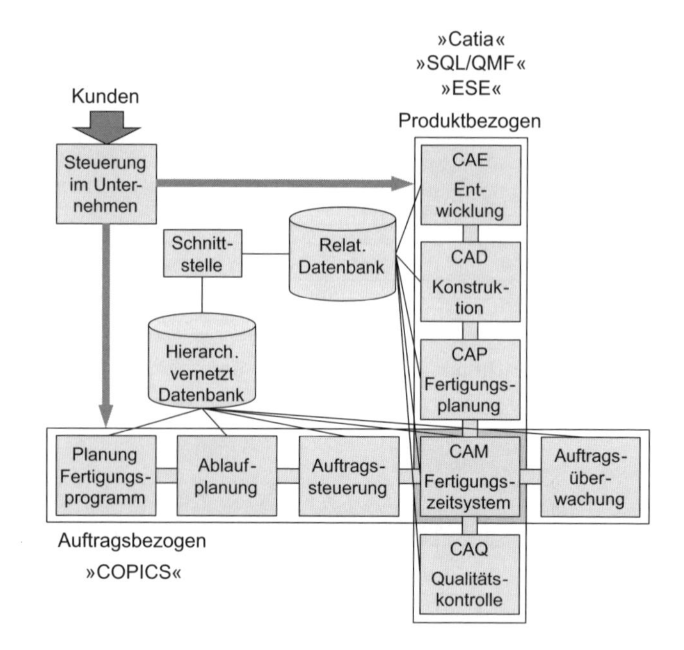

Abb. 10.13 CIM-Integrationskreuz der Fa. Fette. (Emrich 1989)

Die Fa. Fette interpretierte 1989 diesen Zusammenhang für sich als „CIM-Integrationskreuz" (Abb. 10.13), bei dem insbesondere die Softwarewerkzeuge der Fa. IBM (COPICS und CATIA) zum Einsatz kamen.

Intern gab die Fa. BMW folgende Thesen aus:

1. CIM ist kein Produkt, das einfach gekauft werden kann, sondern eine konzeptionelle Lösung.
2. Entscheidend für die erfolgreiche Realisierung von CIM ist die ganzeinheitliche Betrachtung von Produktionsprozessen.

3. Die Integration von Systemen setzt eine Integration von Abläufen voraus; diese wiederum werden von den Mitarbeitern geprägt.
4. Die Umsetzung von innovativen, organisatorischen Prozessen erfordert die Einbeziehung und Vorbereitung der Mitarbeiter, also unternehmungs- und bildungspolitische Maßnahmen.
5. Eine vorausschauende Personal- und Organisationsentwicklung ist bei der Realisierung von CIM unerlässlich. Das Management der Human Resources ist eine wesentliche strategische Einflussgröße.

Konkret ergaben sich dabei folgende Teilaufgaben hinsichtlich einer CIM-Einführung:

- Vernetzung von Konstruktion, Planung, Fertigung und kaufmännischem Bereich,
- die automatische Fertigung einer variablen Produktion bei direkter Rechnersteuerung,
- eine kontinuierliche Optimierung der Fertigungssteuerung und Ablaufsteuerung,
- eine direkte Regelung des Materialflusses und der Bearbeitungsoperationen sowie
- eine dynamische Bereitstellung, Koordination und Zuweisung aller zu disponierenden Fertigungsmittel, wie beispielsweise von Materialien, Werkzeugen und Werkzeugmaschinen sowie von Transport-, Spann- und Prüfmitteln.

Die wirklich innovative Idee bei CIM sei die Integration (Sokianos 1986):

- Integration von Information auf der Basis gemeinsamer Basisdaten für verschiedene Systeme mit kompatibler Software
- Integration von Technik/Hardware einerseits über die Produktentwicklung bis zur Fertigung und andererseits über die (logistische) Teilebeschaffung bis zur Ablieferung der fertigen Produkte
- Integration von (menschlicher) Interaktion durch wirksamere Verknüpfung der Mitarbeiter in den Bereichen Entwicklung, Fertigung, Logistik, Einkauf, Qualitätssicherung und Fertigungstechnik.

Diese funktionale Integration verstärkt die Interaktion zwischen Technik, Mensch und Organisation (Abb. 10.14).

FAZIT: Die bereits in der Vor-CIM-Zeit initiierten Anstrengungen in der Bundesrepublik Deutschland, betriebliche Einzelfunktionen, wie Kostenrechnung, Einkauf, Konstruktion, PPS, BDE mit entsprechenden EDV-Systemen zu unterstützen, erscheinen 1984/1985 im neuen Licht, und es brach – nachdem der „C"-Einsatz von CIM viele Male konzeptionell definiert war – ob der vielfältigen, sich andeutenden Möglichkeiten Euphorie aus. Man meinte zu wissen, was CIM ist, ahnte wie es zu realisieren sei und vermutete ein erhebliches Nutzenpotenzial bei einer erfolgreichen Realisierung.

In den Jahren 1984/1985 bis 1990 wurde im damaligem Westeuropa in Forschungsbehörden, Forschungsinstituten sowie Unternehmen mit erheblichen Mitteln versucht, die

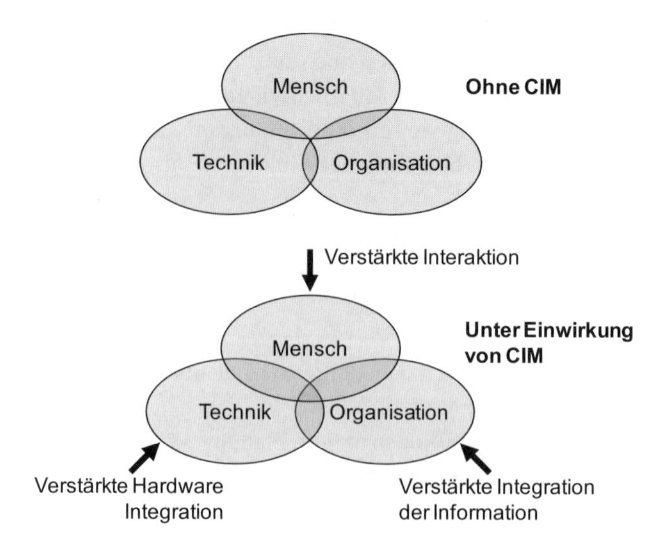

Abb. 10.14 Veränderung der Schnittstellen Mensch-Technik-Organisation bei der Umsetzung von CIM-Konzeptionen. (Sokianos 1986)

unterschiedlichen Aspekte von CIM sowie CIM-Probleme zu analysieren, Lösungsvorschläge zu erarbeiten und letztlich an Einzelbeispielen zu demonstrieren, wie Hardware gekoppelt und Software integriert werden kann:

IBM eröffnete in München unter der Flagge „CIM" ein Branchen- und Anwendungszentrum, Digital Equipment Corporation (DEC) ein europäisches Beratungszentrum für die Fertigungsindustrie.

Der Bundesminister für Forschung und Technologie (BMFT) förderte 1984 bis 1988 im Rahmen des Programmes „Fertigungstechnik" die Einführung von CAD/CAM-Systemen, d. h. von rechnerunterstützten Lösungen für die Konstruktion, für NC-Programmierung sowie für die Material- und Zeitwirtschaft. Nahezu 1200 Unternehmen wurden in indirekt-spezifischen Verfahren in ihren Bemühungen um den Einsatz dieser neuartigen Techniken unterstützt (Bey et al. 1991).

10.2.2 Bestrebungen in der Wissenschaft und Forschung

Die mögliche Beteiligung an diesen und weiteren Forschungsprogramme bewogen auch die Wissenschaft und Forschung im deutschsprachigen Raum, sich mit CIM-Überlegungen zu beschäftigen. Beispielhaft zu nennen sind hier die konzeptionellen Ideen aus Berlin, Stuttgart und Saarbrücken. Im Rahmen der 18. Arbeitstagung des Fraunhofer IPA stellt Warnecke 1986 ein Konzept zur Funktionsgliederung von PPS-Komponenten auf einer zentralen EDV-Anlage und einem Fertigungsleitrechner vor (Abb. 10.15).

Auf der gleichen Tagung erläuterte Scheer seine Gedanken zu Informationssystemen für den Produktionsbereich und zeigte insbesondere die Datenflüsse von den CAD/CAM-Systemen zu den PPS-Systemen auf (Abb. 10.16).

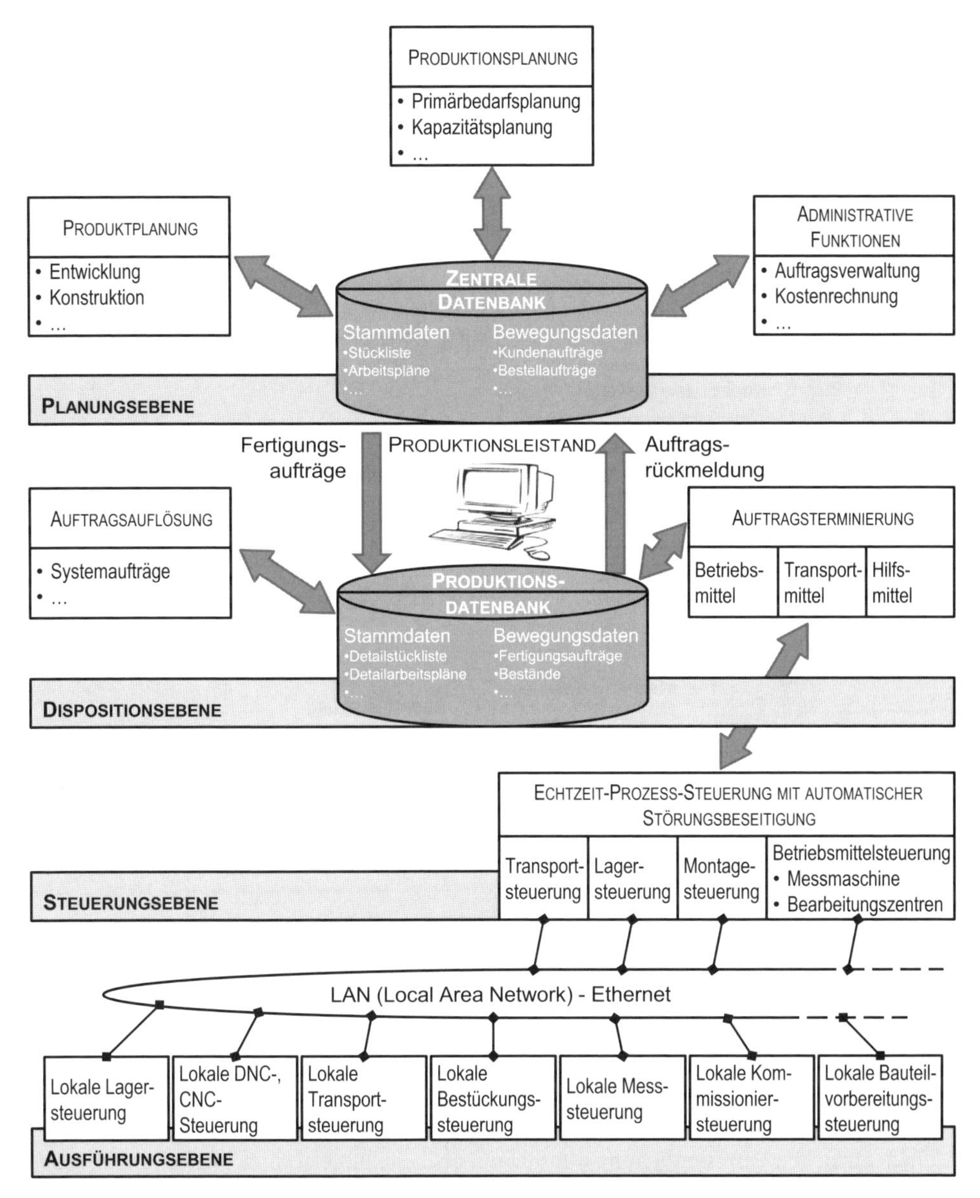

Abb. 10.15 Beispielhafte Gliederung betrieblicher Funktionen unter Hierarchiegesichtspunkten. (Warnecke und Becker 1989)

Auf dem „Produktionstechnischen Kolloquium“ in Berlin postulierte Spur 1986, dass eine rechnerintegrierte Fertigung erst durch die Kopplung und Integration aller Informationsprozesse entstünde. Eine schrittweise Weiterentwicklung vorhandener Fabrikstrukturen erfordere große Veränderungen in zwei Aufgabenfeldern: Entwicklung der Kommunikationsfähigkeit und Integrationsfähigkeit von Hard- und Software sowie Veränderung

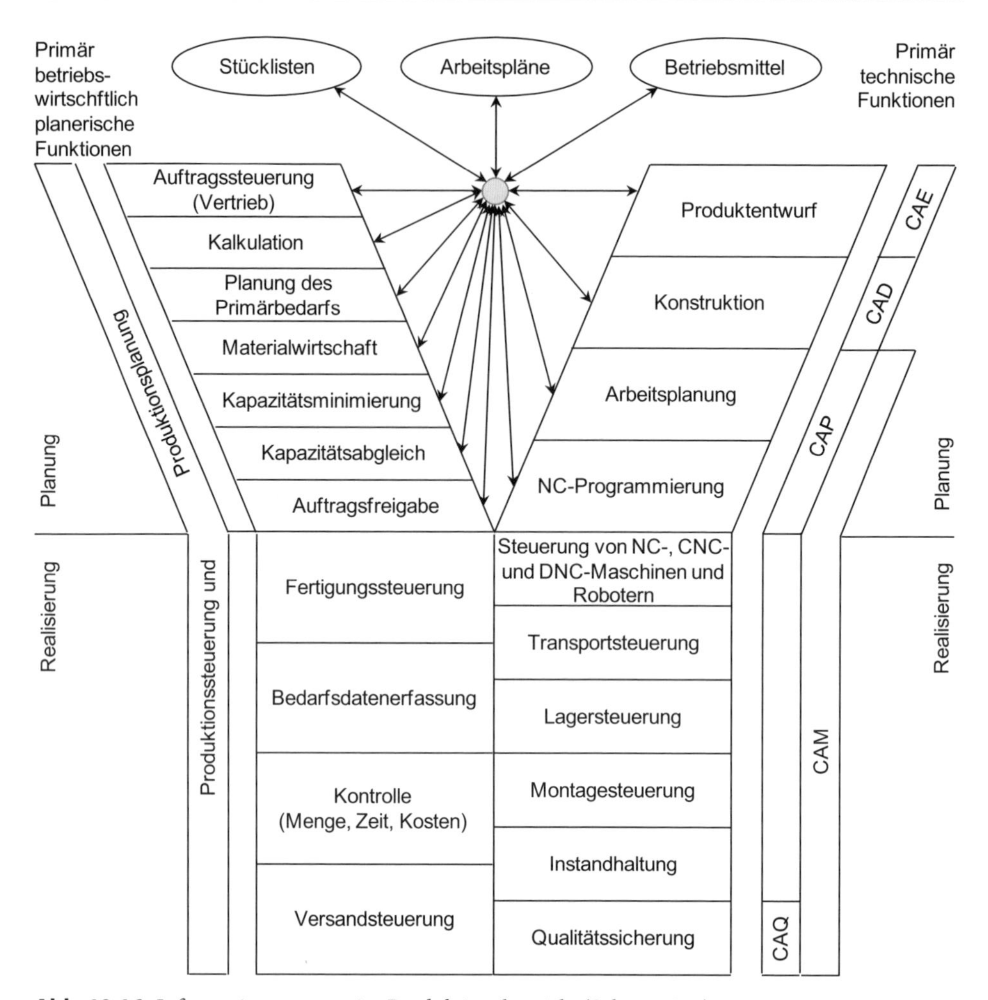

Abb. 10.16 Informationssysteme im Produktionsbereich. (Scheer 1986)

der bestehenden Organisationsstrukturen in ihrem Ablauf und auch in ihrem Aufbau (Abb. 10.17).

In der gleichen Veröffentlichung nimmt Spur auch Stellung zu einer Wirtschaftlichkeitsbewertung von CIM-Umsetzungen im Bereich Produktentwicklung und führt aus, dass die Einführung von CIM-Systemen als Übergang von einer Kostenorientierung zu einer globalen Nutzenorientierung zu verstehen und damit auch zu begründen sei (Abb. 10.18).

Als Resümee für diesen Zeitraum kann gezogen werden, dass Forschungsinstitute in Stuttgart, Berlin, Aachen und München in ihren Labors CIM-Prototypen erarbeiteten, die sich insbesondere durch die Kopplung unterschiedlicher Hardware sowie abgestimmter Software auszeichneten. Diese CIM-Demonstrationen konnten in der Regel nur wenige Male vorgeführt werden („CIM-Sandkästen").

Das Programm „Fertigungstechnik" von 1988 bis 1992 sah das Volumen von 300 Mio. DM zur indirekt-spezifischen Förderung für die Einführung von CIM bei Unternehmen

Abb. 10.17 Entwicklung der Produktion durch Integration. (Spur 1986)

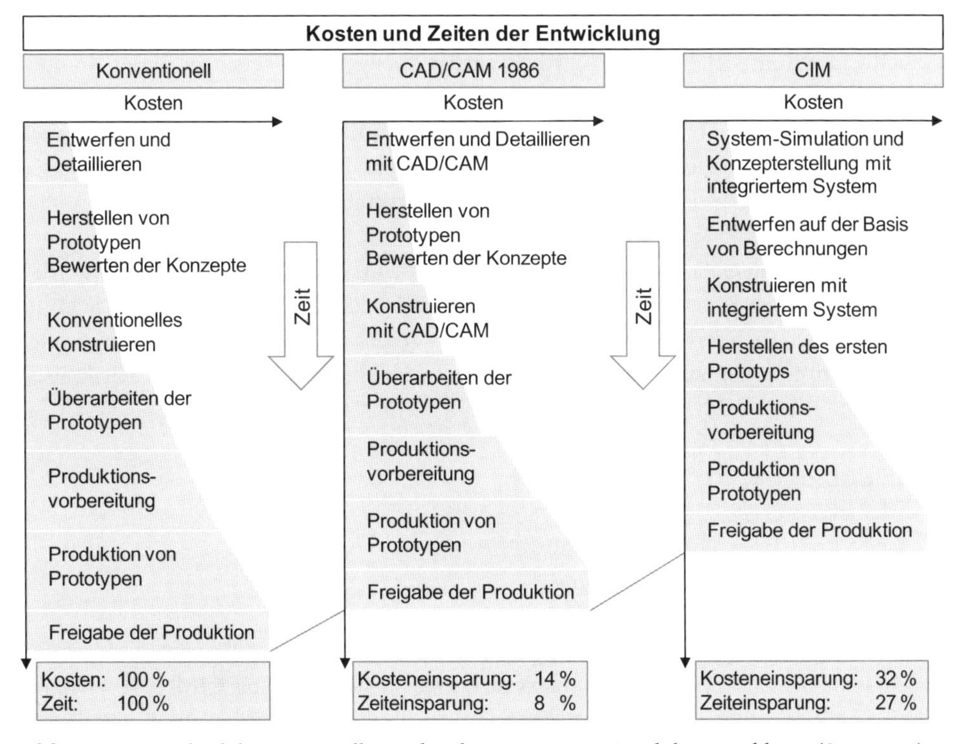

Abb. 10.18 Vergleich konventioneller und rechnerintegrierter Produktentwicklung. (Spur 1986)

des Maschinenbaues und deren wichtigsten Zuliefern vor (Bey et al. 1991). 1231 Unternehmen beteiligten sich an diesem CIM-Förderungsprogramm. Vom Ministerium wurde darüber hinaus erkannt, dass Erfahrungsaustausch, Wissenstransfer und gemeinsames Arbeiten am Problem (CIM-Problemen?) dringend geboten war, um die bisherige dominante *technische* Sichtweise von CIM – etwa die Verkabelung eines Betriebs oder die Vernetzung bestehender Rechneranwendung – nicht ständig als Diskussionsschwerpunkt behandeln zu müssen. Der BMFT unterstützte deshalb seit 1988 in diesem Programm förderrelevant das Thema Technologietransfer und infolge das Bestreben, an 21 Standorten in der Bundesrepublik Deutschland CIM-Technologietransferzentren einzurichten. Die an diesen Transferzentren angebotenen Schulungsveranstaltungen, Übungen an konkreten CIM-Lösungen und orientierenden Beratungsgesprächen – in der Regel zwischen Mitarbeitern von Hochschulinstituten und Industriefirmen – sollten mithelfen, anerkannte Forschungsergebnisse, Kenntnisse und Erfahrungen beschleunigt breitenwirksam in die industrielle Anwendung zu überführen.

In mehreren Fachgesprächen mit Vertretern von Wissenschaft und Ministerien war 1986 hinsichtlich der Thematik CIM neben den internationalen Normungsaktivitäten ein nationaler Handlungsbedarf für die Bundesrepublik Deutschland festgestellt worden. Die Bedeutung der Normung von CIM-Schnittstellen soll im Wesentlichen darin bestehen, CIM-Lösungen schrittweise zugänglich und Monopolbestrebungen von Anbietern schwieriger zu machen (Warnecke und Becker 1989). Erst wenn alle CIM-Komponenten einheitliche Schnittstellen besäßen, würde ein Wettbewerb der Hersteller dieser Komponenten möglich und für den Anwender eine angepasste, in ihren Komponenten jeweils seiner Situation und Forderung gemäße CIM-Lösung möglich sein. Nur dann ist auch eine schrittweise Annäherung an die Realisierung einer CIM-Gesamtlösung in allen Arten von Produktionsbetrieben wahrscheinlich, da Ertragskraft und Investitionen abstimmbar wären.

Das DIN gründete Anfang 1987 die Kommission CIM (KCIM) im DIN, die Mitte 1987 den im nationalen Konsens festgestellten Handlungsbedarf für CIM und CIM-Schnittstellen im DIN-Fachbericht 15 veröffentlichte (DIN 1987) Die wichtigsten Normungstätigkeiten wurden thematisch zu Arbeitspaketen zusammengefasst. In vier Arbeitskreisen (Arbeitskreise der CIM-AG)

- Arbeitskreis 1: CAD
- Arbeitskreis 2: NC-Verfahrenskette
- Arbeitskreis 3: Fertigungssteuerung
- Arbeitskreis 4: Auftragsabwicklung

entstanden Normungsvorschläge, die sich auf Informations- und Funktionsstrukturen bezogen. In diesen Zusammenhang konzipierte die Fa. Siemens eine sog. CIM-CAE-Struktur (CAE: Computer Assisted Industry) (Abb. 10.19). Ende 1992 wurden diese Tätigkeiten abgeschlossen.

In der Kurzberichterstattung über den Zeitraum 1984/1985–1990 ist zu ergänzen, dass von den Arbeiten von Scheer bedeutsame CIM-Entwicklungsimpulse ausgingen (Scheer 1988). Das konzipierte „Y" eröffnete eine andere Sichtweise, insbesondere hinsichtlich der Bestimmung von CIM-Einführungsstrategien. Diese Sichtweise setzte sich insofern durch, als Scheer 1984 das internationale Software- und Beratungsunternehmen IDS Scheer AG

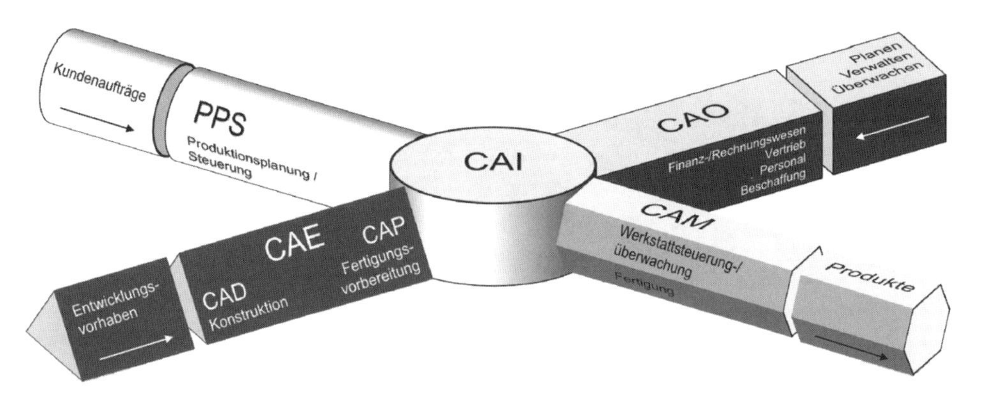

Abb. 10.19 Computer Assisted Industry – CAE

als Spin-off des Instituts für Wirtschaftsinformatik der Universität Saarbrücken gründete und es bis 2009 zu einem der größten IT-Unternehmen in Deutschland ausbaute (Abb. 10.20, vgl. auch Abb. 10.16). Scheer schuf die wissenschaftliche Grundlage für das ARIS-Konzept (ARIS-Toolset), das Unternehmen ein integriertes und vollständiges Werkzeug-Portfolio für Design, Implementierung und Controlling von Geschäftsprozessen zur Verfügung stellt. Mit ARIS entwickelte er eine weltweit erfolgreiche Methode zum Geschäftsprozessmanagement. Die IDS Scheer AG wurde Ende 2009 von der Software AG übernommen.

10.3 Auswirkungen der CIM-Ansätze auf die weiteren Entwicklungen in der Forschung und in Wirtschaftsunternehmen

Im o. g. Zeitraum wurde parallel zu den verschiedenen CIM-Szenarien versucht, der Mehrdimensionalität der CIM-Philosophie Rechnung zu tragen und für die CIM-Realisierung erforderliche Voraussetzungen zu schaffen sowie Randbedingungen zu erfüllen.

Beispiele:

- Die Kommunikation zwischen verschiedenen Rechnern, NC-Maschinen, Robotern etc. erfolgt durch Netzwerke und Protokolle. Durch Standardisierung soll dem Anwender die Möglichkeit gegeben werden, unterschiedliche Hersteller miteinander zu vernetzen, sodass einmal getätigte Investitionen abgesichert sind. Für heterogene Automatisierungsumgebungen im Fabrikbetrieb bemühte sich General Motors, mit MAP (Manufacturing Automation Protocol) einen Standard zu schaffen. Im technischen und im administrativen Büro ist es der Flugzeughersteller Boeing, der mit TOP (Technical Office Protocol) einen Standard initiiert. Dabei war der Datenaustausch zwischen dem MAP

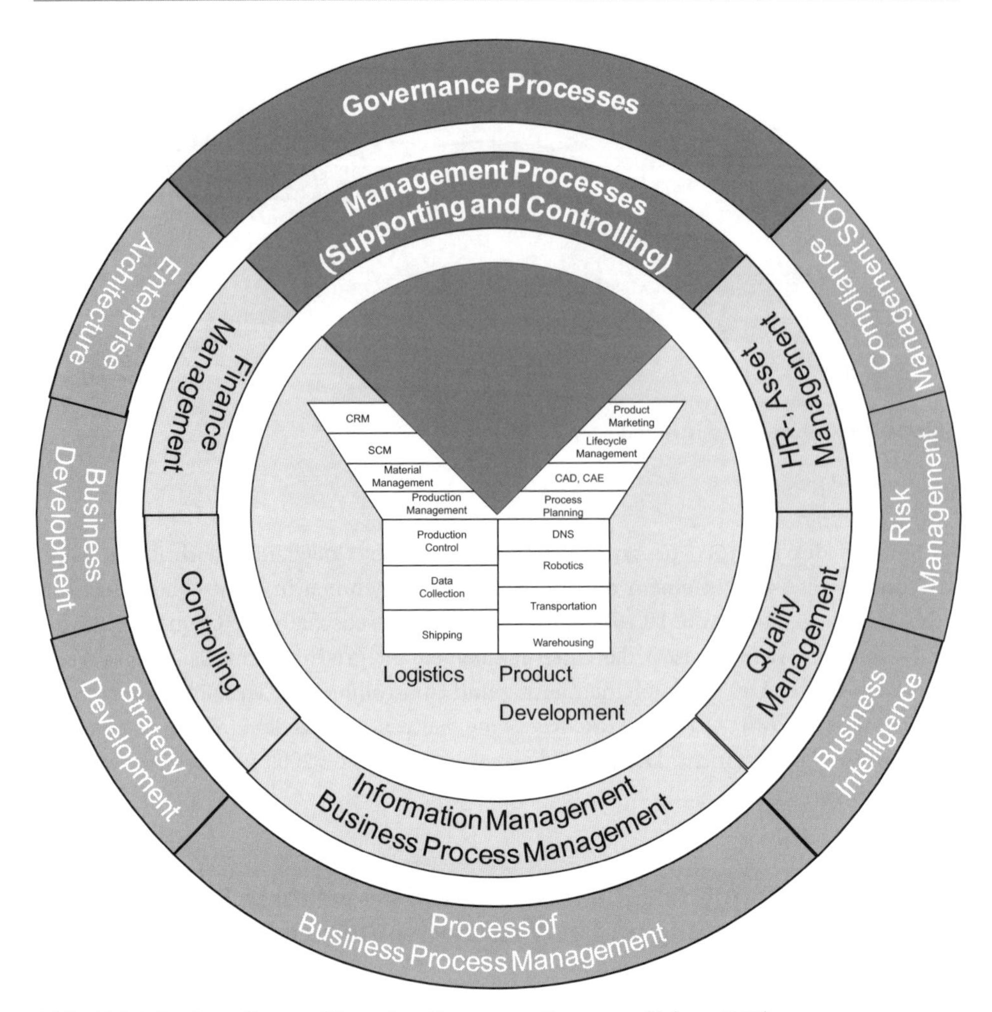

Abb. 10.20 Business Process Hierarchy: Governance Processes. (Scheer 2007)

und TOP Bestandteil einer unternehmensweiten Kommunikationsarchitektur (Bullinger et al. 1988).

- Im großen Umfang wurden wissensbasierte Ergänzungen zu den konventionellen EDV-Systemen vorgestellt. Hierzu war es notwendig, spezifische Hard- und Software als Gestaltungsumgebung einzusetzen und im Weiteren die sich daraus ergebenden Schnittstellenprobleme zu lösen. Die Entwicklung von Organisationsanalysewerkzeugen, wie die GRAI-Methode (Erkes 1989) zur Modellierung von CIM-Architekturen wurde darüber hinaus genauso als notwendig erachtet wie die Anwendung unterschiedlicher Datenbanken. Die GRAI-Methode wurde im Rahmen des ESPRIT-Projektes „Knowledge-based realtime supervision in CIM" konzipiert (siehe oben). Zu erwähnen sind auch die Fortschritte in der Rechnertechnologie: Workstations, Plotter, Laserprinter,

CD-ROM disks. Ebenso schaffte die Simulationstechnik als Planungsinstrument in diesem Zeitraum den Durchbruch (Becker 1987).

Nicht zuletzt ist die Öffentlichkeitsarbeit zum Thema CIM zu erwähnen, die in zahlreichen Tagungen, Seminaren, Workshops und Messevorstellungen dazu beigetragen hat, das Thema CIM umfassend zu vermarkten.

Ab Ende 1990 gab es auf dem Weltmarkt erste Anzeichen einer Rezession. In der Bundesrepublik Deutschland wurden aufgrund der Vereinigungssituation die Anzeichen dieser Rezession erst ab Ende 1991 erkennbar. Das Zusammentreffen der Einflussgrößen

- kritische Einstellung zu den bisherigen CIM-Ergebnissen und damit beeinflussbaren, aktuellen Ertragslagen in vielen Industrieunternehmen,
- neue Aufforderung an das Management, das Unternehmen absolut qualitätsorientiert und schlank zu gestalten (Total Quality Management (TQM), Lean Production (LP)) sowie
- zunehmende Rezessionswirkungen

prägten entscheidend die CIM-Diskussionen in den darauf folgenden Jahren.

Wie die Lean Production-Erkenntnisse die CIM-Vorstellung relativierten, kann punktuell am Beispiel CAD und Simultaneous Engineering (SE – simultane Produkt- und Produktionsentwicklung) einem Baustein des LP-Konzepts, aufgezeigt werden: Frühe Formen des SE praktizieren die japanischen Firmen Toyota, Canon, Fuji-Electric und Mitsubishi bereits Mitte der 70er Jahre. Über die amerikanischen Unternehmen Ford, Ingersoll und GM gelangte diese Vorgehensweise nach Europa, wo sie Ende der 80er Jahre von den Firmen BMW, Ford, Opel u. a. teilweise angewandt wurde. Erste Veröffentlichungen erschienen in Deutschland 1989 und zu Beginn der 90er Jahre.

Der Gedanke des SE baut auf die ganzheitliche, flexibel und zum Teil parallele Arbeit im Entwicklungs- und Konstruktionsbereich zur Produkt-, Produktions- und Qualitätsoptimierung bei Minimierung der Entwicklungs- und Konstruktionszeiten auf. Voraussetzung für den SE-Einsatzerfolg ist die Anwendung der Hilfsmittel CAD, Rapid Prototyping, Finite-Elemente-Analysen u. a. Gerade der Wirtschaftlichkeitsaspekt zeigt, dass der Einsatz der DV-Technik zur Unterstützung einer einzelnen Phase nicht die erwartete Wirkung gebracht hat. So kann das CAD-System nicht allein durch die Rationalisierungswirkung am Arbeitsplatz des Konstrukteurs, sondern auch durch die Einbindung in eine SE-Vorgehensweise sowie durch die zu erzielende Wirkung auf die Materialwirtschaft, den Werkzeugbau und NC-Programmierungen beurteilt werden (Schüler 1994).

Konsensfähig war zu Beginn der 90er Jahre in der Fachwelt die Auffassung, dass, wenn der Nutzen von CIM insgesamt kaum monetär zu quantifizieren sei, sich doch unternehmungsabhängig quantifizierbare Vorteile bei der Koppelung (!) einzelner CIM-Komponenten nachweisen lassen: CAD-NC, PPD-CAP, PPS-BDE, CAM-NC (siehe auch KCIM oben). Die Kopplungsthematik wurde später überführt in die Formulierung CIM-Kette (Schüler 1994):

- PRODUKT (CAD; CAP/CAQ; NC-Programmierung/CAM)
- PRODUNKTIONSPLANUNG (Produktionsprogramm, MRP, PPS)
- PRODUKTION (Fertigen, Prüfen, Transportieren, Lagern, Montieren, Kontrollieren – CAM).

Genauer zu analysieren sind in diesem Zusammenhang die Begriffe Kopplung und Integration. Diese Begriffe sollten im engen Sinne nicht gleichgesetzt werden. Denn die Online-Verbindung zweier, ursprünglich isolierter EDV-Inseln ist in diesem Sinne nicht als Integration des „I" von CIM zu verstehen, sondern als eine Form der Kopplung. Bei enger Auslegung des Integrationsbegriffs ist erst dann von Integration zu sprechen, wenn einzelne EDV-Systeme ihre Eigenständigkeit aufgegeben haben und sich das Unternehmens-EDV-System nicht mehr in einzelne, konventionelle Komponenten wie CAD, CAP und PPS aufspalten lässt.

Die insbesondere von den japanischen Automobilherstellern bekannt gewordenen TQM-Erfolge (Toyota System) und die beginnende Lean-Production-Diskussionen, der sich anbahnende Konjunkturrückgang sowie CIM-Ernüchterungswahrnehmungen führten um 1992 in zahlreichen Industrieunternehmen zu einer Überprüfung der eigenen Unternehmensposition im jeweiligen Markt. Die Ergebnisse der Überprüfung ließen es in der Regel aufgrund der sich abzeichnenden betriebswirtschaftlich dramatischen Entwicklung nicht zu, über CIM-Problemlösungen weiter intensiv nachzudenken. Intern sich auf das Wesentliche, das der Wertschöpfung Dienliche zu konzentrieren, war das Gebot der Stunde. Extern standen der Kunde und die Konkurrenz, intern die Kreativität sowie die organisatorische Nähe des Menschen zum Produktionsprozess im Mittelpunkt der Anpassungsanstrengungen. CIM-Bausteine sind als Instrumente (!) zu nutzen, wenn sie den richtigen Informationsfluss beschleunigen und dazu beitragen, richtige Methoden schnell anwenden zu können, um letztlich durch richtige Entscheidungen einen Marktvorteil zu sichern.

Anfang der 90er Jahre lässt sich die Lage in europäischen Industrieunternehmen so charakterisieren:

Alle Anstrengungen waren darauf ausgerichtet, das Überleben des Unternehmers zu sichern und/oder Markteile zurückzugewinnen/zu erhöhen.

- Kurzfristig erfolgsversprechende Konzepte und Methoden werden favorisiert (Qualitätssicherung, Produkt- und Prozessverbesserung, Toyota-System, Gruppenarbeit etc.)
- Das erreichte CIM-Niveau ist zu halten; eine Weiterentwicklung wird nur genehmigt, wenn durch die beantragte EDV-Unterstützung unmittelbar die Preis-, Qualitäts- oder Terminsituation des Unternehmens verbessert wird. Trotz der damaligen Euphorie und dem zweifellos richtigen Integrationsgedanken ist die vollständige Umsetzung der CIM-Vision gescheitert. Der Grund hierfür liegt weniger in der Richtigkeit der Idee als in der zu hohen Komplexität der Thematik, die zur damaligen Zeit unterschätzt wurde. Die zu hohen Erwartungen, mit einer schnellen CIM-Einführung alle Probleme im Unternehmen lösen zu können (CIM-Salabim), wurden nicht erfüllt. Der Fak-

tor Mensch stand damals nicht im Vordergrund, sondern man konzentrierte sich auf die Lösung der Integrationsprobleme durch IT-Systeme (Dominanz der Software- und Hardwareanbieter). Unternehmen waren mit der CIM-Vision zur damaligen Zeit sowohl informationstechnisch als auch organisatorisch und wirtschaftlich überfordert. Die Ursachen hierfür sind vielschichtig (nach Abramovici und Schulte 2005).

- Die Diskussion um Lean Production (LP) – überwiegend das Toyota-System – und den damit erzielten Produktivitätsvorsprung sowie die Markterfolge japanischer Unternehmen hat bestätigt, dass der Einsatz von C-Techniken nicht isoliert von organisatorischen und personellen Strategien vollzogen werden darf. Allgemein formuliert bedeutet schlanke Produktion, dass alle Ressourcen eines Unternehmers besonders effizient zu nutzen sind. Jede nicht optimale Nutzung muss als Verschwendung angesehen werden, die über kurz oder lang zu Wettbewerbsnachteilen führen wird. Dies haben die Mitarbeiter in zahlreichen Unternehmen verstehen müssen. Bei der Propagierung von CIM wurden hinsichtlich der zu erwartenden Ergebnisse dem Sinn nach ursprünglich ähnliche Aspekte genannt. Mit CIM sind die mit diesen Aspekten verbundenen Zielsetzungen durch informationstechnische Methoden und Werkzeuge, bei Lean Production überwiegend durch personelle und organisatorische Entwicklungen zu erreichen. Schlussfolgernd kann festgehalten werden, dass erfolgreiche CIM-Komponentenrealisierung mit der bereitgestellten Kommunikationsinfrastruktur die bedeutsamen Elemente von LP, wie effektive Teamarbeit und dezentrale Organisationsstrukturen, erst die gleichzeitige, bereichsübergreifende Betrachtung der Wertschöpfungskette ermöglicht. Somit schließen sich die beiden Philosophien – CIM und Lean Production – nicht aus.
- Als Reaktion auf den überwiegend an japanischen Produktionsverhältnisseen ausgerichteten Lean Production-Ansatz entstand in den USA die neue Produktionsphilosophie Agile Manufacturing, die sich darauf konzentriert, die Nachfrage der Kunden durch flexible Produktionspraktiken zu befriedigen. Sie unterscheidet sich durch die Konzentration auf die Erfüllung von Kundenwünschen, ohne Qualitätseinbußen oder zusätzliche Kosten hinzunehmen. Die Idee fußt auf dem Konzept des virtuellen Unternehmens und möchte flexible, oft kurzfristige Beziehungen mit Zulieferern aufbauen, wenn sich Marktchancen ergeben. Dabei wird das Maß der Kundenzufriedenheit wichtiger als die Messung der Produktmenge. Agile Manufacturing erfordert eine anpassungsfähige, innovative und selbstständig arbeitende Belegschaft.
- Europäische Produktionsunternehmen konnten sich demnach entweder an dem japanischen Konzept der Fa. Toyota (TQM und Lean Production) oder an der amerikanischen Philosophie Agile Manufacturing orientieren. In einer denkwürdigen Brainstorming-Sitzung am Fraunhofer IPA wurden unter der Leitung von Warnecke im Juni 1991 Überlegungen zu einem neuen Konzept angestellt: Die fraktale Fabrik. Dabei soll das Adjektiv fraktal zum einen Beschreibungen von Organismen und Gebilden in der Natur symbolisieren, die mit wenigen, sich wiederholenden Bausteinen zu sehr vielfältigen komplexen, aber aufgabenangepassten Lösungen kommen. So sollte auch ein Unternehmen als lebender Organismus aufgefasst werden (Warnecke 1992). Zum an-

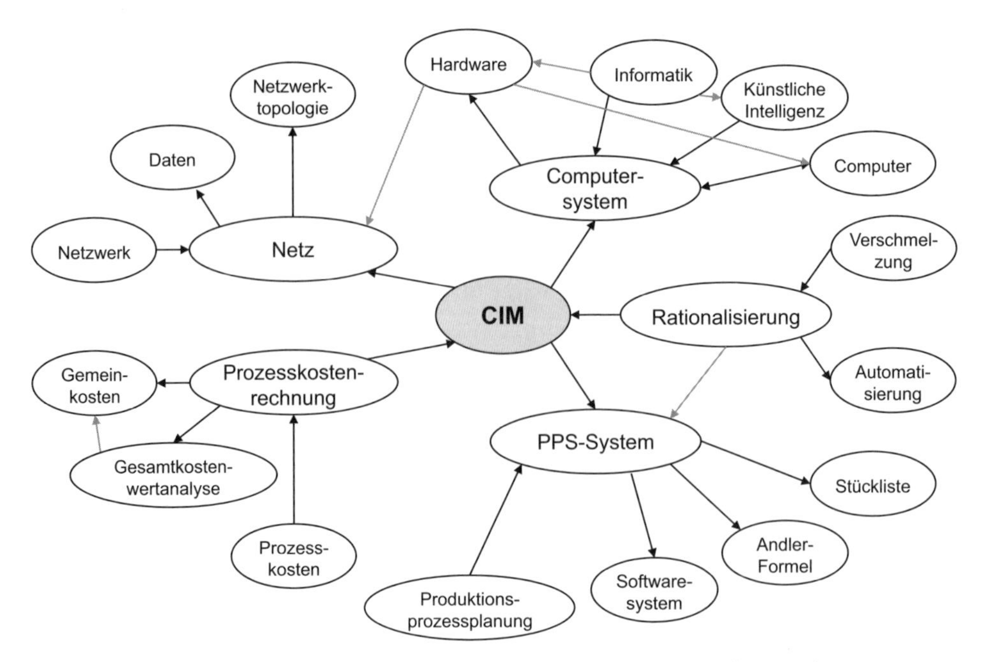

Abb. 10.21 CIM-Beziehungsnetz in einem Wirtschaftsunternehmen. (Lackes 2013)

deren wurde Warnecke durch die Arbeiten des Mathematikers Mandelbrot „Theorie der fraktalen Geometrie“ (fraktus: = gebrochen, fragmentiert) angeregt, die Definition eines unternehmensbezogenen Fraktals (Unternehmenseinheit) an den Begriffen Selbstähnlichkeit, Selbstorganisation, Selbstoptimierung, Zielorientierung sowie Dynamik auszurichten. Damit konnte auch Europa mit einem Konzept zur „Revolution der Unternehmenskultur“ aufwarten, wobei insbesondere die Begriffe Selbstorganisation, Selbstoptimierung, Zielorientierung sowie Dynamik nach wie vor aktuell bei Unternehmensstrukturierungen als Leitlinien genutzt werden (Wandlungsfähigkeit von Unternehmen). Das Fraktal-Konzept wurde in mehreren Unternehmen – teils mit Erfolg, teils mit weniger Erfolg – bis Ende der neunziger Jahre beispielhaft umgesetzt. Letztlich wurden diese Versuche abgebrochen, weil u. a. das Controlling in den Unternehmen die möglichen, sich ständig ändernden Teamzusammensetzungen nicht mehr verursachungsgerecht steuern konnte (Betriebsabrechnungsbogen etc.).

FAZIT: In turbulenten Zeiten geht es im betriebswirtschaftlichen Sinn überwiegend um die Manövrierfähigkeit des Unternehmens. Die veränderte Situation und das Lernen aus Erfahrung sollten den Blick schärfen für die Zukunft. CIM-Implementierungsergebnisse konnten in der Vergangenheit oftmals deshalb nicht befriedigen, weil sich die CIM-Philosophie verselbständigt hatte. In der Regel versuchte man Einzelbausteine einzusetzen, die kaum den kurzfristigen Nachweis betriebswirtschaftlicher Verbesserungen erbringen konnten. Dennoch, nach rund 13 Jahren CIM-Geschichte, wurde in Industrieunterneh-

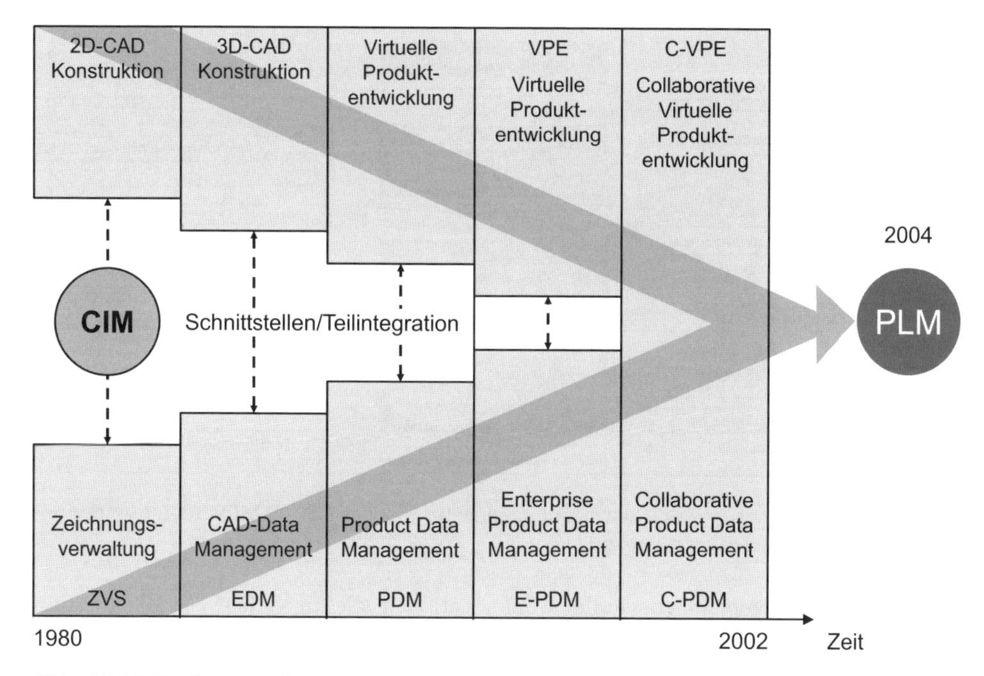

Abb. 10.22 Evolution und Konvergenz IT-getriebener Ansätze im Engineering. (Abramovici und Schulte 2005)

men und Forschungsinstituten sicher ein höheres Niveau hinsichtlich der Informationsbereitstellung und Kommunikationstechnik geschaffen, was zum einen bereits 1981 in den USA als Minimalziel formuliert worden war und was zum anderen Anfang der 1990er Jahre den Unternehmen in der Rezession als systematisiertes Informationsrückgrat diente, die Risikobewertung bei den vielfältigen unternehmerischen Entscheidungen zu erleichtern.

Aus heutiger Sicht kann dieser Zeitabschnitt als die Blütezeit der CIM-Thematik bezeichnet werden. Mit öffentlichen und privaten Mitteln geförderte Forschungsvorhaben zeigten mit zahlreichen Lösungsansätzen die Vielschichtigkeit der CIM-Probleme und Lösungsansätze auf (Abb. 10.21)

10.4 Thematische Nachfolge des CIM-Ansatzes

10.4.1 Evolution und Konvergenz der IT-getriebenen Ansätze im Engineering

Zu Beginn des neuen Jahrtausends war zu beobachten, dass die verfügbaren PDM-Konzepte funktionell um das Lebenslaufszenario eines Produkts erweitert wurden. Dies führte zu einem erweiterten Entwicklungsraum, zum neuen Konzept Produktlebenszyklusmanagement (PLM). Abb. 10.22 zeigt die Evolution von CIM zum PLM.

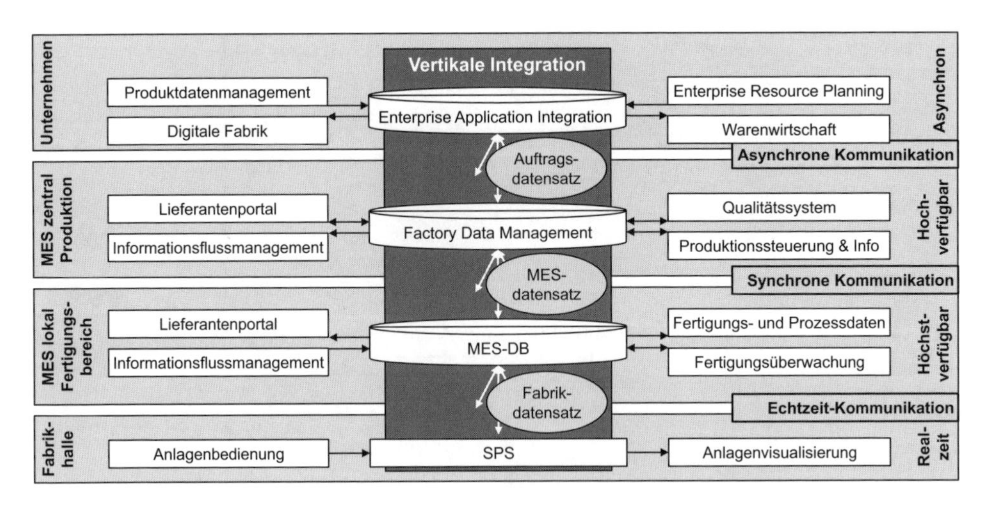

Abb. 10.23 Anwendungs- und Informationsarchitektur in einer Fabrik: MES-3D-Integration im Porsche-Werk Zuffenhausen. (Krieg 2011)

Bei diesem Konzept sollen sämtliche Informationen, die im Verlauf des Lebenslaufes eines Produktes anfallen, integrativ verarbeitet und gespeichert werden, d. h. von der Produktentwicklung bis hin zur Instandhaltung eines Produkts und dem Recycling (ausführliche Behandlung in den Kap. 14–16).

Bereits seit Ende der 1990er Jahre entstand insbesondere durch Einschätzungen der Flugzeug- und Automobilindustrie sowie spezialisierter Softwarehäuser der Begriff Digitale Fabrik, der letztlich vom VDI 2006, 2008 und 2011 vereinheitlich wurde: VDI 4499 Blatt 1 und 2 (ausführliche Behandlung der Thematik in Kap. 12).

Wie eine zeitgemäße Anwendungs- und Informationsarchitektur in einem Automobilunternehmen gestaltet und umgesetzt werden kann, zeigt Abb. 10.23. Diese Architektur ist umso bemerkenswerter, da gerade dieses Unternehmen Anfang der 1990er Jahre beispielhaft und konsequent die Methoden des Lean Manufacturings/Lean Management (Toyota-System) über Jahre hinweg erfolgreich eingesetzt hat und von diesem Wissen- und Erfahrungsniveau aufsetzend, die Digitalisierung der Fachprozesse bis heute vorantreibt.

Zusammenfassend veranschaulicht Abb. 10.24 die wesentlichen Entwicklungsrichtungen im Bereich des Engineerings in den letzten vierzig Jahren, wobei sowohl die fachlichen Konzepte als auch die jeweiligen Begriffe der IT-Unterstützungen beispielhaft dargestellt werden (Zuordnungsschema).

10.4.2 Die Mission „Industrie 4.0"

Mit Blick auf die weiteren Entwicklungen der über den langen Zeitraum erworbenen CIM-Erfahrungen sowie der mittlerweile dazu ergänzenden Erkenntnisse und umgesetzten Techniken hinsichtlich einer Integration (vertikal und horizontal) von Informationsflüssen, Wissensbasen, Aufgaben, Technik und (menschlicher) Interaktion konnte man im

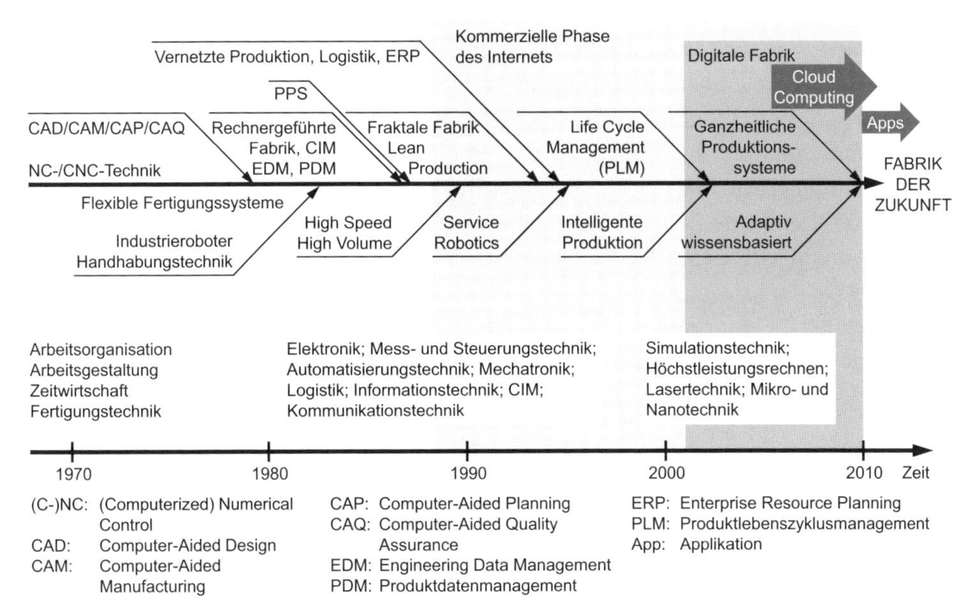

Abb. 10.24 Ingenieurrelevante Entwicklungen im Kontext der Vision „Factory of the Future." (Westkämper 2012)

November 2011 zur Kenntnis nehmen, dass nach dem Aktionsplan der Hightech-Strategie 2020 der Bundesregierung Deutschland das Zukunftsprojekt „Industrie 4.0" in Angriff zu nehmen sei. Zuvor war dieser nationale Projektbeginn bereits im Januar 2011 durch die Promotorengruppe „Kommunikation" der Forschungsunion Wirtschaft – Wissenschaft vorbereitet (Forschungsunion: Zentrale innovationapolitische Beratungsgremium zur begleitenden Umsetzung und Weiterentwicklung der Hightech-Strategie 2020 der Bundesregierung) (Promotorengruppe Kommunikation 2013).

Diese Initiative kam zum richtigen Zeitpunkt, denn in den USA werden bereits seit 2006 sogenannte „Cyber-Physical Systems (CPS)" und „Internet of Things" (IoT) von der National Science Foundation (NSF) gefördert. Cyber-physische Systeme (CPS): Ein cyber-physisches System bezeichnet den Verbund informatischer, softwaretechnischer Komponenten mit mechanischen und elektronischen Teilen, die über eine Dateninfrastruktur, wie z. B. das Internet, kommunizieren. Ein cyber-physisches System ist durch seinen hohen Grad an Komplexität gekennzeichnet. Die Ausbildung von cyber-physischen Systemen entsteht aus der Vernetzung eingebetteter Systeme durch drahtgebundene oder drahtlose Kommunikationsnetze (acatech 2012).

Darüber hinaus erfolgte in den USA um 2007 eine neue Initiative mit dem Titel „Manufacturing 2.0", was von Gartner 2010 mit „Manufacturing 2.0: A Fresh Approach to Integrating Manufacturing Operations With DDVN (Demand Driven Value Network)" bezeichnet wurde. In Europa bewilligte die EU-Kommission Forschung im Programmteil IKT des 7. EU-Rahmenprogramms (Tab. 10.3 und EU-Ausschreibungen zum Thema Internet der Dinge ab 2011/2012) mehrere, grenzüberschreitende Projektanträge, wie IoT@Work oder Fortsetzungsarbeiten an der Technologieplattform ARTEMIS (Advanced Research and Technology for Embedded Intelligence & Systems). – Auch in China (u. a. IoT-Innovation-Zone in Wuxi) und Indien (Cyber-Physical Systems Innovation Hub in Bangalore, überwiegend durch die Fa. Bosch kreiert) sind diese Themen auf der Forschungsagenda letztlich zur Unterstützung der Wettbewerbsfähigkeit der heimischen Industrie gesetzt. – In Japan veröffentlichte das National Institute of Standards and Technology (NIST) Anfang 2013 drei Berichte zum Thema Cyber-Physical Systems:

- Strategic R&D Opportunities for 21st Century Cyber-Physical Systems
- Strategic Vision and Business Drivers for 21st Century Cyber-Physical Systems
- Foundation for Innovation in Cyber-Physical Systems.

Beiträgen von der 5. Internationalen Konferenz, ICHIT 2011, in Daejeong mit dem Titel „Convergence and Hybrid Information Technology" ist zu entnehmen, dass auch in Südkorea an cyber-physisches Systemen seit längerem geforscht wird (Ministry of Knowledge and Economy/Korea Evaluation Institute of Industrial Technology – MKE/KEIT). – Zusammengefasst ist davon auszugehen, dass die internationalen Wettbewerber der deutschen Industrie auch bei der Fortentwicklung der Thematik Cyber-Physical Systems von ihren Regierungen signifikant gefördert werden und die deutsche Bundesregierung mit der Initiative Industrie 4.0 in 2011 gerade das noch offene Zeitfenster genutzt hat.

Die Initiative Industrie 4.0 meint im Kern die technische Integration von cyber-physischen Systemen (CPS) in die Produktion und Logistik sowie die Anwendung des Internets der Dinge und Dienste in industriellen Prozessen – einschließlich der sich daraus ergebenden Konsequenzen für die Wertschöpfung, die Geschäftsmodelle sowie die nachgelagerten Dienstleistungen und die Arbeitsorganisation (Promotorengruppe Kommunikation 2013).

Schlüsseltechnologie eines CPS-basierten Produktionssystems werden kleine Rechner sein, die beispielweise jedes Werkstück oder der Werkstückträger mit sich trägt bzw. die in der Produktionsanlage eingesetzt sind.

Nach (Barner et al. 2013) sollen cyber-physische Produktionssysteme (CPSS) und intelligente Fabriken (Smart Factories) die zentralen Begriffe der Mission Industrie 4.0 werden, die ein flexibleres und effizienteres Produzieren anstrebt, das hochkomplexe virtuelle Systeme mit einem hohen Maß an selbstverantwortlicher menschlicher Arbeit verbindet (vgl. „Fraktale Fabrik"). Dabei sollen folgende Charakteristika von Industrie 4.0 realisiert werden:

1. Horizontale Integration über Wertschöpfungsnetzwerke
2. Digitale Durchgängigkeit des Engineerings über die gesamte Wertschöpfungskette
3. Vertikale Integration und vernetzte Produktionssysteme.

Um die Mission Industrie 4.0 verwirklichen zu können, schlägt die Promotorengruppe acht Handlungsfelder vor (Promotorengruppe Kommunikation 2013):

1. Standardisierung und Referenzarchitektur
2. Beherrschung komplexer Systeme
3. Flächendeckende Breitbandinfrastruktur für die Industrie (ausfallsichere Kommunikationsnetze hoher Qualität, Breitband-Internet-Infrastruktur auch zu den Partnerländern etc.)
4. Sicherheit (beim Produzieren sowie hinsichtlich der Informationsflüsse gegenüber Datenmissbrauch etc.)
5. Arbeitsorganisation und –gestaltung (stärkere Eigenverantwortung und Selbstentfaltung etc.)
6. Aus- und Weiterbildung (lernförderliche Arbeitsorganisation etc.)
7. Rechtliche Rahmenbedingungen (Schutz von Unternehmensdaten, Haftungsfragen, Handelsbeschränkungen, Umgang mit personenbezogenen Daten etc.)
8. Ressourceneffizienz (Umwelt- und Versorgungsrisiken etc.).

Zur nachvollziehbaren Einschätzung der skizzierten Empfehlungen der Promotorengruppe sind noch ergänzend folgende, verwendete Begriffe anzuführen:

I. Multiadaptive Fabrik, Flexibilisierung
II. Cockpit
III. Selbstorganisierende Produktion
IV. produktgetriebene Fertigung, skalierbare und agile Montageprozesse
V. gleitender Automatisierungsgrad
VI. Lebenszyklusunterschied: IT-Systeme/Produktionsanlagen
VII. Losgröße 1
VIII. Data Management
IX. Komplexitätsbeherrschung
X. Mensch-Maschine-Interaktion
XI. 3-D-Werkzeuge
XII. Echtzeitfähigkeit etc.
XIII. Smart Products
XIV. Smart Factory
XV. Ressourceneffizienz

Diese im Zusammenhang mit den Empfehlungen genannten, ausgewählten Begriffe deuten darauf hin, dass der fachliche Lösungsraum von Industrie 4.0 – mit Bezug zu den oben beschriebenen CIM-Ausrichtungen (plus Epigonen) – kaum neu sein kann. Allein der Gegenstandsbereich ist teilweise aufgrund einer aktualisierten, mehr ganzheitlichen Betrachtungsweise bezüglich der heutigen Situation als adäquat zu bezeichnen. Und hierfür sind neue Lösungsmethoden bzw. neue Werkzeuge zu entwickeln und bereitzustellen. Diese Sichtweise vertreten mehrere Wirtschaftsführer (Winterhagen 2013):

Industrie 4.0: Nicht alle Ideen sind neu, aber viele erhalten durch vernetzte Informations- und Kommunikationstechniken neue und verbessert Umsetzungschancen. Industrie 4.0 wird in weiten Teilen der Industrie nicht als Revolution, sondern als evolutionärer Prozess verstanden.

Dem ist prinzipiell nichts hinzuzufügen mit den spezifischen, zusätzlichen Erwähnungen, dass

1. die beiden relevanten Bundesministerien BMBF und BMWi für das Zukunftsprojekt Industrie 4.0 im Rahmen der jeweils geltenden Finanzplanung bis zu 200 Mio. € Förderung insgesamt bis 2020 einplanen (BMBF-Aussage vom 04.03.2013), wobei allein das BMWi im Technologieprogramm „Autonomik für Industrie 4.0" Fördermittel in Höhe von 40 Mio. € für die kommenden drei Jahre bereitstellen will (Otto 2013);
2. eine bisher formal zuvor kaum praktizierte Interdisziplinarität von Maschinenbau, Elektrotechnik, IT-Industrie und Telekommunikation nicht zuletzt durch die Einrichtung einer Verbändeplattform von BITKOM, VDMA und ZVEI nun mit Erfolg zu neuartigen Lösungsfindungen führen kann;
3. ein flächendeckendes und sicheres Superbreitbandnetz mit hoher Verbindungsstabilität und geringen Latenzzeiten eine grundlegende Voraussetzung für die Entwicklung und Umsetzung der Mission Industrie 4.0 sein wird;
4. mit der Zunahme der Teilnehmer im Netzwerk auch die Zahl der Parameter und Prozesswerte steigt, die als Daten über die Netzwerke geschickt werden sollen. Dieses stark zunehmende Datenaufkommen – Stichwort Big Data (Big Data in Echtzeit) – ist gleich am Anfang der Industrie 4.0–Projekte mit zu bedenken (neues Data Management, Interpretation der richtigen Daten zum richtigen Zeitpunkt für eine optimierte Entscheidungsfindung);
5. neben der Betriebssicherheit (Funktionssicherheit, Zuverlässigkeit etc.) in einem Industrieunternehmen insbesondere aufgrund der teilweise echtzeitfähigen Verflechtungen mit dem Internet die Begriffe Datensicherheit, Angriffssicherheit und allgemein Informationssicherheit einen der höchsten Stellenwerte beizumessen sind. Zu beachten ist dabei auch, dass die Verbreitung standardisierter Internet-Technologien auch die Gefahr in sich birgt, von zukünftigen Angreifern genutzt zu werden, um Produktionssysteme gezielt außer Betrieb zu setzen (Stuxnet, Duqu u. a.). Die Einfallstore werden größer. Es wird sich oft um eine Hypervernetzung über Abteilungs-, Unternehmens- und sogar Ländergrenzen hinaus handeln (Hotelet 2013);

Auf dem Weg zu einer realen unternehmensspezifischen Industrie 4.0-Fabrik-Konzeption sind sowohl nach der Auffassung der Wissenschaftler als auch der Industrievertreter noch zahlreiche Bausteine zu erarbeiten, nicht zuletzt auch um dem geäußerten Anspruch gerecht werden zu können, mit dem Begriff „Industrie 4.0" von der Bundesrepublik Deutschland aus wieder eine weltweit anerkannte Richtung in der Produktionsentwicklung angestoßen zu haben. Einige Wegmarken hierzu sollen die Beiträge in diesem Buch ab dem Kap. 11 liefern.

Literatur

Abramovici M, Schulte S (2005) PLM – Neue Bezeichnung für alte CIM-Ansätze oder Weiterentwicklung von PDM?. Konstruktion – Zeitschrift für Produktentwicklung und Ingenieur-Werkstoffe 1/2–2005. Springer, Düsseldorf

AWF – Ausschuss für Wirtschaftliche Fertigung e. V. (1985) AWF-Empfehlung – Integrierter EDV-Einsatz in der Produktion – CIM Computer Integrated Manufacturing – Begriffe, Definition. Funktionszuordnungen, Eschborn

Barner A, Bullinger HJ, Kagermann H, Oetker A, Ottenberg K, Weber T (2013) Perspektivenpapier der Forschungsunion. Forschungsunion Wirtschaft – Wissenschaft, Berlin

Becker BD (1987) Die Fabrik im Simulator. CIM-Praxis, S 46–50

Bey I, Mense H, Ungemann C (1991) CIM in Deutschland kommt voran. wt Werkstatttechnik 81:63–67

Beyenburg R (1982) Die Fabrik der Zukunft in Etappen verwirklichen. In: Handelsblatt vom 06.10.1982

Bullinger HJ, Macht M, Salzer C, Warschat J (1988) CIM – die Herausforderung der nächsten Jahre. Technische Rundschau 26:28–29

CASA – The Computer and Automated Systems Association (1980) of the Society of Manufacturing Engineers (SME) of the United States

Cronjäger L (1990) Bausteine für die Fabrik der Zukunft. In: Bey (Hrsg) CIM-Fachmann. Springer, Berlin

Deutsches Institut für Normung e. V. (1987) Normung von Schnittstellen für die rechnerintegrierte Produktion (CIM): Standortbestimmung und Handlungsbedarf. Komm. Computer Integrated Manufacturing (KCIM). DIN-Fachbericht. Beuth, Berlin

Emrich H (1989) Konfiguration von Endprodukten mit Expertensystemen. PPS, AWF-Ausschuss für Wirtschaftliche Fertigung e. V., Eschborn

Erkes KF (1989) Planung flexibler CIM-Systeme mit Hilfe von Referenzmodellen. CIM-Management 2:46–53

Eversheim W (1990) Organisation in der Produktionstechnik. VDI-Verlag, Düsseldorf

Filos E (2007) The ICT theme of FP7. National FP7 Launch Event, Bonn

Geisberger E, Broy M (2012) Agenda CPS – Integrierte Forschungsagenda Cyber-Physical-Systems. Deutsche Akademie der Technikwissenschaften acatech

Gottschalch H, Wittkowski A (1989) „Human Centered" CIM-Strukturen – Wunsch und Wirklichkeit eines ESPRIT-Projektes. In: Paul MG (Hrsg) 19. Jahrestagung II. Springer, Berlin

Handke G (1986) Computer integrated and automated manufacturing systems in aircraft manufacturing. IJPR 24(4):811–823

Harrington J (1984) Understanding the manufacturing process. Crc Press

Hotelet U (2013) Sicherheit 1.0, AMPERE 1. 2013. ZVEI, München, S 24–27

Hrdliczka V (1983) Autofact Europe. Technische Rundschau, Nr. 49 ISO 10303 STEP, the standard for the exchange of product model data. International Organization for Standardization

Kok W (2004) Die Herausforderung annehmen – Die Lissabon-Strategie für Wachstum und Beschäftigung. Bericht der Hochrangigen Sachverständigengruppe.

König H, DeRidder L (1992) CIMOSA: Architektur für offene Systeme und Modellierung von Unternehmensprozessen. CIM-Management 4(92):28–39

Krieg W (2011) 3D-Integration der MES-Anwendungen im Porsche-Werk Zuffenhausen. Fachkongress Digitale Fabrik@Produktion. SVV GmbH, Landsberg

Lackes R (2013) CIM-Definition. Gabler Wirtschaftslexikon. Springer Gabler, Berlin

Otto HJ (2013) Industrie 4.0 hat einen direkten Nutzen für die Menschen. Zukunftsstrategie: Industrie 4.0, S. 12, Sonderveröffentlichung der AD HOC Gesellschaft für Public Relations mbH in Kooperation mit den Industrieverbänden Bitkom e. V, VDMA e. V. und ZVEI e. V., Gütersloh

Promotorengruppe Kommunikation der Forschungsunion Wirtschaft – Wissenschaft, acatech – Deutsche Akademie der Technikwissenschaft (2013) Umsetzungsempfehlungen für das Zukunftsprojekt Industrie 4.0. Büro der Forschungsunion, Berlin

Sadowski RP (1984) Computer-integrated manufacturing series. Will apply systems approach to factory of the future. Industrial engineering

Scheer AW (1986) Anforderungen an Datenverwaltungssysteme in CIM-Konzepten. Produktionsplanung und Produktionssteuerung in der CIM-Realisierung. 18. IPA-Jahrestagung. Springer, Berlin

Scheer AW (1988) Computer integrated manufacturing. Springer, Berlin

Scheer AW (2007) Advanced BPM assessment. IDS Scheer AG, Saarbrücken

Schüler U (Hrsg) (1994) CIM-Lehrbuch – Grundlagen der rechnerintegrierten Produktion. Springer Vieweg, Berlin

Spur G (1986) CIM – Die informationstechnische Herausforderung an die Produktionstechnik. Produktionstechnisches Kolloquium Berlin 1986– PTK 86. Fraunhofer IPK, Berlin, S 5–19

Sokianos N (1986) Organisations- und Personalentwicklung als strategische Komponente bei der Realisierung von CIM-Konzepten. In: Produktionsplanung und Produktionssteuerung in der CIM-Realisierung. 18. IPA-Jahrestagung. Springer, Berlin

Waller S (1983) Die automatisierte Fabrik. VDI-Zeitschrift, 125. Jahrg., Heft 20/83. S 838–842

Warnecke HJ (1992) Die Fraktale Fabrik. Springer, Berlin

Warnecke HJ, Becker BD (1989) CIM bedarf der Normung. In: DIN Deutsches Institut für Normung e. V. (Hrsg) Referentensammlung – genormte Schnittstellen für CIM. Beuth, Berlin

Westkämper E (2012) Forschung für die Fabriken der Zukunft. Stabübergabe Westkämper – Bauernhansl. Fraunhofer IPA, Stuttgart

Wiendahl HP (1992) Geleitwort. In: Rück R, Stockert A, Vogel FO (Hrsg) CIM und Logistik im Unternehmen: praxiserprobtes Gesamtkonzept für die rechnerunterstützte Auftragsabwicklung. Carl Hanser Verlag, München

Winterhagen J (2013) Automatisiert zur Losgröße 1., AMPERE 1. 2013. ZVEI, München, S 13–17

Wisnosky DE (1977) An overview of the Air Force program for Integrated Computer Aided Manufacturing (ICAM). SME technical paper, ICAM program prospectus

Wisnosky DE, Shunk DL, Harrington J (1980) The Southfield report on computer integrated manufacturing: oroductivity for the 1980's: Proceedings of a Joint Dept. of Defense (DoD – United States) – industry Manufacturing Technology Workshop

ZEW – Zentrum für europäische Wirtschaftsförderung (2009) Studie zur deutschen Beteiligung am 6. Forschungsrahmenprogramm der Europäischen Union. BMBF, Berlin

11 Digitale Produkte

Joachim Lentes und Manfred Dangelmaier

Zur Sicherstellung ihrer Wettbewerbsfähigkeit sind Industrieunternehmen gezwungen, in immer kürzeren Abständen neue Produkte am Markt anzubieten. Dabei sind die vom Markt geforderten Produkte zunehmend individueller und enthalten in steigendem Maße softwarebasierte Anteile. Damit sinken die Zeiten, die den Unternehmen für die Entwicklung und Realisierung von Produkten und Produktionssystemen zur Verfügung stehen, bei steigender Komplexität und Multidisziplinarität des Produkts und seiner Entstehung. Ein wesentlicher Ansatz zur Verkürzung der Zeiten für die Produktentstehung und zur Beschleunigung der Reife des Produkts ist der Einsatz softwarebasierter Werkzeuge in der Produktentstehung auf der Grundlage durchgängiger Informationsflüsse.

11.1 Einordnung, Begriffsbestimmung und Ziele

Ausgangspunkt der folgenden Betrachtungen ist die digitale Produktion als Leitstern des vorliegenden Buchs. Unter dem Begriff der digitalen Produktion werden aktuelle Ansätze für den Aufbau, die Vernetzung und den Betrieb produkt- und produktionsbezogener strategischer und operativer Prozesse produzierender Unternehmen unter Verwendung innovativer Informationstechnologien subsumiert (Lentes 2008). Ziel ist dabei, Prozesse zu beschleunigen, qualitativ zu verbessern und kostengünstiger zu gestalten sowie Pro-

J. Lentes (✉) · M. Dangelmaier
Fraunhofer IAO, Fraunhofer-Gesellschaft, Nobelstraße 12, 70569 Stuttgart, Deutschland
E-Mail: joachim.lentes@iao.fraunhofer.de

M. Dangelmaier
E-Mail: manfred.dangelmaier@iao.fraunhofer.de

E. Westkämper et al. (Hrsg.), *Digitale Produktion*,
DOI 10.1007/978-3-642-20259-9_11,

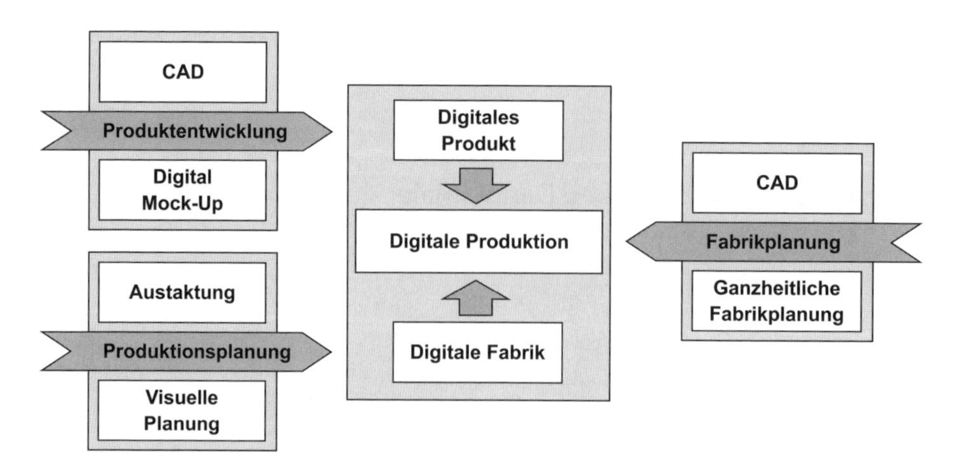

Abb. 11.1 Digitale Produktion als Verknüpfung von Produktentwicklung, Produktions- und Fabrikplanung

zessergebnisse, also Produkte und Produktionssysteme hinsichtlich des magischen Dreiecks Zeit – Qualität – Kosten zu optimieren.

Die softwaregestützte Verzahnung von Produktentwicklung, Produktions- und Fabrikplanung führt zu einer digitalen Produktion (Abb. 11.1 in Anlehnung an die Vorgehensweise der Daimler AG). Neben der Verknüpfung der Fachbereiche durch eine gemeinsame Datenbasis können zur Verbindung von Entwicklung und Planung auch Technologie- und Wissensdatenbanken eingesetzt werden, durch deren Anwendung Informationen über mögliche Fertigungsprozesse und über im jeweiligen Unternehmen vorhandene Technologien, Maschinen und Anlagen in der Produktentwicklung zur Verfügung stehen. Im Kontext der digitalen Produktion bildet das digitale Produkt das Gegenstück zur digitalen Fabrik, die in Kapitel 12 dargestellt ist. Der Begriff „digitales Produkt" steht damit im vorliegenden Beitrag nicht für rein digitale Produkte ohne physische Ausprägung wie der Inhalt von E-Books oder wie Musik und Filme in digitaler Form, sondern für die Abbildung von Produkten in Softwarewerkzeugen im Umfeld der Produktentstehung in produzierenden Unternehmen. Digitale Produkte im Sinne dieses Beitrags unterstützen damit die Entstehung von Produkten mit typischerweise einen materiellen aber nicht zwangsläufig einen immateriellen Bestandteil.

Aufgrund der herausragenden Bedeutung produktbezogener Daten für das digitale Produkt gilt dieses als „Gesamtheit der Produktdaten, welche in der Primärentwicklung erzeugt, konsistent verwaltet und über den Lebenszyklus laufend ergänzt werden und das reale Produkt hinreichend genau repräsentieren, um von Unternehmensprozessen mittels Diensten genutzt zu werden." (Zwicker und Montau 2006). Primärentwicklung ist dabei die Neuentwicklung eines Produkts wohingegen unter Sekundärentwicklung Anpassungskonstruktion und Produktweiterentwicklung zusammengefasst werden. Damit wird auch die Verwaltung der produktbezogenen Daten im Sinne eines Produktdatenmanagements (PDM) zu einem wesentlichen Faktor für das digitale Produkt. PDM bezeichnet dabei „die ganzheitliche, strukturierte und konsistente Verwaltung aller Daten und Prozesse, die bei

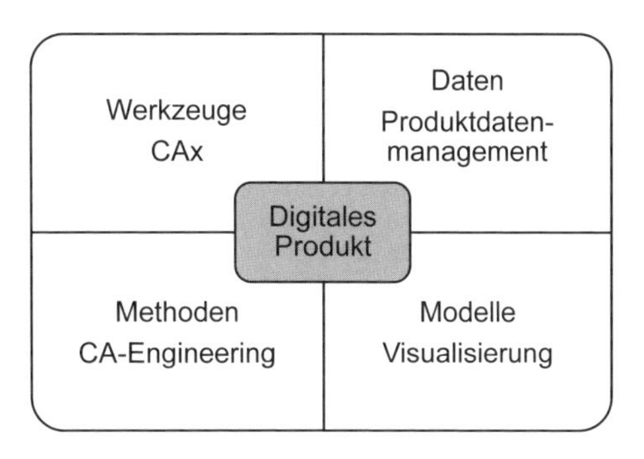

Abb. 11.2 Elemente des digitalen Produkts

der Entwicklung neuer oder der Modifizierung bestehender Produkte über den gesamten Produktlebenszyklus generiert, benötigt und weitergeleitet werden“ (Bullinger et al. 1999). Um die umfangreichen, möglichst in digitalisierter Form vorliegenden produktbezogenen Daten sinnvoll zu nutzen, wird der Einsatz von Rechnern in der Produktentwicklung geradezu zwingend notwendig, so dass die virtuelle Produktentstehung (VPE) ein wesentlicher Aspekt des digitalen Produkts ist. VPE bezeichnet dabei „die durchgehende Rechnerunterstützung bei der Produktentwicklung unter intensiver Anwendung von Simulations- und Verifikationstechniken auf der Basis digitaler, realitätsnaher Modelle“ (Eigner 2009). Das digitale Produkt besteht damit aus für die Produktentstehung relevanten Daten, die in Modellen strukturiert und digital abgebildet werden, Methoden die mittels Werkzeugen auf den Modellen eingesetzt werden, sowie organisatorischen bzw. managementbezogenen Bestandteilen (Abb. 11.2).

In Anlehnung an die Definition der digitalen Fabrik in VDI-Richtlinie 4499 (VDI-Richtlinie 4499 2008) gilt im Rahmen dieses Beitrags: Das digitale Produkt ist der Oberbegriff für ein umfassendes Netzwerk digitaler Modelle, Methoden und Werkzeuge, die durch ein durchgängiges Datenmanagement integriert werden. Sein Ziel ist die ganzheitliche Entwicklung, Absicherung und Optimierung sowie laufende Verbesserung aller Aspekte von Produkten, unter Berücksichtigung der Produktion.

Durch den Einsatz digitaler Produkte wird Nutzen in Bezug auf Qualität, Zeit und Kosten erwartet, auch aufgrund der durch Digitalisierung möglichen Produktoptimierung (Abb. 11.3). Neben einer Reduktion der Zeit bis zum Markteintritt neuer Produkte ist die beschleunigte Reifung des Produkts durch Absicherung und Optimierung ein wesentlicher Nutzenfaktor des digitalen Produkts.

Je nach Zielsetzung können im Kontext des digitalen Produkts Modelle unter anderem zur Abbildung folgender produktbezogener Merkmale eingesetzt werden:

- Anforderungen und ihre Erfüllung,
- Funktionen und Lösungsprinzipien,
- Produktstruktur und Stücklisten,
- Produktfamilien und -varianten,
- Geometrien und Oberflächen sowie
- physikalische Eigenschaften.

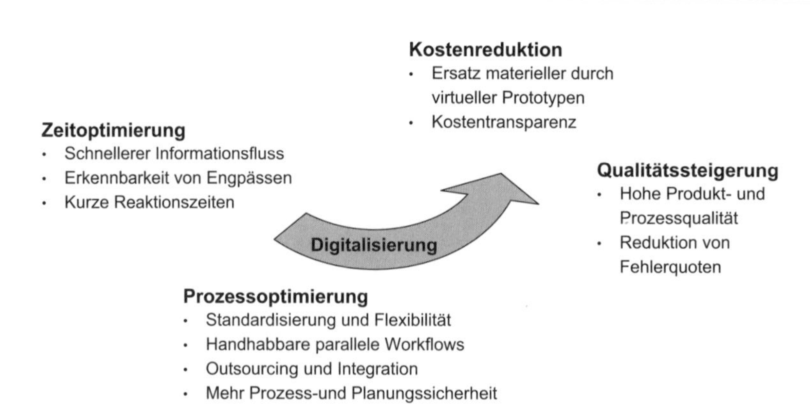

Abb. 11.3 Nutzenpotentiale der Digitalisierung in der Produktentstehung

Auf der Grundlage modellierter Produkteigenschaften können unter Verwendung digitaler Werkzeuge Methoden und Techniken eingesetzt werden. Im Folgenden werden wesentliche Anwendungen und Werkzeuge im Kontext des digitalen Produkts beschrieben, wobei geometriebasierte Visualisierung sowie organisatorische Elemente samt Datenmanagement aufgrund ihrer herausragenden Bedeutung in eigenen Abschnitten dargestellt sind.

11.2 Methoden und Werkzeuge

Das digitale Produkt bietet eine Vielzahl von Methoden und Werkzeugen zur Unterstützung der an der Produktentstehung Beteiligten, insbesondere zur Unterstützung von

- Anforderungsmanagement,
- Design,
- Konstruktion,
- Absicherung,
- Auslegung und Optimierung sowie
- Arbeitsvorbereitung (Abb. 11.4).

Zur Gewinnung, Dokumentation und Verwaltung von Anforderungen an Produkte sowie deren Erfüllung kann je nach Komplexität nicht nur Standardbürosoftware eingesetzt werden, es stehen auch spezifische Lösungen zur Verfügung. Neben ursprünglich für die Softwareentwicklung geschaffenen Hilfsmitteln wie Dynamic Object Oriented Requirements System (DOORS) werden auch Werkzeuge aus dem Umfeld von Produktdaten- und Produktlebenszyklusmanagement eingesetzt. Auf dem Einsatz semantischer Technologien für die Realisierung einer Korrelationsmatrix zur Verbindung von Anforderungen mit Produkteigenschaften basierende Ansätze werden aktuell prototypisch entwickelt und erprobt (Woll et al. 2012).

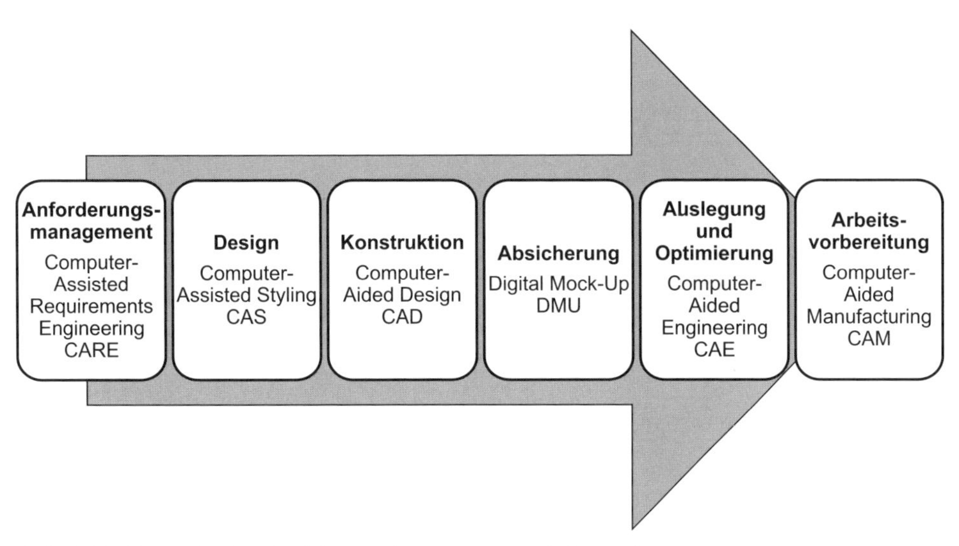

Abb. 11.4 Beispielhafter Produktentstehungsprozess mit Anwendungen

Unter der geometrischen Perspektive beginnt der Produktentstehungsprozess typischerweise mit einer Designphase, die den Ausgangspunkt für die Konstruktion schafft. Wird das Design klassisch mit materiellen Studien wie Clay-Modellen durchgeführt, dann können diese mittels Koordinatenmessmaschinen oder 3D-Scanner in ein digitales Modell des Produktdesigns überführt werden (Abb. 11.5). Das digitale Design liegt dann zunächst als Punktwolke vor, das für die weitere Bearbeitung in der Konstruktion umgewandelt werden muss. Im Fall der Automobilindustrie erfolgt diese Umwandlung im Kontext des sogenannten Strak, einem Geometriemodell aller sichtbaren Oberflächen in Interieur und Exterieur in höchster Güte. Alternativ kann auch schon das Design durch Werkzeuge der computergestützten Gestaltung (Computer-Assisted Styling, CAS) unterstützt werden, so dass die Nachbildung eines materiellen Modells in der digitalen Produktentstehungskette entfällt (Küderli 2007). Der Ansatz, von Beginn der Entstehung der Produktgeometrie an mit digitalen Modellen in Softwarewerkzeugen zu arbeiten, wird häufig als Forward Engineering bezeichnet, im Gegensatz zum Reverse Engineering auf Basis existierender materieller Bauteile und Modelle.

Konzeptentwicklung und Konstruktion im Rahmen der Produktentwicklung finden üblicherweise rechnerunterstützt (Computer-Aided Design, CAD) statt (Bordegoni und Rizzi 2011). Dafür existiert eine Vielzahl an Softwarewerkzeugen, die sich zum Teil erheblich in Funktionsumfang, Leistungsfähigkeit und Aufwand zum Einsatz unterscheiden. CAD-Werkzeuge können nach der Anzahl der Dimensionen des geometrischen Modells in 2D, 2,5D und 3D-Systeme, die für verschiedene Anwendungsbereiche geeignet sind, eingeteilt werden. Weitere Merkmale zur Einteilung von CAD-Werkzeugen sind die Unterstützung einer parametrischen Produktmodellierung oder auch einer Feature-Technologie. Parametrische Produktmodellierung erlaubt die Verwendung von Variablen

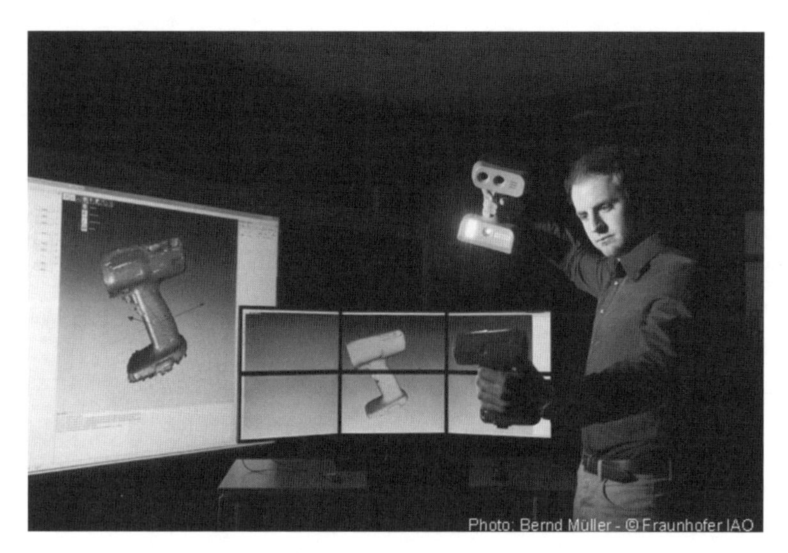

Abb. 11.5 Einsatz eines handgeführten optischen 3D-Scanners im Reverse Engineering

(Parametern) für die Abbildung von Produkteigenschaften. Über Features können Produktbereiche, die Konstruktionselemente darstellen als informationstechnische Elemente abgebildet und mit Bedeutung versehen werden (VDI-Richtline 2218 2003; Weber 1996). Neben CAD-Werkzeugen für den Einsatz in der mechanischen Konstruktion werden Entwicklungsaktivitäten im Bereich Elektrik/Elektronik durch ECAD im Gegensatz zum MCAD für den Bereich Mechanik unterstützt.

Liegt ein digitales 3D-Modell des Produkts aus der Produktentwicklung vor, kann es als digitales Mock-Up (DMU) zur Absicherung und Weiterentwicklung des Produkts entlang des Produktlebenszyklus eingesetzt werden. Typische Einsatzgebiete des DMU sind Bauraumkonzeption bzw. Packaging, Zusammenbauuntersuchungen, Montageplanung und Erstellung von Fertigungsunterlagen sowie Unterstützung von Schulungen für Produktbetrieb und -wartung. DMUs können auch zur Realisierung eines Frontloading in der Produktentstehung eingesetzt werden, so dass schon früh im Produktentstehungsprozess vielfältiges Wissen über das Produkt und seine potentielle Produktion vorliegen. Aktuelle Entwicklungen zielen auf eine Erweiterung des geometrischen Ansatzes des DMU um funktionale Aspekte, beispielsweise elektronische Komponenten, Produktsoftware oder aus Simulationswerkzeugen, hin zum sogenannten Functional DMU (Stork et al. 2010).

Berechnungsverfahren zur Produktsimulation im Sinne eines Computer-Aided Engineering (CAE) basieren insbesondere auf der Finite-Elemente Methode FEM, der Mehrkörpersimulation MKS oder einer Kombinationen von beiden (Meywerk 2007). Wesentliche Anwendungsgebiete des CAE sind Festigkeitsberechnungen im Kontext von Betriebsfestigkeit und Unfallverhalten (Crashtest), Schwingungsuntersuchungen (auch als Noise, Vibration, Harshness NVH), Strömungen, Akustik, Verbrennungsvorgängen aber auch von Antriebsstrang und Energiemanagement im Automobilbereich. CAE-Werkzeuge ermöglichen den Einsatz virtueller Prototypen, so dass das zeitaufwändige und kostenintensive Erstellen und Testen materieller Prototypen häufig entfallen kann.

Liegen 3D-Daten zu fertigender Teile in digitaler Form vor, kann die Arbeitsvorbereitung bei der Erstellung der Steuerungsprogramme für Werkzeugmaschinen mittels Computer-Aided Manufacturing (CAM) unterstützt werden. Steuerungsprogramme können damit schon vor der eigentlichen Fertigung geprüft und optimiert, Ausschuss und Ausfallzeiten beispielsweise durch Werkzeugkollisionen reduziert werden.

Letzter Schritt der digitalen Werkzeugkette von der Idee für ein neues Produkt bis zu dessen Herstellung kann das Direct Digital Manufacturing (DDM)sein. Zur Erzeugung materieller Prototypen und Produkte aus digitalen Produkten können generative Fertigungsverfahren eingesetzt werden. Mit generativen Fertigungsverfahren werden Werkstücke typischerweise Schicht für Schicht durch Materialauftrag erzeugt, wobei die Fertigungsqualität häufig so hoch ist, dass die mechanische Nachbearbeitung des Werkstücks entfallen kann. Prominente Beispiele für generative Fertigungsverfahren sind die Stereolithographie und das selektive Lasersintern, die insbesondere im schnellen Prototypenbau (Rapid Prototyping) eingesetzt werden. Neuere Verfahren wie das 3D-Drucken ermöglichen auch den Einsatz seriennaher und serienreifer Werkstoffe wie Acrylnitril-Butadien-Styrol (ABS) und ermöglichen damit auch die Herstellung von Produkt- und Ersatzteilen. Durch den Entfall des Werkzeug- und Formenbaus für das Urformen können Zeit und Kosten für die Herstellung kleinster Losgrößen deutlich reduziert werden (Bertsche und Bullinger 2007; Wohlers 2012).

11.3 Visualisierung

Das stetig wachsende Methoden- und Werkzeuginventar des digitalen Produkts erschließt neue Möglichkeiten, erfordert aber eine enge Kooperation und intensive Kommunikation zwischen den beteiligten Fachdisziplinen. Die Kommunikation lässt sich durch geeignete Visualisierung von Entwicklungsstand und Berechnungsergebnissen, auch durch Einsatz virtueller Technologien (VT), unterstützen. Durch ihre intuitiv verständliche Darstellung dient Visualisierung zur Unterstützung von Verständnis und Kommunikation von Entwicklungsdaten und Produktmodellen. Visualisierung und VT unterstützen die Überwindung von Kommunikationsbarrieren und die Vermeidung von Missverständnissen. Produkt- oder produktionsbezogene Daten werden für den Menschen auf einfache und intuitive Weise zugänglich gemacht, die Integration heterogener Produktentwicklungsteams aus Gestaltern, Entwicklern, Planern und Entscheidern wird gefördert. Neben der standardmäßig eingesetzten Visualisierung bildet VT heute ein in zunehmendem Maße genutztes Werkzeug im Umfeld von CAx- und DMU-Anwendungen. In Abgrenzung zu anderen Definitionen wird VT hier als eine Technologie betrachtet, die den Benutzern durch realitätsnahe Stimulation der Sinne ein Eingebundensein in eine digital generierte Umgebung ermöglicht und räumliche Interaktionen erlaubt. Hierbei wird eine dynamische, stereoskopische Darstellung der 3D-Modelle von Produkt oder Produktionsmitteln

Abb. 11.6 Hybrid Rendering aus klassischem Rasterisierungsverfahren (*links*) mit Raytracing (*rechts*)

bereitgestellt. Neben der räumlichen Sicht auf die in Originalgröße darstellbaren Modelle kann durch handgeführte Eingabegeräte in allen sechs Freiheitsgraden der Translation und Rotation räumlich interagiert werden.

Großformatige Visualisierungen und VT haben sich in der Produktentwicklung insbesondere in der Aufgabenstellung CAD-Review etabliert, wo sie im Kontext der DMU-Analyse eingesetzt werden. Mitarbeiter unterschiedlicher Fachgebiete und -disziplinen oder sogar unterschiedlicher Unternehmen können bei der gemeinsamen Evaluation und Diskussion des Entwicklungsstands unterstützt werden. Durch intuitive Interaktionstechnik können auch Anwender ohne 3D-CAD-Hintergrund meist schnell in den 3D-Modellen navigieren und mit den VT-Anwendungen arbeiten. Zunehmend werden auch räumlich verteilte Reviews durchgeführt, bei denen Anwender an verschiedenen Standorten und mit unterschiedlichen Anzeigesystemen einen Produktdatensatz gemeinsam analysieren können.

Ein ebenfalls etabliertes Anwendungsfeld für qualitativ hochwertige Visualisierung und VT für Gestalter in der Produktentwicklung bildet das Design-Review. Es ermöglicht die Darstellung von Designmodellen mit fotorealitätsnahen visuellen Eigenschaften. Hier wird heute insbesondere die Shader-Technologie leistungsfähiger 3D-Grafikkarten und in ersten Ansätzen bereits Echtzeit-Raytracing als neue Methode mit den bewährten Rasterisierungsverfahren kombiniert (Abb. 11.6). Ebenfalls relevant sind hierbei hochauflösende Anzeigen, beispielsweise aus gekachelten Projektionssystemen und Bildkalibrierung zur Erzielung hoher Farbtreue.

Die ergonomische Qualität und Benutzbarkeit von Produkten und Produktionsmitteln kann ebenfalls durch Methoden der virtuellen Realität analysiert werden (Hoffmann et al. 2007). Hierzu werden digitale Menschmodelle genutzt, um beispielsweise kritische Haltungen, Greif- und Sichträume während der Benutzung oder Fertigung des Produkts zu untersuchen und gegebenenfalls daraus resultierende Beanspruchungen zu bestimmen. VT erlauben mittels effizienter 6D-Interaktion die intuitive Positionierung der Gliedmaßen des Menschmodells in die relevanten Körperhaltungen. Auch Sicht- und Greifräume werden visualisiert und können insbesondere im Maßstab 1:1 aus der Position des Menschmodells betrachtet werden. Neuere Ansätze nutzen die Tracking-Systeme, als Teil

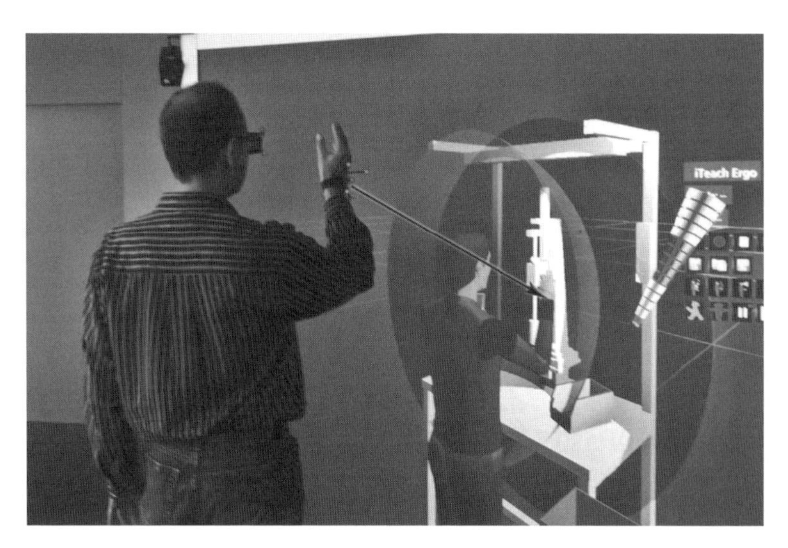

Abb. 11.7 Anwendung iTeach zur Ergonomieanalyse mit Motioncapturing

der VT, auch zur Echtzeit-Aufzeichnung der Bewegung des Benutzers und übertragen diese auf das Menschmodell (Abb. 11.7). Somit können neben der Analyse statischer Haltungen auch dynamische Vorgänge betrachtet werden.

Bereits während der Entwicklung von Produkten ist die Bau- und Montierbarkeit für die spätere Fertigung und Wartung zu prüfen. Für die Analyse des Montagepfads sind Komponenten meist in allen sechs räumlichen Freiheitsgraden relativ zu anderen Komponenten des Produkts zu bewegen. Die Bearbeitung dieser Aufgabenstellung profitiert insbesondere bei räumlich komplex strukturierten Produkten durch die 3D-Sicht und 6D-Interaktion der VT. VT-DMU-Anwendungen führen hierzu eine Echtzeit-Kollisionskontrolle der Bauteilgeometrien durch, um bei Kollisionen entsprechende Rückmeldung geben zu können. Realitätsnahes Verhalten kann simuliert werden, in dem das bewegte Bauteil bei einer Kollision wie in der Realität um den Kontaktpunkt gedreht werden oder auf der Kontaktfläche gleitend entlang geführt werden kann. Neueste Entwicklungen sind hierbei in der Lage, auch das Kollisionsverhalten mit elastischen Bauteilen nachzubilden oder durch Einsatz von Interaktionsgeräten mit Kraftrückkopplung auftretende Kollisionen auch haptisch an den Benutzer zurückzumelden.

Seitens der CAD- und PLM-Anbieter sind bereits erste Vorstöße zur Bereitstellung von VT-Funktionen durch ihre 3D-Produktdatenviewer zu verzeichnen. So bietet die Firma Dassault Systèmes in Catia einige VT-Funktionen und mit Virtools ein vollständiges VT-Softwaresystem an. Siemens PLM hat einige VT-Funktionen in seine CAD-Daten-Visualisierung Teamcenter Lifecycle Visualization integriert und PTC bietet mit Division Mock-Up eine VT-CAD-Review-Anwendung an.

Entscheidend für den effizienten Einsatz der VT-Technologie in der industriellen Produktentwicklung ist die Minimierung der Rüstzeit zur Produktdatenvisualisierung. Der Aufbereitungsaufwand für Produktdaten aus CAD- oder PDM-Systemen sollte so gering wie möglich ausfallen oder sogar vollständig entfallen. Dies kann erreicht werden durch die Fähigkeit der Visualisierungsanwendung, native CAD-Daten importieren zu können oder aber über die Einrichtung eines weitgehend automatisierten Prozesses zur Datenkonvertierung und -aufbereitung, eventuell unter Einsatz eines standardisierten Datenformats für die Visualisierung und insbesondere VT. Zunehmend an Bedeutung gewinnt die direkte Anbindung der Visualisierungsanwendung an unternehmensweite PDM-Systeme. Hierdurch kann die Visualisierungsanwendung zusätzlich zu Produktgeometrien auch Metadaten wie Gewicht, Material, Preis oder Lieferant einzelner Komponenten bereitstellen (Friedewald und von Lukas 2008).

11.4 Organisatorische Aspekte

Wesentliche Grundlage eines digitalen Produkts, das zu Erhalt und Steigerung der Wettbewerbsfähigkeit eines Unternehmens beitragen soll, ist dessen organisatorische Komponente, die auf der endgültigen Abkehr von der Funktionsorientierung hin zur Prozessorientierung basiert. Die Durchgängigkeit der Prozesse vom Markt zum Markt über die Grenzen der beteiligten Organisationseinheiten hinweg unterstützt das digitale Produkt gezielt durch informationstechnische Systeme. Wichtige Ansatzpunkte für die Prozessunterstützungsfunktion sind neben der Zusammenarbeit zwischen Entwicklung und Produktion auch die Kooperationen dieser Bereiche mit Vertrieb und Service, durch die Kundenorientierung und Produktqualität gesteigert werden können.

Die zunehmende Komplexität der Produkte, beispielsweise durch die zunehmende Anzahl mechatronischer Komponenten und Systeme macht es häufig erforderlich, das Vorgehen zur Produktentstehung in Teilprozesse aufzuteilen und die entstehenden Teilprozesse zu parallelisieren. Diese Teilprozesse müssen sinnvoll koordiniert und ihre Schnittstellen definiert werden. Spätestens in der Absicherung mittels physikalischer Prototypen fließen die einzelnen Entwicklungsstände zusammen und sollten dann nicht nur aufeinander abgestimmte Komponenten sondern auch passende Entwicklungsreifegrade aufweisen. Zusätzlich zu den Ansätzen aus den Concurrent/Simultaneous Engineering-Bestrebungen sowie Stage-Gate-Modellen können feingranular definierte Referenzpunkte als Synchronisationspunkte eingesetzt werden. Ein wesentliches Element des Concurrent/Simultaneous Engineering ist die Beschleunigung des Vorgehens in der Produktentstehung auf der Grundlage der Parallelisierung, Standardisierung und Integration von Prozessschritten (Berndes und Stanke 1995). Stage-Gate-Ansätze basieren auf der Einteilung des Produktentstehungsprozesses in Phasen und Tore (Cooper 2001). Phasen dienen der Strukturierung des Produktentstehungsprozesses in Abschnitte. Tore stellen Entscheidungspunkte im Vorgehen dar, an denen Entschieden wird, ob ein Entwicklungsprojekt in die jeweils nächste Phase eintritt.

Referenzpunkte (Abb. 11.8) sind in der Teilprozessstruktur für die gesamte Entwicklungsaufgabe verankert und ergänzen die häufig verwendeten Meilenstein- oder Quality-Gate Schemata. Sie fokussieren die horizontale Kommunikation zwischen parallel laufen-

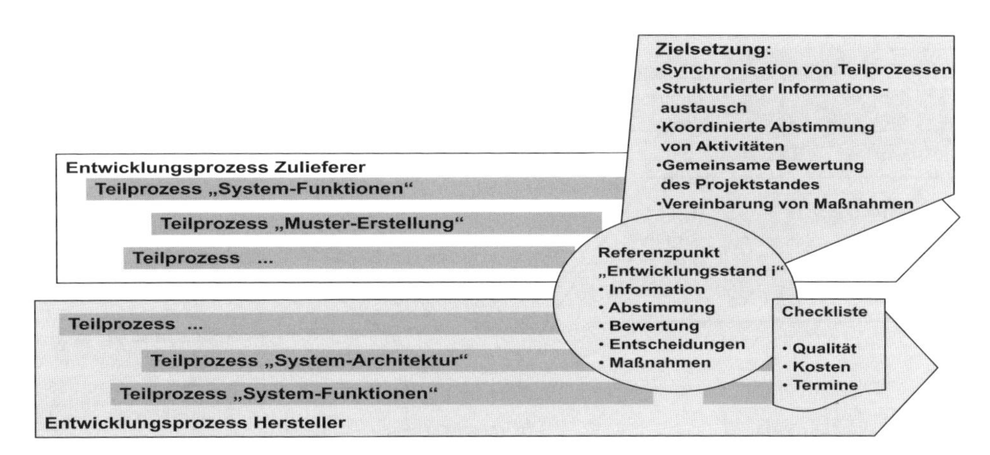

Abb. 11.8 Referenzpunkte in der Produktentstehung

den Teilprozessen und werden zu Projektbeginn inhaltlich und organisatorisch definiert (Kröll et al. 2001). Durch den Einsatz von Synchronisationspunkten entsteht ein feiner abgestuftes Reifegradmodell für die Produktentwicklung, Schwierigkeiten oder Versäumnisse können schneller erkannt und ihre Auswirkungen begrenzt oder beseitigt werden. Darüber hinaus werden aufwändige und meist ineffiziente Feuerwehraktionen zur Störungserkennung und -beseitigung reduziert.

Ein weitergehender Ansatz kann in der Bildung von permanenten Prozessteams liegen, in denen unterschiedliche Entwicklungs- und Engineering-Kompetenzen zusammengefasst werden.

11.5 Erfolgsfaktoren für den Einsatz des digitalen Produkts

Bei Einführung und Anwendung des digitalen Produkts sind eine Vielzahl an Erfolgsfaktoren aus den Perspektiven Mensch, Organisation und Technik zu beachten (Abb. 11.9).

Voraussetzung für den erfolgreichen Einsatz digitaler Produkte in Unternehmen sind verschiedene Aspekte der Integration (Abb. 11.10). Zunächst muss das digitale Produkt in die IT-Infrastruktur eingebunden und die IT-Dienstleistungen im Unternehmen entsprechend angepasst werden. Unter Umständen sind Qualifizierungsmaßnahmen des IT-Personals erforderlich.

Wesentlich ist die Schaffung eines durchgehenden Informationsflusses, gegebenenfalls unter Verwendung eines Austauschformats wie STEP oder JT. STEP ist der in der Norm ISO 10303 festgelegte Standard for the Exchange of Product Model Data und ermöglicht die Abbildung physischer und funktionaler Produktmerkmale (ISO Norm 10303 1994). Im Rahmen von STEP wurden Applikationsprotokolle (APs) für Anwendungsbereiche und -fälle wie CAD, CAM und PDM, zum Teil auch vor dem Hintergrund spezifischer Branchenerfordernisse, definiert. Aufgrund des großen Umfangs des Standards unterstüt-

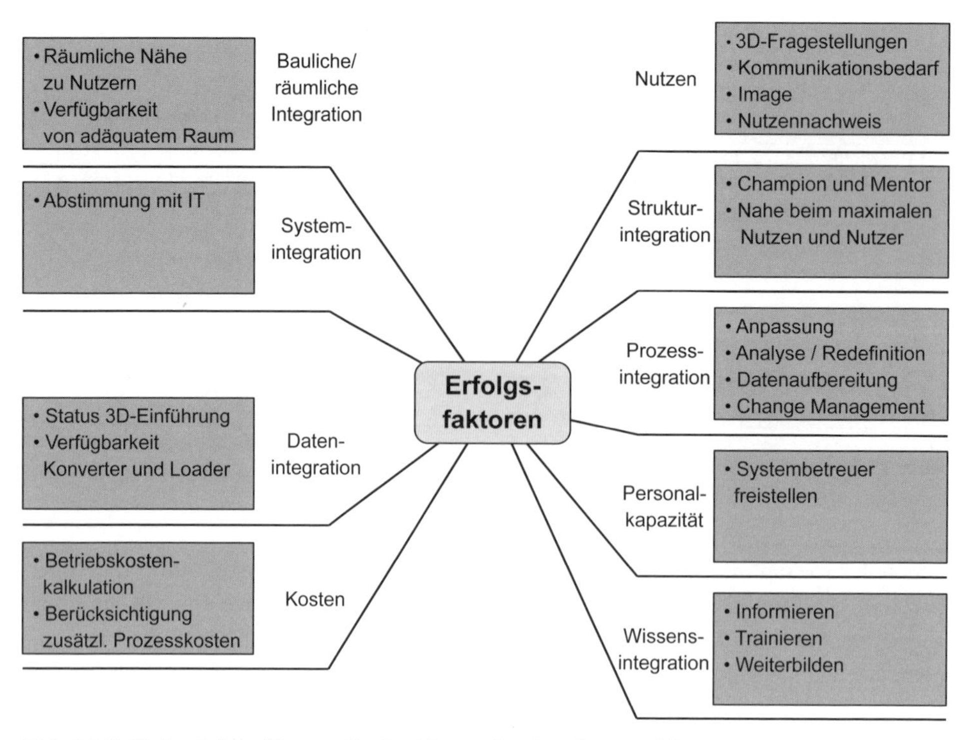

Abb. 11.9 Einige Erfolgsfaktoren für den Einsatz des digitalen Produkts

zen typische Softwarewerkzeuge nur einen Teil der von STEP. Jupiter Tesselation (JT) ist ein Format für Speicherung und Austausch von Daten für die 3D-Visualisierung, das mittlerweile in ISO 14306 normiert wurde (ISO Norm 14306 2012).

Ein weiterer Erfolgsfaktor für den Einsatz des digitalen Produkts ist die Prozessintegration. Einerseits sollten sich Lösungen möglichst in die bestehenden Entwicklungsprozesse integrieren lassen. Andererseits erfordern Digitalisierung und die Nutzung digitaler Mock-Ups auch die Anpassung bestehender Prozesse und Workflows in der Produktentwicklung. In der Produktionsplanung ist diese Adaption in der Regel aufwändiger als in der Konstruktion, in der die Digitalisierung häufig weiter fortgeschritten ist und die Prozesse meist an das Arbeiten mit 3D-Daten angepasst sind. Wird die Prozessintegration des digitalen Produkts unzureichend durchgeführt, werden nicht nur dessen Potentiale nicht ausgeschöpft, sondern Prozesse möglicherweise ineffizienter und funktional gestört.

Zur Erzielung einer hohen Nutzerakzeptanz, Lern- und Prozesseffizienz ist der Gestaltung der Benutzungsoberflächen der Werkzeuge des digitalen Produkts besonderes Augenmerk zu schenken. Ideal wäre eine hohe Übereinstimmung der Anwendungssteuerung zwischen neuen Anwendungen und bestehenden CAD/DMU-Systemen, die zugleich die spezifischen Vorzüge räumlicher Interaktion nutzt. Ebenso sollten unterschiedliche Anwendungen wiederkehrende Bedienmuster aufweisen, um den Lernaufwand für neue Applikationen zu reduzieren und die Effizienz zu steigern. Wesentlich dabei ist, dass die Anwender der Werkzeuge des digitalen Produkts einen direkten Mehrwert, der einem deutlichen Nutzen gegenüber dem zusätzlichen Aufwand aus der Werkzeuganwendung

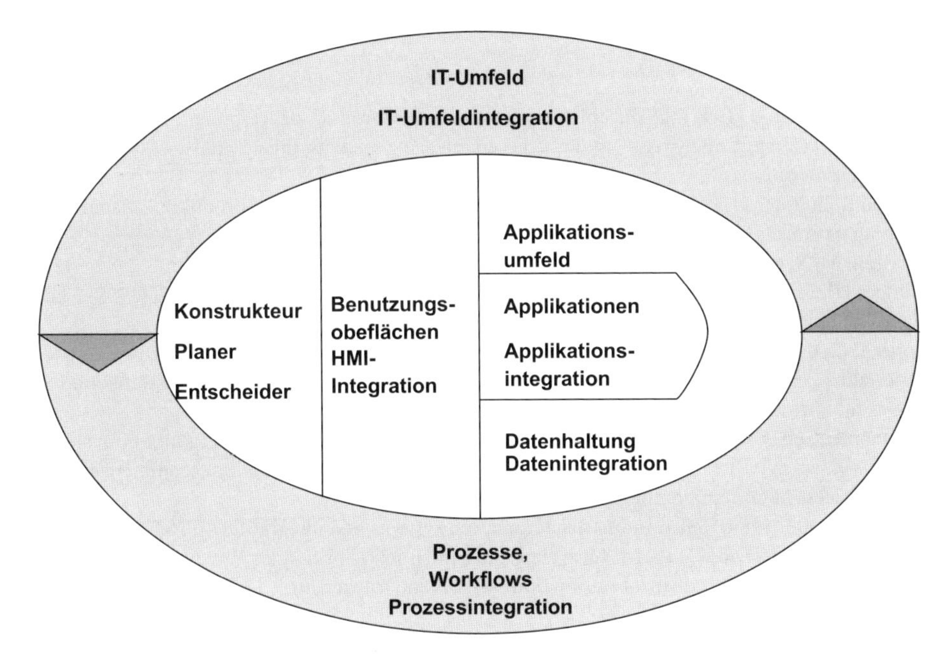

Abb. 11.10 Aspekte der Integration im Kontext digitaler Produkte

entspricht, bekommen. So können Benutzungsbarrieren abgebaut und einer Verweigerungshaltung entgegengewirkt werden.

11.6 Zusammenfassung

Die Durchdringung der Produktentstehung mit digitalen Werkzeugen ermöglicht eine neue Qualität von Produktmodellen, das ganzheitliche digitale Produkt. Das digitale Produkt verbindet dabei nicht nur Aktivitäten entlang des Produktentstehungsprozesses sondern verknüpft diesen, beispielsweise an Synchronisationspunkten, mit dem Produktionsentstehungsprozess. Weiterhin werden im digitalen Produkt Daten aus verschiedensten Funktionsbereichen bzw. Gewerken eingesetzt und damit die Kommunikation und Kooperation in und zwischen ihnen unterstützt. Analog zur digitalen Fabrik gilt, das digitale Produkt ist der Oberbegriff für ein umfassendes Netzwerk digitaler Modelle, Methoden und Werkzeuge, die durch ein durchgängiges Datenmanagement integriert werden. Sein Ziel ist die ganzheitliche Entwicklung, Absicherung und Optimierung sowie laufende Verbesserung aller Aspekte von Produkten, unter Berücksichtigung der Produktion.

Mit dem digitalen Produkt werden durchgängige Prozessketten durch interdisziplinäre Modelle realisiert. Zeiten bis zum Markteintritt neuer Produkte können reduziert und zusätzlich die Zunahme des Reifegrads des Produkts beschleunigt werden. Damit kann das digitale Produkt einen deutlichen Beitrag zur Steigerung der Wettbewerbsfähigkeit produzierender Unternehmen leisten.

Literatur

Berndes S, Stanke A (1995) A concept for revitalisation of product development. In: Bullinger HJ, Warschat J (Hrsg) Concurrent simultaneous engineering systems, the way to successful products. Springer, Berlin

Bertsche B, Bullinger HJ (2007) Entwicklung und Erprobung innovativer Produkte – Rapid Prototyping. Springer, Berlin

Bordegoni M, Rizzi C (Hrsg) (2011) Innovation in Product Design. Springer, Berlin

Bullinger HJ, Frielingsdorf H, Roth N, Wagner F, Zeichen G, Fürst K, Brandstätter T (1999) Marktstudie Engineering Data Management Systeme. Fraunhofer IAO, Stuttgart

Cooper R (2001) Winning at new products. Perseus, Cambridge

Friedewald A, von Lukas U (2008) Visualisierung und Interaktion: Leitfaden zur Auswahl eines Systems für Virtuelle Realität. Digital Eng Magazin 2:60–62

Hoffmann H, Schirra R, Westner P, Meinken K, Dangelmaier M (2007) iTeach: ergonomic evaluation using avatars in immersive environments. In: Proceedings of 4th International conference on universal access in human-computer interaction, Beijing

ISO Norm 10303 (1994) Teil 1: Industrial automation systems and integration – Product data representation and exchange – Part 1: Overview and fundamental principles

ISO Norm 14306 (2012) Industrial automation systems and integration – JT file format specification for 3D visualization

Kröll M, Nohe P, Hartwig R, Hechler Ch, Hübner E, Biermeyer A, Richter M (2001) Erfolgsgeheimnis – Transparenz. Automobil-Entwicklung 3:46–48

Küderli F (2007) Computer Aided Styling und die virtuelle Realität im Außen- und Innendesign. In: Braess H-H, Seiffert U (Hrsg) Automobildesign und Technik. Vieweg, Wiesbaden

Lentes J (2008) Einsatz der „Digitalen Produktion“ zur Steigerung der Wettbewerbsfähigkeit. wt Werkstattstechnik online 3:163–164

Meywerk M (2007) CAE-Methoden in der Fahrzeugtechnik. Springer, Berlin

Stork A, Schneider P, Bruder T, Farkas T (2010) Towards more insight with functional digital mockup. In: Proceedings of the 1st Commercial Vehicle Technology Symposium, Kaiserslautern

VDI-Richtline 2218 (2003) Informationsverarbeitung in der Produktentwicklung – Feature-Technologie. Beuth, Düsseldorf

VDI-Richtlinie 4499 (2008) Blatt1: Digitale Fabrik – Grundlagen. Beuth, Düsseldorf

Weber C (1996) What is a feature and what is its use? In: Results of FEMEX working group I. In: 29th international symposium on automotive technology and automation, Florence

Wohlers T, Caffrey T (2012) Wohlers Report 2012, additive manufacturing and 3D printing state of the industry; annual worldwide progress report. Fort Collins, Wohlers Associates

Woll R, Hayka H, Stark R, Geissler C, Greisinger C (2012) Semantic integration of product data models for the verification of product requirements. In: Proceedings of ISPE International Conference on Concurrent Engineering, Trier

Zwicker E, Montau R (2006) Informationstechnologien im digitalen Produkt. ETH, Eidgenössische Technische Hochschule Zürich. Zentrum für Produktentwicklung, Zürich

Digitale Fabrik

12

Martin Landherr, Michael Neumann, Johannes Volkmann und Carmen Constantinescu

Immer komplexere Planungsaufgaben führen zu neuen Herausforderungen, denen sich produzierende Unternehmen stellen müssen. Diese Herausforderungen ergeben sich aus immer häufigeren Anpassungen von Fabriken und ihren Produktionssystemen, die Wiederverwendung von Wissen sowie die stetig steigenden Anforderungen hinsichtlich der Datensicherheit, -konsistenz, -verfügbarkeit und der steigenden Datenmengen. Um dies zu beherrschen, bedarf es eines intelligenten, konsistenten und durchgängigen Datenmanagements sowie integrierter unterstützender Methoden und Werkzeuge. Die digitale Fabrik bietet ein geeignetes Planungs- und Betriebskonzept, um diesen Herausforderungen zu begegnen und verschafft produzierenden Unternehmen einen wertvollen Wettbewerbsvorteil. Im folgenden Kapitel werden daher der Begriff der digitalen Fabrik, die Ziele und Methoden, die Werkzeuge und Ansätze, der Nutzen, Aufwand und Wirtschaftlichkeit sowie die Möglichkeiten der zukünftigen Entwicklung dargestellt.

M. Landherr (✉) · M. Neumann
GSaME, Universität Stuttgart, Nobelstr. 12, 70569 Stuttgart, Deutschland
E-Mail: martin.landherr@gsame.uni-stuttgart.de

M. Neumann
E-Mail: michael.neumann@gsame.uni-stuttgart.de

J. Volkmann
Fraunhofer IPA, Fraunhofer-Gesellschaft, Nobelstr. 12, 70569 Stuttgart, Deutschland
E-Mail: johannes.volkmann@ipa.fraunhofer.de

C. Constantinescu
Fraunhofer IAO, Fraunhofer-Gesellschaft, Nobelstr. 12, 70569 Stuttgart, Deutschland
E-Mail: carmen.constantinescu@iao.fraunhofer.de

E. Westkämper et al. (Hrsg.), *Digitale Produktion*,
DOI 10.1007/978-3-642-20259-9_12,

12.1 Definitionen

Das Planungs- und Betriebskonzept der digitalen Fabrik ist bereits in vielen Industriezweigen und Forschungseinrichtungen zu einem wichtigen Thema geworden. Aus diesem Grund existieren unterschiedliche Ansätze, die sich auf die vollständige digitale Abbildung und kontinuierliche Anpassung der Fabrik, deren Produktionsanlagen und -prozesse fokussieren. Dabei soll das Verhalten der digitalen Fabrik so realitätsnah wie möglich dargestellt werden, um zukünftige Zustände verlässlich simulieren zu können. Die unterschiedlichen Ansichten der digitalen Fabrik, bedingt durch abweichende Ansätze, Forschungs- und Anwendungsbereiche, führen zu einer großen Zahl von Definitionen.

Definitionen, die statische und dynamische Modelle trennen, sehen die digitale Fabrik als ein statisches Abbild der realen Fabrik in einem digitalen Modell. Dieses beinhaltet die heute existierenden Fabrikstrukturen, mobile und stationäre Einrichtungen, Produkte sowie Objekte, Prozesse und Ressourcen in digitaler Form. Die Modellerstellung erfolgt rechnerunterstützt mit Hilfe von modernen digitalen Werkzeugen, Informations- und Kommunikationstechnologien. Die „Alt-Struktur" der vorhandenen Fabrik wird in dem Modellierungsprozess berücksichtigt, um Erfahrungen und Wissen aus vergangenen Projekten einzubeziehen (Westkämper 2003; Constantinescu und Kapp 2006; Aldinger et al. 2006). Im Gegensatz dazu ist das dynamische Abbild als Virtuelle Fabrik definiert. Dabei wird die digitale Fabrik und deren statisches Abbild, unter Einbezug des Parameters Zeit, in die Zukunft projiziert, um das Systemverhalten über den Zeitverlauf mit Werkzeugen der Virtuellen Fabrik zu simulieren. Die Virtuelle Fabrik ist somit eine im Rechner vorhandene Fabrik, deren Systemverhalten dem der Fabrik so realitätsnah wie nötig nachempfunden wird. Auf diese Weise können zukünftige Veränderungen, beispielsweise hinsichtlich der Durchlaufzeit und Auslastung erprobt werden und gewonnene Erkenntnisse auf die reale Fabrik von morgen kontinuierlich übertragen werden. Den Kern des Ansatzes bildet ein umfassendes Produkt- und Fabrikdatenmanagement, das die Modellierung und anschließende Simulation sowie die Umsetzung der Ergebnisse auf die reale Fabrik unterstützt. Abb. 12.1 verdeutlicht diese Betrachtungsweise der digitalen Fabrik (Westkämper 2009; Constantinescu und Kapp 2006; Aldinger et al. 2006).

Der Verein Deutscher Ingenieure (VDI) beschäftigt sich mit Begriffsbestimmungen und Handlungsanleitungen im Bereich der digitalen Fabrik und hat dafür den „FA205–Fachausschuss Digitale Fabrik" ins Leben gerufen. Die Richtlinie VDI4499 steht dabei im Mittelpunkt. Der Begriff der digitalen Fabrik wird darin wie folgt definiert:

> Die Digitale Fabrik ist der Oberbegriff für ein umfassendes Netzwerk von digitalen Modellen, Methoden und Werkzeugen,-u. a. der Simulation und der dreidimensionalen Visualisierung -, die durch ein durchgängiges Datenmanagement integriert werden. Ihr Ziel ist die ganzheitliche Planung, Evaluierung und laufende Verbesserung aller wesentlichen Strukturen, Prozesse und Ressourcen der realen Fabrik in Verbindung mit dem Produkt. (VDI 4499-1)

Zusätzlich erweitert der VDI die Richtlinie „Digitale Fabrik" um ein zweites Blatt mit dem Titel „Digitale Fabrik – Digitaler Fabrikbetrieb". Die in dieser Richtlinie gegebene Definition des Begriffs digitaler Fabrikbetrieb lautet:

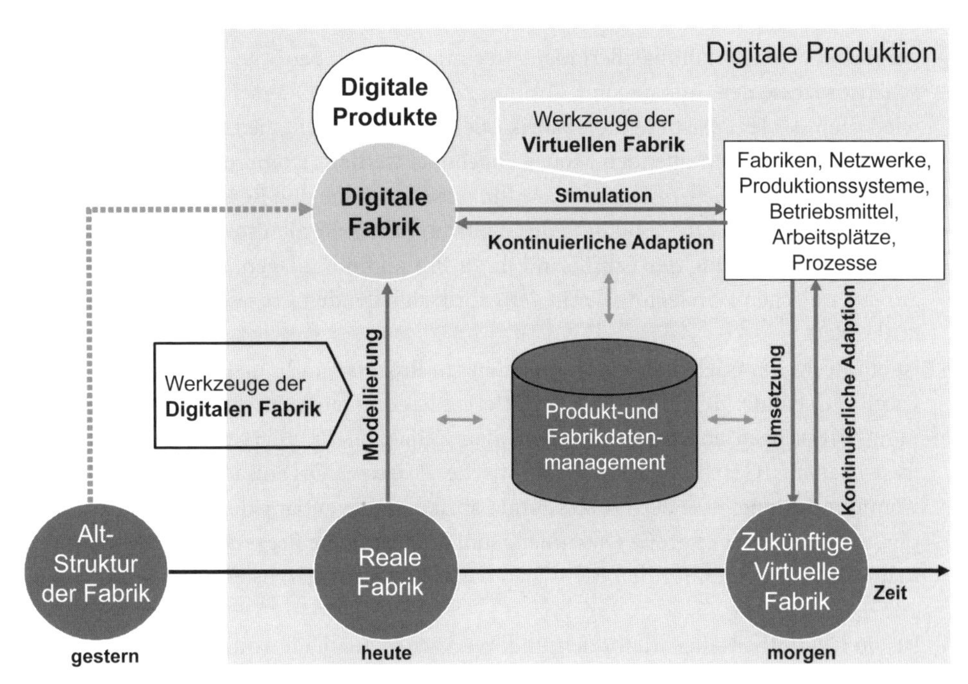

Abb. 12.1 Abgrenzung der digitalen Fabrik zur virtuellen Fabrik. (Westkämper 2006)

> Der Digitale Fabrikbetrieb bezeichnet die Nutzung und das Zusammenwirken von Methoden, Modellen und Werkzeugen der Digitalen Fabrik, die bei der Inbetriebnahme einzelner Anlagen, dem Anlauf mehrerer Anlagen und der Durchführung realer Produktionsprozesse eingesetzt werden. Ziele sind die Absicherung und Verkürzung des Anlaufs sowie die betriebsbegleitende und kontinuierliche Verbesserung der Serienproduktion. Dazu wird das dynamische Verhalten einzelner Produktionsanlagen und komplexer Produktionssysteme und -prozesse einschließlich der Informations- und Steuerungstechnik realitätsnah abgebildet. Virtuelle und reale Komponenten können dabei miteinander gekoppelt sein. Auf Basis eines durchgängigen Datenmanagements nutzt der Digitale Fabrikbetrieb die Ergebnisse der Produktionsplanung in der Digitalen Fabrik und stellt seinerseits Daten für operative IT-Systeme bereit. Bei der Nutzung in der Serienproduktion werden die Modelle laufend der Realität angepasst. (VDI 4499-2)

Jüngst publizierte der VDI den Entwurf des Blatt 4, das sich mit der ergonomischen Abbildung des Menschen in der digitalen Fabrik beschäftigt (VDI 4499-4). Auch Themengebiete wie Datenmanagement und Systemarchitektur der digitalen Fabrik werden intensiv behandelt.

Die allgemeine Formulierung dieser Richtlinien ist sehr heterogenen Sichtweisen und Definitionen geschuldet. Um die Brisanz einer allgemeingültigen Definition des Begriffs „Digitale Fabrik" zu verdeutlichen, werden hier verschiedene Definitionsansätze zusammengefasst, die entweder zum Inhalt der Richtlinien beitragen oder durch die Betrachtung interessanter Aspekte eine Erwähnung rechtfertigen. Die digitale Fabrik:

- beinhaltet alle Gestaltungsmerkmale (technische und bauliche Infrastruktur), Geschäftsprozesse der Aufbau- und Ablauforganisation und Querschnittsfunktionen, sowie Daten der real existierenden Fabrik oder Planungsdaten, die rechnerunterstützt in einem virtuell zu betreibenden Modell abgebildet werden (Dombrowski et al. 2001).
- ist ein digitales Modell, in welchem alle Prozesse, Produkte und Ressourcen einer Fabrik dargestellt werden. Zur Abbildung der digitalen Fabrik werden sowohl Werkzeuge zur statischen Darstellung der Fabrik und ihren Produktionsanlagen, als auch Werkzeuge zur dynamischen Darstellung der in der Fabrik ablaufenden Prozesse eingesetzt (Schuh et al. 2002).
- ist ein Rechnermodell, in dem die ablaufenden Prozesse und physischen Elemente der Fabrik (Gebäude, Technik, Betriebsmittel) mit geeigneten Modellierungs- und Planungswerkzeugen abgebildet und über den Zeitablauf simuliert werden. Dieses umfasst ebenfalls Geschäftsprozesse, logistische Prozesse, Organisationsstrukturen und Kommunikationsflüsse der Prozess- und Fabrikplanung entlang der jeweiligen Lebensphasen. Ein Ziel ist es große Datenmengen und ablaufende Prozesse mit Hilfe von Virtual Reality Systemen für den Menschen nachvollziehbar darzustellen (Wiendahl et al. 2009).
- ist die Gesamtheit aller Methoden und Werkzeuge zur Unterstützung der Fabrikplanung und des Fabrikbetriebs. Dabei werden sowohl statische als auch dynamische Eigenschaften berücksichtigt. Es werden die Aufgaben und Vorgänge innerhalb des Produkt- und Produktionsentstehungsprozesses und die Planungs- und Betriebsunterstützung betrachtet (Wenzel et al. 2003).
- stellt ein digitales Gesamtmodell in welchem Produkte, Produktionsprozesse und Produktionsanlagen sowie deren Planungsdaten vernetzt dargestellt werden. Für diese Darstellung werden digitale Werkzeuge zur Modellierung und Planung von Fertigungskonzepten sowie Simulationsmethoden und Visualisierungstechniken eingesetzt und durch ein effizientes Datenmanagement unterstützt. Die digitale Fabrik stellt somit in dieser Definition das Bindeglied zwischen Produktentwicklung und Produktionsplanung dar (Bracht et al. 2005).
- umfasst Planungsansätze, die auf ein möglichst realistisches Abbild des zukünftigen Produktionsablaufs bereits vor dem Aufbau der Fabrik abzielen. In diesem Zusammenhang kommen digitale Werkzeuge zur Darstellung von Produkten, Anlagen und Maschinen zum Einsatz. Die dynamische Betrachtung der Fabrik erfolgt mit Hilfe von Simulationssystemen (Schuh et al. 2011).
- umfasst eine effiziente Gestaltung der Fabrik sowie die integrierte Produktentwicklung und -planung in einer softwareunterstützten, datenbankorientierten, digitalen Umgebung. Dabei werden alle Unternehmensprozesse sorgfältig aufeinander abgestimmt, um eine möglichst reibungslose Inbetriebnahme der realen Fabrik gewährleisten zu können. Ähnlich zu anderen Definitionen ist der wesentliche Kern der digitalen Fabrik eine gemeinsame Datenbasis aller Anwendungen und umfasst Konzepte und digitale Werkzeuge zur Planung, Modellierung und Simulation (Kühn 2006).

- betrachtet die Verknüpfung von digitalen Modellen, Methoden sowie Werkzeugen zur Modellierung, Simulation und Visualisierung einer drei dimensionalen Virtual Reality (VR). Unterstützt wird diese durch ein durchgängiges Datenmanagement (Sacco et al. 2009).
- umfasst eine Vielzahl von Methoden und digitalen Werkzeugen, mit der Produktionssysteme geplant, modelliert, simuliert, optimiert und visualisiert werden können. Die digitale Fabrik unterstützt dabei Planungsprozesse, die bei einer Integration von neuen Produkten oder Technologien in ein Produktionssystem anfallen (Cheutet et al. 2010).
- besteht aus digitalen Modellen, die meistens dreidimensional (3D-Modelle) modelliert sind. Die digitale Fabrik soll die reale Welt so exakt wie möglich abbilden und ist nicht nur als einfaches Simulationsmodell zu betrachten. Vielmehr kombiniert sie mechatronische drei dimensionale Modelle mit realen Komponenten aus der Fabrik (Schleipen et al. 2010).
- ist ein generisches, digitales Modell einer Fabrik mit den dazugehörigen Modellen der Fertigungssysteme. Informationen über reale Fertigungssysteme einer Fabrik werden dabei spiegelbildlich mit Hilfe von Methoden und Werkzeugen in der digitalen Fabrik abgebildet. (Kjellberg und Chen 2010).

Die Fülle an Definitionen und Sichtweisen impliziert, dass die Entwicklung des Begriffs der digitalen Fabrik nicht als abgeschlossen betrachtet werden kann, da technologischer Fortschritt und wissenschaftliche Erkenntnisse eine stetige Erweiterung und Anpassung bedingen. Die Abläufe und Aufgaben, welche sich aus der zunehmend vernetzten und unternehmensübergreifenden Produktion ergeben, müssen in der Definition der digitalen Fabrik zukünftig berücksichtigt werden (Westkämper und Niemann 2009). Ein Ausblick auf weitere Entwicklungen im Bereich der digitalen Fabrik wird in Kap. 12.3 gegeben.

In diesem Buch umfasst die digitale Fabrik nicht nur die Unterstützung der Fabrikplanung, sondern auch des Fabrikbetriebs und insbesondere der zugehörigen Instandhaltung durch Konzepte, Methoden und digitale Werkzeuge. Durch die ganzheitliche Betrachtung des Fabriklebenszyklus können in Verbindung mit einem durchgängigen Daten- und Wissensmanagement deutlich größere Optimierungspotentiale ausgeschöpft werden.

12.2 Ziele

Das Hauptziel der digitalen Fabrik ist die Unterstützung eines nachhaltigen Unternehmenserfolgs. Da sich eine Fabrik in einem Zielkonflikt zwischen Qualität, Kosten und Zeit befindet, werden hier die Ziele der digitalen Fabrik ebenso gegliedert (Abb. 12.2).

Die einzelnen Unterziele der digitalen Fabrik sind sehr vielfältig. Im Bereich der Kostenoptimierung ist der Einsatz digitaler Werkzeuge, etwa zur Materialflusssimulation, ab einer gewissen Komplexitätsstufe der Produktion von sehr hohem Wert, um Bestände zu verringern und Engpässe zu vermeiden. Dies führt zu einer direkten Reduzierung von Kosten. Durch die Tatsache, dass in Fabriken immer häufiger Anpassungs- als Neupla-

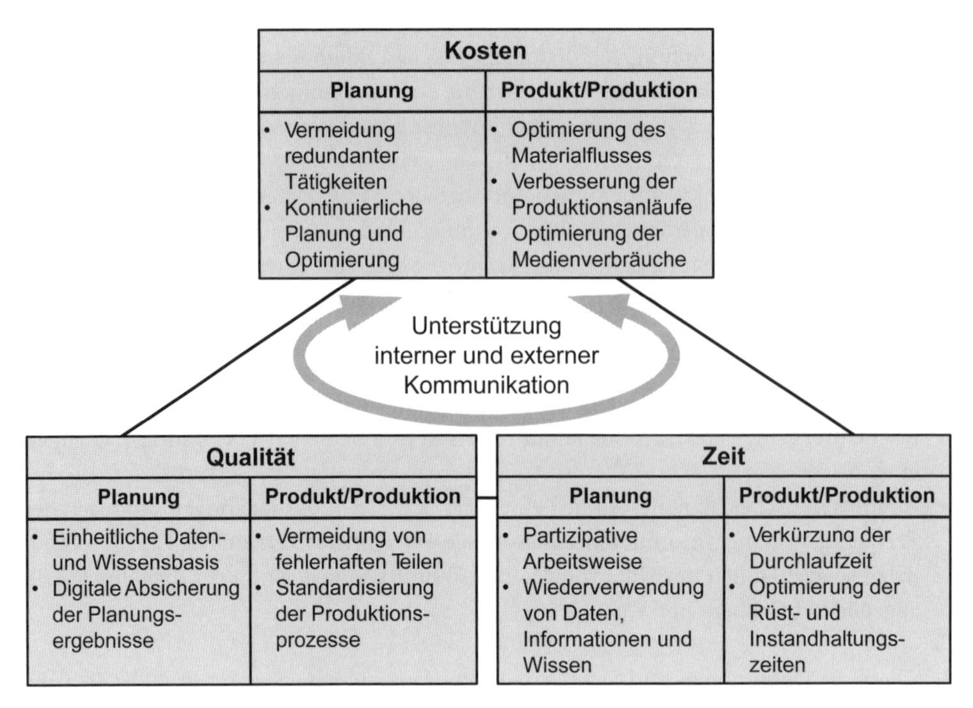

Abb. 12.2 Teilziele der digitalen Fabrik

nungen vorkommen, tritt das Ziel einer kontinuierlichen Planung und Optimierung in den Vordergrund. Durch ein digitales Modell des aktuellen Zustands einer realen Fabrik sollen historische Daten beispielsweise aus dem Fabrikbetrieb zur ständigen Optimierung und Neugestaltung von Produktionsanlagen benutzt werden. Das monetäre Einsparungspotential ist erheblich, wenn so die Neuplanung kompletter Fabriken vermieden bzw. durch eine intelligente Weiterverwendung bestehender Anlagen ersetzt werden kann.

Die Verkürzung von Zeiten führt ebenfalls in den meisten Fällen zu einer Kostenreduktion. Ob es sich um Planungs- oder Entwicklungszeiten handelt, die digitale Fabrik setzt sich als Ziel, beide Arten deutlich zu reduzieren. Durch einheitliche Daten- und Wissensbasen können diese wiederverwendet werden. Redundante Tätigkeiten während eines Planungs- oder Entwicklungsprojekts und Fehler aufgrund inkonsistenter Daten sollen vermieden werden. Eine partizipative Arbeitsweise und damit eine Parallelisierung von Planungsaktivitäten soll durch den Einsatz von Methoden und digitalen Werkzeugen der digitalen Fabrik ermöglicht werden. Abb. 12.3 verdeutlicht diesen Zusammenhang.

Ein weiteres bedeutendes Ziel ist die digitale Absicherung von Planungs- und Entwicklungsergebnissen. Mit Hilfe der Simulation kann nicht nur bei der Produktentwicklung, sondern auch im Bereich der Prozess- und Fabrikplanung eine Vielzahl an Fehlern vermieden werden bzw. bereits vor der tatsächlichen Inbetriebnahme behoben werden. Die virtuelle Inbetriebnahme beispielsweise steht als Synonym für das digitale Vorwegnehmen der tatsächlichen Inbetriebnahme physisch vorhandener Produktionsanlagen. Hier können viele Fehler bereits erkannt und ausgebessert und eine sogenannte präventive Opti-

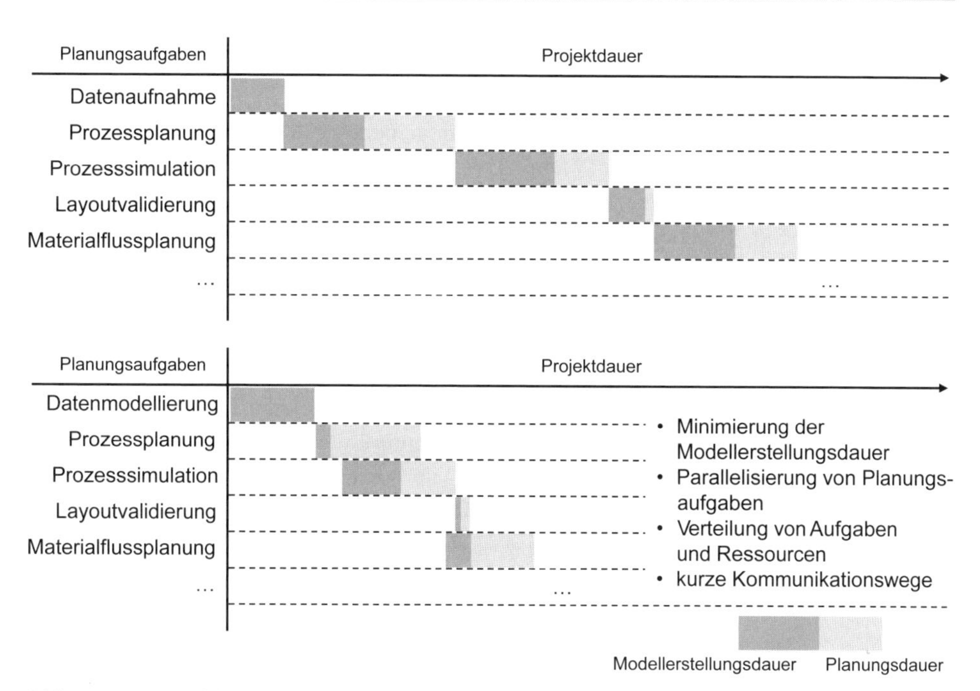

Abb. 12.3 Zeitreduktion durch die digitale Fabrik. (Constantinescu und Westkämper 2009)

mierung durchgeführt werden. Die steigert die Qualität, reduziert die Zeit bis zur und für die Inbetriebnahme und bedeutet somit je nach Komplexität des betrachteten Systems eine erhebliche Kostenreduktion.

Die digitale Fabrik verfolgt zudem die Verbesserung der Kommunikation und interdisziplinären Zusammenarbeit zwischen den beteiligten Planungspartnern durch die Bereitstellung einer redundanzfreien, durchgängigen und aktuellen Daten- und Wissensbasis. Zudem wird eine Speicherung und Wiederverwendung von Produkt- und Produktionsplanungswissen ermöglicht (Bracht and Spillner 2009; Bracht et al. 2005; Bracht und Reichert 2010; CIMdata 2003; Keijzer et al. 2006; Kühn 2006; Petzelt et al. 2010; Schack 2007, VDI 4499-1; Westkämper 2009). Die Kommunikation als zentraler Bestandteil der digitalen Fabrik unter-stützt als Teilziel alle drei Bereiche des Zieldreiecks – Zeit, Kosten, Qualität (Abb. 12.2). Es wird unterschieden zwischen interner Kommunikation zwischen allen Planungsbereichen einer Fabrik und externer Kommunikation zwischen der Fabrik und ihren externen Stakeholdern.

12.3 Methoden, Werkzeuge und Ansätze

Die digitale Fabrik stellt dem Anwender eine Reihe von Methoden zur Verfügung, die es ermöglichen, die komplexe Planungsaufgabe effizient und zielgerichtet durchzuführen (Bracht 2002; Bracht und Reichert 2010; Kühn 2006; Westkämper 2008a; Wiendahl et al. 2009; Zäh et al. 2003). Die grundlegenden Methoden der digitalen Fabrik sind dabei:

12.3.1 Modellierung

Unter Modellierung wird das Erstellen einer vereinfachten Abbildung eines geplanten oder existierenden Systems verstanden (VDI 3633-1). Die Modellierung ermöglicht dem Anwender das Erstellen eines abstrakten statischen oder dynamischen Abbildes eines Systems in einem Modell. Dabei werden, um das System gedanklich vollständig erfassbar zu machen, die wesentlichen Parameter und Wechselwirkungen eines Systems in dem Modellierungsprozess berücksichtigt. Während des Modellierungsprozesses wird auf Modellierungssprachen zurückgegriffen, die benötigte Modellierungsobjekte, Attribute, Syntax und Semantik zur Charakterisierung des Modells bereitstellen. Beispiele für Modelle in der digitalen Fabrik sind Fabrikstrukturen, Fertigungsprozesse oder Kinematik- und Logistikmodelle. Aktuelle Bestrebungen gehen in Richtung einer Wissensintegration in diese Modelle. Das Hinterlegen von Bedeutungen für Daten und Informationen ermöglicht eine maschinelle Interpretierbarkeit. Das heißt, es kann auf diesem Weg ermöglicht werden, dass ein solches Modell Antworten auf spezifische Fragen durch automatische Kombination von Informationen bereitstellt (Ciocoiu et al. 2000).

12.3.2 Simulation

Simulationen ermöglichen es, Analysen zur Gestaltung und Optimierung beispielsweise der ablaufenden Prozesse, der Kinematik, der Ergonomie oder der Logistik anhand dynamischer experimentierbarer Modelle durchzuführen. Dabei kommen mathematische Modelle zur Anwendung, um das Verhalten eines technischen Systems hinsichtlich des Ortes, des Zustandes und der Zeit zu betrachten und so zu Erkenntnissen zu gelangen, die auf die Realität übertragbar sind. Heutige Fabriksimulationen arbeiten mit einer ereignisorientierten Simulationssteuerung, bei der nur ereignisgesteuerte Systemzustandsveränderungen betrachtet werden, beispielsweise das Eintreffen eines Werkstückes an einer Bearbeitungsstation. Das Ziel von Fabriksimulationen ist die optimale Gestaltung beispielsweise von Ablaufstrukturen, des Produktionsbetriebs oder der Produktions- bzw. Distributionslogistik. Vorherrschende Simulationstechniken konzentrieren sich üblicherweise auf einzelne Strukturebenen (inner- oder außerbetriebliche Logistik, Roboter, technologische Prozesse). Neue Ansätze verfolgen eine mehrskalige Simulation der Fabrik, deren Strukturen und derer Prozesse. Der Begriff „Mehrskaligkeit" bezieht sich dabei sowohl auf die räumliche und zeitliche Skalierung innerhalb einzelner technischer Prozesse als auch auf die unterschiedliche Skalierung aller in der gesamten Fabrik ablaufenden Prozesse sowie auf die Modellbildung und Simulationstechniken (diskret, numerisch) (Abb. 12.4). Mehrskalige Simulation wird eine zentrale Voraussetzung sein, um Fabriken realitätsgetreu nachbilden zu können und stellt zukünftig ein modernes, effektives Werkzeug zur Optimierung und Steuerung von Fertigungsprozessen und Fabrikabläufen dar (Westkämper 2009).

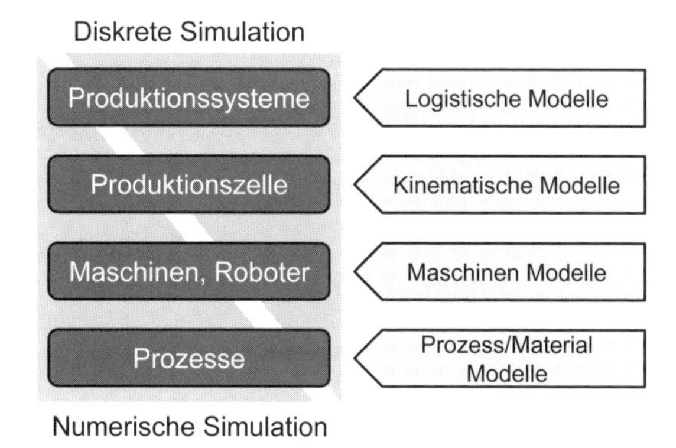

Abb. 12.4 Mehrskalige Simulation in der digitalen Fabrik. (Westkämper 2009)

12.3.3 Optimierung

Die Optimierung ist das Ermitteln und das Anstreben eines Optimums eines Systems durch Festlegung von minimalen oder maximalen Größen unter Einbeziehung von Nebenbedingungen. Hinsichtlich der Modellierung und der Simulation wird unter dem Begriff Optimierung eine steigende Angleichung des Realsystems mit dem optimalen digitalen System verstanden. Zur Optimierung eines solchen Systems sind mehrere Simulationsabläufe notwendig, bei denen spezifische Parameter gezielt angepasst werden. Solange kein Optimum gefunden werden kann, muss durch einen oder mehrere Läufe ein Parameter bestimmt werden, mit dem eine Verbesserung der Zielergebnisse erreicht werden kann. Die gewonnenen Erkenntnisse können im Anschluss, in Form von Optimierungspotentialen direkt auf reale Systeme angewendet werden. Es wird eine kontinuierliche und damit präventive Optimierung angestrebt, wobei ein Modell des aktuellen Zustands des Systems vorausgesetzt ist. Erst dadurch kann eine bestehende Produktion während dem Betrieb an sich verändernde Randbedingungen angepasst bzw. optimiert werden (Jovane et al. 2009).

12.3.4 Visualisierung

Eine Visualisierung beinhaltet die graphische Aufbereitung und Darstellung von Daten und Informationen, die es dem Anwender ermöglichen, abstrakte Ergebnisse zu betrachten (VDI 3633-11). Sie stellt damit den Oberbegriff aller Formen visueller Veranschaulichung hinsichtlich statischer und dynamischer zwei- oder dreidimensionaler Modelle und Animationen dar. Deren Darstellungen unterscheiden sich im Wesentlichen in ihren jeweiligen Möglichkeiten, der grafischen Aufbereitung und der Zeitrepräsentation sowie der Präsentation und Interaktion. Die klassischen statischen Visualisierungsmethoden (zwei- oder dreidimensional) zeichnen sich dadurch aus, dass sowohl im Raum als auch über die Zeit keine Veränderung erfolgt. Die dynamische Visualisierung geht von einer

Veränderung aus, die zum Beispiel durch die Modifikation der Parameterwerte für den Raum und die Zeit begründet sein können. Beispiele für Visualisierungen in der digitalen Fabrik sind 2D- und 3D-Darstellungen von Prozess- oder Logistiksimulationen (Bernhard und Wenzel 2004).

12.3.5 Dokumentation

Die Dokumentation umfasst eine systematische Erfassung, Aufbereitung, Wiedergabe und Speicherung von Daten und Informationen. Sie ermöglicht dem Anwender der digitalen Fabrik auf vorhandenes Wissen zurückzugreifen und Best-Practice Lösungen anzuwenden. Sie erlaubt die Rückverfolgung von Änderungen und die Versionierung von Daten und Informationen. Eine durchgängige Dokumentation ermöglicht ein effizientes und simultanes Engineering von Prozessen, Abläufen und Modellen der Fabrik entlang des gesamten Lebenszyklus (Westkämper 2008b).

12.3.6 Kommunikation

Bei der Kommunikation im Zusammenhang mit der digitalen Fabrik werden zwei Aspekte betrachtet. Auf der einen Seite betrifft der Begriff die Kommunikation zwischen digitalen Werkzeugen entlang des Fabriklebenszyklus. Hierfür sind anwendungsspezifische Schnittstellen verfügbar, die in der Lage sind, einzelne digitale Werkzeuge und Systeme mit eventuell verschiedenen Datenformaten zu koppeln. Aktuelle Bestrebungen befassen sich mit systemunabhängigen Plattformen, deren Ziel es ist, eine Kommunikation auf Datenebene zwischen unterschiedlichen digitalen Werkzeugen zu ermöglichen.

Auf der anderen Seite befasst sich die hier vorgestellte Methode der digitalen Fabrik mit der Unterstützung einer intra- und interkorporativen Verständigung. Im intrakorporativen Bereich liegt der Schwerpunkt in digitalen Werkzeugen, die eine kollaborative Arbeitsweise zwischen verschiedenen Fachbereichen einer Fabrik unterstützen. Die interkorporative Kommunikation befasst sich mit der konsistenten und eindeutigen Informationsbereitstellung für alle an einem Projekt beteiligten Interessengruppen. Besonders bei dieser Form einer Unternehmenskommunikation ist die Datensicherheit von entscheidender Bedeutung. Da es sich bei projektspezifischen Informationen unter Umständen um sensible Daten handelt, muss trotz internet- und cloudbasierten Ansätzen gewährleistet werden können, dass die Daten ausschließlich den dafür bestimmten Adressaten erreichen.

12.3.7 Werkzeuge

Die Methoden der digitalen Fabrik werden in verschiedenen Werkzeugen umgesetzt. Diese reichen von Standard-EDV-Werkzeugen über spezifische Systeme aus der CAD-Welt

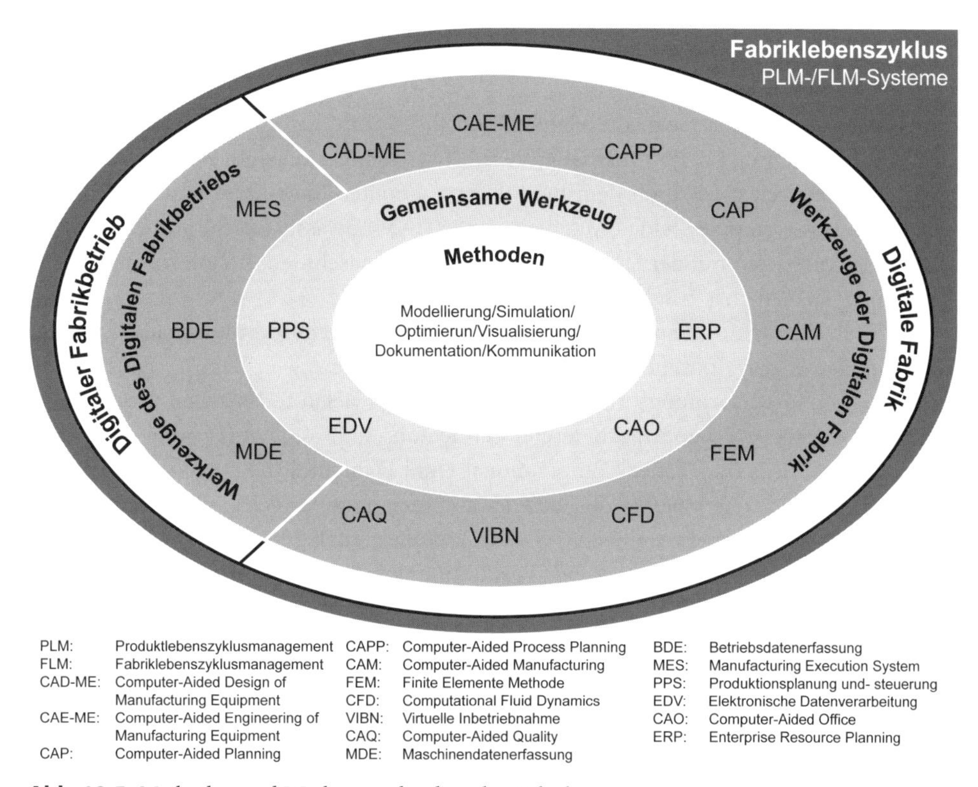

Abb. 12.5 Methoden und Werkzeuge der digitalen Fabrik

bis hin zu Systemfamilien (Schack 2007; Westkämper 2008a; Westkämper 2008b; Wiendahl et al. 2009; Zäh et al. 2005). Die von der digitalen Fabrik abgedeckten Planungsschritte, unterstützenden Methoden und Werkzeuge sind in Abb. 12.5 dargestellt.

Um die in Kap. 12.2 genannten Ziele zu erreichen, müssen die Methoden und Werkzeuge der digitalen Fabrik durchgängig verbunden werden. So lassen sich höhere Synergieeffekte durch die Zusammenarbeit der an den Planungs- und Anpassungsprozessen beteiligten Partner erreichen (Westkämper 2008a).

Der folgende exemplarische Planungs- und Entwicklungszyklus zeigt die hohe Werkzeugvielfalt im Bereich der digitalen Fabrik und der veranschaulicht einzelne Werkzeugkategorien (AWF 1985).

Typischerweise beginnt ein Planungsprozess mit der Entwicklung von Produkten im Produktionsumfeld, sog. Betriebsmittel. Digitale Werkzeuge, die das Entwerfen und die Konstruktion von Produkten aus dem Bereich der Produktion unterstützen, fallen unter das sogenannte Computer-Aided Design of Manufacturing Equipment (CAD-ME). Damit werden Produktverbesserungen und eine Senkung des Konstruktions- und Fertigungsaufwands angestrebt. Der seltener benutzte Ausdruck des Computer-Aided Engineering of Manufacturing Equipment (CAE-ME) stellt die Ergänzung des CAD bzw. die Verknüpfung von digitalen Konstruktions- und Entwicklungswerkzeugen mit Datenverarbeitungssystemen dar (Pahl et al. 2007).

Als nächster Schritt erfolgt die Planung von Prozessen, die durch das Computer-Aided Process Planning (CAPP) unterstützt wird (Eversheim und Schuh 2005). Die digitale Arbeitsplanung selbst wird mit dem Begriff des Computer-Aided Planning (CAP) überschrieben. Das Computer-Aided Manufacturing (CAM) befasst sich mit der Fertigungsautomatisierung, also mit der Steuerung von Werkzeugmaschinen, Robotern, fahrerlosen Transportsystemen etc (Vajna et al. 2009).

Als Finite-Elemente-Methode (FEM) werden numerische Berechnungen aus dem Anwendungsgebiet der Kontinuumsmechanik mit dem Ursprung in der Berechnung von Spannungs- und Verformungsproblemen bezeichnet. In vielen technischen Prozessen ist auch eine digitale strömungsmechanische Betrachtung und Simulation nötig oder sinnvoll, was unter dem Begriff der Computational Fluid Dynamics (CFD) geführt wird. Für die Bestimmung des Verhaltens von ganzen Maschinen unter festgelegten Randbedingungen kommen Mehrkörpersysteme (MKS) zum Einsatz (Betten 2003).

Vor der Inbetriebnahme physischer Produktionsanlagen kann nun eine virtuelle Inbetriebnahme (VIBN) durchgeführt werden. Dabei wird sehr realitätsnah der Anlauf neu geplanter Anlagen digital vorweggenommen, um eventuelle Fehler bereits frühzeitig zu erkennen und zu vermeiden.

Alle diese Schritte können durch die Computer-Aided Quality Assurance (CAQ) hinsichtlich der Produkt- und Produktionsqualität geplant, durchgeführt und kontrolliert werden (Wittmann et al. 1993).

Ein unterstützendes Datenmanagement stellt das Rückgrat digitaler Werkzeuge der digitalen Fabrik dar. Aus Produktsicht wird der Begriff Produktdatenmanagement (PDM) verwendet. Eine Weiterentwicklung mit Fokus auf die Fabrik bezeichnet das zentrale Datenmanagement als Fabrikdatenmanagement (FDM). Die Ausweitung des Datenmanagements zur Betrachtung des kompletten Lebenszyklus eines Produkts bzw. einer Fabrik unter intensiver Informations- und Wissensintegration wird als Produktlebenszyklusmanagement (PLM) bzw. Fabriklebenszyklusmanagement (FLM) bezeichnet (Eigner und Stelzer 2009; Riffelmacher et al. 2006).

Aktuelle Entwicklungen integrieren bereits Daten aus dem Fabrikbetrieb in diese Datenmanagementsysteme. Dabei handelt es sich um Daten und Informationen aus der Betriebsdatenerfassung (BDE), Maschinendatenerfassung (MDE) oder aus dem Manufacturing Execution System (MES). (Vajna et al. 2009) Das MES hat die Aufgabe, die Datenerfassung und -auswertung zwischen dem Enterprise Resource Planning (ERP), das sich mit der effizienten Einplanung der vorhandenen unternehmerischen Ressourcen in den betrieblichen Ablauf befasst, und der Fertigungsebene zu erleichtern (Kletti 2006).

Als Schnittstelle zwischen Vertrieb und Produktion dient die Produktionsplanung und -steuerung (PPS). (Lotter und Wiendahl 2006)

Im Kontext der digitalen Fabrik wird die Unterstützung von Bürotätigkeiten durch digitale Werkzeuge auch von Computer-Aided Office (CAO) gesprochen.

12.3.8 Ansätze

Ansätze zur Umsetzung der digitalen Fabrik befassen sich mit der durchgängigen Integration und Standardisierung der Methoden und Werkzeuge bzw. deren Schnittstellen. Sie beinhalten eine Betrachtung der Kommunikation (Schnittstellenmanagement) entlang des Fabriklebenszyklus zur Unterstützung des Produktentwicklungs- sowie des Fabrikplanungsprozesses (Constantinescu et al. 2009; Westkämper 2008a). Des Weiteren streben sie die Umsetzung eines durchgängigen, redundanzfreien Datenmanagements an. Im Folgenden wird beispielhaft auf Ansätze zur Umsetzung des Planungs- und Betriebskonzepts der digitalen Fabrik und deren Datenmanagement eingegangen.

Mit „Grid Engineering for Manufacturing" (GEM) wird eine durchgängige und integrierte Entwicklung des Produktes sowie der Fabrik- und Prozessplanung mit Methoden und Werkzeugen der digitalen Fabrik umgesetzt. Basis dieses Ansatzes ist die Modellierung, Simulation, Optimierung und Visualisierung von Produkten, Fabriken und Prozessen sowie die Verteilung und Vernetzung von Daten, Modellen, Werkzeugen und Rechnerressourcen mit Hilfe von Grid Technologien. Dies ermöglicht ein kollaboratives, partizipatives und integriertes Planen in allen Phasen der Fabrikplanung. Ein Ansatz für das Datenmanagement ist das Grid Engineering (Kap. 21). Dazu wird eine informationstechnische Infrastruktur entwickelt, die eine integrierte, gemeinschaftliche Verwendung von heterogenen und autonomen Ressourcen ermöglicht. Durch die Anwendung der Grid Technologie können die beteiligten Akteure auf benötigte und aktuelle Daten, Modelle und Ressourcen zugreifen und diese in Simulations- und Planungswerkzeugen nutzen (Constantinescu und Westkämper 2008; Constantinescu et al. 2009; Westkämper 2008a) (Abb. 12.6).

Ein weiterer Ansatz zur Umsetzung der digitalen Fabrik ist die Verbindung relevanter Daten, Prozesse, Systeme und Anwender durch ein geeignetes Datenmanagement (Bracht et al. 2011). Der Anwender der digitalen Fabrik kann dabei Daten eingeben und auslesen. Diese werden durch geeignete Visualisierungs-methoden in einer Kooperations- und Kommunikationsplattform zur Verfügung gestellt. Abb. 12.7 zeigt den Aufbau eines solchen Ansatzes.

Ein anderer Ansatz zur Umsetzung der digitalen Fabrik nutzt eine Experimentier- und Digitalfabrik (EDF), welches sich aus einem Experimentiercenter und einem Digital-Center zusammensetzt. Das Experimentiercenter beinhaltet dabei unterschiedliche physisch vorhandene förder- und produktionstechnische Einrichtungen (u. a. Elektrohängebahn, Transportsysteme, Hochregallager, Roboter, Montagesysteme). Diese Einrichtungen sind mit der im Digital-Center eingesetzten modernen Hard-und Softwareumgebung (Software zur Planung, Steuerung, Simulation und Visualisierung) verbunden. Mit Hilfe dieser Umgebung soll die Durchgängigkeit, Planung, Realisierung und Demonstration durch entsprechende Softwareprogramme, der Produkt- und Prozessplanung demonstriert und untersucht werden (Müller und Ackermann 2009) (Abb. 12.8).

Zur Umsetzung der digitalen Fabrik wird auch der Einsatz unterschiedlicher Werkzeuge, die sich jeweils auf einen Bereich der Fabrikplanung erstrecken, vorgeschlagen. Das

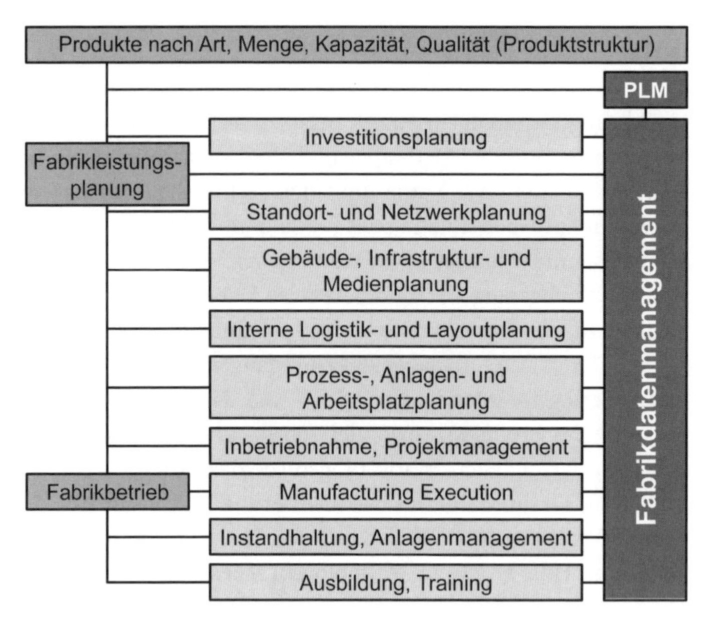

Abb. 12.6 Ansatz zur Umsetzung der digitalen Fabrik des Fraunhofer IPA. (Constantinescu et al. 2009)

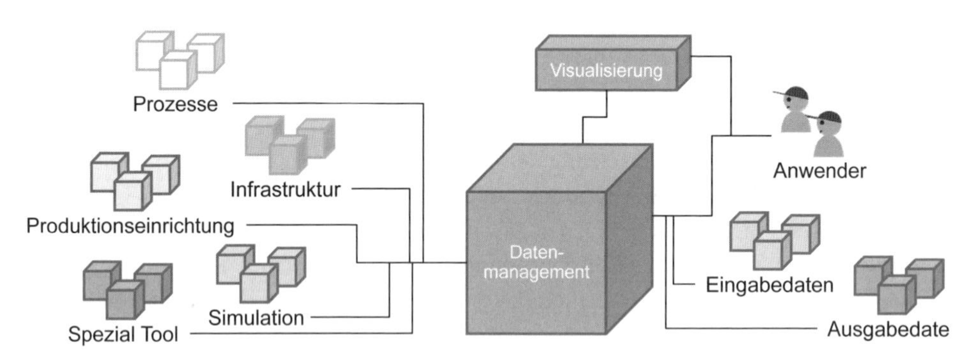

Abb. 12.7 Ansatz zur Umsetzung der digitalen Fabrik der Universität Clausthal. (Bracht et al. 2011)

Ziel dieses Ansatzes ist die vollständige digitale Abbildung der Gestaltungsmerkmale einer Fabrik als Modell. Realisiert wird dies, durch eine übergreifende Datenhaltung, die eine Datenübergabe und Datenbereitstellung ermöglicht. Zur Umsetzung der Durchgängigkeit zwischen den Werkzeugen werden Datenbanksysteme, standardisierte Schnittstellen und Workflowsysteme eingesetzt (Abb. 12.9).

Ansätze zum Datenmanagement in der digitalen Fabrik gehen entweder von einem zentralen Datenkern oder von einer objektorientierten, dienstbasierten Architektur aus. Der Anwender erhält vom zentralen Datenkern sämtliche Daten und Informationen. Die dienstbasierte Architektur stellt dem Anwender hingegen nur die benötigten Daten und

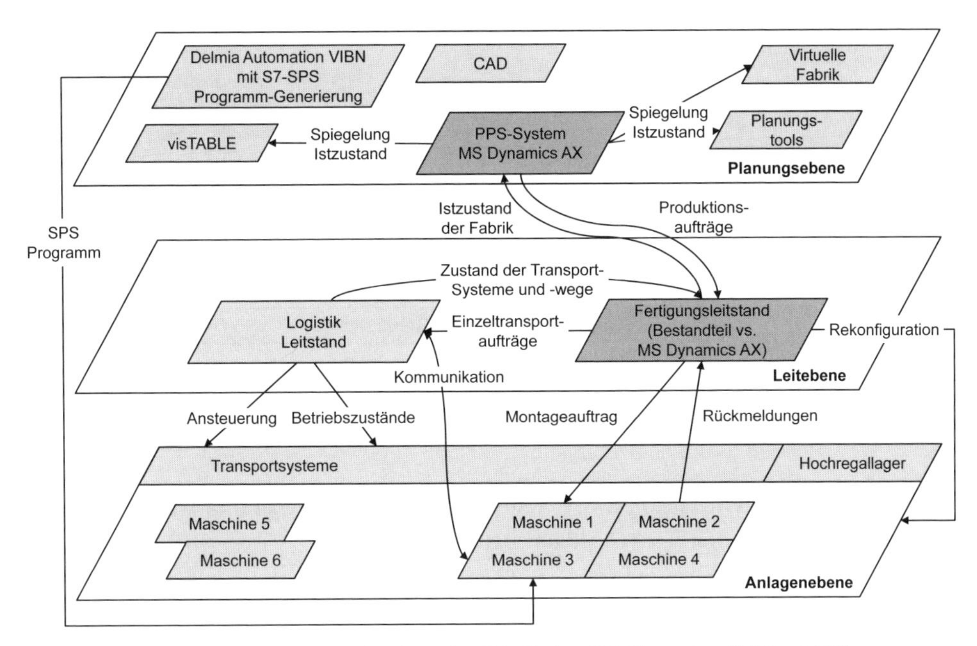

Abb. 12.8 Ansatz zur Umsetzung der digitalen Fabrik der TU Chemnitz. (Müller 2011)

Abb. 12.9 Der Ansatz zur Umsetzung der digitalen Fabrik der RWTH Aachen. (Schuh 2002)

Informationen zur Verfügung (Bracht 2002; Bracht et al. 2005; Wiendahl et al. 2009; Westkämper und Zahn 2009).

Für die direkte industrielle Anwendung ist eine Fülle an Lösungen auf dem Markt verfügbar. Stellvertretend werden zwei führende IT-Systemfamilien auf dem Gebiet der digitalen Produktion näher betrachtet.

Zum einen handelt es sich dabei um Teamcenter von Siemens Industry Software. Dieses zeichnet sich durch eine konsequent offene und serviceorientierte Architektur aus, wobei alle Module auf ein gemeinsames Datenmodell zurückgreifen. Dadurch wird eine einfache Erweiterbarkeit um weitere Module sichergestellt und in einzelnen Modulen erzeugte Daten und Informationen stehen somit direkt allen Modulen zur Verfügung. Die Stand-

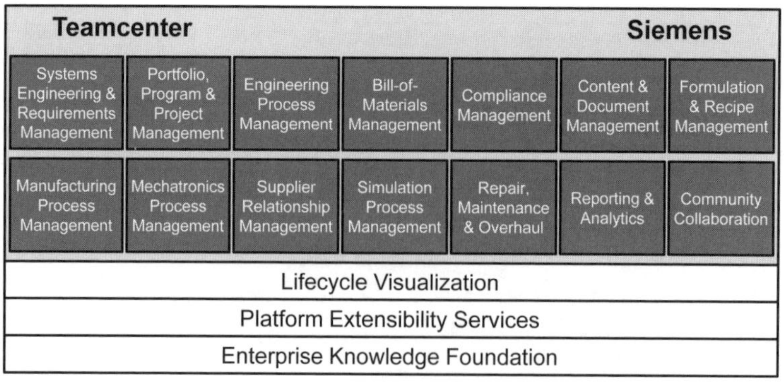

Abb. 12.10 Teamcenter von Siemens Industry Software. (CIMdata 2010)

beine und Funktionsvielfalt dieses IT-Systems können Abb. 12.10 und weiterführender Literatur entnommen werden. (CIMdata 2010)

Zum anderen wird Windchill von PTC als beispielhaftes IT-System im Bereich der digitalen Fabrik kurz vorgestellt. Im Gegensatz zu Teamcenter liegt hierbei der Fokus deutlich stärker auf der Produktwelt und dem damit verbunden Datenmanagement. Allerdings ist zu erwähnen, dass es auch hierbei Module für das Management von Produktionsprozessen gibt. Windchill arbeitet ebenfalls mit einem einheitlichen Datenmodell und verschiedensten Modulen, die auf die einheitliche Datenbasis zugreifen. Funktionalitäten wie CAD, CAE oder Kalkulationen werden hierbei an die Windchill-Plattform angebunden, wobei bei Teamcenter zunehmend die Strategie der Integration solcher Funktionalitäten in einer IT-Systemfamilie verfolgt wird. Die von Windchill und im Rahmen des Product Development System von PTC bereitgestellten Funktionen können Abb. 12.11 und weiterführender Literatur entnommen werden. (CIMdata 2012)

Beide IT-Systemfamilien weisen einen umfangreichen und stetig wachsenden Funktionsumfang auf. Sicherlich gibt es leichte Unterschiede im Umgang mit der Offenheit des zu Grunde liegenden Datenmodells und dem funktionsorientierten Fokus einzelner Anwendungen. Jedoch zeigen diese beiden stellvertretenden Anwendungen die prinzipielle Architektur von Werkzeugen der digitalen Fabrik im Bereich des Datenmanagements auf. Dabei wird aus Gründen der Datenkonsistenz und Redundanzfreiheit ausnahmslos eine gemeinsame Datenbasis mit einheitlichem Datenmodell angestrebt, die von allen angebundenen Funktionseinheiten genutzt wird. Es gibt erste Überlegungen einer föderativen Datenhaltung, was allerdings noch Gegenstand der Forschung ist und damit weit entfernt von einer Umsetzung in den heutzutage verfügbaren Anwendungen (Kap. 19). Vor allem vor dem Hintergrund globaler Kooperationen und verteilter Wertschöpfungsketten erfährt das Streben nach einer verteilten Datenhaltung und integrierter Kommunikationsnetzwerke eine große Bedeutung. Die Heterogenität der Daten und Informationen und die Komplexität und Dynamik der Prozesse von Unternehmen des herstellenden Gewerbes in ihren spezifischen Markt- und Kooperationsnetzwerken werden auch weiterhin zuneh-

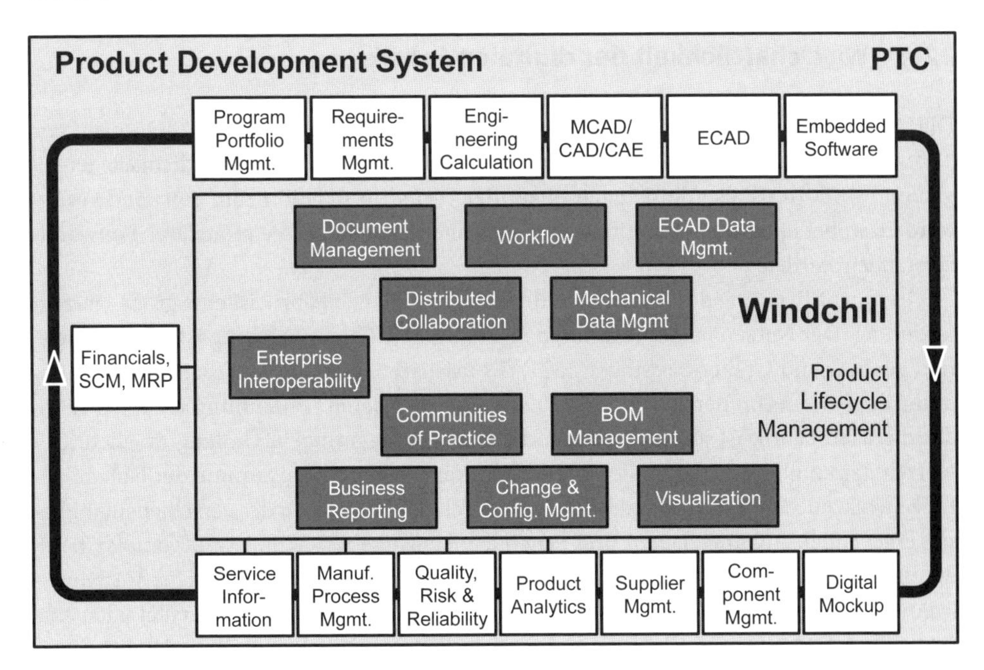

Abb. 12.11 Windchill von PTC. (CIMdata 2012)

men, wobei deren Beherrschung auch weiterhin eine große Herausforderung nicht nur für die Anbieter von Werkzeugen der digitalen Fabrik sein wird.

Bei der Umsetzung der digitalen Fabrik kommen unterschiedliche Techniken zum Einsatz. Die Technik der virtuellen Realität (VR) wird in kombinierten Soft- und Hardwarewerkzeugen, beispielsweise einer Cave, einem Großbildprojektor oder einem digitalen Planungstisch, eingesetzt. Dabei werden die Planungsobjekte dargestellt und können im Raum verschoben und gedreht werden, um die Layoutplanung einer Montagelinie und eine 3D-Visualisierung im Realmaßstab zu ermöglichen. Die Technik der Augmented Reality (AR) ist die computerunterstütze Erweiterung der Realitätswahrnehmung. AR-basierte Werkzeuge blenden in einen realen Prozess digitale Unterstützungsinformationen (z. B. Montagepunkte und reihenfolgen) durch Datenbrillen oder mobile Endgeräten ein. Eine weitere Technik stellt der Digital Mock-Up (DMU) dar. Für ihn wird ein vollständiges digitales Modell der Fabrik erstellt, mit dem eine optimale Gestaltung der Fabrik und die Absicherung des zukünftigen Fabrikbetriebs durchgeführt werden. Diese Technik befindet sich unter anderem bereits bei der Volkswagen AG im Einsatz (Hoffmeyer et al. 2010).

Durch eine konsequente Umsetzung der Ansätze und Techniken der digitalen Fabrik können Kosten-, Qualitäts- und Zeitvorteile erreicht werden. Um diese Umsetzung in weiteren Industriezweigen voranzutreiben ist es wichtig, die Wirtschaftlichkeit des Einsatzes der digitalen Fabrik aufzuzeigen. Im folgenden Kapitel wird daher auf die Wirtschaftlichkeit eingegangen.

12.4 Wirtschaftlichkeit der digitalen Fabrik

Die Wirtschaftlichkeit ist im ingenieurstechnischen Bereich definiert als der Quotient von Nutzen zu Aufwand (Vajna et al 2009). Zur Bestimmung der Wirtschaftlichkeit der digitalen Fabrik muss also der Nutzen quantifiziert und in Relation zum Aufwand gesetzt werden, wobei unter dem quantifizierten Aufwand in der Regel die monetären Aufwände verstanden werden.

Die Quantifizierung des Nutzens im Bereich der digitalen Fabrik ist eine große Herausforderung. Der Nutzen ist per Definition subjektiv, eine Quantifizierung ist somit schwierig (Venhoff und Gräber-Seissinger 2004). Es existieren anerkannte Ansätze zur Bestimmung des Nutzens im Bereich der digitalen Werkzeuge, deren Anwendung auf den Bereich der digitalen Fabrik ist jedoch häufig nicht oder nur in geringem Umfang möglich. Der Nutzen der kombinierten digitalen Werkzeuge kann mehr als die Summe der Nutzen der Einzelwerkzeuge sein. Insbesondere die sich durch die Integration der verschiedenen Phasen ergebenden Abhängigkeiten und Synergieeffekte erzeugen eine große Komplexität in der Bestimmung ihrer späteren Auswirkungen. In einer Studie des Instituts für Maschinelle Anlagentechnik und Betriebsfestigkeit (IMAB) der Technischen Universität Clausthal (auf einer VDMA-Umfrage basierend) konnten die Nutzeneffekte der digitalen Fabrik als Durchschnitt der Einschätzungen der teilnehmenden Unternehmen quantifiziert werden.

- Vermeidung von Planungsfehlern 70 %
- Reduzierung der Planungszeit 30 %
- Reduzierung von Änderungskosten 15 %
- Reduzierung von Investitionskosten 10 %
- Steigerung des Planungsreifegrads 12 %
- Reduzierung von Herstellkosten 3–5 %

Bei den teilnehmenden Unternehmen erschließt sich der Hauptnutzen der digitalen Fabrik aus der Vermeidung von Planungsfehlern und der höheren Planungsqualität. So können 3–5 % der gesamt anfallenden Herstellkosten eingespart werden. Die Studie des IMAB bestätigt damit Werte, welche in früheren Studien der Roland Berger Strategy Consultants und der CIMdata ermittelt wurden (Berger 2002; CIMdata 2003).

Der Aufwand der digitalen Fabrik lässt sich als monetärer Aufwand für die Einführung und den anschließenden Betrieb einteilen. Die Bestimmung der Anschaffungskosten ist im Allgemeinen von geringerer Komplexität, da vor der Einführung die benötigte Hardware sowie die Softwarekosten bekannt sind. Zusätzlich kommen hier Schulungskosten hinzu, deren benötigter Umfang abgeschätzt werden kann. Schwierig ist insbesondere die Bestimmung der entstehenden Kosten aus der Produktivitätsreduktion während der Einführungsphase (Vajna et al. 2009). Die Kosten des laufenden Betriebs (Lizenzkosten, Wartungskosten usw.) sind abschätzbar. Insgesamt gestaltet sich die Berechnung der Investitions- und Betriebskosten im Bereich von IT Investitionen im Vergleich zur Nutzenbestimmung einfacher (Hirschmeier 2005).

Die Bestimmung der Wirtschaftlichkeit als Quotient der beiden Faktoren Aufwand und Nutzen im Bereich der digitalen Fabrik gestaltet sich als schwierig, es gibt aber erste Schritte. Ein erster Grundstein ist die Entwicklung des Fraunhofer IPA „DigiPlant Check", welches eine Methode zur Verfügung stellt, mit der in einem Workshop der zu erwartende Nutzen des Einsatzes von digitalen Werkzeugen im Rahmen einer digitalen Fabrik abgeschätzt werden kann (Schraft et al. 2006a). Diese Abschätzung erfolgt durch die Teilnehmer des begleitenden Workshops und ist daher in Teilen subjektiv und nicht reproduzierbar. Ein weiterer Ansatz ist das „Benefit-Asset-Pricing-Model"(BAPM)-Verfahren, ein umfangreicher Ansatz zur Betrachtung von Einführung und Einsatz digitaler Werkzeuge (Schabacker 2001; Vajna et al 2009). Diese Betrachtung beschränkt sich auf Werkzeuge zur Produktentwicklung und ist daher nur für einzelne abgegrenzte Bereiche der Produktionsentwicklung geeignet. Als weitere Folge dieser Begrenzung auf die Produktentwicklung werden die Effekte der möglichen Integration der digitalen Werkzeuge im Rahmen der digitalen Fabrik nicht betrachtet. Diese sind jedoch von großer Bedeutung für die Auswirkung der digitalen Fabrik.

Insgesamt lässt sich festhalten, dass die Betrachtung der Wirtschaftlichkeit im IT-Bereich generell schwierig ist (Buchta et al 2004; Hirschmeier 2005; Renkema und Berghout 1997). Insbesondere im Bereich der digitalen Fabrik ist durch die Komplexität der integrierten Systeme sowie deren Durchgängigkeit keine der verfügbaren Methoden oder digitalen Werkzeuge in der Lage diese Betrachtung in ausreichendem Umfang durchzuführen (Schraft et al. 2006b).

12.5 Begriffseinordnung und Ausblick

In diesem Buch wird die in Kap. 12.1 gegebene Definition der digitalen Fabrik und des digitalen Fabrikbetriebs verwendet. Dieser Ansatz wurde im Rahmen des Innovationsclusters „Digitale Produktion" vom Fraunhofer-Institut für Produktionstechnik und Automatisierung IPA und dem Institut für Industrielle Fertigung und Fabrikbetrieb der Universität Stuttgart entwickelt.

Die in Abb. 12.12 dargestellte Grafik erläutert die Einordnung der Begriffe, aus welche sich die digitalen Fabrik im Sinne dieses Buches zusammensetzt. Die kreisförmig angeordneten Phasen werden in einem Referenzmodell für die Fabrik- und Prozessplanung dargestellt. Die Verbindung der Phasen wird durch ein Fabrikdatenmanagementreferenzmodel ermöglicht. Darauf wird in Kap. 12.2 weiter eingegangen. Die dunkel abgesetzten Kästen stellen die Anbindung der digitalen Werkzeuge (DW1-j) dar. Diese IT-Umgebung wurde dabei in zwei Projekten exemplarisch implementiert. Zum einen in dem Projekt „Grid Manufacturing", dessen Durchführung im Kap. 21 behandelt wird. Zum anderen in dem Projekt „Smart Factory", dessen detaillierte Beschreibung Inhalt des Kap. 21 ist.

Für eine weitere Entwicklung des Ansatzes der digitalen Fabrik können allgemein, nach ihrem Zeithorizont geordnet, kurz- und mittelfristige (2–3 Jahre) sowie langfristige (3–10 Jahre) Entwicklungsziele aufgestellt werden (Kühn 2006; Westkämper und Niemann 2009;

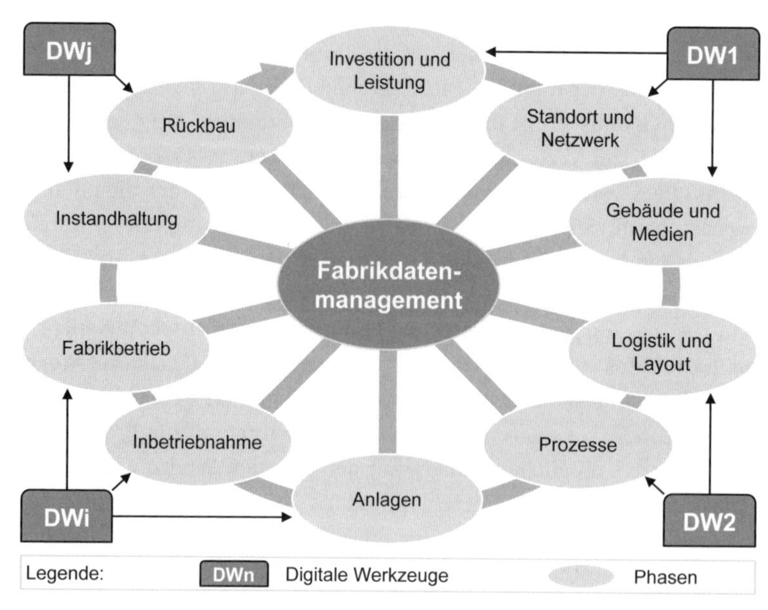

Abb. 12.12 Begriffseinordnung und Zusammenhang der Begriffe in der digitalen Fabrik

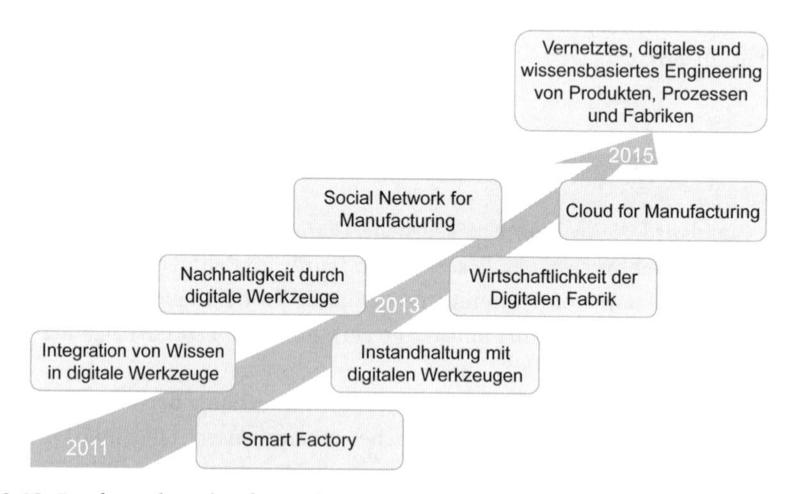

Abb. 12.13 Roadmap der zukünftig geplanten Entwicklungen im Bereich der digitalen Fabrik

Westkämper und Zahn 2009). In Abb. 12.13. sind die Kernaspekte der kommenden Entwicklungsziele in einer Roadmap dargestellt. Im Folgenden wird eine ausführlichere Auflistung der kurz- und mittelfristigen Entwicklungsziele gegeben:

- Integration von Wissen in digitale Werkzeuge,
- Synchronisation der digitalen Werkzeuge mit der realen Fabrik,

- Schaffung einer durchgängigen Datenbasis für Fabrik, Produkt und Prozess,
- Integration einer objektorientierten, dienstbasierten Architektur,
- 3D Erfassung und Dokumentation von externen und internen Produktionsmitteln,
- eine durchgehende Standardisierung von Planungswerkzeugen und deren Schnittstellen,
- Unterstützung der Nachhaltigkeit durch den Einsatz digitaler Werkzeuge,
- Verwendung digitaler Werkzeuge in der Instandhaltung und
- die Entwicklung einer Methode zur Bewertung der Wirtschaftlichkeit des Einsatzes einer digitalen Fabrik.

Langfristige Entwicklungsziele im Bereich der digitalen Fabrik sind:

- Die Erstellung von Referenzprozessen für automatische Assistenzfunktionen,
- die Integration einer Wissensdatenbank zur Wiederverwendung von Wissen und Erstellung von Best-Practice Lösungen,
- die Integration von Abläufen und Aufgaben, die sich aus der zunehmend vernetzten und unternehmensübergreifenden Produktion ergeben,
- Social Network for Manufacturing,
- Cloud for Manufacturing,
- die Integration des Fabrikbetriebs in die Funktion der digitalen Fabrik und
- das Echtzeitmonitoring von Anlagendaten zur Anpassung und Optimierung der Fabrik.

Zur optimalen Umsetzung der kurz-, mittel-, und langfristigen Ziele dürfen diese nicht getrennt voneinander betrachtet werden. Daher wird am Fraunhofer IPA ein ganzheitlicher Ansatz verfolgt, der es ermöglicht, das Konzept der digitalen Fabrik voranzutreiben und weiterzuentwickeln. Dieser bewirkt auf Fabrikebene (Fabrik intern) die Verkürzung des Kennwerts „Time to Production" durch Vernetzung der Domänen Produktentwicklung, Prozess- und Fabrikplanung. Dadurch wird Produktionswissen bereits in frühen Phasen der Produktentwicklung bereitgestellt. Auf Netzwerkebene wird eine Anbindung der externen Interessengruppen durch den Einsatz von Technologien des Cloud for Manufacturing und Social Network for Manufacturing (So-Man) verfolgt. Diese Technologien ermöglichen einen gezielten und sicheren Datenaustauch zwischen der Fabrik und deren internen sowie externen Stakeholdern. In Abb. 12.14 ist dieser Ansatz dargestellt.

In Zeiten in denen Unternehmen einem permanenten Wandel ausgesetzt sind, bietet der Einsatz der digitalen Fabrik die Chance, schnell und flexibel auf Herausforderungen zu reagieren. Durch eine konsequente Weiterentwicklung wird es Unternehmen ermöglicht, wettbewerbsfähige Fabriken zu betreiben, die konkurrenzfähige, individuelle Produkte zu geringen Stückkosten herzustellen und diese früh am Markt anzubieten. So können ansässige Unternehmen, Arbeitsplätze und somit der Wohlstand in Europa gehalten und ausgebaut werden.

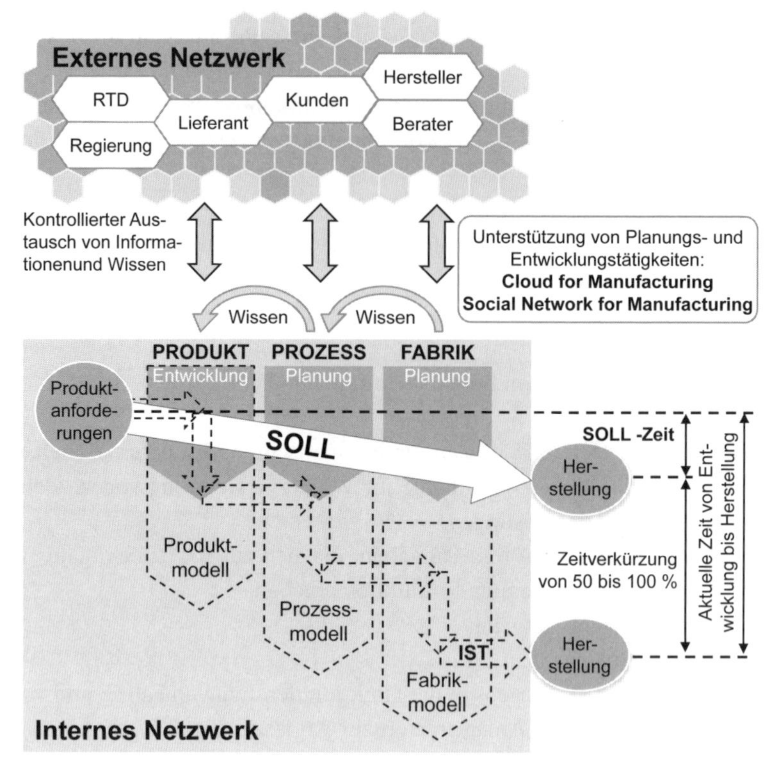

Abb. 12.14 Zukunftsvision der digitalen Fabrik am Fraunhofer IPA

Literatur

Aldinger L, Rönnecke T, Hummel V, Westkämper E (2006) Advanced industrial engineering. Industrie Management 22:59–62

Ausschuss für wirtschaftliche Fertigung e. V. (AWF) (Hrsg) (1985) Integrierter EDV-Einsatz in der Produktion, CIM - Computer Integrated Manufacturing (Begriffe, Definitionen, Funktionszuordnungen). Eschborn

Berger R (2002) Roland Berger Unternehmensberatung: Studie Digitale Fabrik - Zentrales Innovationsthema in der Automobilindustrie. Leinfelden

Bernhard J, Wenzel S (2004) Eine Taxonomie für Visualisierungsverfahren zur Anwendung in der Simulation in Produktion und Logistik. Proceedings der Tagung Simulation und Visualisierung SimVis, Magdeburg

Betten J (2003) Finite Elemente für Ingenieure 1- Grundlagen, Matrixmethoden, Elastisches Kontinuum. Springer, Berlin

Bracht U (2002) Ansätze und Methoden der Digitalen Fabrik. In: Proc „Simulation und Visualisierung 2002". Magdeburg

Bracht U, Geckler D, Wenzel S (2011) Digitale Fabrik. Methoden und Praxisbeispiele. Springer, Heidelberg

Bracht U, Reichert J (2010) Digitale Fabrik auf Basis der 3D-CAD-Fabrikplanung - Herausforderungen bei der Einführung von IT-gestützter Planung in kleinen und mittelständischen Unternehmen. wt Werkstatttechnik online 100:247–251

Bracht U, Schlange C, Eckert C, Masurat T (2005) Datenmanagement für die Digitale Fabrik – Forschungsorientierter Modellansatz für ein effektives Datenmanagement im heterogenen Planungsumfeld. wt Werkstatttechnik online 95:197–204
Bracht U, Spillner A (2009) Die Digitale Fabrik ist Realität – Ergebnisse einer Umfrage zum Umsetzungsstand und zu weiteren Entwicklungen der Digitalen Fabrikplanung bei deutschen OEM (Automobilindustrie). Zeitschrift für wirtschaftlichen Fabrikbetrieb (ZwF) 104:648–653
Buchta D, Eul M, Schulte-Croonenberg H (2004) Strategisches IT-Management. Gabler, Wiesbaden
Cheutet V, Lamouri S, Paviot T, Derroisne R (2010) Evaluation and optimization of innovative production systems of goods and services. 8th International Conference of Modeling and Simulation MOSIM'10. Hammamet, Tunesien
CIMdata (2003) The benefits of digital manufacturing – a CIMdata white paper. Ann Arbor
CIMdata (2010) Die einheitliche Umgebung von Teamcenter – Ein White Paper von CIMdata. Ann Arbor
CIMdata (2012) PTC Windchill program review – transforming how companies create and service products. Ann Arbor
Ciocoiu M, Gruninger M, Nau DS (2000) Ontologies for integrating engineering applications. J Comput Inf Sci Eng 1(1):12–22
Constantinescu C, Eichelberger H, Westkämper E (2009) Durchgängige und integrierte Fabrik- und Prozessplanung – „Grid Engineering for Manufacturing". wt Werkstatttechnik online 99:92–98
Constantinescu C, Kapp R (2006) Digitales Engineering – Neue Werkzeuge und Trends. Intell Prod 3:9–11
Constantinescu C, Westkämper E (2008) Grid engineering for networked and multi-scale manufacturing. In: Conference on manufacturing systems. Tokyo
Dombrowski U, Thiedemann H, Bothe T (2001) Visionen für die Digitale Fabrik. Zeitschrift für wirtschaftlichen Fabrikbetrieb (ZwF) 96:96–115
Eigner M, Stelzer R (2009) Product lifecycle management – Ein Leitfaden für Product Development und Life Cycle Management. Springer, Heidelberg
Eversheim W, Schuh G (Hrsg) (2005) Integrierte Produkt- und Prozessgestaltung. Springer, Berlin
Hirschmeier M (2005) Wirtschaftlichkeitsanalysen für IT-Investitionen. Wiku, Stuttgart
Hoffmeyer A, Bade C, König A, Alberdi A (2010) Fabrik-DMU und Augmented Reality gestützte Bauabnahme in Chattanooga. In: mic – management information center (Hrsg) Fachkongress Digitale Fabrik: „Digitale Fabrik@Produktion"- Zwei Welten wachsen zusammen -. Fulda
Jovane F, Westkämper E, Williams D (2009) The manuFuture road – towards competitive and sustainable high-adding-value manufacturing. Springer, Berlin
Keijzer W, Kreimeyer M, Schack R, Lindemann U, Zäh M (2006) Vernetzungsstrukturen in der Digitalen Fabrik – Status, Trends und Empfehlungen. Dr. Hut, München
Kjellberg T, Chen D (2010) The digital factory and digital manufacturing – a review and discussion. In: Proceedings of the 6th CIRP-Sponsored International Conference on Digital Enterprise Technology, 25–30, Hong Kong
Kletti J (2006) MES Manufacturing Execution System – Moderne Informationstechnologie zur Prozessfähigkeit der Wertschöpfung. Springer, Berlin
Kühn W (2006) Digitale Fabrik – Fabriksimulation für Produktionsplaner. Hanser, München
Lotter B, Wiendahl HP (2006) Montage in der industriellen Produktion – Ein Handbuch für die Praxis. Springer, Berlin
Müller E, Ackermann J (2009) Baukasten für wandlungsfähige Fabriksysteme. In: Schenk M (Hrsg) Digital Engineering – Herausforderung für die Arbeits- und Betriebsorganisation. Tagungsband 22. HAB-Forschungsseminar 2009. GITO-Verlag, Berlin.
Pahl G, Beitz W, Feldhusen J, Grote K-H (2007) Pahl/Beitz Konstruktionslehre – Grundlagen erfolgreicher Produktentwicklung – Methoden und Anwendungen. Springer, Berlin

Petzelt D, Schallow J, Deuse J (2010) Ziele und Nutzen der Digitalen Fabrik – Untersuchung der Ziele und des Nutzens aus Sicht von Wissenschaft und Industrie. wt Werkstatttechnik online 100:131–135
Renkema TJW, Berghout EW (1996) Methodologies for information systems investment evaluation at the proposal stage: a comparative review. Inform Software Tech 39:1–13
Renkema TJW, Berghout E W (1997) Methodologies for information systems investment evaluation at the proposal stage – A comparative review. Inform Software Tech 39(1):1–13
Riffelmacher P, Hummel V, Westkämper E (2006) Learning factory for advanced industrial engineering. In: Proceedings of the 1st CIRP International Seminar on Assembly Systems, 238–288.
Sacco M, Redaelli C, Candea C, Georgescu AV (2009) DiFac: an integrated scenario for the Digital Factory.
Schack RJ (2007) Methodik zur bewertungsorientierten Skalierung der digitalen Fabrik. Dissertation, Technische Universität München
Schleipen M, Sauer O, Friess N, Braun L, Shakerian K (2010) Digital factory. In: Hunag G et al. (Hrsg) Proceddings AISC 711–724
Schraft R D, Ritter A, Kuhlmann T (2006a) DigiPlan-Check. wt Werkstattstechnik online, 96:70–74
Schraft R D, Westkämper E, Kuhlmann T (2006b) Scalable causal model of digital factory to analyze economic efficiency. In: Butala P, Hlebanja G (Hrsg) The morphology of innovative manufacturing. (Department of Control and Manufacturing Systems, Faculty of Mechanical Engineering, Ljubljana)
Schuh G, Glasmacher L, Klocke F (2011) Digitale Fabrikplanung und Simulation. Vorlesung, Aachen
Schuh G, Klocke F, Straube AM, Ripp S, Hollreiser J (2002) Integration als Grundlage der digitalen Fabrikplanung. VDI-Z 144:48–51
Vajna S, Bley H, Weber C, Zeman K (2009) CAx für Ingenieure – Eine praxisbezogene Einführung. Springer, Berlin
VDI-Richtlinie 3633 (1993) Blatt 1: Simulation von Logistik-, Materialfluss- und Produktionssystemen – Grundlagen. VDI Verlag, Düsseldorf
VDI-Richtlinie 4499 (2008) Blatt 1: Digitale Fabrik – Grundlagen. VDI Verlag, Düsseldorf
VDI-Richtlinie 3633 (2009) Blatt 11: Simulation und Visualisierung. VDI Verlag, Düsseldorf
VDI-Richtlinie 4499 (2011) Blatt 2: Digitale Fabrik – Digitaler Fabrikbetrieb. VDI Verlag, Düsseldorf
VDI-Richtlinie 4499 (2012) Blatt 4 (Entwurf): Digitale Fabrik – Ergonomische Abbildung des Menschen in der Digitalen Fabrik. VDI Verlag, Düsseldorf
Venhoff M, Gräber-Seissinger U (2004) Der Brockhaus Wirtschaft: Betriebs- und Volkswirtschaft, Börse, Finanzen, Versicherungen und Steuern. F.A. Brockhaus, Mannheim
Wenzel S, Hellmann A, Jessen U (2003) e-Services – a part of the „Digital Factory". In: Bley H (Hrsg) Proceedings of the 36th CIRP International Seminar on Manufacturing Systems 199–203.
Westkämper E (2003) Die Digitale Fabrik. In: Bullinger HJ, Warnecke HJ, Westkämper E (Hrsg) Neue Organisationsformen im Unternehmen. Springer, Berlin
Westkämper E (2006) Einführung in die Organisation der Produktion. Springer, Berlin
Westkämper E (2007) Digitale Produktion. In: Bullinger HJ (Hrsg) Technologieführer – Anwendung, Grundlagen, Trends. Springer, Berlin
Westkämper E (2008a) Fabrikplanung vom Standort bis zum Prozess. In: mic – management information center (Hrsg) Fachkongress Fabrikplanung: Planung effizienter und attraktiver Fabriken. Ludwigsburg
Westkämper E (2008b) Digitales Engineering von Fabriken und Prozessen. In: Chinesisch-Deutsches Fertigungstechnisches Kolloquium (CDFK), Shanghai
Westkämper E (2009) Wandlungsfähige Organisation und Fertigung im dynamischen Umfeld. In: Bullinger HJ, Spath D, Warnecke HJ, Westkämper E (Hrsg) Handbuch Unternehmensorganisation – Strategien, Planung, Umsetzung. Springer, Berlin

Westkämper E, Niemann J (2009) Digitale Produktion – Herausforderung und Nutzen. In: Bullinger HJ, Spath D, Warnecke HJ, Westkämper E (Hrsg) Handbuch Unternehmensorganisation – Strategien, Planung, Umsetzung. Springer, Berlin

Westkämper E, Zahn E (2009) Wandlungsfähige Produktionsunternehmen – Das Stuttgarter Unternehmensmodell. Springer, Berlin

Wiendahl HP, Reichardt J, Nyhuis P (2009) Handbuch Fabrikplanung – Konzept, Gestaltung und Umsetzung wandlungsfähiger Produktionsstätten. Hanser, München

Wittmann W, Koch W, Köhler R, Küpper H-U, v. Wysocki K (1993) Handwörterbuch der Betriebswirtschaft. Schäffer-Poeschel, Stuttgart

Zäh M, Fusch T, Patron C (2003) Die Digitale Fabrik – Definition und Handlungsfelder. Zeitschrift für wirtschaftlichen Fabrikbetrieb (ZwF) 98:75–77

Zäh MF, Schack R, Munzert U (2005) Digitale Fabrik im Gesamtkonzept. In: Internationaler Fachkongress Digitale Fabrik in der Automobilindustrie. Ludwigsburg

Integration in der digitalen Produktion 13

Engelbert Westkämper

Moderne Produktionen folgen ganzheitlichen, systemtechnischen Ansätzen. Ganzheitliche Produktionssysteme werden mittlerweile in der überwiegenden Anzahl der Betriebe formuliert und betrieben. Sie haben dazu beigetragen außerordentliche Leistungssteigerungen zu erzielen. Unternehmen suchen in ganzheitlichen Produktionssystemen eine hohe Effizienz in jedem einzelnen wertschöpfenden Prozess und Synergien in den Wertschöpfungsketten und der Vernetzung (Westkämper und Zahn 2009). Die moderne Informations- und Kommunikationstechnik kann in der Zukunft, wenn sie ebenfalls ganzheitliche systemtechnische Konzepte verfolgt, weitere große Leistungsreserven aktivieren und Wettbewerbsvorteile generieren. Leistungssteigerungen entstehen dabei vor allem aus einer Systematisierung der Arbeitsabläufe und aus einer Automatisierung der Prozesse. Die Systematisierung bezieht dabei auch Methoden ein, die eine zielorientierte Optimierung ermöglichen. Deshalb findet sich in den ganzheitlichen Ansätzen eine Auswahl der Methoden, die eine Rationalisierung der Prozesse und eine Konzentration auf Wertschöpfung bewirken (Rother 2009).

13.1 Die Produktion als mehrskaliges, dynamisches, sozio-technisches System

Automatisierung und Integration sind seit langem als Mittel zur Steigerung der Produktivität bekannt. Die Automatisierung konnte durch die Elektronik und durch den Einsatz von Rechnern zur flexiblen Fertigung beitragen. Dabei wurden die Anweisungen für die Stellglieder in den Maschinen programmiert. Durch Änderung der Programme konnten

E. Westkämper (✉)
Fraunhofer IPA, IFF und GSaME, Fraunhofer-Gesellschaft und
Universität Stuttgart, Nobelstr. 12, 70569 Stuttgart, Deutschland
E-Mail: engelbert.westkaemper@ipa.fraunhofer.de

E. Westkämper et al. (Hrsg.), *Digitale Produktion*,
DOI 10.1007/978-3-642-20259-9_13,

automatisch arbeitende Abläufe modifiziert und verändert werden. Diese Technik, die Mechanik und Elektronik zusammenführt, wird als Mechatronik bezeichnet und ist heute nahezu in allen automatisierten Lösungen enthalten. Sie schuf die Voraussetzungen für eine Verknüpfung von rechnerunterstützen Prozessen in Konstruktion und Planung unmittelbar mit den Maschinen.

Bis heute ist der Informationsfluss von der Produktentwicklung bis in die Produktion noch immer durch Bauunterlagen, Arbeitsanweisungen, und Arbeitspapiere formulargestützt. Selbst Masken an den Bildschirmen haben das Aussehen von Formularen, da diese zur Weitergabe strukturierter Informationen bestens geeignet sind. Die Informationen werden oftmals durch den Einsatz von Methoden erzeugt. Methoden erzeugen standardisierte Abläufe von Prozessen und sind ein Mittel, um die Qualität der Ergebnisse sicherzustellen. Es ist also nicht weiter verwunderlich, wenn die heute in den Unternehmen gepflegten Abläufe und die der Informationsverarbeitung zugrundeliegenden Workflows noch immer den herkömmlichen Prinzipien der Arbeitsteilung und dem Einsatz klassischer Methoden folgen und die Informationsflüsse auf standardisierten Informationsträgern beruhen. Viele der grundlegenden Methoden der Produktion fließen in die Anwendungssysteme des Produktionsmanagements, der Planung und der Ausführung einzelner Prozesse.

In der digitalen Produktion erfolgt ein fundamentaler Wechsel der Arbeitsweisen, da die moderne Informationstechnik verbunden mit der durch das Internet geprägten Kommunikationstechnik eine hohe Flexibilität und Spontanität zulässt. Föderative Plattformen erlauben flexible Workflows und aufgabenspezifische Konfiguration der Anwendungssysteme. Sie definieren die Regeln und den Rahmen für einzelne rechnerunterstützte Arbeitsplätze, für die Kommunikation und für ortsunabhängige Kooperationen ohne dazu Papier zu verwenden. Dennoch beruhen sie auf einer systemtechnischen Sicht der gesamten Produktion und verfolgen alte Prinzipien der Leistungssteigerung durch Automation und Integration.

Das System Produktion ist ein komplexes, sozio-technisches System das sich in seiner Struktur wie auch in der Anwendung permanent verändert (instabiles, offenes System). Das System hat verschiedene Ebenen, die von den elementaren Prozessen (Mikroebene) bis zu globalen Netzwerken reichen. Menschen, Maschinen (auch Computer sind Maschinen), Material und Informationen wirken darin zusammen, um eine Wertsteigerung zu erreichen. Das System Produktion lässt sich in sehr stark verallgemeinerter Form, wie in Abb. 13.1 dargestellt, beschreiben.

Eine Produktion besteht aus teilautonomen Elementen, die wiederum teilautonome Subsysteme sein können. Damit lassen sich Skalen vom Produktionsverbund bis herunter zu den wertschöpfenden Prozessen definieren. Die Prozesse sind durch Informations- und Materialflüsse miteinander verknüpft. Viele Prozesse werden von Menschen mit Maschinen oder Rechnern ausgeführt oder unterstützt. Die digitale Information verknüpft die Elemente sowohl horizontal in den Prozessketten als auch vertikal in der Hierarchie des Systems. Der grundlegende Umbruch von der herkömmlichen zur digitalen Produktion kommt deshalb aus der Umstellung aller Informationsträger vom Papier zu digitalen Informationen in allen Elementen und im gesamten System. Zeichnungen, Arbeitspläne,

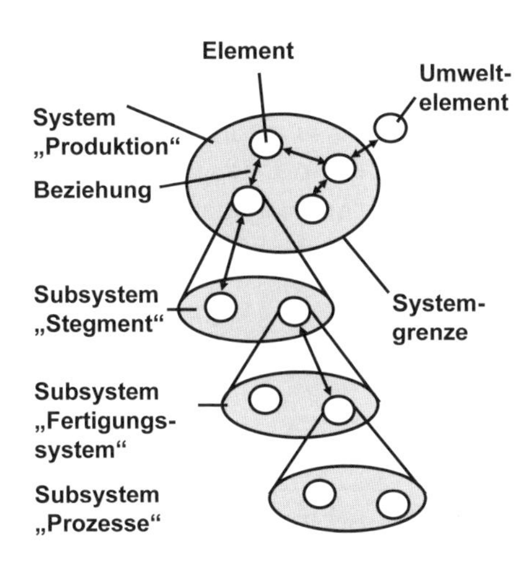

Das System ist hierarchisch vom Netzwerk bis zu den Prozessen und besteht aus Elementen und Beziehungen (Relationen)

Elemente der Produktion sind die Leistungseinheiten im Lebenslauf der Produkte
z. B. Standorte, Abteilungen, Segmente, Maschinen, Menschen, Prozesse

Elemente können teilautonome Subsysteme sein
z. B. Fertigungssysteme

Umweltelemente sind externe Organisationen
z. B. Kunden, Zulieferer oder Dienstleister

Beziehungen sind die Flüsse von Information und Material zwischen den Elementen

Abb. 13.1 Das System Produktion

Arbeitsanweisungen sowie Steuerprogramme sind an jeder Stelle und jederzeit in digitaler Form verfügbar.

Die Bilanzgrenze des Systems Produktion umfasst nicht mehr nur die Herstellung sondern den gesamten Lebenslauf der Produkte und kann auf diese Weise auch die produktbegleitenden Leistungen wie den Service und die Instandhaltung in das System der Wertschöpfung einbinden.

Es läge nun nahe, das System Produktion durch eine Standardisierung aller Elemente und Relationen zu optimieren. Derartige Visionen verfolgte das Computer-Integrated Manufacturing früherer Jahre (Kap. 10). Standardisierte und integrierte Lösungen folgten dabei einer generalistischen Systemarchitektur. Die Systemarchitekturen der CIM-Generation verknüpften die automatisierte Fertigung mit den vorgelagerten Prozessen der Konstruktion und Planung zu einem rechnerunterstützten Gesamtsystem (Scheer 1990). Derartige Konzepte erwiesen sich letztlich nicht als praktikabel, da sie dem ständigen Anpassungsbedarf, der durch Wandlungstreiber von innen und außen verursacht wird, nicht gerecht wurden. Heute ermöglicht die Informations- und Kommunikationstechnik offene Systemarchitekturen, die wandlungs- und anpassungsfähig sind. Damit kann das System Produktion eine hohe dynamische Veränderbarkeit erfahren, welche schnelle Reaktionen auf Veränderungen in den Märkten, Produkten und Prozessen ermöglicht. Produktionssysteme werden deshalb als dynamische Systeme verstanden.

Ein weiterer wichtiger Aspekt liegt in der Tatsache, dass Wissen und Wissensverarbeitung in alle Prozesse einfließt. Implizites Wissen wird benötigt, um Prozesse zu planen und mit maximaler Effizienz zu betreiben. Die Rolle des Menschen als Elemente der Produktionssysteme wird durch die Nutzung seines Wissens in einer digitalen Umgebung massiv verstärkt (Vajna et al. 2009). Die Kommunikationstechnik macht es prinzipiell möglich, Wissen systematisch von Elementen innerhalb und außerhalb des Systems zu erfassen, zu verarbeiten und an jedem Ort und zu jeder Zeit verfügbar zu machen. Der Informationsfluss wird durch die Wissensverarbeitung erweitert. Die Gewinnung impliziten Wissens erfährt durch Beobachtungsinstrumente (Sensoren) mit Anbindung an Kommunikationssysteme und einer nahezu unbegrenzten Speichermöglichkeit eine neue Perspektive. Intelligente, lernfähige Produktionssysteme werden damit realisierbar.

Integration und flexible Automation sind die Kerne der digitalen Produktion in dynamischen, skalierbaren Systemen. Deshalb soll das Grundverständnis im Folgenden rekapituliert werden.

13.2 Grundverständnis von Automation und Integration in der Produktion

Bereits seit Beginn der Rechneranwendung in der Produktion war es Ziel, die einmal mit Rechnern erzeugten Daten und Informationen ohne manuelle Veränderung von einer Anwendung in die nächste zu übertragen. Tayloristische Arbeitsteilung, die nicht nur in der Fertigung und Montage erhebliche Rationalisierungspotentiale aktivierte gibt es auch in den vorgelagerten Bereichen der Konstruktion und Arbeitsvorbereitung sowie im Auftragsmanagement. Die Rationalisierungswirkung beruht vor allem auf der Spezialisierung einzelner Tätigkeiten und der Systematisierung der Arbeitsfolgen. Die Spezialisierung erlaubte den Einsatz spezieller Technologien in der Fertigung und deren Automatisierung. Die Arbeitsprozesse in der Fertigung werden durch logistische Elemente im Materialfluss integriert. In den vorgelagerten Tätigkeitsbereichen folgt die Arbeitsteilung ebenfalls einer Spezialisierung einzelner Tätigkeitsbereiche und einer Systematisierung des Produktentstehungsprozesses. Die Ausführung einzelner Tätigkeiten kann mit Methoden rationalisiert und systematisiert werden. In diesem Bereich hat der Einsatz von Rechnern und Software eine Automatisierung zur Folge. Die Integration geschieht im Informationssystem.

Abbildung 13.2 zeigt die zwei verschiedenen Entwicklungsrichtungen rechnerunterstützter Produktionssysteme. Die Automation ermöglicht eine schnellere und zuverlässige Reproduktion von Arbeiten mittels Maschinen oder Rechnern. Sie ist ein Mittel, um Produktionsvorgänge oder Prozesse zu beschleunigen und damit die Prozessleistung zu erhöhen. Prozesse können manuell, hybrid oder automatisiert sein. Hybride Lösungen sind teilautomatisiert und teilweise manuell. Bei diesen Systemen interagieren die Menschen mit dem System. In der Automatisierung hat die flexible Automation eine besondere Bedeutung, da sie eine Anpassung der Ausführung an Situationen oder an veränderte Aufgabenstellungen erlaubt. Flexibilität wird durch Veränderung der Ausführungsprogramme erzeugt. Beispiele flexibel automatisierter Fertigungsprozesse sind CNC-Maschinen, Roboter, flexible Montagesysteme aber auch mobile Betriebsmittel wie automatisierte Lager und Transporteinrichtungen. Beispiele hybrider Systeme finden sich in Transportfahrzeugen etc. (Dashchenko 2006).

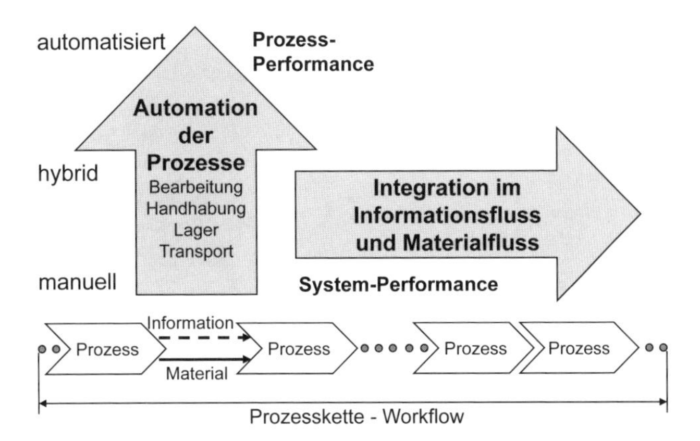

Abb. 13.2 Automation und Integration in der Produktion

Der Grad der Automatisierung ist von der Wirtschaftlichkeit einzelner Lösungen abhängig. Hohe Stückzahlen bedeuten eine hohe Anzahl an Reproduktionen und fördern den Automatisierungsgrad sowohl in der Fertigung als auch in den indirekten Prozessen der Planung und Vorbereitung. Je häufiger gleiche Vorgänge reproduziert werden müssen, umso mehr kann in Automatisierung investiert werden.

In den der Produktion vorgelagerten Bereichen wie der Konstruktion und Arbeitsvorbereitung bewirkt der Einsatz von Rechnern die Automatisierung d. h. selbständige Ausführung einzelner Prozesse oder Prozessschritte. Vollständig automatisierte Prozesse sind beispielsweise die Berechnung von technischen Eigenschaften durch Rechenprogramme oder eine automatische Zeitberechnung in der Arbeitsvorbereitung. Automatisiert verläuft auch die Datenübertragung (Transport) über ein Netzwerk oder die Verwaltung und rechnerinterne Speicherung von Daten. Der überwiegende Teil der Prozesse in den vorgelagerten Bereichen ist der Kategorie Hybrid zuzuordnen, da in der Regel eine Interaktion von Menschen und Rechnern erfolgt. Beispiel sind der Einsatz von CAx-Systemen, Leitsystemen oder auch einzelne Anwendungen allgemeiner Informations- und Kommunikationssysteme. Der Einsatz einzelner CAx-Systeme hat demnach den Charakter einer hybriden Automatisierung eines Prozesses in Konstruktion und Arbeitsvorbereitung.

Integration verknüpft Prozesse zu einem System. Beispielsweise lassen sich in einer Fabrik mehrere automatisierte Prozesse zu einem Fertigungssystem verbinden, indem Lager- und Transsporteinrichtungen Maschinen miteinander verketten. Auch diese logistischen Einrichtungen können automatisiert werden. Integration in der Planung bedeutet, eine Verknüpfung zwischen IT-Anwendungen herzustellen, indem Informationen transportiert oder auch gespeichert werden. Dies kann über IT-Netzwerke per Festnetz oder auch kabellos erfolgen. Die Integration reduziert Leistungsverluste zwischen den Prozessen und trägt damit zur Systemleistung bei.

Die Integration ist also eine Zusammenführung von Prozessen beziehungsweise Funktionen zu einem Subsystem. Auf der Ebene der Arbeitsplätze bilden die Hauptfunktionen den Kern. Das kann in der Fertigung beispielsweise eine Technologie zur Formgebung (Urformen, Umformen, Trennen, Fügen etc.) oder in der Entwicklung eine Detailkonstruk-

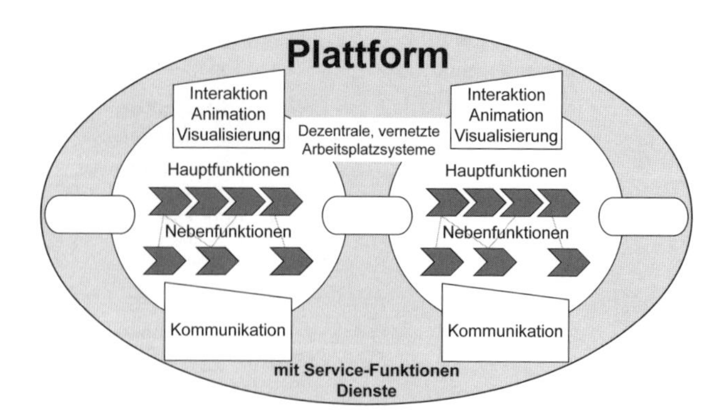

Abb. 13.3 Integration von Funktionen in arbeitsplatzbezogene Systeme

tion mittels CAD sein. Eine Integration zu Arbeitsplatzsystemen erfolgt in der Regel durch eine Ausweitung der Funktionen einschließlich der Nebenfunktionen. Nebenfunktionen dienen nicht der unmittelbaren Wertschöpfung, sie sind aber zur Durchführung der Kernfunktionen notwendig. Beispiele in der Fertigung sind das Wechseln der Werkstücke oder der Werkzeuge. In den indirekten Bereichen gibt es ebenfalls derartige Nebenfunktionen wie beispielsweise die Dokumentation der Arbeitsergebnisse eines Planungsvorgangs. Lokale Puffer- oder Speicherfunktionen zählen zu den Nebenfunktionen.

Arbeitsplatzbezogene Systeme verfügen bei hybriden Automatisierungskonzepten über Funktionen zur Visualisierung und Animation sowie zur Interaktion mit der Umgebung wie beispielsweise Maschine zu Maschine oder Mitarbeiter zum IT-System (beispielsweise Steuerungen, Ein- und Ausgabemedien). Ferner verfügen arbeitsplatzbezogene Systeme über Kommunikationsfunktionen welche den Arbeitsplatz mit anderen Prozessen bei Bedarf verbinden. In der Praxis hat sich der Funktionsumfang arbeitsplatzbezogener Systemlösungen durch Integration drastisch vergrößert. So bieten CAD Arbeitsplatzlösungen eine hohe Anzahl an integrierten Kern und Nebenfunktionen, die erheblich zur Produktivitätssteigerung beitragen und zugleich eine Ausweitung der Arbeitsinhalte am Arbeitsplatz ermöglichen. Abbildung 13.3 zeigt die Systematik arbeitsplatzbezogener Systemlösungen und das Integrationsprinzip.

Arbeitsplatzbezogene Systeme können in den Workflows zu übergeordneten Systemlösungen integriert werden (Ray und Jones 2006). In der Fertigung und Montage sind diese als flexible Fertigungssysteme bekannt. Im Bereich der digitalen Fabrik haben sich Systemfamilien durchgesetzt, welche über umfangreiche Systemmodule verfügen, die sich an spezifische Workflows und unternehmensspezifische Bedingungen anpassen lassen. Beispiele sind die Systemfamilien von SAP für das Auftragsmanagement oder digitale Fabriksysteme von Siemens (Teamcenter), PTC, DELMIA etc. (Kap. 12). Diese Systemfamilien besitzen interne Standards für Schnittstellen und Daten.

Eine Integration zu sogenannten Plattformen, die vielen Systemfamilien zugrunde liegen, bedeutet eine Erweiterung arbeitsplatzbezogener Funktionen um zentrale Dienste. Dazu zählen insbesondere das Management der Daten und Informationen (Speichern, Übertragen), die Unterstützung bei der Bereitstellung von Informationen und Wissen

(Suchen, Wandeln) sowie die Bereitstellung von Softwarediensten (Schnittstellen, Standardsoftware, Upgrading, Sicherheit etc.). Plattformen sind folglich Lösungen, welche die Integration über die arbeitsplatzbezogenen Funktionen zu übergreifenden Lösungen in der vernetzten Produktion liefern. Ferner setzen sie die Standards für die Entwicklung der IT-Anwendungssysteme und die IT-Architekturen der digitalen Produktion.

Integration setzt standardisierte Schnittstellen voraus, wenn Ineffizienzen zwischen den Prozessen durch Änderung von Ort und Form von Objekten vermieden werden sollen. Fehlende Standards führen zu hohen Aufwendungen für eigene Lösungen in der Systemapplikation und erweisen sich vielfach als Integrationsbremse. Vielfach übersteigen die Implementierungskosten die Planungen um ein Vielfaches. Systemfamilien oder Systeme mit Baukastenprinzipien erleichterten die Anwendung. Der Integrationsgrad ist deshalb abhängig von der Systemfähigkeit der einzelnen arbeitsplatzspezifischen Systemlösungen.

13.3 Plattformen zur Integration

Der grundlegende Ansatz dieses Buchs für die digitale Produktion, der Fabriken als Produkte betrachtet und der auf die Lebenszyklen der Produkte und Fabriken abhebt, wird davon ausgegangen, dass sich die Integration letztendlich über den gesamten Lebenszyklus erstrecken muss. Wir gehen deshalb davon aus, dass letztlich allen Prozessen alle Informationen jederzeit und an jedem Ort zur Verfügung stehen. Dazu lassen sich zwei grundlegende Plattformen zu Integration heranziehen:

- Produktlebenszyklus-Plattformen, deren Funktionen durch ein Lebenszyklusmanagement der Produkte bestimmt werden und
- Produktions-Plattformen, deren Funktionalität auf die Elemente und Systeme der Fabriken und deren Nutzung im Lebenslauf ausgerichtet ist.

Beide können viele Funktionen und Standards gemeinsam nutzen. Beispiele finden sich im Themenfeld des „Simultaneous Engineering“ und in der gegenseitigen Nutzung von Produkt- und Fabrikdaten. Abbildung 13.4 stellt diese Plattformen in einen Zusammenhang. Eine gemeinsame Nutzung von Daten betrifft im Wesentlichen die Produktdaten und die Fabrikdaten in frühen Phasen der Produktherstellung. Bezieht man die After-Sales Prozesse mit ein, kommen große Unterschiede in der Verknüpfung der Serviceaufgaben für Produkte und Fabriken hinzu. Diagnostik, Monitoring, Instandhaltung etc. sind in den Prozessen völlig verschieden.

Fundamentale Unterschiede in der Integration resultieren aus:

- unterschiedlichen Lebensdauern von Produkten und Fabriken,
- Komplexität der Produkte (Varianz, Produkttechnologien) und Fabriken (Skalierung, Vielfalt der Technologien etc.),

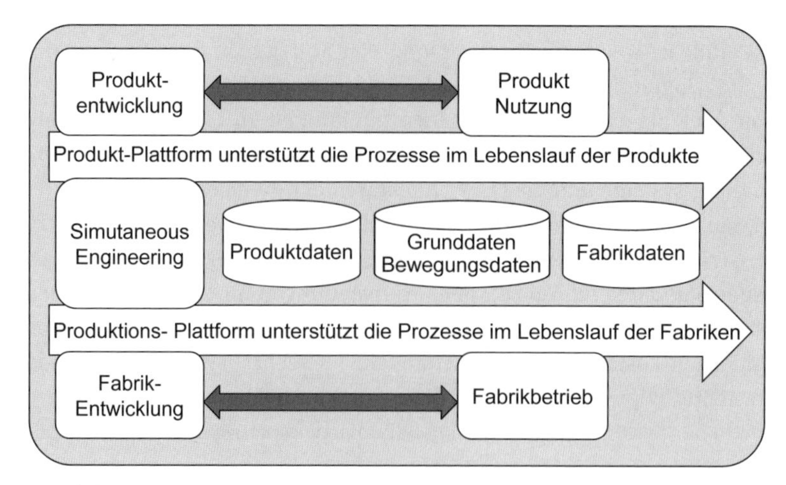

Abb. 13.4 Produkt- und Produktions-Plattformen

- unterschiedlichen Prozessen und insbesondere der permanenten Veränderung der Systeme der Fabriken (Zustände, Operationen, Investitionen, Standortfaktoren),
- unterschiedlichen Organisationen und Workflows sowie aus der
- Einmaligkeit der Produktionssysteme (in der Regel ist jedes Produktionssystem eine spezifische Lösung)

Diese und andere Gründe machen es notwendig, die Plattformen spezifisch für die jeweiligen Bedarfe auszulegen. Plattformen benötigen eine System-Architektur, welche flexibel konfiguriert werden können. Sie sollten die verteilte und vernetzte Arbeitsweise in der Produktion durch Standards in den Schnittstellen und durch eine sichere, zuverlässige Kommunikationstechnik unterstützen. Sie sollten offen sein für spezifische Softwaresysteme und dazu beitragen, dass eine hohe Wirtschaftlichkeit erreicht wird. Abbildung 13.5 stellt das Konzept einer Plattform für die Produktion dar.

Die Grenzen der Anwendungen überdecken den gesamten Lebenslauf der Investitionsgüter und Betriebsmittel, die für Fabriken benötigt werden. Die Prozesse beginnen mit der mittel- und langfristigen Investitions- und Leistungsplanung. Bereits in diesem Aufgabenbereich lassen sich spezifische Arbeitsplatzsysteme zur Kapazitäts- und Kostenplanung sowie zur Planung der Maschinen und Anlagen einschließlich Layout einsetzen. Die Konstruktion produktspezifischer Betriebsmittel (Vorrichtungen, Werkzeuge, Handhabungsmittel etc.) ist ein zentraler Bereich der Arbeitsplanung. Es folgen die Programmierung der Maschinen, die Erprobung und der Produktionsanlauf. Danach kommen die Betriebsphase mit den Leitfunktionen und die Instandhaltung mit ihren Schnittstellen zu den Herstellern der Maschinen. Upgrading, Umbau und Umnutzung sind abschließende Aufgabenbereiche.

Ein systemtechnisch strukturiertes Management der Fabrikdaten ist das Rückgrat der gesamten Plattform. Er sorgt für die Versorgung der Arbeitsbereiche mit den notwendigen

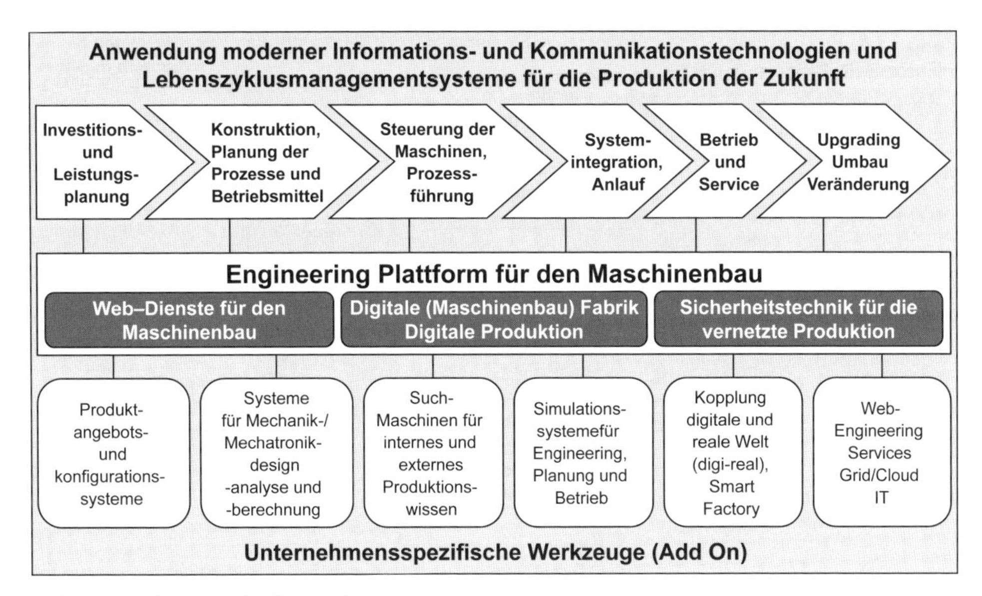

Abb. 13.5 Plattform für die Produktion

Informationen. Prinzipiell lassen sich dafür Systeme des Produktdatenmanagements verwenden. Allerdings gibt es hier die Besonderheit der Zeitabhängigkeit der Fabrikdaten. Im Betrieb werden aktuelle Daten der Fabrikobjekte benötigt. Die Planungsbereiche arbeiten in Soll-Zuständen der nahen und fernen Zukunft. In der nahen Zukunft geht es um die Planung der Rüstvorgänge, welche Arbeitsplätze verändern. Im mittelfristigen Bereich (1–2 Jahre) können sich die Fertigungssysteme ändern und langfristig arbeiten die Investitionsplaner an Ersatz oder Erweiterungen.

Arbeitsplätze mit Systemen der digitalen Fabrik enthalten Konfigurationen mit den zentralen Werkzeugen der Ingenieure und Techniker. Über Web-Dienste erfolgen die Verbindungen zu den einschlägigen Lieferanten der Betriebsmittel und der Service. Das gesamte System bedarf eines extrem hohen Sicherheitsstandards, um unbefugte Zugriffe zu verhindern.

Die Flexibilität in den Arbeitsplatzsystemen kann wesentlich erhöht werden, wenn es gelingt Software vom Netz zu beziehen (Landherr et al. 2012). Sogenannte App-Stores für die Produktion erlauben ein bedarfsbezogenes Herunterladen von Apps. Zu dieser Gruppe zählen unter anderem auch methodische Werkzeuge, die nur sporadisch gebraucht werden wie beispielsweise Werkzeuge zur Wertstromanalyse. Spezifische Engineering-Werkzeuge, die insbesondere für die Systemelemente der automatisierten Fertigung benötigt werden, sind eine weitere Gruppe von Werkzeugen zur Verbesserung der Arbeitsproduktivität in der Produktion. Suchmaschinen unterstützen die Wissensgewinnung. Simulationsdienste vor allem solche mit hohem Rechenleistungsbedarf können von außen bezogen werden. Die Kopplung der realen, physischen Objekte dient dazu, den Bezug zwischen dem realen Geschehen und den realen Zuständen zu den digitalen Informationen der Objekte der

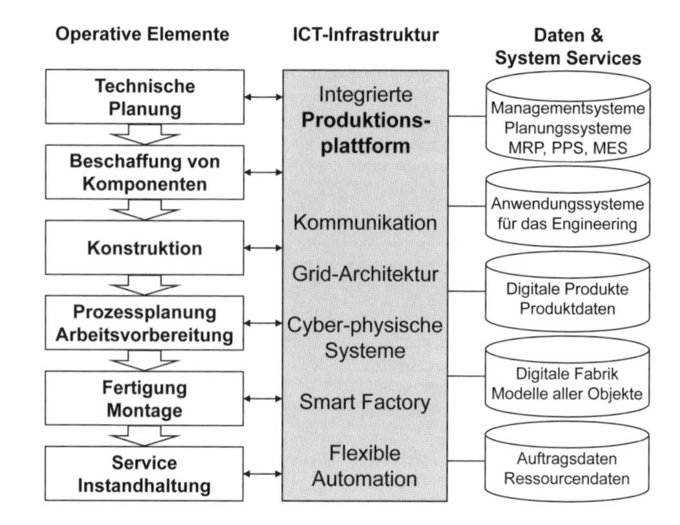

Abb. 13.6 Produktionsplattform für Fabrikausrüster (Maschinenbau)

Fabrik zu sichern (Westkämper 2012). Dieser Bereich folgt dem Materialfluss (Internet der Dinge) und den Events in der Produktion. Hier geht es um die Ankopplung der Maschinen an lokale oder globale Netzwerke zum Zweck des Monitorings und der Unterstützung der Services (Landherr et al. 2013). Zum Schluss sei noch auf die Integration sogenannter Engineering-Dienste im Web verwiesen.

Ein Beispiel aus einem typischen Ablauf aus dem Maschinenbau, der als Fabrikausrüster Komponenten oder komplette Produktionssysteme liefert, verdeutlicht die Spezifika einer Integration in der Fabrik.

Der Lebenslauf einer Fabrik beginnt mit einer technischen Planung, die von der erwarteten Fabrikleistung (Produkte, Mengen, Zeiten, Kosten, Qualität) ausgeht und ein technisch-operatives System definiert. In der Regel müssen die Produktionseinrichtungen, Maschinen, Werkzeuge, Vorrichtungen extern beschafft werden. Vielfach müssen Anpassungskonstruktionen gemacht werden, um die spezifischen Anforderungen zu erfüllen (prototypischer Charakter der Produktionseinrichtungen). Für den operativen Betrieb sind Arbeitspläne und andere Fertigungsinformationen einschließlich der Programme für Maschinen und Roboter zu erstellen. Nach der Freigabe der Aufträge erfolgen Fertigung und Montage in einem arbeitsteiligen Netzwerk. Zur Sicherung der Verfügbarkeit und maximalen Nutzung muss eine reaktionsschnelle Instandhaltung betrieben werden (Eversheim und Schuh 2005).

Eine Produktionsplattform (Abb. 13.6) unterstützt die Prozesse zur Planung und zum Betrieb der Einrichtungen und Ressourcen der Produktion. Aufgrund der hohen Arbeitsteiligkeit und vernetzten, verteilten Arbeitsweisen wird dazu ein netzwerkfähiges und zuverlässiges Kommunikationssystem benötigt. Grid-Architekturen ermöglichen ein Arbeiten mit spezifischen und spezialisierten Elementen (Kap. 21). Die Plattform muss Prozesse online integrierbar machen, so dass eine Verknüpfung von realen Zuständen und Ereignissen mit der digitalen Präsentation erreicht werden kann (Smart Factory (Kap. 19)). Flexibel automatisierte Systeme und Arbeitsplätze können integriert werden. Die Plattform benötigt dazu ein umfangreiches Datenmanagement (Bracht et al. 2005).

Eine derartige Integration führt zu einer neuen Generation von Fabriken, die flexibel auf Veränderungen reagieren kann und deren Organisation Synergiepotentiale aktivieren kann. Einzelne Aspekte der integrierten Produktion und Ergebnisse aus der Forschung werden in den folgenden Kapiteln vertieft.

Literatur

Bracht U, Schlange C, Eckert C, Masurat T (2005) Datenmanagement für die Digitale Fabrik. wt Werkstattstechnik online 95(4) Springer-VDI-Verlag, Düsseldorf

Dashchenko A (Hrsg) (2006) Reconfigurable manufacturing systems and transformable factories. Springer, Berlin

Eversheim W, Schuh G (Hrsg) (2005) Integrierte Produkt- und Prozessgestaltung. Springer, Berlin

Landherr M, Neumann M, Volkmann J, Westkämper E, Bauernhansl T (2012) Individuelle Softwareunterstützung für jeden Ingenieur. Z wirtsch Fabrikbetrieb 107(9) Hanser, München

Landherr M, Holtewert P, Kuhlmann T, Lucke D, Bauernhansl T (2013) Virtual Fort Knox. wt Werkstattstechnik online 103(2) Springer-VDI-Verlag, Düsseldorf

Ray SR, Jones AT (2006) Manufacturing Interoperability. J Intell Manufac 17:681–688 Springer Science+Business Media

Rother M (2009) Die Kata des Weltmarktführers – Toyotas Erfolgsmethoden. Campus, Frankfurt a. M

Scheer AW (1990) CIM – Computer Integrated Manufacturing. Springer, Berlin Heidelberg

Vajna S, Bley H, Weber C, Zeman C (2009) CAx für Ingenieure – eine praxisbezogene Einführung. Springer, Berlin Heidelberg

Westkämper E (2012) Engineering Apps. wt Werkstattstechnik online 102(10) Springer-VDI-Verlag, Düsseldorf

Westkämper E, Zahn E (2009) Wandlungsfähige Produktionsunternehmen – Das Stuttgarter Unternehmensmodell. Springer, Berlin

Teil IV

Lebenszyklusorientiertes Engineering und Management von Produkten und Fabriken

Lebenszyklusbetrachtung technischer Systeme

14

Engelbert Westkämper

Unter dem Lebenszyklusmanagement (LZM) versteht man heute ein Management aller Prozesse über den gesamten Lebenslauf der Produkte. Dahinter steht die Vision eines umfassenden Supports der Prozesse mit Informationen über den Reifegrad, den Status und den Zustand eines Produktes ab Beginn seiner Entstehung bis zum physischen Ende und die Bereitstellung der Dokumente (Feldhusen und Gebhardt 2008). Diese Vision wird weiter durch Techniken unterstützt, die eine online Verknüpfung technischer Produkte mit den IT-Systemen der Hersteller ermöglichen. Damit erreichen die Hersteller eine extreme Kundennähe und können Aufgaben übernehmen, die früher von den Betreibern selbst oder peripheren Dienstleistern ausgeführt wurden. Das Lebenszyklusmanagement stärkt die Kundenbindung über längere Zeiträume, hat aber zur Folge, dass die innerbetriebliche Organisation auf eine vollständige digitale Arbeitsweise umgestellt werden muss (Scheer et al. 2006).

Das Lebenszyklusmanagement folgt den Produkten in allen Phasen und ergänzt die Herstellung (Entwicklung, Produktion) um Dienste im After-Sales-Bereich. Es stellt dafür die benötigten Produktinformationen jederzeit und an jedem Ort zur Verfügung und bezieht Zustands- und Nutzungsdaten aus der Anwendung (Abb. 14.1). LZM nutzt dazu moderne Informations- und Kommunikationstechniken einschließlich mobiler Endgeräte und einschließlich Anbindung von Sensoren zur Maximierung des Nutzens eines jeden technischen Produktes und zur Ausweitung der eigenen Wertschöpfung (Landherr et al. 2012). Dahinter verbirgt sich eine Kundenorientierung und Kundenbindung mit dem Ziel der Maximierung der Wertschöpfung in allen Phasen des Lebens einzelner Produkte und einer Optimierung der Ausführungsprozesse.

E. Westkämper (✉)
Fraunhofer IPA, IFF und GSaME, Fraunhofer-Gesellschaft und
Universität Stuttgart, Nobelstr. 12, 70569 Stuttgart, Deutschland
E-Mail: engelbert.westkaemper@ipa.fraunhofer.de

E. Westkämper et al. (Hrsg.), *Digitale Produktion*,
DOI 10.1007/978-3-642-20259-9_14, © Springer-Verlag Berlin Heidelberg 2013

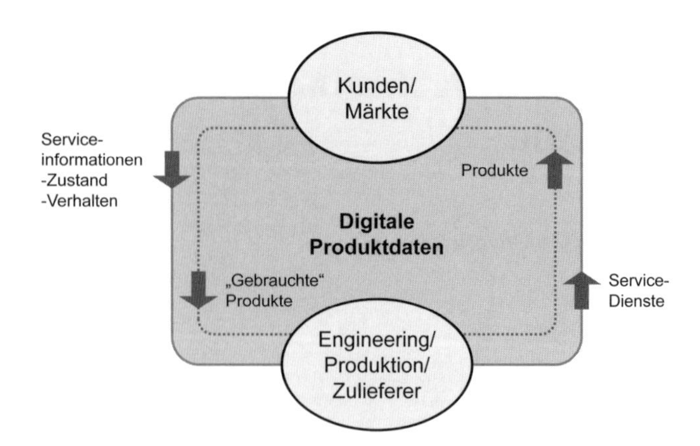

Abb. 14.1 Integration aller Prozesse im Lebenszyklusmanagement

Das LZM enthält methodische Elemente wie beispielsweise zur Zuverlässigkeitsberechnung oder zur Bewertung der Umweltverträglichkeit, um eine Sicherung zugesagter Leistungen zu erreichen. LZM führt ferner Felddaten und Erfahrungen zu den Herstellern zurück.

Viele Unternehmen, die durch gesetzliche Auflagen und durch Produkthaftung gezwungen wurden, haben das LZM bereits eingeführt. Dies trifft insbesondere für die Luftfahrtindustrie zu, die bereits in den 70er Jahren das LZM strategisch vorangetrieben hat. Der Produkt-Support mit Unterstützung durch EDV-Systeme ermöglichte es, das Ersatzteilwesen global zu organisieren und damit die Stillstandzeiten der Luftfahrtgeräte drastisch zu verkürzen. Die Luftfahrtunternehmen mussten im Falle von Flugzeugunfällen alle Dokumente in kürzester Zeit verfügbar machen, um Ursachen aufzudecken und ggf. Schwachstellen in der gesamten Flotte kurzfristig abzustellen. Die dokumentierte Produktion der Luftfahrt-Industrie war vielfach Vorbild für umfassende Produktdokumentationen anderer Industriesektoren mit sicherheitsrelevanten Teilen und Komponenten.

Heute fordern Gesetzgeber vielfach die vollständige Dokumentation der Herstellung und der Zustandsveränderungen von Produkten in der Anwendung und verlangen eine Bereitstellung der Daten jederzeit und an jedem Ort, wenn Ursachen zu untersuchen sind. So ist die Lebensmittelindustrie gefordert, eine Dokumentation des gesamten Erzeugungs- und Verteilungswegs einschließlich der Nachweise korrekter Prozesse zu liefern.

Das Produktlebenszyklusmanagement (PLM) ist ein Teilgebiet des LZM, welches die Produkte und Produktdaten für den gesamten Lebenslauf der Produkte über die Phasen der Entwicklung, Herstellung, Vertrieb, Service und Recycling in den Blickpunkt des Managements rückt. PLM-Systeme sind integrierte Systeme mit einer digitalen Arbeitsplatzumgebung und Datenmanagementfunktionen sowie ergänzenden Schnittstellen und Hilfsfunktionen in den Workflows (Eigner und Stelzer 2009).

In dem Bemühen um eine Systematisierung der kooperativen Produktentwicklung und Generierung vollständiger Produktdaten trieb die Luftfahrtindustrie die Anwendung von Produktdatenmanagementsystemen (PDM-Systemen) voran. Ziel war zunächst die Bereitstellung von Konstruktionsdaten an alle Projektpartner, um sicher zu stellen, dass

Änderungen an Konstruktionen einzelner Bauteile sofort bekannt und für die Funktion höherwertiger Systeme nutzbar gemacht werden konnten. Ferner war es das Ziel simultane und dislozierte Entwicklungsprozesse zu unterstützen. Dazu musste eine digitale Produktmodellierung mit vereinheitlichten Datenmodellen für Mechanik, Elektrik und Elektronik geschaffen werden.

Der Automobilbau führte derartige Systeme ein, um ebenfalls kooperative Arbeitsweisen mit Zulieferern schon in den Konstruktionsprozessen und später in den Serviceprozessen zu erreichen. Die Managementsysteme für große Datenmengen erhielten deshalb Visualisierungs-, Kommunikations- und Schnittellenfunktionen. Meist waren diese aber an die Verwendung von herkömmlichen CAD-Systemen gekoppelt.

In der Ausrüstungsindustrie für Fabriken hat das PLM eine andere Herausforderung zu bestehen. Die wichtigste Problematik liegt in dem Unikatcharakter der meisten Maschinen und Anlagen, die für spezielle Fertigungsaufgaben und Kundenwünsche konzipiert werden müssen. In diesen Wirtschaftsbereichen besteht traditionell eine viel engere Kooperation zwischen Anwendern und Herstellern.

Anwender von Produktionsanlagen verlangten bisher Dokumentationen, die sie in die Lage versetzten, selbst Instandhaltungs- und Reparaturmaßnahmen durchzuführen, um eine hohe Verfügbarkeit sicherzustellen. Mit zunehmender Komplexität der Anlagen stieg der Bedarf an unmittelbarem Support durch die Hersteller und Lieferanten. Dies führte bereits in den 90er Jahren zur Implementierung des Teleservice, um die Diagnose oder das Upgrading der Steuerungen zu unterstützen. Viele Hersteller errichteten Servicestützpunkte und Call-Center, die qualifizierte Dienste lokal anbieten konnten, und die auf die internen Daten der Hersteller zurückgreifen konnten. Heute erweitern sich die Aufgaben der Hersteller im LZM vor allem um die Bereitstellung von Prozesswissen, um eine hohe Performance der Anlagen zu erreichen. Dokumentationen zu den Produkten, wie sie im Automobilbereich für das Ersatzteilmanagement zur Verfügung stehen, reichen im Maschinenbau nicht aus, da Kenntnisse und das Knowhow um die Technologien der Fertigung als Bestandteil des LZM hinzu kommen.

Die innerbetriebliche Informationsverarbeitung fast aller Unternehmen lässt sich noch heute durch zentrale Datenmanagementsysteme für Produkte und Ressourcen charakterisieren, bei denen die Versorgung aller Arbeitsplätze und Anwendungssysteme des eigenen Betriebs mit aktuellen Informationen im Vordergrund der Architekturen steht (PDM). Die Verwaltung großer Datenmengen war eine Herausforderung, die sich mit zentralisierten Informationssystemen am besten realisieren ließ. Damit konnte ein simultanes Arbeiten in der Entwicklung und in der Produktion erreicht werden. Erst die Integrationsbemühungen und kooperative Arbeitsweisen rückten produktorientierte Informationssysteme des LZM in den Mittelpunkt.

Heute und in der Zukunft kommen Ansätze des Internets in die Unternehmen, die es möglich machen einen umfassenden Informationssupport aller Prozesse im Lebenszyklus zu erreichen. Das Internet der Dinge wird zum Leitbild zukünftiger Konzepte, in denen Informationen zu technischen Produkten umfassend und aktuell jederzeit verfügbar gemacht werden (Westkämper 2012). Der Backbone der IT-Systeme ist ein Produktdatenmanagement, das moderne Kommunikationstechniken innerbetrieblich wie außerbetrieblich einsetzt, um damit schneller und dynamisch auf Ereignisse reagieren zu können. Standardisierte Schnittstellen und Normative für die rechnerinterne Produktdarstellung erlauben eine globale und dislozierte Arbeitsweise in den (Geschäfts-)Prozessen entlang des Produktlebenslaufs (Arnold et al. 2011).

Für das Datenmanagement entstehen neue Herausforderungen. Dazu zählen insbesondere:

- die Sicherung der Aktualität und Realitätsnähe der Daten und Informationen,
- der Schutz von Daten und Informationen einschließlich der Standards für Vertrauen,
- die Offenheit der Systeme für die Integrierbarkeit vielfältiger spezifischer Anwendungssysteme und
- die Beherrschung der Komplexität der Daten und Informationen.

In diesem Kapitel werden grundlegende Ansätze für das digitale LZM und insbesondere das Einbetten eines Produktdatenmanagements in eine digitale Produktion beschrieben.

Literatur

Arnold V, Dettmering H, Engel T, Karcher A (2011) Product Lifecycle Management beherrschen. Ein Anwenderhandbuch für den Mittelstand. Springer, Heidelberg

Eigner M, Stelzer R (2009) Product Lifecycle Management – Ein Leitfaden für Product Development und Life Cycle Management. Springer, Heidelberg

Feldhusen J, Gebhardt B (2008) Product Lifecycle Management für die Praxis. Ein Leitfaden zur modularen Einführung, Umsetzung und Anwendung. Springer, Berlin Heidelberg

Landherr M, Neumann M, Volkmann JW, Westkämper E, Bauernhansl T (2012) Individuelle Softwareunterstützung für jeden Ingenieur. Advanced Engineering Platform for Production. Z wirtsch Fabrikbetrieb (ZwF) 107:628–631

Scheer A-W, Boczanski M, Muth M, Schmitz W-G, Segelbacher U (2006) Prozessorientiertes product lifecycle management. Springer, Berlin

Westkämper E (2012) Engineering Apps. Eine Plattform für das Engineering in der Produktionstechnik. wt Werkstatttechnik online 102:718–722

15 Produktlebenszyklusmanagement

Engelbert Westkämper

Alle technischen Produkte haben eine begrenzte Lebensdauer, die mit der Produktkonzeption beginnt und mit der Verschrottung oder der Rückführung des Materials in den Werkstoffkreislauf endet (Feldhusen und Gebhardt 2008). Früher endete der Lebenslauf für die Hersteller mit dem Verkauf und der Auslieferung. Allenfalls Gewährleistungen oder ein zeitlich begrenzter und vertraglich vereinbarter Service und die Lieferung von Ersatzteilen waren die Bilanzgrenze der Zuständigkeiten der Hersteller. Die Gesetzgeber sehen seit einigen Jahren die Hersteller in einer Verantwortung für die Sicherheit der Produkte in der Nutzungsphase und für die Verringerung der Belastung der Umwelt. Hersteller wiederum nutzen die Anwendungsphasen für den technischen Service und für begleitende Dienste wie die Ausbildung der Betreiber oder Beratungsleistungen, um ihre Erlöse zu erhöhen und profitable neue Wertschöpfungen zu erschließen (Westkämper und Niemann 2009; Scheer et al. 2006).

Man kann drei Phasen im Produktlebenszyklus definieren: die Herstellung bis zur Übergabe an die Kunden, die Phase der Nutzung und die Phase des Recycling. Ziel eines ganzheitlichen, den Lebenslauf der Produkte überdeckenden Lebenszyklusmanagements ist die Maximierung des Nutzens im gesamten Lebenslauf. Produktdatenmanagementsysteme (PDM-Systeme) sind in ihrem Kern Informationssysteme für die innerbetriebliche Verwaltung und Bereitstellung von Produktdaten (Eigner und Stelzer 2009).

Dokumente und Informationen wurden früher vor allem für die Produktentwicklung und Produktion benötigt. Die Betriebsorganisation baute auf den standardisierten Unterlagen wie Zeichnungen, Stücklisten, Arbeitspläne und Arbeitsanweisungen sowie Prüfpläne und Prüfanweisungen auf. Es reichte deshalb, diese in sogenannten Engineering-Datenmanagementsystemen (EDM-Systemen) zu verwalten und bei Bedarf zur Verfügung

E. Westkämper (✉)
Fraunhofer IPA, IFF und GSaME, Fraunhofer-Gesellschaft und
Universität Stuttgart, Nobelstr. 12, 70569 Stuttgart, Deutschland
E-Mail: engelbert.westkaemper@ipa.fraunhofer.de

E. Westkämper et al. (Hrsg.), *Digitale Produktion*,
DOI 10.1007/978-3-642-20259-9_15, © Springer-Verlag Berlin Heidelberg 2013

zu stellen (Eigner und Stelzer 2009). Nur sicherheitsrelevante Teile wurden vollständig einschließlich der Prüfergebnisse und verwendeten Unterlagen dokumentiert, um ggf. auf Abweichungen bei Fehlfunktion zurückgreifen zu können. Steigende Variantenvielfalt und sinkende Produktstückzahlen ließen die Menge zu verwaltender Daten extrem ansteigen.

Reichte es früher, mit den Produkten eine umfassende Dokumentation und Betriebsanleitungen (in Papierform) auszuliefern, so entstand in der Produktion, der Administration und im Service ein hoher, aktueller Informationsbedarf überall dort, wo die Produkte gefertigt oder genutzt werden. Zeichnungen und andere Bauunterlagen entstanden durch Arbeiten in digitaler Umgebung und mit digitalen Werkzeugen. Zunächst standen hierbei die innerbetrieblichen Prozesse und deren Unterstützung durch digitale Produktdaten im Mittelpunkt. Für das interne Datenmanagement wurden EDM-Systeme eingesetzt, welche die Stücklisten- und Zeichnungsverwaltung unterstützten (VDI 2213). Mit der Diffusion von Systemen des Computer-Aided Design (CAD) kam die zentrale digitale Speicherung von CAD-Modellen hinzu. Schnittstellen-Software unterstützte die Anwendung verschiedener CAD-Systeme und damit die Transaktion von Engineering-Daten zu Entwicklungspartnern. Aus den EDM wurden PDM-Systeme als es gelang die CAD Modelle zu Produktmodellen zu skalieren. Dies ließ abermals die Menge an Daten und Informationen über jedes einzelne Produkt exponentiell steigen (Schack 2008).

PDM-Systeme wurden zunächst in der Luftfahrtindustrie eingesetzt, um die arbeitsteilige Entwicklung zu unterstützen. Sie gestatteten im Zusammenspiel mit 3D-CAD Systemen die Visualisierung komplexer Bauteile und Baugruppen bis hin zu ganzen Produkten. Standards in den Schnittstellen erlaubten die Verknüpfung von CAD-Systemen mit Berechnungs- und Analysesoftware (beispielsweise Systeme der Finite-Elemente-Methode (FEM)). Nahezu alle CAD-Systeme haben heute Schnittstellen zu analytischen und berechnenden Werkzeugen für die Auslegung der Produkte wie beispielsweise zur Optimierung von Statik und Dynamik (Bracht et al. 2011). Heute werden diese Systeme immer leistungsfähiger und können zur Unterstützung der Konstruktion von Betriebsmitteln und zur Planung der Prozesse in Fertigung und Montage verwendet werden. PDM-Systeme wurden durch LZM-Funktionen (Lebenszyklusmanagement-Funktionen) für die Gültigkeits- und Freigabe-Prozesse ergänzt (Scheer et al. 2006). Sie schufen die Basis für ein systematisches Management digitaler Produktdaten.

Den PDM-Systemen liegen Informationsmodelle zugrunde, welche eine Integration in die Workflows erst möglich machten (Schuh und Eversheim 2005). Die 3D-CAD-Technologien erlaubten eine vollständige digitale Repräsentation (digitales Mock-Up, digitales Produkt), welche die Systemintegration wirksam unterstützt. Die rechnerinterne Darstellung macht es prinzipiell möglich, Auswirkungen von Veränderungen wie beispielweise die Änderung eines konstruktiven Details über die gesamte Konstruktion nachzuvollziehen. Die in den Folgeprozessen eingesetzten CAx-Systeme wurden über standardisierte Schnittstellen integriert, so dass ein durchgängiger Datenfluss von der Konstruktion in die Fertigung erreicht werden konnte. Viele Unternehmen mussten dazu ihre konventionellen 2D-Systeme durch 3D-Systeme (3D CAx) ersetzen (Vajna et al. 2009). Erst wenige

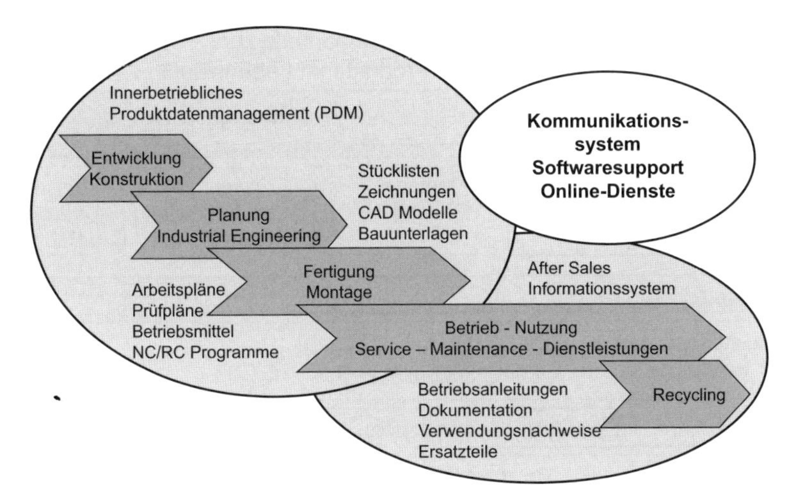

Abb. 15.1 Produktdatenmanagement für die Kernprozesse im Produktlebenszyklus

Unternehmen haben diese Umstellung komplett vollzogen. Heutige PDM Systeme basieren durchweg auf einer dreidimensionalen, rechnerinternen Darstellung der Produkte.

Abbildung 15.1 zeigt die wesentlichen Anwendungsbereiche von PDM-Systemen in den Prozessen der Produktentstehung. Sie werden zunehmend auf den After-Sales-Bereich ausgedehnt, um den Informationsbedarf in den Nutzungsphasen zu decken. Ferner sind Kommunikations- und Verwaltungsfunktionen Bestandteil der Systemfamilien. Heute hat sich der Funktionsumfang der PDM-Systeme wesentlich erhöht. Neben den Datenverwaltungsfunktionen verfügen die Systeme über Funktionen, welche unmittelbare Hilfen in den Arbeitsprozessen bieten. Dazu gehören Funktionen zur Unterstützung des Simultaneous Engineering zwischen Konstruktion und Planung sowie die Schnittstellen zur Anbindung von analytischen und berechnenden Werkzeugen (Gewicht, Festigkeit, Nachgiebigkeit, thermisches Verhalten unter Last etc.) aber auch Systeme zur Visualisierung in räumlicher Darstellung. PDM integriert die Werkzeuge der Entwicklung und Planung zu umfassenden Engineering-Systemen (Westkämper und Niemann 2009; Schuh und Eversheim 2005).

Derartige Systeme erlaubten auch die Anbindung proaktiver Methoden des Qualitätsmanagements oder des Life Cycle Assessments, mit denen in frühen Phasen bereits Aspekte der Produktnutzung einbezogen werden können. Die Anwendungsgrenzen von PDM verschoben sich infolgedessen sowohl nach vorn in die frühen Phasen als auch in die Produktionsvorbereitung und Produktion (Abb. 15.2). Aus der Dokumentation entwickelte sich ein Informationssystem für den After-Sales-Bereich (Product Support) (Arnold et al. 2011).

In der Folge dieser Veränderung der Bilanzgrenze entstanden neue Anforderungen an das Engineering, das auf das Verhalten der Produkte in der Nutzungsphase und auf die Recyclingfähigkeit ausgerichtet werden musste (Abb. 15.2). Ein umfassender technischer

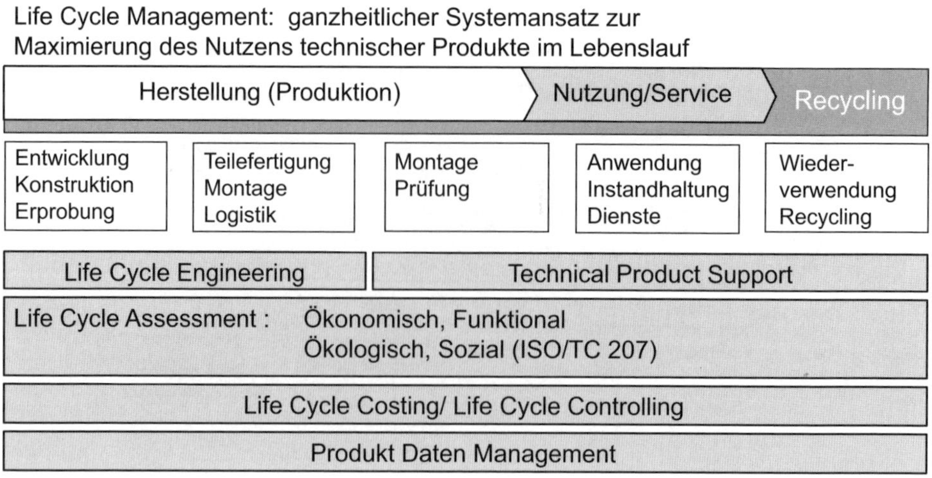

Life Cycle Management: ganzheitlicher Systemansatz zur
Maximierung des Nutzens technischer Produkte im Lebenslauf

Herstellung (Produktion) | Nutzung/Service | Recycling

Entwicklung
Konstruktion
Erprobung

Teilefertigung
Montage
Logistik

Montage
Prüfung

Anwendung
Instandhaltung
Dienste

Wieder-
verwendung
Recycling

Life Cycle Engineering | Technical Product Support

Life Cycle Assessment : Ökonomisch, Funktional
Ökologisch, Sozial (ISO/TC 207)

Life Cycle Costing/ Life Cycle Controlling

Produkt Daten Management

Abb. 15.2 Aufgaben des Lebenszyklusmanagements

Support am Ort der Nutzung schuf neue Tätigkeitsfelder für Ingenieure und Techniker, für das eine hohe Erfahrung in der Nutzung der Produkte benötigt wird.

Arbeiten mit 3D-CAx erlaubt die Anbindung weiterer innerbetrieblicher Anwendungen mit einem hohen Integrationsgrad in der Fertigung und Montage. Dazu gehören die Bereiche der Betriebsmittelkonstruktion ebenso wie die Anwendung von VR-Techniken im Zuge eines Rapid Prototyping. Ferner lassen sich kinematische Funktionen integrieren, die für Kollisionsuntersuchungen oder die Programmierung von Maschinen in der Automatisierungstechnik benötigt werden wie beispielsweise die NC-Programmierung oder die Roboter-Programmierung. Außerdem unterstützen räumliche Darstellungen Aufgaben in der Konstruktion von labilen Elementen (Kabel, Schläuche etc.). In der Produktion kamen Anwendungen in der ergonomischen Gestaltung und Optimierung von Arbeitsplätzen hinzu (Kühn 2006).

Der Einsatz von proaktiven Methoden, die in den Klassen des Life Cycle Assessments und in den Methoden der Kostenkalkulation bzw. des Controlling zusammengefasst werden können, erzeugte neuen darüber hinausgehenden Informationsbedarf entlang des Lebenslaufes jedes Produktes.

Zur Unterstützung des Managements technischer Produkte werden heute Systeme angeboten, die weit über die Stücklisten und die Dokumentation der Produkte hinausgehen sondern alle Daten und Informationen zu einem einzelnen Produkt in digitaler Form für die diversen Anwendungen zur Verfügung stellen. PDM – Systeme sind deshalb der Backbone der Informationssysteme im Produktlebenszyklusmanagement. Sie haben dazu beigetragen, die Paradigmen des LZM zu erweitern und produktbegleitende Dienste bis bin zum online-Betrieb zu ermöglichen (Westkämper 2008).

Paradigmen des Life Cycle Management

- Produkte verbleiben im Netzwerk der Hersteller
- Nutzung des Internet/Intranet
- Ubiquitous Computing
- Verteilte Informationen und Daten - Sentient Computing
- Online Monitoring
- Betreibermodelle – Verkauf von Nutzung

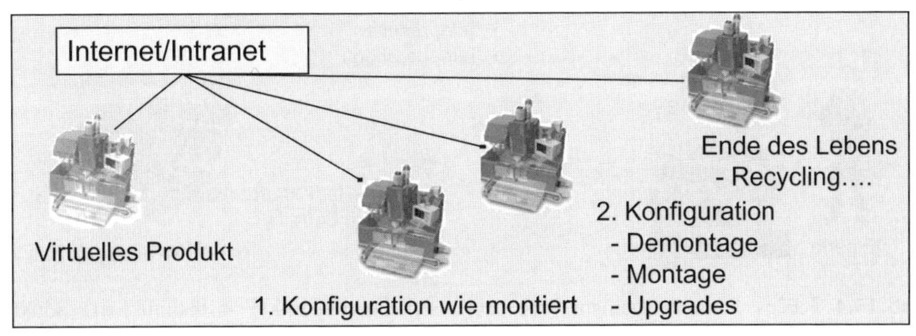

Abb. 15.3 Veränderung von Paradigmen im Lebenszyklusmanagement

15.1 Paradigmen des Lebenszyklusmanagements

Eine grundlegende Veränderung des Lebenszyklusmanagements (LZM) entsteht durch die Zugriffsmöglichkeit auf Produktdaten im gesamten Produktlebenszyklus mit Hilfe moderner Kommunikationstechniken. Produkte verbleiben sozusagen im Netzwerk der Hersteller und können jederzeit und an jedem Ort mit Informationen aus den Herstellprozessen verknüpft werden. Das Internet/Intranet schafft eine Form des Ubiquitous Computing (Kapitel 21) mit räumlich verteilten oder lokalen Informationen, die zum Zwecke der Betriebs- und Nutzungsunterstützung einsetzbar sind (Lucke und Constantinescu 2010). Techniker greifen mit mobilen Computern auf die Produktdaten zu und sind auf diese Weise in der Lage, detaillierte Informationen am Ort der Nutzung abzurufen. Auf diese Weise können sie ihre Effizienz zum Vorteil des Betreibers steigern und zusätzliche Dienste bis hin zu Betreibermodellen leisten. Die folgende Abbildung (Abb. 15.3) zeigt schematisch die Veränderungen, die durch die globale Verfügbarkeit von Daten zu Produkten entstehen (Westkämper 2012; Landherr et al. 2012).

Allerdings müssen Unternehmen berücksichtigen, dass die Lebensdauer der Produktdaten so lang ist, wie die Produkte genutzt und Informationen für ihre Nutzung benötigt werden. Es empfiehlt sich, die rechnerinternen Produktdaten von vornherein auf 3D-CAD und langfristige Lebensdauern abzustimmen, da nur dann die durchgängige Integration langfristig möglich ist. Da viele Produkte selbst über integrierte Rechner verfügen, kann die informationstechnische Verknüpfung unmittelbar mit dem jeweiligen Gerät erfolgen. Reale Objekte werden somit zum integralen Bestandteil des Systems Produktion, welches

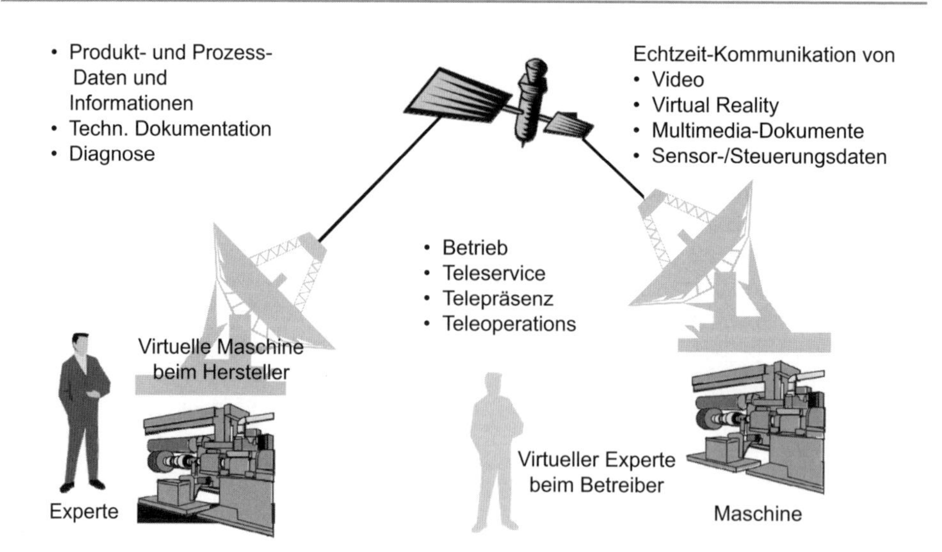

Abb. 15.4 Lebenszyklusmanagement verbindet Hersteller und Betreiber von technischen Produkten

Funktionen des Monitoring und Upgrading der Steuerungen unterstützt. In ferner Zukunft wird es dadurch möglich, zu einem Remote-Betrieb zu gelangen, der die Kompetenzen von Herstellern zur Optimierung der Anwendungen nutzt.

15.2 Virtuelle Maschine – Virtueller Experte

Sehr früh erkannten die Unternehmen, dass sie die innerbetrieblichen Daten auch für außerbetriebliche Prozesse verwenden können. Es ist das Ziel, vor allem auch den Vertrieb durch Konfigurationssysteme und den Service durch Informations- und Dokumentationssysteme anzubinden, damit in jedem Prozess allen Beteiligen und an allen Arbeitsplätze aktuelle, das spezifische Produkt betreffende Informationen (Teilelisten, Zeichnungen, CAD-Modelle und weitere produktspezifischen Daten), wo auch immer benötigt, zugänglich sind (Schenk et al. 2010; Helbing et al. 2010; Westkämper 2009). Die Produkte können als virtuelle Produkte digital abgebildet werden und mit Informationen zu ihrem Zustand ergänzt werden.

Durch den Zugriff auf die Produkte in der Nutzungsphase erhalten die Hersteller die Möglichkeit, den Betreibern unmittelbare Hilfestellungen vor Ort zu geben (Abb. 15.4). Dies betrifft im Wesentlichen die Unterstützung bei Defekten und Fehlern sowie Beratung in der Einstellung von Parametern. Von besonderem Interesse sind dabei Fehlerdaten und deren Ursachen. Diese lassen sich systematisch gewinnen und aufbereiten.

Die Hersteller stehen den Betreibern darüber hinaus auch mit anderen Medien zu Verfügung. Dazu gehört auch die Verwendung von Audio und Videotechniken wie die folgende Abbildung (Abb. 15.5) zeigt.

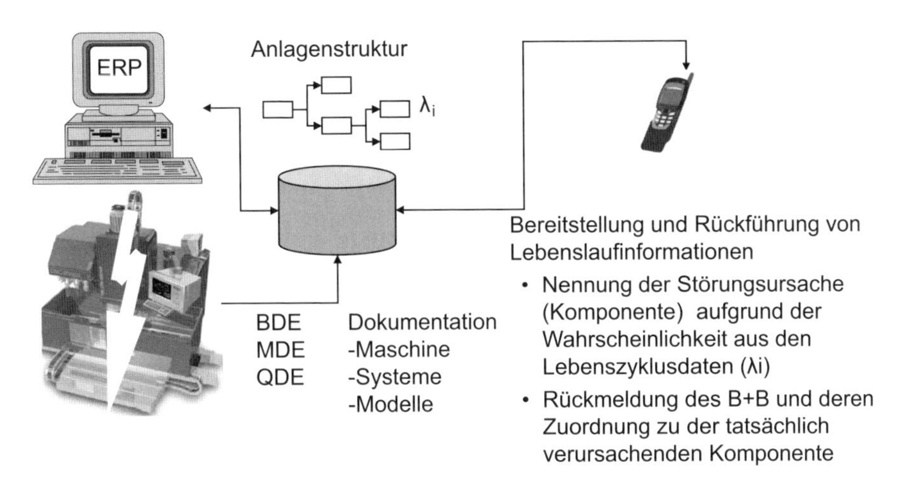

Abb. 15.5 Rückführung von Lebenslaufdaten und Aufbau von Historien zu Nutzung

Aus den Maschinen und Anlagen lassen sich Betriebs-, Maschinen- und Qualitätsdaten zurückführen, die es gestatten zu jedem Produkt Expertenwissen zu archivieren und zu analysieren. Felddaten helfen dem Hersteller zur Gewinnung von Verbesserungen und geben dem Betreiber die Möglichkeit der Verwendung spezifischer Kenntnisse. Ferner schaffen sie die Grundlage für erweiterte Geschäftsmodelle im Lebenszyklus (Lucke et al. 2008).

Die zunächst auf die innerbetrieblichen Prozesse ausgerichteten PDM-Systeme werden so um den Informations- und Wissenssupport für die After-Sales-Operationen ergänzt. Sie entwickeln sich damit zu PLM-Systemen mit Funktionen für den Service und sonstigen Diensten. Dahinter liegt die Vision einer Repräsentation der Produkte in der Anwendung in virtueller Form beim Hersteller (virtuelle Maschine). Der Anwender kann auf das Wissen der Hersteller zurückgreifen und erhält damit eine Unterstützung durch den Hersteller (Virtueller Experte). Eine schnelle Datenübertragung ist eine Voraussetzung für diese Integration. Große OEMs haben bereits PLM-Systeme für ihre Produkte im Einsatz und können die Möglichkeiten verteilter Informationssysteme im Vertrieb und Service nutzen.

Hiervon kann gerade der Mittelstand Vorteile gewinnen. Gerade dieser Bereich ist stark durch Kooperationen in der Produktentwicklung und in der Produktion geprägt.

Die hohe Bedeutung der Produktdaten in ihrem Lebenslauf und die erkennbaren Potentiale der Anwendung von PLM macht die Installation in allen Betrieben und insbesondere im Maschinenbau mit seinen mittelständischen Strukturen zwingend erforderlich. Allerdings gibt es hier einige Besonderheiten, die dieses Anwendungsfeld von dem der Massengüter unterscheiden. Nahezu jedes Investitionsgut ist zweckgebunden und vielfach auf spezifische Anwendungen zugeschnitten. Auch nach Auftragserteilung folgen konstruktive Veränderungen, die erst mit der Abnahme eingefroren werden. Dies trifft insbesondere auf Produkte zu, die zur Herstellung benötigt werden. Bei der Nutzung tre-

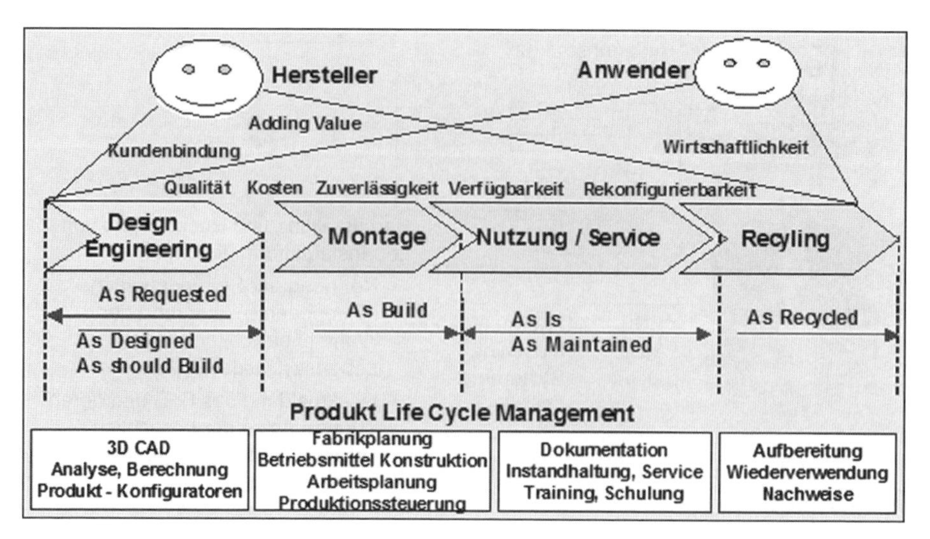

Abb. 15.6 Kopplung von Herstellung und Anwendung im Lebenszyklusmanagement

ten Veränderungen infolge von Abnutzung und Verschleiß auf. Ferner werden Anlagen umgebaut oder anders als geplant genutzt. Reparatur und Umbau verändern folglich den Zustand (Abb. 15.6).

An derartige Konzepte lassen sich noch weitere Geräte (Sensoren) anschließen, die der Informationsgewinnung und Bereitstellung von Umgebungsbedingungen dienen (Lucke und Constantinescu 2011).

Die Unterstützung der Servicefunktionen und Dienste ist ein zentrales Anliegen des Informationssystems im Produktlebenszyklus. Die Verfügbarkeit aktueller und verlässlicher Daten macht die Anwendung vieler produktbegleitender Dienste erst möglich. Dabei ist es von entscheidender Bedeutung, dass die Produktdaten und Zustandsinformationen den tatsächlichen Gegebenheiten entsprechen. Die Ankopplung von Sensoren und Steuerungen ist technisch nur möglich, wenn die auf diesem Wege gewonnenen Onlinedaten verdichtet werden. Lösungen zur Mustererkennung und intelligenten Signalanalytik stehen dazu prinzipiell zur Verfügung.

Auf längere Sicht sind Onlineservices denkbar, die automatisch auf Ereignisse reagieren oder Workflows aktivieren. Abb. 15.7 zeigt derartige Entwicklungslinien, die mit Systemen des PDM unterstützt und zu einem integrierten LZM ausgebaut werden können. Zunächst geht es um die Unterstützung manueller Dienste für Techniker in Servicezentren, Werkstätten oder vor Ort. Durch eine Anknüpfung an die Steuerungen und Sensoren im Umfeld wird es möglich, elektronische Dienste wie Diagnosen oder Parametereinstellungen über das Netz zu beziehen. Zu diesen Diensten können auch Aufgaben gehören, die aus der Ferne erbracht werden können wie beispielsweise die Programmierung oder die Kalibrierung von Anlagen. Langfristig lassen sich bestimmte Dienste auch automatisch erbringen. Dazu zählt zum Beispiel das Optimieren von Prozessen. Zu den Diensten gehören auch Planungsaufgaben für die Umnutzung oder die Umrüstung, die in Kenntnis

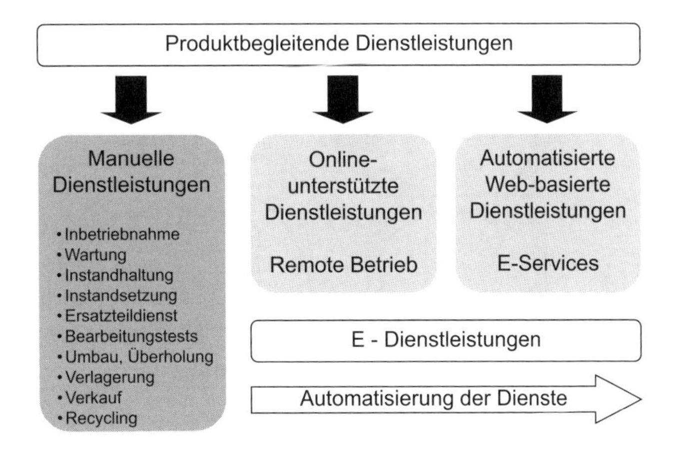

Abb. 15.7 Unterstützung produktbegleitender Dienstleistungen

der Produktionsaufgaben in virtueller Umgebung erbracht werden können (Lucke und Constantinescu 2011).

In der Produktionstechnik zeigt sich eine langfristige Perspektive, die mit dem Einsatz von PDM beginnt und die zu einem integrierten LZM führt.

Ein kritischer Erfolgsfaktor für eine derartige cyber-physische Architektur (Industrie 4.0) ist die Herstellung eines hohen Sicherheitsstandards gegen:

- unbefugten Zugriff auf Daten und Knowhow
- gezielte Störungen
- Eingriff in Prozesse mit der Folge von Störungen

Umfassende IT-Systeme im LZM bedürfen deshalb hoher Sicherheitsstandards (Westkämper 2012).

15.3 Gesamtkonzept des IT gestützten Lebenszyklusmanagements

Die Funktionsumfänge von PDM-Systemen haben sich drastisch erweitern lassen. Standards in der rechnerinternen Produktdarstellung erlauben eine flexible Anbindung verschiedenartigster Anwendungen und ein Arbeiten in produktspezifischen Workflows. Abb. 15.8 zeigt die gesamte Struktur eines integrierten LZM. Das Gesamtkonzept hebt auf eine Bereitstellung produktbezogener Informationen im Lebenszyklus technischer Produkte ab. Zentrales Element des Konzepts ist ein Daten- und Informationsspeicher, auf den über ein Kommunikationssystem jederzeit zugegriffen werden kann. Föderationsprinzipien lassen eine aufgabenspezifische Zusammenführung der notwendigen Informationen zu und gewährleisten die erforderliche Sicherheit. Standardisierte Schnittstellen ermöglichen den Anwendungssystemen die Transformation der Daten und erlauben die systematische Weiterverarbeitung in den Workflows.

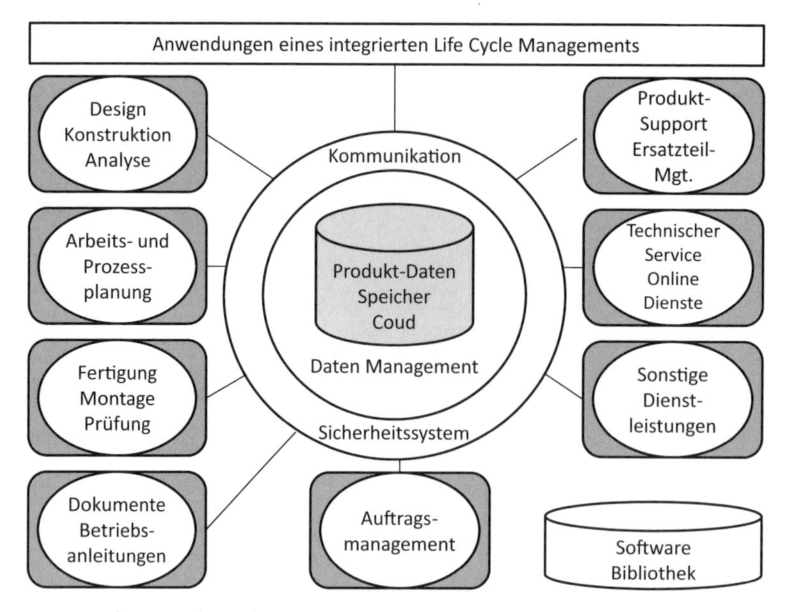

Abb. 15.8 Anwendungs-Rahmenkonzept eines integrierten Lebenszyklusmanagement-Systems

An dieses Konzept sind die After-Sales-Prozesse mit ihren spezifischen Anwendungen integrierbar. Das Kommunikationssystem verknüpft die digitalen Produktdaten mit den realen Produkten. Die Nutzer beziehen nicht nur die Daten und Informationen über das Kommunikationsnetzwerk sondern auch ihre Anwendungssystemen (Software as a Service (SaaS)). Dazu werden systemverträgliche Softwarebausteine in einer eigenen Softwarebibliothek gehalten.

Die Einführung von integrierten LZM-Konzepten verlangt eine langfristige Perspektive in den Datenstandards. Unternehmen müssen deshalb diese Standards sorgfältig planen und dabei berücksichtigen, dass nicht aktuelle Anwendungen in Sackgassen führen. In Bezug auf die Endgeräte bestimmen elektronische Standards die Integrationsfähigkeit. Die Kommunikationssysteme verfügen bereits über zahlreiche technische Standards, die bereits eine hohe Offenheit besitzen. Die Anwendungssysteme dagegen befinden sich in einem permanenten Innovationsprozess. Deshalb sollten Systemarchitekturen insgesamt offen sein, aber auf Standards bei den langlebigen Produktinformationen aufsetzten.

Literatur

Arnold V, Dettmering H, Engel T, Karcher A (2011) Product Lifecycle Management beherrschen. Ein Anwenderhandbuch für den Mittelstand. Springer, Berlin

Bracht U, Wenzel S, Geckler D (2011) Digitale Fabrik. Methoden und Praxisbeispiele. Springer, Berlin

Eigner M, Stelzer R (2009) Product Lifecycle Management. Ein Leitfaden für Product Development und Life Cycle Management. Springer, Berlin

Feldhusen J, Gebhardt B (2008) Product Lifecycle Management für die Praxis. Ein Leitfaden zur modularen Einführung, Umsetzung und Anwendung. Springer, Berlin

Helbing K, Mund H, Reichel M (2010) Handbuch Fabrikprojektierung. Mit 331 Tabellen. Springer, Berlin

Kirschner KN, Arnold A, Maaß A (2010) Reliable pathways toward multiscale modelling. Euro Res Consort Inform Math 81:22–23

Kühn W (2006) Digitale Fabrik. Fabriksimulation für Produktionsplaner. Hanser, München

Landherr M, Neumann M, Volkmann JW, Westkämper E, Bauernhansl T (2012) Individuelle Softwareunterstützung für jeden Ingenieur. Advanced Engineering Platform for Production. ZWF Zeitschrift für wirtschaftlichen Fabrikbetrieb 107:628–631

Lucke D, Constantinescu C (2010) Smart factory data model: foundation of context-aware applications for manufacturing. Proceedings of CIRP ICME. Italien

Lucke D, Constantinescu C (2011) Anwendungen zur Kontextdatenerfassung: Bausteine für kontextbezogene Anwendungen in der Smart Factory. wt Werkstattstechnik online 101:158–161

Lucke D, Constantinescu C, Westkämper E (2008) Smart factory – a step towards the next generation of manufacturing. Manufacturing Systems and Technologies for the New Frontier: The 41st CIRP Conference on Manufacturing Systems. London

Schack R (2008) Methodik zur bewertungsorientierten Skalierung der Digitalen Fabrik. Utz, München

Scheer AW, Boczanski M, Muth M, Schmitz WG, Segelbacher U (2006) Prozessorientiertes product lifecycle management. Springer, Berlin

Schenk M, Wirth S, Müller E (2010) Factory planning manual. Situation-driven production facility planning. Springer, Berlin

Schuh G, Eversheim W (2005) Integrierte Produkt- und Prozessgestaltung. Springer, Berlin

Vajna S, Bley H, Weber C, Zeman K (2009) CAx für Ingenieure. Eine praxisbezogene Einführung. Springer, Berlin

VDI-Richtlinie 2219 Informationsverarbeitung in der Produktentwicklung – Einführung und Wirtschaftlichkeit von EDM/PDM-Systemen. Beuth, Berlin

Westkämper E (2008) Digitales Engineering von Fabriken und Prozessen. Stuttgarter Impulse – Fertigungstechnik für die Zukunft. Stuttgart

Westkämper E (2009) Wandlungsfähige Organisation und Fertigung in dynamischen Umfeld. In: Bullinger HJ, Spath D, Warnecke HJ, Westkämper E (Hrsg) Handbuch Unternehmensorganisation. Strategien, Planung, Umsetzung. Springer, Berlin

Westkämper E (2012) Engineering Apps. Eine Plattform für das Engineering in der Produktionstechnik. wt Werkstattstechnik online 102:718–722

Westkämper E, Niemann J (2009) Digitale Produktion – Herausforderungen und Nutzen. In: Bullinger HJ, Spath D, Warnecke HJ, Westkämper E (Hrsg) Handbuch Unternehmensorganisation. Strategien, Planung, Umsetzung. Springer, Berlin

Fabriklebenszyklusmanagement 16

Martin Landherr, Michael Neumann, Johannes Volkmann,
Jens Jäger, Andreas Kluth, Dominik Lucke,
Omar-Abdul Rahman, Günther Riexinger und
Carmen Constantinescu

Das Ziel einer schnellen Adaption von Produktionssystemen an die Erfordernisse der Produkte und Märkte in turbulenter Umgebung wird bei gleichzeitiger Nutzung neuer Technologien durch das Engineering der Produktion unterstützt. Die Planung und Optimierung von Fabriken, Fabrikstandorten, Prozessen, Maschinen, Einrichtungen und der betrieblichen Organisation stehen dabei im Mittelpunkt dieser Entwicklung. Nach dem

M. Landherr (✉) · M. Neumann
GSaME, Universität Stuttgart, Nobelstr. 12, 70569 Stuttgart, Deutschland
E-Mail: martin.landherr@gsame.uni-stuttgart.de

M. Neumann
E-Mail: michael.neumann@gsame.uni-stuttgart.de

J. Volkmann · J. Jäger · A. Kluth · D. Lucke · O. Abdul-Rahman · G. Riexinger
Fraunhofer IPA, Fraunhofer-Gesellschaft, Nobelstr. 12, 70569 Stuttgart, Deutschland
E-Mail: johannes.volkmann@ipa.fraunhofer.de

J. Jäger
E-Mail: jens.jaeger@ipa.fraunhofer.de

A. Kluth
E-Mail: andreas.kluth@ipa.fraunhofer.de

D. Lucke
E-Mail: dominik.lucke@ipa.fraunhofer.de

A.-R. Omar
E-Mail: omar.abdul-rahman@ipa.fraunhofer.de

G. Riexinger
E-Mail: guenther.riexinger@ipa.fraunhofer.de

C. Constantinescu
Fraunhofer IAO, Fraunhofer-Gesellschaft, Nobelstr. 12, 70569 Stuttgart, Deutschland
E-Mail: carmen.constantinescu@iao.fraunhofer.de

E. Westkämper et al. (Hrsg.), *Digitale Produktion*,
DOI 10.1007/978-3-642-20259-9_16, © Springer-Verlag Berlin Heidelberg 2013

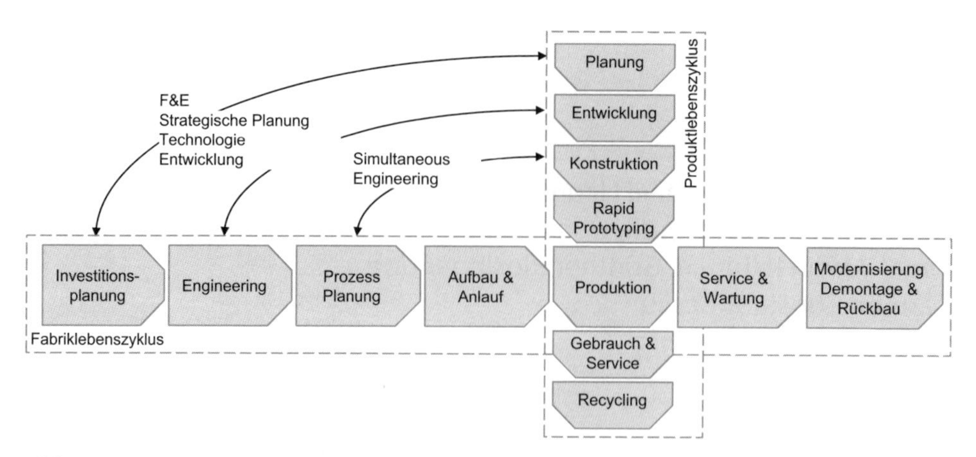

Abb. 16.1 Der Produkt- und Fabriklebenszyklus. (Westkämper 2008a)

industriellen Paradigma „Fabrik ist ein Produkt" wird diese als komplexer soziotechnischer Produkttyp aufgefasst, der ständig angepasst werden muss (Westkämper 2006a). Um diese Anpassungsfähigkeit zu gewährleisten, stellt das Industrial Engineering mit seinen integrierten Basismethoden wie zum Beispiel MTM, Wertstromdesign und Nutzwertanalyse, methodische Ansätze zur Verfügung. Um ein Höchstmaß an Wandlungsfähigkeit zu erzielen, werden diese Methoden im advanced Industrial Engineering (aIE) um digitale Engineering-Systeme erweitert. Das traditionelle Lebenszyklusmanagement mit dem Produkt im Mittelpunkt kann schließlich auf die Fabrik als Produkt übertragen werden. Um diese Übertragung darzustellen wird der Begriff Fabriklebenszyklusmanagement (FLM) eingeführt.

Aufbauend auf einem definierten Fabriklebenszyklus (FLZ) wird neben dem Datenaustausch die Kommunikation innerhalb dieses FLZ betrachtet. Als Referenzmodell wird der nachhaltige Produkt- und Fabriklebenszyklus gewählt, der am Institut für industrielle Fertigung und Fabrikbetrieb (IFF) entwickelt wird (Abb. 16.1).

Dazu wird einer Fabrik in Analogie zum Produkt ein strukturiertes Phasenmodell hinterlegt. Kennzeichnendes Merkmal dieses Referenzmodells ist das Anstreben einer Harmonisierung der Fabriklebenszyklusphasen mit den Phasen des Produktlebenszyklus (Constantinescu et al. 2006). Auf Grundlage dieses FLZ finden die Forschungs- und Entwicklungsarbeiten statt. Die Ergebnisse der Forschungen werden in den folgenden Abschnitten dargestellt.

16.1 Definitionen, Sichtweisen, Ausprägungen

Fabriken sind Produkte in Form langlebiger, komplexer, soziotechnischer Systemen (Westkämper und Zahn 2009). Auf diesem Paradigma gründet die Übertragung des Konzepts des Produktlebenszyklus (Herrmann 2010) auf die Fabrikwelt. Entsprechend der Untertei-

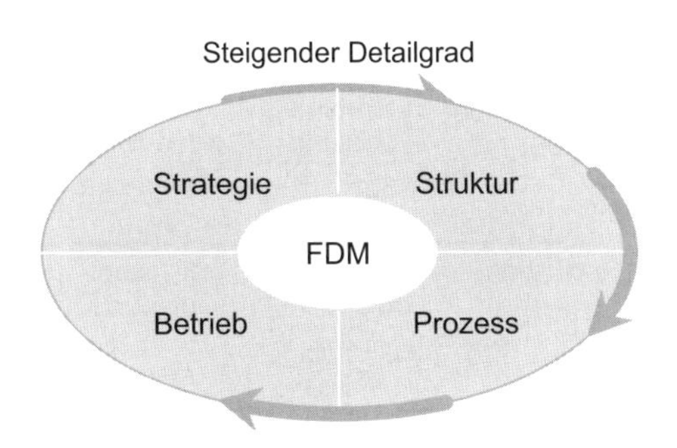

Abb. 16.2 Kategorien des FLZ. (Westkämper 2008b)

lung des Produktlebenszyklus wird auch der Fabriklebenszyklus (FLZ) in einzelne Phasen gegliedert (Eigner und Stelzer 2009).

Vor der Phaseneinteilung erfolgt eine Grobeinteilung, um eine erste Übersicht zu gewinnen. Als Kategorien werden *Strategie*, *Struktur*, *Prozess* und *Betrieb* (Abb. 16.2) definiert. Diese Unterteilung entsteht aus den in den jeweiligen Bereichen verwendeten Daten. Von der Kategorie *Strategie* ausgehend werden die vorhandenen Daten und Informationen entlang des Planungszyklus verfeinert, also ihr Detailgrad erhöht. Wie in Kapitel 12 beschrieben decken die Kategorien *Strategie*, *Struktur* und *Prozess* den Bereich digitale Fabrik (VDI 4499-1), die Kategorie *Betrieb* deckt den Bereich digitaler Fabrikbetrieb (VDI 4499-2) ab.

Das weiter detaillierte Modell mit den einzelnen Phasen des FLZ wird in der Literatur in verschiedenen Ausbaustufen dargestellt. Dabei wird es nicht immer als FLM bezeichnet. Sofern bei der verwendeten Literatur die Aufteilung anders ist, wird als Vergleichsbasis der als Fabrikplanung bezeichnete Teil herangezogen (VDI 5200-1). Eine Übersicht über die bestehenden Definitionen ist als Abb. 16.3 eingefügt. Sie stellt den Versuch dar, eine Einordnung der zum Teil sehr heterogenen Sichtweisen zu schaffen. Es wird zum einen eine Einordnung in die beschriebenen Kategorien des FLZ vorgenommen und zum anderen auf die zentralen Perspektiven hingewiesen ob sie das Planungsprojekt in den Mittelpunkt stellt, die Fabrik als System betrachtet oder tatsächlich den Lebenszyklus der Fabrik in das Zentrum der Betrachtung rückt.

Alle im Folgenden genannten Ansätze legen den Fokus klar auf die Planungsseite. Daher wird im Allgemeinen von Fabrikplanung gesprochen. Dieser Begriff wurde mit seinen Implikationen von Westkämper eingeführt (Westkämper 2008b) und wird im Rahmen dieses Buchs ergänzt. Um die zunehmende Bedeutung des Umgangs mit der Anlage am Ende ihrer Betriebszeit zu adressieren wird der FLZ nach Westkämper um die Phase Rückbau erweitert. So lässt sich die zentrale Kernaussage treffen, dass als FLM die umfassende Betrachtung von Fabriken bezeichnet wird. Die Berücksichtigung der Gesamtheit aller relevanten Phasen ist zentraler Gegenstand des FLMs.

Schmigalla konzentriert sich in seinen Ausführungen auf die Planungsseite. Seine Abdeckung des FLZ beginnt mit einer ausführlichen Behandlung der Planungsphasen in den Kategorien *Strategie*, *Struktur* und *Prozess*, endet jedoch bereits mit der als Ausführungs-

	Strategie	Struktur	Prozess	Betrieb
Westkämper (2008) *FLP*	Strategie, Leistung; Standort, Netzwerk	Gebäude, Medien; Logistik, Layout	Prozesse; Anlagen	Ramp-Up; Fabrikbetrieb; Instandhaltung
VDI 5200 (2009) *PP*	Zielfestlegung; Grundlagenermittlung	Konzeptplanung; Detailplanung	Realisierungsvorbereitung	Realisierungsüberwachung; Hochlaufbetreuung
Wiendahl (2009) *PP*	Zielfestlegung und Grundlagenermittlung	Konzeptplanung; Detailplanung	Realisierungsvorbereitung	Hochlaufbetreuung; Realisierungsüberwachung
Schmigalla (1995) *PP*	Zielplanung	Projektstudie; Ausführungsplanung		
Schenk, Wirth (2010) *FLP*	Systemplanung	Systemkonfiguration	Systemanpassung	Systembetrieb; Recycling; Entsorgung
Pawellek (2008) *FLP*	Strategieplanung	Strukturplanung; Ausführungsplanung	Systemplanung	Inbetriebnahme
Kettner (1984) *PP*	Zielplanung; Vorarbeiten	Grobplanung; Ausführungsplanung	Feinplanung	Ausführung
Helbing (2010) *PP + SP*	Projektvorleistungen; Projektstudie	Vorprojekt; Entwurfs-, Grobprojekt; Feinprojekt	Ausführungsprojekt	Realisierung; Systemanlauf- und Systembereitschaftsprojekt; Projektabschluss
Grundig (2009) *PP*	Zielplanung; Vorplanung	Grobplanung; Ausführungsplanung	Feinplanung	Ausführung; Inbetriebnahme
Felix (1998) *PP*	Zielplanung; Vorarbeiten	Konzeptplanung; Projektplanung; Ausschreibung/Vergabe		Bewirtschaftung; Realisierung; Analyse; Inbetriebnahme
Aggteleky (1987) *PP*	Zielplanung; Zielentscheidung	Konzeptplanung; Entscheidung; Ausführungsplanung		Inbetriebnahme

Legende: PP – Planungsperspektive SP – Systemperspektive
FLP – Fabriklebenszyklusperspektive

Abb. 16.3 Übersicht über Sichtweisen einer Fabrik und deren Einordnung in Kategorien des FLZ

planung bezeichneten Phase, die mit der Inbetriebnahme endet und somit die Kategorie *Betrieb* in kleinen Teilen anreißt (Schmigalla 1995). Ähnlich ist die Behandlung des FLZ bei Kettner. Die Planungsaufgaben werden von der Strategie bis zum Prozess im Detail betrachtet. Übersichtsweise wird auch der Betrieb eingeordnet, eine detaillierte Analyse des Betriebs und somit ein Schließen des Kreislaufs, um zu einem FLZ zu kommen, gibt es nicht (Kettner et al. 1984). Aggteleki behandelt die Kategorien *Strategie* und *Struktur* sehr detailliert, bricht sie in viele Phasen auf und betrachtet diese im Detail (Aggteleky 1987). Wie bei Schmigalla und Kettner (Schmigalla 1995; Kettner 1984) endet die Abhandlung mit der als Ausführungsplanung bezeichneten Phase und damit mit der Inbetriebnahme der geplanten Fabrik. Wiendahl vereint die Produktionsplanung und die Objektplanung zur synergetischen Fabrikplanung. Diese deckt die Planungsphasen und die Umsetzung ab. Die letzte Phase der synergetischen Fabrikplanung ist die Inbetriebnahme. Der Fabrikbetrieb und die späten Phasen des FLZ wie der Rückbau werden nicht betrachtet (Wiendahl et al. 2009). Helbing führt die projektorientierte Fabrikplanung ein. Gegenstand der Fabrikprojektierung ist die Fabrik als Wirkungsstätte der Produktion. Behandelt wird die projektierte Fabrikplanung in Ebenen, von der Gesamtfabrikprojektierung bis zur Fabriksystemprojektierung. Die projektierte Fabrikplanung ist ihrerseits in sechs Phasen gegliedert, welche von der Projektentwicklungsplanung bis zur Systembetriebserstplanung, also der Inbetriebnahme reichen (Helbing 2010). Schenk, Wirth und Müller decken mit der Fabrikplanung die Bereiche von der Projektdefinition über die Projektentwicklung bis zur Projektimplementierung ab. Es wird der Betrieb wie auch der Rückbau und das Recycling betrachtet (Schenk et al. 2010). Pawellek wie auch Grundig betrachten in ihren Ansätzen die Kategorien der Strategie-, Prozess- und Strukturplanung ausführlich. Beide schließen die logistische Planung ein. Die Fabrikplanung endet jeweils mit der Inbetriebnahme, wobei der Fabrikbetrieb nicht enthalten ist (Pawellek 2008; Grundig 2009).

16.2 Ziele

Das ganzheitliche FLM dient der Sicherung eines nachhaltigen Unternehmenserfolgs. Die umfassende Betrachtung einer Fabrik über den gesamten Lebenszyklus hinweg hat die Funktion bereits in frühen Phasen der Fabrikplanung die ökonomischen Auswirkungen von Entscheidungen in späteren Phasen zu berücksichtigen. Es wird angestrebt, neue Potentiale hinsichtlich der Kostenoptimierung von Fabriken zu schaffen und auszuschöpfen. Auch wenn dies zu Beginn eines Planungs- oder Optimierungsprojekts mehr Aufwand bedeutet, hat das bereits etablierte Produktlebenszyklusmanagement gezeigt, dass es zu deutlichen Kosteneinsparungen sowohl für den Anbieter als auch für den Verbraucher führen kann (Feldhusen und Gebhardt 2008). Eine Betrachtung der Verursachung und Entstehung von Kosten während des gesamten Lebenszyklus einer Fabrik zielt auf deren Vorhersage und Vermeidung ab. Im Ganzen soll dieser Zielaspekt helfen, die Fabrik im technischen und wirtschaftlichen Optimum betreiben zu können (Aldinger et al. 2006; Westkämper 2008a).

Da es sich bei Fabriken um hochkomplexe und langlebige Systeme handelt, ist diese Betrachtung mit allen Auswirkungen einzelner Entscheidungen und Optimierungsmöglichkeiten schwierig. Das FLM ist ein Ansatz, diese Komplexität zu reduzieren und damit beherrschbar zu machen. Da sich heutige Fabriken im globalen Wettkampf in einem zunehmend turbulenten Umfeld befinden (Westkämper und Zahn 2009), verfolgt das FLM mit der Steigerung der Wandlungsfähigkeit ein weiteres bedeutendes Ziel. Durch die frühzeitige Beachtung von Wandlungsfähigkeitsaspekten im FLZ soll die Fähigkeit der Fabriken vorangetrieben werden, auf vorhersehbare und unvorhersehbare Turbulenzen reagieren zu können.

Doch spielen nicht nur monetäre Gründe bei der Zieldefinition des FLMs eine Rolle. Auch ökologische und soziale Aspekte sollen unterstützt werden. Eine Fabrik hat während ihres Lebenszyklus großen Einfluss auf das ökologische Umfeld, was in vielen Fällen durch vorbeugende Maßnahmen positiv beeinflusst werden kann. In Zeiten der Urbanisierung ist dieser Einfluss auch immer von gesellschaftlichen bzw. sozialen Aspekten begleitet. Das öffentliche Ansehen einer Fabrik gewinnt zunehmend an Bedeutung. Daher versucht das ganzheitliche FLM durch die ganzheitliche Betrachtung, den Menschen innerhalb und außerhalb der Fabrik mit einzubeziehen und ihn bereits frühzeitig zu berücksichtigen.

16.3 Konzept des ganzheitlichen Fabriklebenszyklusmanagements

Der entwickelte Lösungsansatz besteht aus zwei Teilen. Der erste Teil ist ein Referenzmodell für den FLZ, mit dessen Instanziierungen die einzelnen Phasen unter Berücksichtigung der komplexen Wechselbeziehungen generisch abbildbar werden. Ergänzend wird ein Referenzmodell für das Fabrikdatenmanagement entwickelt. Dabei liegt der Fokus auf der verlustfreien Datenkommunikation zwischen Systemen und digitalen Werkzeugen des Industrial Engineering mit dem Ziel einer Reduzierung redundanter Datenbestände. Dadurch wird die anwendungsgerechte Versorgung mit aktuellen Daten sichergestellt.

16.3.1 Referenzmodell für den Fabriklebenszyklus

Das Referenzmodell des FLZ wird in Kategorien und Phasen eingeteilt (Abb. 16.4). Die Aufteilung der Phasen ist dabei nicht entsprechend der in der Literatur und Industrie gängigen Abgrenzungen eingeteilt, sondern richtet sich nach den jeweils verwendeten Methoden und digitalen Werkzeugen für die Modellierung, Simulation und Optimierung. Dies verbessert die Möglichkeiten der ganzheitlichen Betrachtung, da somit jede Phase optimal durch geeignete Methoden und digitale Werkzeuge unterstützt werden kann. Die einzelnen Phasen des ganzheitlichen FLZ werden im Folgenden ausführlich beschrieben.

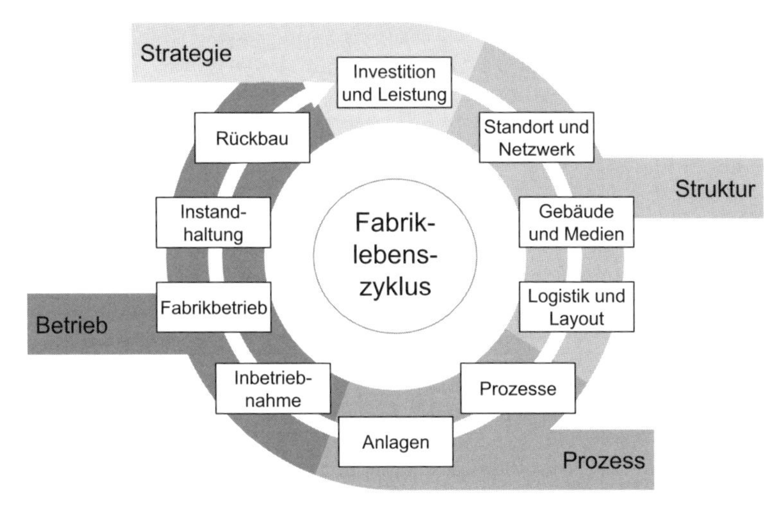

Abb. 16.4 Phasen und Kategorien im FLM in Anlehnung an Westkämper. (Westkämper 2008b)

16.3.1.1 Investition und Leistung

Für die erfolgreiche Umsetzung strategischer Ziele entwickeln Unternehmen passende Strategien mit der Identifikation möglicher Zielmärkte und der Definition passender Produkte. Unterstützung erfährt dieser Teil der strategischen Planung in der Fabrikleistungs- und Investitionsplanung. Die Zuordnung und Systematik der Phase ist in der Literatur nicht einheitlich definiert. Daher sollen zunächst die unterschiedlichen Zuordnungen und Ansätze erläutert werden, um anschließend einen ganzheitlichen Ansatz und dessen Planungsinhalte im Kern vorzustellen.

In der VDI 5200 finden sich die Inhalte der Fabrikleistungs- und Investitionsplanung im Planungsbereich der Grundlagenermittlung sowie der Informationsauswertung. Dabei werden die erforderlichen Kennzahlen aufgestellt und berechnet, beziehungsweise die Planungsbasis erstellt, sowie die Zielsetzung kontrolliert. Diese dienen ihrerseits als Basis für die nachfolgenden Planungsbereiche (VDI 5200).

Die zunehmende Herausforderung für Unternehmen ist für Westkämper die systematische Entwicklung der Produktion sowie die Abstimmung von Unternehmensstrategie und Produktionsentwicklung (Westkämper 2004). Die Planung von Investitionen und der benötigten Fabrikleistung ist hierbei ein Planungssegment der strategischen Fabrikplanung.

Im Kern ergeben sich für die Fabrikleistungs- und Investitionsplanung durch vorgelagerte Planungsschritte innerhalb der strategischen Planung Vorgaben und Festlegungen für die Absatzmärkte, die Produkttypen und jeweiligen Leistungsklassen, die Technologieentwicklungen, die angenommenen Erlöse aus dem Verkauf, sowie die angenommenen Kosten aus Entwicklung, Produktion und Vertrieb. Auf der Grundlage dieser Bestimmungen erfolgen die Analyse von Produktionsalternativen und technischen Produktionseinrichtungen sowie die Definition des Bedarfs an Produktionseinrichtungen. Die Zielsetzung ist die Ermittlung verbesserter Näherungswerte der Lebenszykluskosten sowie der technischen Leistung der Produktionseinrichtungen, wie beispielsweise Anlagen oder Ma-

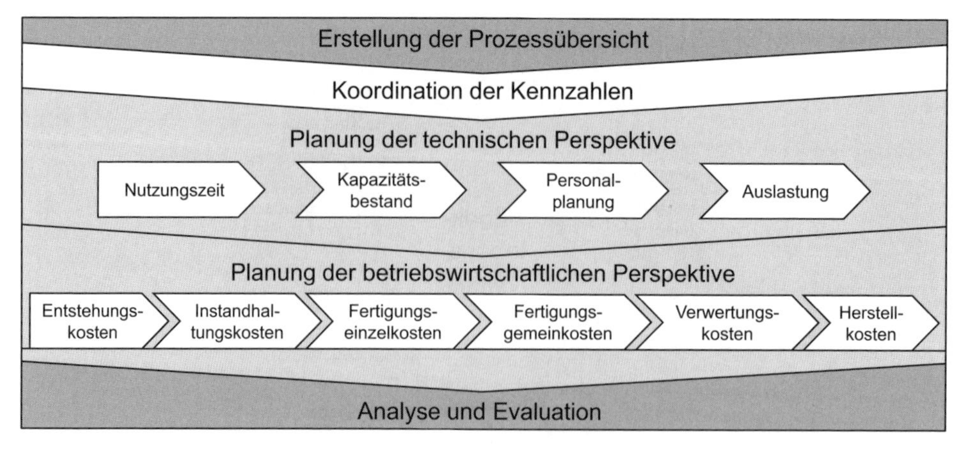

Abb. 16.5 Vorgehensweise zur Investitions- und Leistungsplanung

schinen, aus der Sicht der Produktion. Diese beinhalten eine Prognosefunktion zur Identifizierung von Einsparungen oder Mehraufwand zu einem frühen Planungszeitpunkt. Im Mittelpunkt stehen dazu die zwei Planungsebenen sowie die Unterteilung in insgesamt elf Planungsschritte. Die Planungsebenen werden parallel bearbeitet und beinhalten Ebenen übergreifende Verknüpfungen der jeweiligen Planungsschritte. Für die Planungsebenen werden durch die Anpassung der Leistungskennzahlen verschiedene Planungsszenarien generiert, iterativ optimiert, sowie zur Bewertung analysiert und evaluiert. Die erste Ebene umfasst die technische Planung. Hierbei werden für die Leistungseinheit die Nutzungszeit, der Kapazitätsbestand, die Planung des notwendigen Personals und die Auslastung der Leistungseinheit berücksichtigt. Die zweite Ebene betrachtet die betriebswirtschaftliche Planung. Hierzu gehören die Entstehungskosten, die Instandhaltungskosten, die Fertigungseinzelkosten, die Fertigungsgemeinkosten, die Verwertungskosten sowie die Herstellungskosten aus Sicht der Produktion einschließlich Aussagen zur Wirtschaftlichkeit. Das Resultat sind Empfehlungen für die zu verwendenden Produktionseinrichtungen und die zu tätigenden Investitionsentscheidungen (Abb. 16.5).

16.3.1.2 Standort und Netzwerk

Die Standort- und Netzwerkplanung bildet die zweite Phase des Fabriklebenszyklus und somit die erste Phase der Kategorie Struktur. Das Planungsvorgehen dieser Phase teilt sich dabei in die Standortplanung und die Netzwerkplanung auf. Die Standortplanung beinhaltet die Auswahl eines Standorts unter Berücksichtigung sowohl monetärer als auch nicht monetärer Standortfaktoren. Die Netzwerkplanung beschäftigt sich hingegen mit der optimalen Verknüpfung der Standorte. Ein Kondensat der Ansätze in der Literatur ist in Abb. 16.6 dargestellt und wird im Folgenden beschrieben.

Im ersten Schritt werden alle für die Standortplanung bedeutsamen Vorgaben bestimmt und auf dieser Basis potentielle Standorte grob ermittelt, die für die Herstellung der gewünschten Produkte beziehungsweise für die Darstellung der notwendigen Fertigungs-

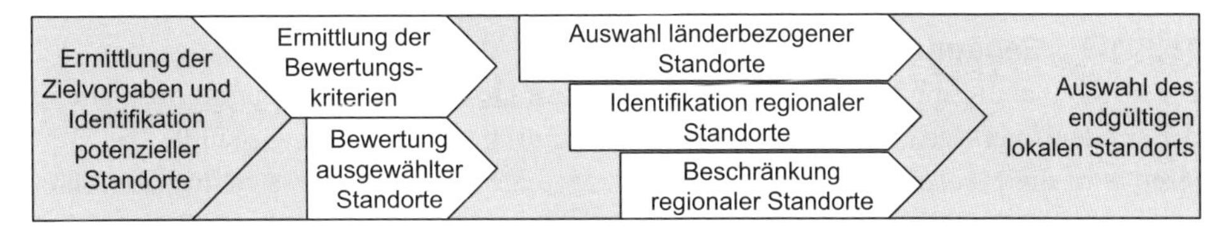

Abb. 16.6 Vorgehensweise zur Standort- und Netzwerkplanung

schritte geeignet sind (Pawellek 2008). Als Ergebnis entsteht in diesem Schritt eine Liste der Länder, in denen das Produkt grundsätzlich produziert werden kann. Um diese Liste weiter einzugrenzen, werden in einem folgenden Schritt verschiedene Bewertungskriterien ausgewählt und mit Hilfe geeigneter Bewertungsverfahren, beispielsweise mittels einer Nutzwertanalyse, gewichtet und bewertet. Auf Basis dieser Kriterien, deren Gewichtung und monetärer sowie nicht monetärer Standortfaktoren können potentielle Standorte eingegrenzt werden (Wiendahl et al. 2009). Für die Bewertung der Standorte sind laut Kinkel neben den quantitativen und qualitativen Produktions- und Marktfaktoren die Performancefaktoren von großer Bedeutung. Während beispielsweise Produktionskosten und -qualität zu den Produktionsfaktoren gehören, sind das Absatzpotential und die Marktattraktivität Marktfaktoren. Performancefaktoren hingegen sind Herstellkosten und die Produktqualität (Kinkel 2009). Somit entsteht eine Liste mit den Ländern, die für die Herstellung eines Produkts geeignet sind und die Netzwerktopologie kann festgelegt werden. In einem weiteren Schritt erfolgt die Standortfeinplanung. Hier handelt es sich um die lokale Spezifikation des Standorts, der auf Basis von Mindestanforderungen für den Aufbau des geplanten Betriebs attraktiv ist (Pawellek 2008). Darauf aufbauend werden ausgewählte Orte, die die Mindestanforderungen erfüllen, hinsichtlich ihrer erwarteten Wirtschaftlichkeit betrachtet. Die Standortmöglichkeiten mit der höchsten Wirtschaftlichkeitsbewertung werden auf Basis einer ausführlichen Vergleichsrechnung gegenübergestellt. Unter Berücksichtigung aller aufgestellten Faktoren und der durchgeführten Wirtschaftlichkeitsbewertung wird anschließend der endgültige Standort ausgewählt (Wiendahl et al. 2009).

Neben der Standortplanung spielt die Netzwerkplanung für den nachhaltigen Erfolg eines Unternehmens eine große Rolle. Hierbei handelt es sich um die Verknüpfung der im Rahmen der Standortplanung ausgewählten Standorte in Abhängigkeit der Produktkomponente, deren Menge sowie der dafür erforderlichen Transportmittel (LKW, Flugzeug, Schiff, Bahn), um die Wertschöpfung innerhalb eines Produktionsnetzwerks möglichst optimal zu verteilen. Zusammengefasst existieren einige Ansätze sowohl aus der Industrie als auch aus der Forschung, die sich mit den Thematiken der rechnergestützten Netzwerkplanung oder der Kostenanalyse an Produktionsstandorten beschäftigen (Wannewetsch 2005). Die Mehrheit der Ansätze fokussiert die Auswahl und Bewertung von Standortstrukturalternativen im Rahmen der Standortwahl. Hierfür wird meist ein statisches mathematisches Optimierungsmodell entwickelt, mit dem Material- und Geldflüsse untersucht und optimiert werden können. Dynamische Modelle zur Untersuchung von zeitlichen Verläufen finden sich nur vereinzelt und entsprechen teilweise nicht mehr dem Stand der Technik.

16.3.1.3 Gebäude und Medien

Die zweite Planungsphase der Kategorie Struktur umfasst die Anordnung und Ausplanung der auf dem Werksgelände bestehenden und zukünftig vorgesehenen Gebäude. Des Weiteren wird die Medienver- und -entsorgung sowie die benötigte Infrastruktur betrachtet (Aggteleky 1990). Diese beschäftigt sich im Wesentlichen mit der Strom-, Wärme-, Wasser-, Schmierstoff- und Druckluftver- und -entsorgung. Dabei kann eine zentrale oder eine modulare Versorgung der Gebäude verfolgt werden (Helbing et al. 2010; Wiendahl et al. 2009).

Die methodische Vorgehensweise in dieser Phase unterscheidet sich nicht von anderen Planungsschritten, wie beispielsweise die der Layoutplanung. Nach der Erstellung einer Idealplanung, werden zusätzlich die Randbedingungen (Flächennutzung, Erweiterungspotentiale, Produktionsfluss) berücksichtigt, die eine Erstellung eines Realplans ermöglichen (VDI 5200). Erste Ansätze der Gebäude- und Medienplanung gingen von einer vorgelagerten Gebäudeplanung aus, welche durch eine nachgelagerte Einrichtungsplanung ergänzt wird. Dadurch wird eine größtmögliche Universalität der Gebäude verfolgt. Heutige Ansätze stellen die spezifischen Funktionen der Gebäude in den Vordergrund, da nur so Wandlungsfähigkeit umgesetzt werden kann (Westkämper 2008b). Beispielsweise müssen Gebäude spezielle, oftmals aufgabenspezifische Anforderungen erfüllen, wie beispielsweise Reinheit, Schalldichte oder Hitzebeständigkeit.

Aus diesem Grund werden heute der Aufbau und die Struktur der Gebäude sowie die Medienversorgung parallel geplant (Grundig 2009). Zur Umsetzung dieser Ansätze und zur Erreichung einer flexiblen und wandlungsfähigen Produktion müssen drei Grundsätze berücksichtigt werden (Pawellek 2008). Diese sind die Multifunktionalität, die Leistungsfähigkeit und die Flexibilität. Multifunktionalität beinhaltet die Berücksichtigung verschiedener Funktionen in einem Gebäude. Leistungsfähigkeit bedeutet, dass sich die Ver- und Entsorgungssysteme auf einen steigenden oder sinkenden Automatisierungsgrad einstellen lassen. Die Flexibilität betrifft die Fähigkeit zur Anpassung der Fertigungs- und Logistiksysteme, welche durch Produkt- und Prozessänderungen hervorgerufen werden (Pawellek 2008; Wiendahl et al. 2009). Neben diesen Grundsätzen ist die Art der Planung hinsichtlich der Gebäude- und Medienplanung zu berücksichtigen. Bei einer Neuplanung stehen dieser Planungsphase nur geringe Restriktionen gegenüber. Diese Art der Planung ist jedoch selten. Vielmehr herrschen Erweiterungs-, Rationalisierungs- und Sanierungsplanungen vor. Dabei betrachtet die Erweiterungsplanung die Vergrößerung von Fertigungs- oder Werksgeländeflächen, die Rationalisierungsplanung die Neuanordnung der vorhandenen Fertigung und die Sanierungsplanung den Abbruch und anschließende Neuerstellung (Pawellek 2008).

Die räumliche Bebauung des Werksgeländes und die Ver- und Entsorgungsplanung der Gebäude unterliegt neben funktionellen Gesichtspunkten, welche eine ideale Anordnung ermöglichen, auch ökonomischen Überlegungen, wie beispielsweise Investitions-, Betriebs- und Instandhaltungskosten. Eine langfristige und von vorneherein flexible Planung bei der Anordnung der Gebäude- und der Medienversorgung ist dabei von hoher Wichtigkeit, um effiziente Anpassungen der Produktion vornehmen zu können (Kettner

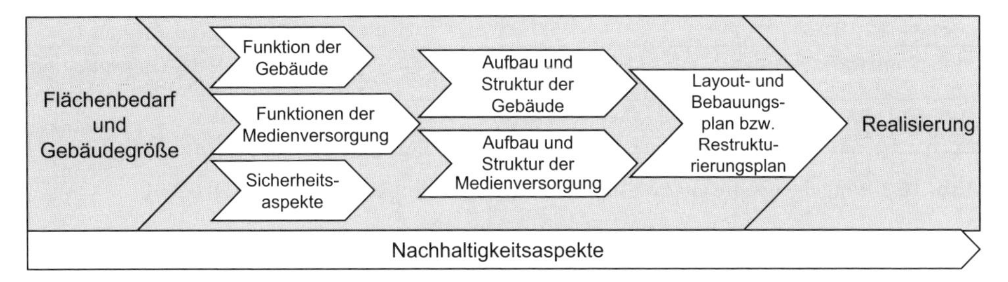

Abb. 16.7 Vorgehensweise zur Gebäude- und Medienplanung.

et al. 1984; Schmigalla 1995). Dies gilt sowohl für die Bebauung des Grundstücks als auch für die Nutzung der Gebäude und deren Medienversorgung (Schenk et al. 2010). Hinzu kommen planerische Gesichtspunkte, wie die Erweiterung des Geländes, die Modernisierung der Gebäude hinsichtlich steigender Automatisierung oder Arbeitsqualität und der Einbindung neuer Technologien bedingt durch Produktentwicklungen bzw. - varianten (Schenk et al. 2010). Heutzutage finden zudem zunehmend ökologische Gesichtspunkte in Form von behördlichen Auflagen oder Nachhaltigkeitsbemühungen wie beispielsweise Energierückgewinnung und Mehrfachnutzung sowie CO_2-Reduktion Anwendung. Die Herausforderung bei der Berücksichtigung dieser Punkte liegt darin, dass diese nicht nur mittel- sondern langfristig in die Planung einbezogen werden müssen (Kettner et al. 1984; Wiendahl et al. 2009). Des Weiteren finden Anforderungen, welche sich durch Bebauungsgesetzte ergeben, wie beispielsweise Brand- und Bebauungsschutz, Zufahrtsmöglichkeiten für Feuerwehr und Berücksichtigung des Katastrophenschutzes in dieser Phase der Fabrikplanung Berücksichtigung. (Aggteleky 1990; Helbing 2010).

Im Rahmen der durchgeführten Forschungen entspricht die Phase Gebäude- und Medienplanung der vorherigen Darstellung. Die Betrachtung von Bebauungsgesetzen und -richtlinien soll in diesem Buch eine untergeordnete Rolle spielen, da diese als gegeben und durch die Fabrikplanung wenig beeinflussbar angenommen werden können. Die Vorgehensweise der Gebäude- und Medienplanung bei der Neu- und Restrukturierungsplanung ist in Abb. 16.7 dargestellt.

16.3.1.4 Logistik und Layout

Die Phase Logistik- und Layoutplanung bildet die vierte Phase des FLZ. Die Logistik ist das System aus Herstellung, Transport und Lagerung von Gütern und allen mobilen Betriebsmitteln innerhalb und außerhalb der Fabriken in den Prozessketten vom Hersteller bis zum Endkunden (Westkämper 2006b). Dabei werden die Bereiche Beschaffungslogistik, Produktionslogistik sowie die Distributionslogistik abgedeckt (Arnold et al. 2008). In neuerer Zeit wird zunehmend die Entsorgungslogistik betrachtet, um den wachsenden Anforderungen der ganzheitlichen Ansätze gerecht zu werden (Wiendahl et al. 2009). Die Logistikplanung wird vom Verein Deutscher Ingenieure in die Planung der externen und der internen Logistik unterschieden. Im Fokus des hier vorgestellten FLZ liegt die interne Produktionslogistik als Teil der klassischen Fabrikplanung (VDI 5200). Eine effiziente Pla-

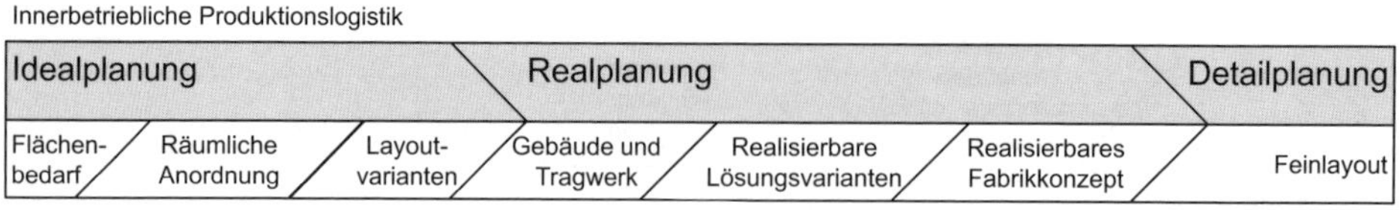

Innerbetriebliche Produktionslogistik

Idealplanung			Realplanung			Detailplanung
Flächenbedarf	Räumliche Anordnung	Layoutvarianten	Gebäude und Tragwerk	Realisierbare Lösungsvarianten	Realisierbares Fabrikkonzept	Feinlayout

Abb. 16.8 Vorgehensweise zur Logistik- und Layoutplanung (angelehnt an VDI 5200)

nung der internen Produktionslogistik zielt auf die räumliche und zeitliche Veränderung der Objekte in der Produktion. Diese müssen in richtiger Menge, Zusammensetzung und Qualität bei minimalen Kosten zur Verfügung gestellt werden (Gudehus 2007; Pfohl 2000; Hompel et al. 2007). Eine effiziente Planung der internen Logistik ermöglicht eine robuste Versorgung der Fertigungs- und Montageprozesse und trägt somit unter anderem zu einer Reduzierung der Durchlaufzeiten und Steigerung der ausgebrachten Teile beziehungsweise Produkte bei (Kettner et al. 1984). Die ganzheitliche Betrachtungsweise der Fabrikplanung und Logistik bewirkt eine Orientierung an den Gesamtzielen des Unternehmens und vermeidet somit Insellösungen (Pawellek 2008). Schlüssel zur internen Planungslogistik ist die Layoutplanung, welche die Anordnung der betrieblichen Funktionseinheiten unter Berücksichtigung ihrer Beziehungen beinhaltet. Der Fokus der Layoutplanung liegt dabei auf der Betrachtung der Flüsse im Gegensatz zur Logistik als breite Betrachtungsbasis. Die als Materialfluss bezeichneten materiellen Beziehungen haben eine zentrale Bedeutung in Produktionsbetrieben (Kettner et al. 1984). In der Planung werden die Ergebnisse der Struktur-, Materialfluss- und Flächenplanung im Sinne des ökonomischen Prinzips vereint. Einfluss zeigen dabei die produktionstechnischen und räumlichen Forderungen sowie der Materialfluss und die bautechnischen Möglichkeiten und eventuelle behördliche Vorschriften (Aggteleky 1990). Das Vorgehen zur Layoutplanung ist analog zu anderen Planungsphasen in der Richtlinie VDI 5200 beschrieben und wird dort in die Schritte Dimensionierung, Idealplanung und Realplanung eingeteilt.

Angelehnt an das in der Richtlinie VDI 5200 beschriebene Vorgehen, sind die Zwischenschritte der Phase Logistik- und Layoutplanung für den Fabriklebenszyklus in Abb. 16.8 dargestellt. Der Schritt der Dimensionierung definiert Planungsziele beispielsweise als benötigte Kapazitäten und notwendige Eingangsdaten wie Flächenbedarfe der zu verwendenden Maschinen. Anschließend erfolgt die erste theoretische räumliche Anordnung der Maschinen. Diese ist ideal, daher fließen noch keine baulichen, rechtlichen oder andere Begrenzungen ein. Es entstehen Layoutvarianten, welche die Planungsziele erfüllen können und welche bereits grobe Gebäudeentwürfe enthalten. Die Phasen von der Flächenbedarfsermittlung bis zur Entwicklung der Layoutvarianten bilden den Schritt der Idealplanung. Anschließend erfolgen im Schritt der Realplanung die Vorplanung der Gebäude und Tragwerke und die Bewertung der entstandenen Varianten unter Berücksichtigung aller Restriktionen sowie der Sicherstellung der Genehmigungsfähigkeit. Es entstehen Lösungsvarianten, welche unterschiedliche Ausrichtungen bei der Zielerfüllung zeigen. Nach der Auswahl erfolgt im Schritt der Detailplanung die Feinplanung (VDI 5200).

16.3.1.5 Prozesse

Die erste Planungsphase in der Kategorie Prozess ist die Prozessplanung. Diese betrachtet die Ausplanung technischer und organisatorischer Vorgänge eines Systems zur Herstellung von Sachleistungen oder Services in Fabriken (Schenk et al. 2010; Kettner et al. 1984; Westkämper und Zahn 2009).

Ein Prozess wird dabei als die Summe aufeinander einwirkender Abläufe verstanden, mit welchen in einem System Material, Energie und Informationen umgeformt, transportiert und gespeichert werden (DIN IEC 60050-351). Die Planung von Prozessen folgt direkt den Veränderungen, welche aus technischer und wirtschaftlicher Sicht an der Fertigung von Produkten und den angebotenen Services vorgenommen werden. Damit bildet die Prozessplanung die Schnittstelle hinsichtlich der Entwicklung von Produkten und Services mit der Fertigung von Produkten sowie dem Anbieten von Services. Die Prozessplanung unterliegt großem Zeit- und Termindruck. Wesentliche zeitkritische Faktoren sind die Planung und Beschaffung von Betriebsmitteln, Werkzeugen und Vorrichtungen sowie die Auftragsabwicklung, Arbeitsplanerstellung und die Erstellung von Maschinensteuerungsprogrammen (Westkämper 2008b; Grundig 2009). Die Prozessplanung teilt sich in die Planung organisatorischer und technischer Prozesse auf. Diese werden im Folgenden näher beschrieben.

Organisatorische Prozesse, die auch als Geschäftsprozesse bezeichnet werden, befassen sich mit der gesamtwirtschaftlichen Sicht auf ein Unternehmen (Wiendahl et al. 2009). Diese erstrecken sich über den gesamten Bereich der Organisation, wie die Markterschließung und -entwicklung, die Auftragsabwicklung inklusive dem Projektmanagement und dem anschließenden Service hinsichtlich der hergestellten Produkte. Bei der Planung organisatorischer Prozesse werden betrieblichen Abläufe betrachtet, um deren Effizienz und Wirtschaftlichkeit sicherzustellen (Wiendahl et al. 2009; Helbing et al. 2010).

Technische Prozesse, die auch als Produktionsprozesse bezeichnet werden, stellen Transformationsprozesse dar, welche auf die wertschöpfende Veränderung der Geometrie und Beschaffenheit von Arbeitsgegenständen abzielen. Sie erstrecken sich über den gesamten Bereich der Produktion (Produktentwicklung, Arbeitsplanung, Fertigung, Montage und Qualitätsprüfung) und bilden die zentrale Grundlage zur Herstellung von Produkten (Schenk et al. 2010). Technische Prozesse lassen sich wiederum in verschiedene Kategorien einteilen. Dabei wird in technologische, logistische und unterstützende Prozesse unterschieden. Technologische Prozesse beinhalten alle Transformationsprozesse um ein Werkstück oder Produkt zu fertigen. Logistische Prozesse enthalten zum einen alle materialflussrelevanten Prozesse zur Sicherstellung der Produktion und zum anderen informationsflussorientierte Prozesse zur zeitnahen und kontextbezogenen Versorgung der Produktion mit Informationen und Wissen. Unterstützende Prozesse wiederum beinhalten die zur Produktion nötigen Hilfsprozesse und die zur Qualitätssicherung nötigen Kontrollprozesse (Kettner et al. 1984; Schenk et al. 2010; Westkämper 2008b; Pawellek 2008). Bei der Planung dieser unterschiedlichen Prozesse werden der qualitative und quantitative Einsatz von Betriebsmitteln, Maschinen, menschliche Arbeitsleistung und Materialien als

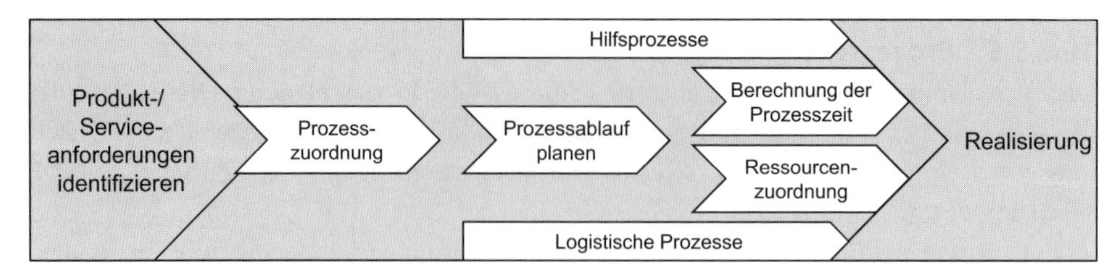

Abb. 16.9 Vorgehensweise zur Prozessplanung

Eingangsgröße betrachtet, mit denen Produkte, Abfall und Emissionen als Ausgangsgröße erzeugt werden (Westkämper 2008b; Schmigalla 1995).

Im Rahmen der durchgeführten Forschungen wurde der Schwerpunkt auf die technischen Prozesse gelegt, da diese von großer Bedeutung für die Beschleunigung und Wirtschaftlichkeit der Produktion sind. Die organisatorischen Prozesse liegen nicht im Fokus der in Abb. 16.9 dargestellten Vorgehensweise.

16.3.1.6 Anlagen

Die Phase Anlagenplanung ist eng mit vielen Phasen des Fabriklebenszyklus verknüpft und bildet den Abschluss der Kategorie Prozess. Die übergreifende Vorgehensweise ist in Abb. 16.10 dargestellt. Informationen aus vorgelagerten Phasen wie der Logistik- und Layoutplanung oder der Prozessplanung sind ausschlaggebend für die weitere Planung von Betriebsmitteln und Arbeitsplätzen. Notwendige Produktionstechnologien und Verfahren werden entsprechend der Anforderungen des Produktportfolios und der zugehörigen Produktionsprozesse definiert. Aus den benötigten Produktionsverfahren werden im Bereich Anlagenplanung die Betriebsmittel bestimmt, welche zur Herstellung des Produktportfolios notwendig sind. Neben der Auslegung und Gestaltung von Betriebsmitteln werden diese entsprechend der Produktionsaufgabe und des zu erwartenden Kapazitätsbedarfs dimensioniert (Wiendahl et al. 2005). Das Leistungsvermögen beziehungsweise die Kapazität des Betriebsmittels soll dabei dem geplanten Produktionsvolumen entsprechen (Aggteleky 1990). Ferner werden hohe Anforderungen an eine flexible Einsetzbarkeit geplanter Produktionsanlagen gestellt. Die daraus resultierende notwendige Wandlungsfähigkeit von Betriebsmitteln muss im Rahmen der Anlagenplanung mit berücksichtigt werden (Westkämper und Zahn 2009). Im Rahmen dieser Planungsphase wird zusätzlich das Transport- und Logistikkonzept sowie die räumliche Anordnung der geplanten Produktionsressourcen in Verbindung mit vorausgegangenen Planungsphasen optimiert. Des Weiteren können das Leistungsvermögen und die notwendige Anzahl einzelner Maschinen und Anlagen simulationsgestützt bestimmt werden. Durch die Simulation des Produktionssystems kann auch auf Aspekte wie Maschinenauslastung oder Rüstzeiten eingegangen werden. Mit Beginn der Planung und Simulation der Automatisierungs- und Steuerungstechnik findet der fließende Übergang zur Inbetriebnahme statt.

Parallel zur Anlagenplanung wird in der Arbeitsplatzgestaltung auf die ergonomische und sicherheitstechnische Ausgestaltung der Produktion eingegangen. Die Arbeitsplatz-

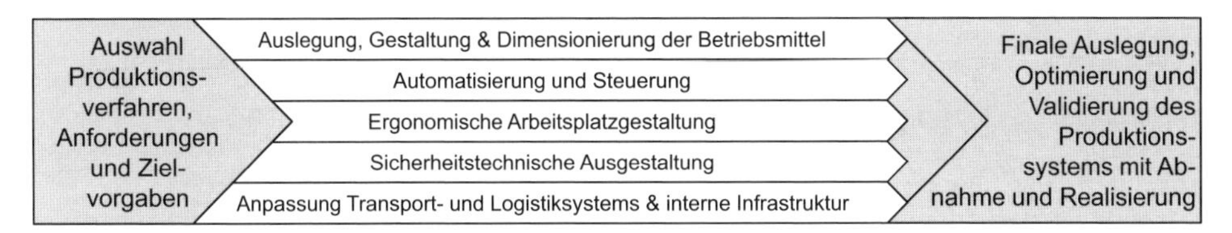

Abb. 16.10 Vorgehensweise zur Anlagenplanung

gestaltung hat die Aufgabe das optimale und aufgabengerechte Zusammenwirken von Personal und Betriebsmitteln unter Berücksichtigung der menschlichen Leistungsfähigkeit und Bedürfnisse sicherzustellen (Eversheim 2002). Ein Schwerpunkt liegt auf der ergonomischen Gestaltung von Arbeitsplätzen. Die definierten Arbeitsprozesse, eingesetzten Betriebsmittel und Umweltbedingungen müssen sich an Eigenschaften und Fähigkeiten des Menschen orientieren. Im Rahmen der digitalen Fabrik werden kinematisierte Menschmodelle eingesetzt, um manuelle Arbeitsvorgänge und Bewegungsabläufe auszugestalten. Neben detaillierten Arbeitsablauf-Zeitanalysen, kann auch der Greifraum und das Blickfeld der digitalen Menschmodelle abgebildet werden, um die Erreichbarkeit aller relevanten Planungsobjekte zu verifizieren. Darüber hinaus werden unterschiedliche Verfahren zur Bewertung körperlicher Belastungen eingesetzt (Schlick et al. 2010). Arbeitsvorgänge können so auf ihre Durchführbarkeit analysiert und unter ergonomischen Gesichtspunkten optimiert werden.

16.3.1.7 Inbetriebnahme

Die Planungsphase Inbetriebnahme steht am Anfang der Fabriklebenszykluskategorie Betrieb. Die Inbetriebnahme beziehungsweise der An- und Hochlauf eines Produktionssystems stellt die Überleitung der Produktionsplanung in den Fabrikbetrieb bis zum Beginn der Serienproduktion dar (Abb. 16.11). Im Rahmen des Anlaufes werden Produktionsprozesse eingerichtet und hinsichtlich der Produktqualität optimiert sowie ein Qualitätssicherungssystem eingeführt, um die Produktion kundenfähiger Produkte sicherzustellen (VDI 5200).

Unter der Inbetriebnahme industrieller Maschinen und Anlagen wird im Allgemeinen deren Übergang vom Stillstand in den Dauerbetriebszustand verstanden. Ferner wird zwischen der erstmaligen Nutzung (Erstinbetriebnahme) von Maschinen und Anlagen nach dem Montageende und der Wiederinbetriebnahme während des Betriebszeitraumes unterschieden (Weber 2006). Die Aufgabe der Inbetriebnahme ist es dabei, den Dauerbetrieb von Maschinen und Anlagen mit den erforderlichen Leistungsparametern, Funktionen und Verfügbarkeiten in einem möglichst kurzen Inbetriebnahmezeitraum sicherzustellen. Überdies muss die Betriebssicherheit gewährleistet und das Personal qualifiziert und eingearbeitet werden (Wegener 2003).

Kürzer werdende Entwicklungszeiten und Produktlebenszyklen stellen dabei hohe Anforderungen an die Inbetriebnahme. Arbeits- und Produktionssysteme müssen in immer kürzeren Zeiten unter einem hohen Kostendruck termingerecht in Funktionsbereitschaft

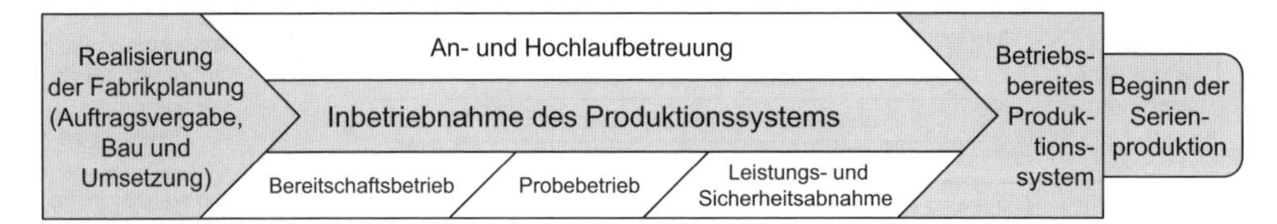

Abb. 16.11 Vorgehensweise in der Inbetriebnahme

versetzt werden. Dabei muss weiteren Herausforderungen wie beispielsweise kurzfristige Neu- und Änderungskonstruktionen, Störzeiten durch fehlende oder fehlerhafte Bauteile, unvollständige Arbeitsunterlagen oder mangelhafte Terminkoordination bei der Inbetriebnahme begegnet werden (Wünsch 2008).

Um den Herausforderungen bei der Inbetriebnahme und möglichen Risiken zu begegnen und die Inbetriebnahmezeiten zu verkürzen kann die Inbetriebnahme simulationsgestützt durchgeführt werden. Maschinen und Anlagen können mit den dazugehörigen Produktionsprozessen digital abgesichert und optimiert werden. Produktionsvorgänge und Fertigungssequenzen lassen sich schon vorab auf ihre Effizienz und Durchführbarkeit dynamisch untersuchen.

Darüber hinaus ermöglicht die sogenannte virtuelle Inbetriebnahme eine hohe Planungssicherheit und -qualität trotz steigender Komplexität der Produktionsprozesse (Boespflug 2007). Für die Virtuelle Inbetriebnahme industrieller Maschinen und Anlagen ist die Modellierung des gesamten Anlagenverhaltens inklusive aller mechanischer, hydraulischer, pneumatischer und elektrischer Komponenten bis hin zur Sensorik und Steuerungstechnik (beispielsweise speicherprogrammierbare Steuerungen oder Roboterprogramme) notwendig. Zur Virtuellen Inbetriebnahme wird das digitale Modell mit simulierter oder realer Steuerungshardware gekoppelt. Neben dem vollständigen und exakten virtuellen Modell muss eine ausreichende Abtastrate für alle Steuerungssignale in der Kopplung von realer oder virtueller Steuerung mit dem Simulationsmodell gewährleistet sein (Wünsch 2008).

16.3.1.8 Fabrikbetrieb

Die zweite Planungsphase der Kategorie Betrieb umfasst den Aufgabenbereich des Fabrikbetriebs. Der Begriff des Fabrikbetriebs ist in der Wissenschaft nicht eindeutig definiert. Es haben sich zwei Hauptströmungen herausgebildet, die sich aus den unterschiedlichen Bedeutungen des Wortstamms Betrieb ableiten. Eine Definitionsrichtung ist durch die Betriebswirtschaftslehre und deren Sichtweise eines Betriebs als Organisationseinheit mit einem produktionswirtschaftlichen Hintergrund geprägt (Brockhaus 2006). Darauf aufbauend kann der Fabrikbetrieb als Organisationseinheit verstanden werden, in der Sachgüter erzeugt werden (Spur und Stöferle 1994).

Die zweite Sichtweise leitet sich von der Tätigkeit ab, etwas zu betreiben. Darin wird der Fabrikbetrieb als die Gestaltung effizienter Ablauforganisationen angesehen (Schenk und Wirth 2004). Dies beinhaltet die zum Betrieb einer Fabrik notwendigen Arbeitsabläufe

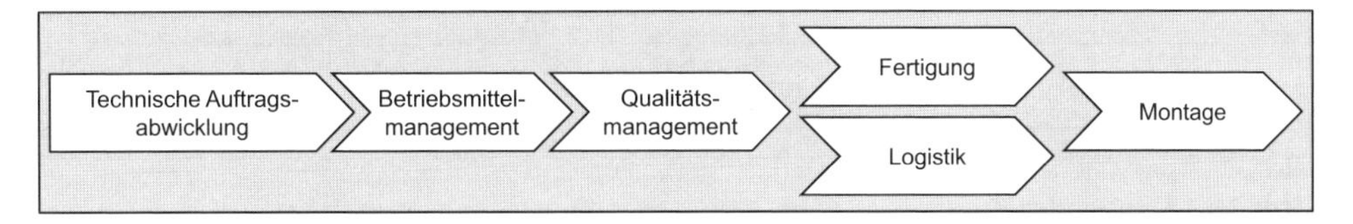

Abb. 16.12 Fabrikbetrieb

und deren Koordination. Die Kernfunktion des Fabrikbetriebs ist die Produktion. Diese wird in einer Vielzahl an Definitionen begrifflich bestimmt.

Gemeinsam ist diesen Definitionen, dass die Produktion ein Transformationsprozess mit Ein- und Ausgängen ist (Dangelmaier 2009). Eingänge in diesen Transformationsprozess sind Material, Energie und Informationen. Ausgänge sind allgemein materielle und immaterielle Produkte (Dienstleistungen). In einer Fabrik liegt der Hauptfokus auf der physischen Herstellung von materiellen Produkten.

Der Fabrikbetrieb muss die Produktion wirtschaftlich umsetzen (Schenk und Wirth 2004) und dabei Rahmenbedingungen und Zielkonflikte berücksichtigen, wie beispielsweise kurze Durchlaufzeiten, geringe Terminabweichung, geringe Bestände oder eine hohe Ressourcenauslastung. Die Basis für die Realisierung bilden die ausgestalteten Lösungen der vorigen Fabrikplanungsphasen (Schenk und Wirth 2004).

Der Aufgabenbereich des Fabrikbetriebs umfasst alle Aufgaben, die zur Durchführung der Herstellung eines Produktes notwendig sind. Dies umfasst sowohl den planerischen Bereich der Produktionsplanung und -steuerung (PPS), als auch die ausführende Bereiche der Fertigung, der Montage, des Lagers, des Transports, des Qualitäts- und des Betriebsmittelmanagements (Abb. 16.12).

Werden für die Umsetzung dieser Aufgaben Methoden, Modelle und Werkzeuge der digitalen Fabrik eingesetzt, so wird dies als digitaler Fabrikbetrieb bezeichnet (VDI 4499). Große Bedeutung kommt der PPS zu. Diese betrachtet die Auftragsabwicklung von der Angebotserstellung über die Mengen-, die Kapazitäts- und Terminplanung, der Nachverfolgung der Aufträge in der Fertigung und Montage bis hin zum Versand. Für diese Tätigkeiten gibt es verschiedene Werkzeuge, die hinsichtlich ihres Einsatzbereichs und Planungshorizonts unterschieden werden und das Planungsvorgehen unterstützen.

PPS-Systeme oder Enterprise Resource Planning Systeme (ERP-Systeme) decken relevante Funktionen des Fabrikbetriebs für die lang- und mittelmittelfristige Produktionsprogrammplanung und Auftragsterminierung ab. Diese Systeme besitzen Funktionen für weitere Unternehmensbereiche wie beispielsweise das Rechnungswesen und die Personalwirtschaft. Für einen Planungs- und Steuerungshorizont von mehreren Sekunden bis hin zu einer Schicht werden sogenannte Manufacturing Execution Systeme (MES) eingesetzt und sind mit der laufenden Fertigung und Montage über Betrieb- und Maschinendatenerfassungssysteme verbunden. MES-Systeme beinhalten neben Funktionen zur Feinplanung und steuerung (Leitstandfunktion), Funktionen für das Betriebsmittelmanagement, das Qualitätsmanagement und die Überwachung von Kennzahlen in der Fertigung- und Montage (VDI 5600).

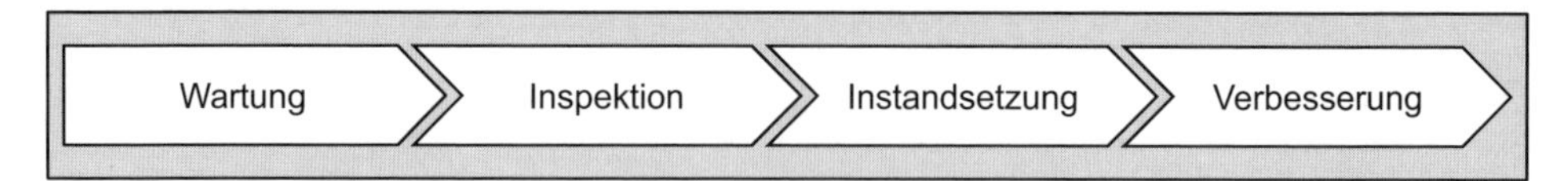

Abb. 16.13 Instandhaltung

Instandhaltung

Die dritte Planungsphase der Kategorie Betrieb umfasst den Aufgabenbereich der Instandhaltung. Die Instandhaltung ist in DIN 31051 bzw. DIN EN 13306 definiert, als die

> Kombination aller technischen und administrativen Maßnahmen sowie Maßnahmen des Managements während des Lebenszyklus einer Betrachtungseinheit zur Erhaltung des funktionsfähigen Zustandes oder der Rückführung in diesen, so dass sie die geforderte Funktion erfüllen kann. (DIN 31051; DIN EN 13306)

Eine Betrachtungseinheit wird in dieser Norm festgelegt als:

> jedes Teil, Bauelement, Gerät, Teilsystem, jede Funktionseinheit, jedes Betriebsmittel oder System, das für sich allein betrachtet werden kann. (DIN 31051; DIN EN 13306)

Hauptziel der Instandhaltung ist es, die Verfügbarkeit von Betrachtungseinheiten zu erhöhen, bei einer gleichzeitigen Verminderung der notwendigen Kosten und einer gleich bleibenden Ausbringung (Matyas 2008). Weitere Zielsetzungen der Instandhaltung sind die Beachtung von Sicherheitsanforderungen, Einflüssen auf die Umwelt und Aufrechterhaltung beziehungsweise Förderung der Produktqualität (DIN EN 13306; VDI 2895).

Die Instandhaltung beinhaltet die Maßnahmen Wartung, Inspektion, Instandsetzung und Verbesserung (Abb. 16.13). Die Wartung umfasst Aktionen, die zur Verzögerung eines Abnutzungsvorrats ergriffen werden, wie beispielsweise das Reinigen, Konservieren, Schmieren, Ergänzen, Auswechseln oder Nachstellen (DIN 31051; Jacobi 1992; Matyas 2008). Die Inspektion dient der Feststellung und Beurteilung des gegenwärtigen Zustandes einer Betrachtungseinheit (DIN 31051). Darin enthalten sind die Ursachenbestimmung der auftretenden Abnutzung sowie das Ableiten notwendiger Konsequenzen. Alle Aktionen, die eine Betrachtungseinheit zurück in den funktionsfähigen Zustand versetzen, werden im Begriff der Instandsetzung zusammengefasst. Ausgenommen sind Aktionen, welche der Verbesserung einer Betrachtungseinheit dienen. Diese werden gesondert als die Kombination technischer und administrativer Maßnahmen zur Steigerung der Funktionssicherheit betrachtet (DIN 31051). Die geforderte Funktion einer Betrachtungseinheit wird hierbei nicht geändert.

Die Instandhaltungsstrategie beschreibt die Vorgehensweise, die zum Erreichen der Zielsetzung gewählt wird. Diese legt die Maßnahme, den Instandhaltungszeitpunkt und -umfang fest. Es wird hier zwischen ausfallbedingter, zeitgesteuerter periodischer, zustandsabhängiger und vorrausschauender Instandhaltungsstrategie unterschieden (Matyas 2002). Bei der ausfallbedingten Instandhaltung, die auch als reaktive Instandhaltung bezeichnet wird, werden Instandhaltungseinheiten bis zum Schadensfall ohne Aufwand für Wartung und Inspektion betrieben. Vorteile sind die volle Ausnutzung des Abnutzungsvorrats und ein geringer Planungsaufwand. Nachteile sind der ungeplante Ausfall von der Maschinen und Anlagen verbunden mit schwer abschätzbaren Ausfallkosten. Bei der zeitgesteuerten, periodischen Instandhaltungsstrategie werden die Betrachtungseinheiten nach festgelegten Zeitperioden unabhängig von deren tatsächlichem Zustand überholt oder ausgetauscht. Vorteile sind die Planbarkeit der Maßnahmen und Senkung der Produktionsausfallkosten. Nachteile sind die Kosten für die präventiven Maßnahmen und unvollständige Nutzung des Abnutzungsvorrats. Bei der zustandsabhängigen Instandhaltungsstrategie wird der aktuelle Abnutzungsgrad der Betrachtungseinheit in die Planung der Wartungs- und Instandsetzungsmaßnahmen berücksichtigt. Vorteile sind neben der guten Planbarkeit und Ausnutzung des Abnutzungsvorrats eine hohe Verfügbarkeit. Hauptnachteil dieser Strategie sind die Inspektionskosten für die automatisierte, permanente Zustandsüberwachung.

16.3.1.9 Rückbau

Die abschließende Phase im Fabriklebenszyklus bildet der Rückbau. Sie wird der Kategorie des Betriebs zugerechnet und ist eng mit der Instandhaltung verbunden. Wie in der vorigen Phasenbeschreibung aufgezeigt, ist das Ziel der Instandhaltung die Erhöhung der Verfügbarkeit von Betrachtungseinheiten (Matyas 2008). Dabei kann es sich um Betriebsmittel, deren Komponenten oder Gebäude handeln. Es gibt immer einen Zeitpunkt, an dem es nicht mehr wirtschaftlich sinnvoll ist, die Funktionsfähigkeit der Betrachtungseinheiten zu erhalten oder wiederherzustellen. Dies geschieht durch veränderte Anforderungen von Produkt- oder Marktseite, durch Verschleiß oder durch technischen oder technologischen Fortschritt (Müller 2009). In Kapitel 7 sind diese und weitere Wandlungstreiber, die einen Rückbau bedingen können, näher beschrieben. Die Relevanz der Betrachtung dieser Phase wird durch immer umfangreichere gesetzliche Vorschriften, Umweltauflagen und Sicherheitsrichtlinien untermauert (Scheer 1989). Da rückbaurelevante Faktoren zu einem großen Teil bereits sehr früh festgelegt werden, ist hier eine Lebenszyklusbetrachtung der Fabriken die Voraussetzung für eine sinnvolle Umsetzung. Beispielsweise kann die Entscheidung für die Verwendung lösbarer konstruktiver Verbindungen und die Vermeidung recyclingkritischer Stoffe einen nicht zu vernachlässigenden ökonomischen und ökologischen Vorteil für die Fabrik bedeuten (VDI 2243). Durch eine einfache Rückbaufähigkeit hinsichtlich des verwendeten Fügeprinzips wird die Wandlungsfähigkeit der Fabrik nicht nur verbessert, sondern ist sogar eine Grundeigenschaft dieser (Wiendahl et al. 2009).

Die Phase des Rückbaus beschreibt die Außerbetriebstellung einer Fabrik oder einzelner Teile (Müller 2009). Ziel einer strukturierten Herangehensweise ist es zum einen, den Prozess der Stilllegung zu planen, um gesicherte Rückbau- und Entsorgungskosten zu erhalten und zum anderen sortenreine Wertstoffe zu gewinnen, die zurückgeführt bzw. gefahrlos beseitigt werden können (Wiendahl et al. 2009). Wenn diese Wertstoffe ihre ursprüngliche Produktgestalt bei der Rückführung beibehalten, spricht man von Wieder- bzw. Weiterverwendung (Steinhilper 2009). Diese Form des Rückbaus entspricht in den

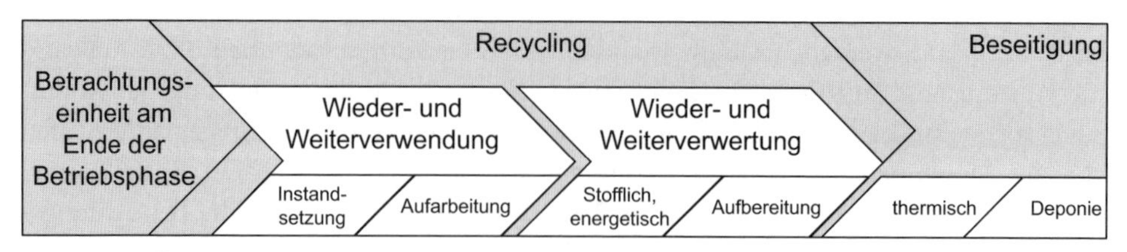

Abb. 16.14 Rückbau

Grundzügen der Instandsetzung beziehungsweise dem Behandlungsprozess der Aufarbeitung und unterscheidet sich dadurch, dass bei der Instandsetzung die Funktion bzw. die Aufgabe der Betrachtungseinheit beibehalten wird, was bei einer Wieder- und Weiterverwendung nicht der Fall sein muss (Schenk und Wirth 2004). Bei Auflösen der Produktgestalt während der Rückführung handelt es sich um eine Verwertung. Der entsprechende Behandlungsprozess ist die Aufbereitung, die entweder zur Wertstoffrückgewinnung, das heißt stofflich, oder zur Energiegewinnung, das heißt energetisch, stattfinden kann. Zur Verdeutlichung der Einordnung relevanter Begriffe dient Abb. 16.14. Das Recycling fasst die Verwendung und Verwertung zusammen (VDI 2243). Erst wenn ein Recycling nicht mehr möglich ist, kommt es zur Beseitigung von Reststoffen. Um das zu vermeiden sind umfangreiche Kriterienkataloge und Vorgehensweisen zur recyclinggerechten Produktgestaltung in der Fachliteratur (Steinhilper und Hudelmaier 1993) und in Richtlinien (VDI 2243) vorhanden, die auch auf die Planung von Fabriken und Anlagen angewandt werden können.

Die Phase des Rückbaus lässt sich somit in zwei Teile gliedern: Das Recycling für den Fall einer Rückführung von Wertstoffen und die Beseitigung, welche im Sinne einer nachhaltigen Produktion komplett vermieden werden soll. Nicht nur für eine zuverlässige lebenszyklusorientierte Wirtschaftlichkeitsbetrachtung von Fabriken und Anlagen, sondern auch auf dem Weg zu ökologisch nachhaltigen Fabriken ist die ernsthafte Berücksichtigung des Rückbaus bereits in frühen Phasen des Lebenszyklus eine zwingende Voraussetzung. Durch die ausnahmslose Rückführung von Wertstoffen wie aufgearbeitete Komponenten, Werkstoffe und im weiteren Sinne auch Informationen über den Rückbau in Verbindung mit Informationen aus anderen Phasen einer Fabrik in den beginnenden Lebenszyklus neuer Fabriken und Anlagen schließt sich der Kreis und es kann ein weiterer Schritt in Richtung Null-Emissions-Produktion realisiert werden.

16.3.2 Referenzmodell für Fabrikdatenmanagement

Wie zu Beginn des Kapitels 12 erläutert, erfordert ein Referenzmodell für den Fabriklebenszyklus als Ergänzung ein Referenzmodell für das Fabrikdatenmanagement.

Viele Produktionsinformationsmodelle entstanden in den 1980er Jahren als Implementierung des Computer Integrated Manufacturing (CIM)-Gedankens (Panskus 1985). Der Fokus dieser Modelle lag dabei auf der Produktentwicklung, Arbeitsvorbereitung, Produktionsplanung und -steuerung (PPS) und Leittechnik (MES). Implementierungen oder Weiterentwicklungen des CIM-Ansatzes sind beispielsweise VDI-GA-CIM (VDI-Gemeinschaftsausschuss CIM 1992), CIMOS (Rück 1992) oder das Y-CIM-Modell (Scheer 1989). Eine Vielzahl von Fabrikinformationsmodellen konzentriert sich stärker auf den Bereich der PPS. Ein neuerer Vertreter für Fabrikinformationsmodelle dieses Typs stellt das Aachener-PPS-Modell dar, das Mitte der 1990er Jahre entwickelt wurde. Dieses betrachtet die unterschiedlichen Aspekte der Planung und Steuerung der innerbetrieblichen Produktion. Im Jahr 2006 wurde das Modell um überbetriebliche Aspekte erweitert (Schuh 2006).

Zur Begrenzung des zunehmenden Integrationsaufwands von Fabrikinformationssystemen wurden in den letzten Jahren für verschiedene Unternehmensbereiche Standards erarbeitet. Das Fabrikinformationsmodell des Standards ISA S95 (ISA 2000; IEC 2003) betrachtet den Datenaustausch und die Schnittstellen zwischen den Ebenen des Enterprise Ressource Planning (ERP) und der produktionsnahen Manufacturing Execution Systeme (MES). Die Aufgabenbereiche und Funktionen eines MES werden in der VDI-Richtlinie 5600 (VDI 5600) näher definiert. Zur Umsetzung der ISA 95-Modelle in maschinenlesbare Form, gibt es die Business to Manufacturing Markup Language (B2MML) (World Batch Forum 2011).

Im Bereich der Standardisierung von Produktdaten ist insbesondere der ISO-Standard ISO 10303 (Anderl und Trippner 2000) zu nennen. Dieser auch unter dem Namen STEP (STandard for the Exchange of Product model data) bekannte Standard ist wegen seiner umfassenden Ansätze bezüglich des Lebenszyklus eines Produkts hervorzuheben.

Eine große Zahl solcher Teilaspekten wird bereits durch Standards und Forschungsarbeiten abgedeckt, jedoch mangelt es aufgrund dieser Insellösungen an einer durchgängigen Modellierung von fabrikrelevanten Daten über einen gesamten Lebenszyklus hinweg. Im Folgenden sollen die Entwicklung und die Merkmale eines Fabrikinformations-/Fabrikdatenmodells weiter erläutert werden.

16.3.2.1 Fabrikinformations-/Fabrikdatenmodell

Hauptziel des Fabrikdatenmanagements ist die Unterstützung der Durchgängigkeit digitaler Modellierung und Visualisierung, um eine ganzheitliche Planung, Evaluierung und laufende Optimierung aller relevanter Prozesse und Ressourcen innerhalb einer Fabrik zu ermöglichen (Abb. 16.15). Um dieses Hauptziel zu erreichen sind die Konzeption und der Aufbau eines generischen Modells für ein realitätsnahes Fabrikdatenmanagement notwendig. Ein solches Fabrikinformations- oder Fabrikdatenmodell muss eine ganzheitliche Abbildung des Systems Fabrik mit seinen Abhängigkeiten und Elementen ermöglichen. Dies führt wiederum zu einem höheren Grad an Standardisierungen. Durch die standardisierte Speicherung aktueller Daten, Historien- und Simulationsdaten aus Lebensphasen wie beispielsweise Fabrikplanung oder Produktionsbetrieb können Informationen wiederverwendet werden und typische Vorgänge der Neu- und Umplanung einer Fabrik beschleunigt und effizienter gestaltet werden.

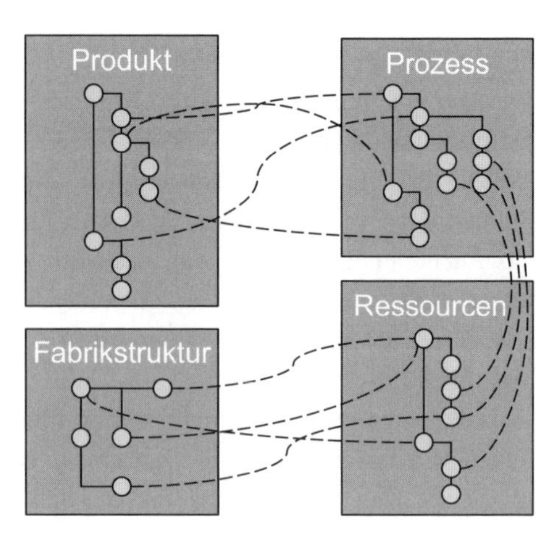

Abb. 16.15 Grundlegender Aufbau des Fabrikinformations- und Fabrikdatenmodells

Dies bedeutet, dass ein durchgängiges und realitätsnahes Fabrikdatenmanagement nur erreicht werden kann, wenn alle aktuellen Daten, Historien- und Simulationsdaten über den ganzheitlichen Fabriklebenszyklus hinweg gespeichert und strukturiert abgelegt werden und somit einer Umplanung zur richtigen Zeit und am richtigen Ort zur Verfügung stehen. Das Fabrikinformations- bzw. Fabrikdatenmodell besitzt folgende wesentliche Eigenschaften und ist:

- generisch aufgebaut, um in verschiedenen produzierenden Unternehmen, die in unterschiedlichen industriellen Sektoren agieren, instanziiert werden zu können;
- modular gestaltet, um dem zugrundeliegenden industriellen Paradigma, die Fabrik als Produkt zu betrachten, gerecht zu werden;
- erweiterbar gestaltet, um weitere Lebenszyklusphasen zu integrieren, bestehende Phasen weiter zu detaillieren und Beziehungen zwischen verschiedenen Phasen zu schaffen;
- offen gestaltet, um die Integration bestehender und zukünftiger Standards und generischer Datenmodelle zu ermöglichen.

Aufgrund der offenen Struktur des Modells können digitale Werkzeuge angekoppelt und die Informationen den Werkzeugen zur Verfügung gestellt werden. Die Modularität und die Erweiterbarkeit unterstützen die Wandlungsfähigkeit, indem nach der Instanziierung des Modells in einer Fabrik, zusätzliche Module für weitere erforderliche Daten integriert werden können.

Das Fabrikdatenmodell kann genutzt werden, um einerseits die Wandlungsfähigkeit einer einzelnen Fabrik und andererseits gesamter Netzwerke von Fabriken zu erhöhen. Auf Fabrikebene kann das Fabrikinformationsmodell aufgrund des generischen Ansatzes schnell und gezielt an Fabriken angepasst werden. Die Modularität trägt weiter dazu bei, dass beispielsweise einzelne Partialmodelle eigenständig betrachtet werden können. Werden weitere Aspekte einer Fabrik betrachtet, können diese anhand der Erweiterbarkeit in das Fabrikinformationsmodell integriert werden. Auf Netzwerkebene kann das Fabrikinformationsmodell die Kommunikation zwischen Fabriken unterstützen. So können Informationen den verschiedenen Beteiligten innerhalb einer Supply Chain wie OEMs, Kunden und Lieferanten aber auch Herstellern von Produktionseinrichtungen zur Verfügung gestellt werden.

16.4 Methoden und Werkzeuge zur Modellierung

Die Darstellung der im Kapitel 12 dargestellten Referenzmodelle kann komplex sein. Insbesondere wenn komplexe Strukturen für den Menschen erfassbar sein sollen, ist dies nicht ohne weiteres möglich. Hierzu steht eine Vielzahl an Modellierungsmethoden und dazugehörigen digitalen Werkzeugen zur Verfügung. Durch die unterschiedlichen Anforderungen der Modellierung eines Fabriklebenszyklus im Gegensatz zur Modellierung eines Fabrikdatenmodells ist die Verwendung unterschiedlicher Modellierungsmethoden notwendig. Die verwendeten Modellierungsmethoden werden im Folgenden dargestellt.

16.4.1 Notation zur Modellierung des Fabriklebenszyklus

Die Methode Business Process Model und Notation (BPMN) ist eine auf die grafische Darstellung und Dokumentation von Geschäftsprozessen einschließlich der gegenseitigen Abhängigkeiten und Verknüpfungen fokussierte Notation (OMG 2011). BPMN wurde von der Object Management Group (OMG) als Standard für die Modellierung, Implementierung und Ausführung von Geschäftsprozessen eingeführt. Die OMG ist ein Konsortium mit der Zielsetzung, Standards für die herstellerunabhängige, systemübergreifende und objektorientierte Programmierung zu definieren. BPMN bietet Techniken zur Modellierung und Erstellung von komplexen Flussdiagrammen, vergleichbar den Aktivitätsdiagrammen der Unified Modeling Language (UML). Der Schwerpunkt des BPMN-Standards ist die Notation und Modellierung von Geschäftsprozessen einschließlich der Möglichkeit ganze Prozess-Landschaften inklusive der darin involvierten Beziehungen zwischen den einzelnen Planungs-Aktivitäten abbilden zu können. Darüber hinaus haben BPMN-Diagramme eine klare Struktur und sind für alle in den Planungsprozess einbezogenen Beteiligten leicht zu verstehen. Dies gilt für alle Anwender, angefangen bei der Initiierungsphase der Prozesse in ersten Konzepten und Entwürfen über die Implementierungsphase von Methoden, Werkzeugen und Datenmodellen, bis hin zur Nutzungsphase einschließlich Management und Monitoring der Geschäftsprozesse (OMG 2011).

Die Geschäftsprozesse werden unter Verwendung grafischer Elemente mit der Flussdiagrammtechnik in Geschäftsprozessdiagrammen modelliert. Die wichtigsten grafischen Elemente sind Flussobjekte einschließlich Ereignissen, Aktivitäten und Entscheidungspunkten, sowie die Verknüpfung von Objekten mit Sequenzablauf, Nachrichtenfluss und Assoziationen. Die Elemente werden in Swimlanes arrangiert, welche die Organisations-

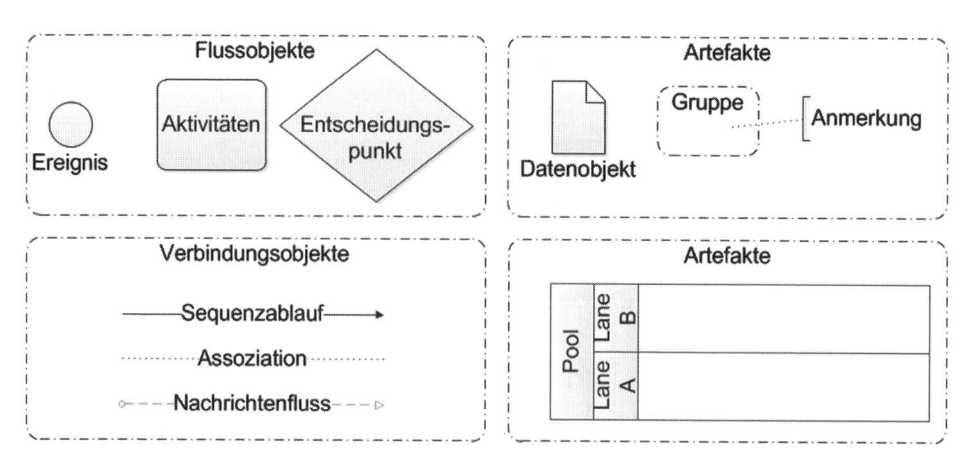

Abb. 16.16 BPMN Standardelemente

strukturen oder Akteure repräsentieren. Die Anordnung erfolgt in den einzelnen Diagrammen in Pools und Schwimmbahnen. Der Datenfluss und die Verbindung der Dateneinheiten werden durch Datenobjekte abgebildet. Darüber hinaus können mit den Artefakten Prozessgruppen zusammengefasst werden, sowie in Anmerkungen Kontextinformationen notiert werden. Einen Überblick über die grundlegenden Modellierungselemente findet sich in Abb. 16.16.

Die grafischen Elemente der BPMN sind als standardisierte visuelle Sprache definiert, die für alle Prozessmodellierer und Akteure leicht zu erkennen und zu verstehen sind. Diese Elemente und Dateneinheiten sind in das Referenzmodell implementiert, um die Referenzdiagramme der Fabrik-und Prozessplanung für die etablierten Fabrikplanungsphasen zu erstellen. Weiterhin beinhaltet die Version 2.0 des BPMN-Standards neue Funktionen wie XML-Schemata für die Modell-Transformation, die Möglichkeit detailliert Ereignisse komponieren und korrelieren zu können, sowie die Modellierung von Choreografien. Für die Modellierung des Fabrikplanungsprozesses innerhalb des Referenzmodells sind die Flussobjekte die entscheidenden grafischen Elemente. Die Flussobjekte zeigen den Fabrikplanungs-Prozessablauf mit einem Start- und End-Ereignis. Darüber hinaus sind die Konvergenzen oder Divergenzen innerhalb der Prozesskette durch Entscheidungspunkte definiert (OMG 2011). Innerhalb des Referenzmodells sind die einzelnen Prozessschritte und Aktivitäten durch Sequenzabläufe verbunden um den Prozessablauf zu definieren und illustrieren die Reihenfolge zur Durchführung der Fabrikplanungsprozesse. Die Datenobjekte werden verwendet um die Ein-und Ausgangsdaten der Dateneinheiten der einzelnen Planungsschritte zu definieren, sowie um für die erforderlichen Daten die jeweiligen Informationen über die verbundenen Planungsphasen bereitzustellen um schließlich die Durchführung des Prozesses zu ermöglichen.

Weiterhin können die in den jeweiligen Planungen beteiligten Akteure näher spezifiziert, sowie Meilensteine (DIN 69900-1), Beschreibungen und Begriffe definiert werden. Neben dem Einsatz von Swimlanes werden auch Gruppen definiert, um ähnliche

Planungsprozesse zu bündeln und den Überblick über die einzelnen Planungsphasen zu vereinfachen.

16.4.2 Notationen zur Modellierung von Fabrikdatenreferenzmodellen

Analog zur notwendigen Darstellung der Prozesse im Fabriklebenszyklus ergibt sich eine Herausforderung für die Modellierung und Darstellung von Fabrikdatenreferenzmodellen. Im Folgenden werden zwei Modellierungsmöglichkeiten, die Unified Modelling Language (UML) und die Web Ontology Language (OWL) dargestellt.

UML wurde Mitte der 90er Jahre mit dem Bestreben entwickelt, die Vielzahl an verschiedenen, bereits bestehenden objektorientierten Methoden auf einer syntaktischen und semantischen Ebene zu vereinheitlichen und zu standardisieren (OMG 2007). Diese Bestrebungen führten dazu, dass die UML sich zu einer etablierten, standardisierten und werkzeugunterstützten Modellierungssprache entwickelt hat, welche die Visualisierung, Spezifikation und Dokumentation von Systemen mit Hilfe einer formalisierten Notation ermöglicht (Balzert 2010).

Die UML bietet verschiedene Diagramme zur Modellierung von Systemen an. Diese teilen sich in erster Instanz in Strukturdiagramme und Verhaltensdiagramme auf. Mit Hilfe der Strukturdiagramme wird die statische Struktur eines Systems abgebildet, um den Ist-Zustand aufzuzeigen. Mit Verhaltensdiagrammen kann zusätzlich die dynamische Komponente eines Systems abgebildet werden (OMG 2007). Ein Strukturdiagramm stellt das Klassendiagramm dar. Dieses wird für die Analyse und den zukünftigen Aufbau eines Systems genutzt (Eriksson und Penker 2000). Dabei werden Klassen, welche mit Attributen und Operationen angereichert werden können, als Schnittstellen zur Beschreibung von Beziehungen genutzt (OMG 2007). Ein häufig genutztes Verhaltensdiagramm stellt das Aktivitätsdiagramm dar. Dieses bietet die Möglichkeit Daten- und Kontrollflüsse zu modellieren, um das Verhalten eines Systems über die Zeit darzustellen. Das Klassendiagramm der UML wird zur statischen Modellierung des Fabrikdatenreferenzmodells genutzt. Damit kann die Architektur übersichtlich modelliert werden.

Zur Modellierung von Strukturen und Hierarchien ist UML sehr gut geeignet. Doch können die Grenzen dieser Modellierungssprache sehr schnell erreicht werden, wenn es darum geht, Informationen so zur Verfügung zu stellen, dass Maschinen damit aus menschlicher Sicht nützlich und sinnvoll umgehen können. Eben dies ist die Idee und das Ziel des Semantic Web (Hitzler et al. 2008). Es wird versucht, der Maschine Informationen über Daten zur Verfügung zu stellen, so dass sie anhand logischer Schlussfolgerungsmechanismen in der Lage ist, Informationen zu integrieren und zu verarbeiten und somit Wissen zu generieren (Pellegrini und Blumauer 2006). In Ontologien werden die Begriffe definiert, die zur Beschreibung von Wissen aus einem bestimmten Bereich verwendet werden. Neben maschinell interpretierbaren Begriffsdefinitionen werden grundlegende Konzepte und Beziehungen hinterlegt. Das World Wide Web Consortium (W3C) beschäftigt sich unter anderem mit der Standardisierung und Entwicklung geeigneter

Beschreibungssprachen. Zur Modellierung von Fabrikdatenreferenzmodellen wird hier OWL als Beschreibungssprache benutzt (W3C OWL Working Group 2009). OWL ist eine Sprache, um Ontologien zu entwickeln und stellt abstrakte Klassen, Properties, Instanzen und Datenwerte zur Verfügung (Bao et al. 2009). Durch eine definierende maschinenlesbare Beschreibung dieser Bausteine lässt sich das Wissen relevanter Bereiche modellieren, repräsentieren und somit wiederverwenden.

16.5 Anwendungsbeispiele

Nach der Erstellung der Referenzmodelle für das ganzheitliche Fabriklebenszyklusmanagement und die Fabrikdaten, werden diese zur Verifikation instanziiert. Dies geschieht im Rahmen europäischer Forschungsprojekte gemeinsam mit produzierenden Unternehmen. Ausschnitte dieser Instanziierungen werden im Folgenden für beide Referenzmodelle dargestellt.

16.5.1 Referenzmodell für das Fabriklebenszyklusmanagement

Eine Instanziierung der Referenzmodelle für das Fabriklebenszyklusmanagement erfolgt in dem EU-Projekt FP7-NMP-2008-3.4-1 Holistic, extensible, scalable and standard Virtual Factory Framework (VFF). In diesem Projekt wurde eine weitestgehend analoge Aufteilung der Planungsphasen vorgenommen. Um die Vorgehensweise der Instanziierung der Modelle für Planungsphasen aufzuzeigen, wird hier die Anlagenplanung und Arbeitsplatzgestaltung näher betrachtet.

In dieser Phase werden, wie bereits in Kapitel 12 beschrieben, benötigte Technologien und Produktionsprozesse zur Herstellung von Produkten auf Basis vorhandener Produktanforderungen identifiziert, um in einem folgenden Schritt die benötigten Ressourcen wie Maschinen oder Betriebsmittel detailliert zu planen. Des Weiteren wird der Aufbau und die Konfiguration der Maschinen, deren Dimensionierung und Kapazitätsauslastung hinsichtlich der durchzuführenden Produktionsprozesse geplant. Die weitere Ausplanung des Arbeitsplatzes, welche ebenfalls in dieser Phase geschieht, dient der Sicherstellung von ergonomischen Faktoren. Dabei werden unter anderem Lärmentwicklung, Temperatureinwirkung, Luftqualität und Lichteinstrahlung berücksichtigt.

Im Rahmen dieses Buchs soll exemplarisch ein Überblick über die Instanziierung eines Teils der Phase Anlagenplanung gegeben werden. Diese ist durch Ihre Interdisziplinarität hervorragend geeignet, den Zweck der Referenzmodellierung aufzuzeigen. Zum einen ist diese eng mit der Planung der internen Logistik und der Layoutplanung verbunden und zum anderen benötigt sie Informationen aus der Prozessplanung. Die Aktivitäten dieser Teilplanungsphase sind in einem mit BPMN modellierten Modell abgebildet. In diesem Modell sind zudem die Schnittstellen hinterlegt. Zusätzlich sind die benötigten und einfließenden Informationen oder Daten sowie ihr jeweiliger Ursprung dargestellt. Des Wei-

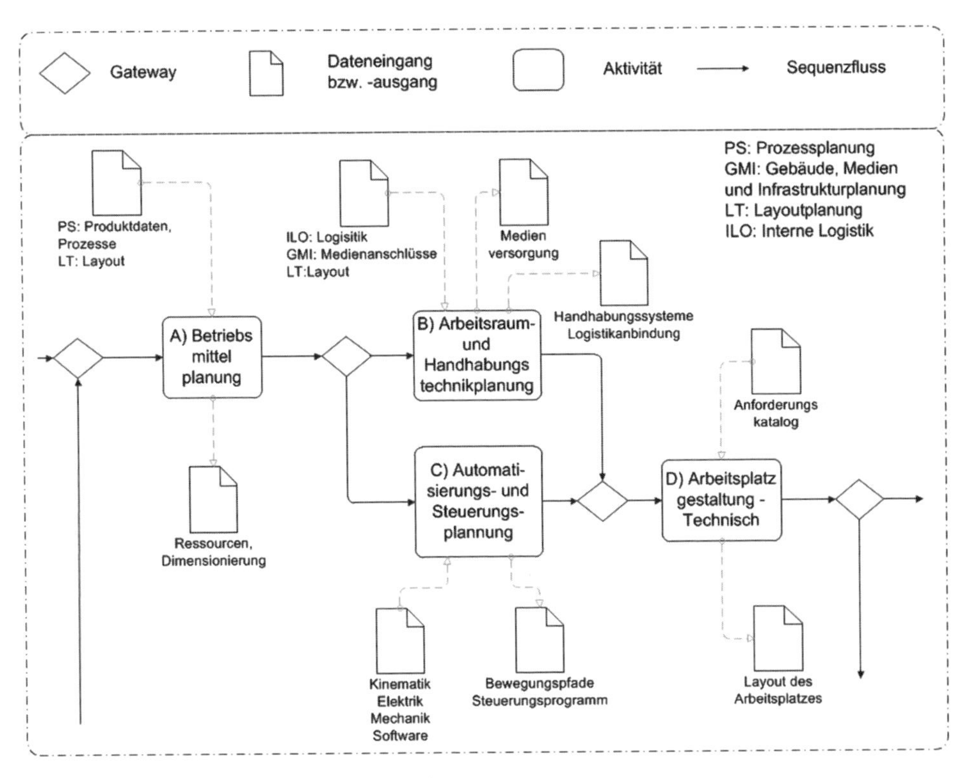

Abb. 16.17 BPMN Model einer Anlagenplanung

teren sind die Planungsergebnisse der Planungsaktivitäten enthalten. Die Vorgehensweise ist in Abbildung Abb. 16.17 dargestellt.

Die Phase der Anlagenplanung ist in die vier Hauptaktivitäten, Betriebsmittelplanung A), Arbeitsraum und Handhabungstechnik B), Automatisierungs- und Steuerungsplanung C) und Arbeitsplatzgestaltung – Technisch D) eingeteilt. Innerhalb der ersten Planungsaktivität Betriebsmittelplanung A) werden die benötigten Produktionsmittel identifiziert und geplant. Dazu werden die Randbedingungen, welche von den Phasen Prozessplanung und Layoutplanung zur Verfügung gestellt werden, berücksichtigt. Gleichzeitig werden die benötigten Instandhaltungszyklen und Inbetriebnahmezeiten in der Planung betrachtet. Anschließend können die Planungsaktivität B) oder die Planungsaktivität C) durchgeführt werden. Diese zwei Planungsaktivitäten müssen allerdings erst vollständig geplant werden, bevor die Planungsaktivität D) begonnen werden kann. Zum besseren Verständnis ist diese Vorgehensweise mit Hilfe der sogenannten Gateways (Rauten) in Abb. 16.17 verdeutlich. Gateways sind dabei als Kreuzung zu sehen, an denen das Planungsvorgehen parallelisiert beziehungsweise wieder zusammenführt wird.

In der Phase Arbeitsraum und Handhabungstechnikplanung B) werden die benötigten Medienanschlüsse der Anlagen und die Anbindung an die interne Logistik geplant. Des Weiteren wird die Handhabungstechnik, welche zur Bedienung der Anlagen notwendig ist, detailliert betrachtet. Dazu werden Informationen aus den Phasen interne Logistik, Gebäude, Medien und Infrastrukturplanung und Layoutplanung hinzugezogen.

Die Phase der Automatisierungs- und Steuerungsplanung C) betrachtet die Erstellung von Programmen zur Automatisierung und Steuerung der Anlagen hinsichtlich der zu fertigenden Produkte. Dabei werden kollisionsfreie Montagevorgänge oder Bewegungsabläufe für beispielsweise Roboter definiert und umgesetzt.

In der letzten Phase, der Arbeitsplatzgestaltung – Technisch D), wird die detaillierte Anordnung und Versorgung der Anlagen geplant. Dabei werden der benötigte Stell- und Arbeitsraum, sowie die detaillierte Ver- und Entsorgung von Produktionsmaterialien und Medien betrachtet.

16.5.2 Referenzmodell für Fabrikdatenmanagement

Das Referenzmodell für das Fabrikdatenmanagement wurde im Rahmen zweier Projekte prototypisch implementiert, um das Referenzmodell zu validieren. Die erste Implementierung ist im Rahmen des EU Projektes DOROTHY (FP7-NMP-2007-SMALL-1), die zweite Implementierung im Rahmen des EU Projekts Holistic, extensible, scalable and standard Virtual Factory Framework (VFF) (FP7-NMP-2008-3.4-1) durchgeführt worden. Exemplarisch wird das im Rahmen des VFF entstandene Fabrikdatenmodell im Folgenden erläutert.

Es wird immer deutlicher, dass die rechnergestützte Unterstützung des Fabriklebenszyklus durch ein reines Datenmanagement nicht mehr signifikant verbessert werden kann. Der nächste Schritt wird im Rahmen von VFF darin gesehen, nicht nur Daten sondern auch Wissen in Informations- und Kommunikationssystemen und vor allem in deren Vernetzung zu berücksichtigen. Mit diesem Ziel entsteht eine mittels der Web Ontology Language (OWL) erstellte Ontologie. Um eine einfachere Entwicklung und bessere Handhabbarkeit des ontologiebasierten Fabrikdatenmodells zu erreichen, ist es in acht Rubriken unterteilt: Fabrik, Gebäude, Produkt, Ressourcen, Prozesse, System, Strategie und Management. Diese sind nicht nur auf formaler sondern auch auf semantischer das heißt beschreibender Ebene definiert, modelliert und untereinander verknüpft.

Das folgende Beispiel dient dem Zweck, den Sinn und das Potential eines solchen wissensorientierten Fabrikdatenmodells aufzuzeigen. Es handelt sich um ein vereinfachtes anschauliches Beispiel.

In Abb. 16.18 ist die Ontologie einer schematisierten Tischmontage dargestellt. Zur Erstellung der Ontologie wird Protégé 4.1 beta des Stanford Center for Biomedical Informatics Research verwendet. In diesem Beispiel setzt sich die Tischmontage aus vier Instanzen entsprechender Klassen zusammen: Einem Spannen (clamping), einem Vorbohren (predrilling), einem Positionieren (positioning) und einem Verschrauben (screwing). Neben diesen Prozessklassen beziehungsweise -instanzen ist noch einen Nagel als Instanz der Klasse der reibschlüssigen Verbindungselemente (CEfrictionfit) und eine Schraube als Instanz der Klasse der formschlüssigen Verbindungselemente (CEformfit) modelliert. Die

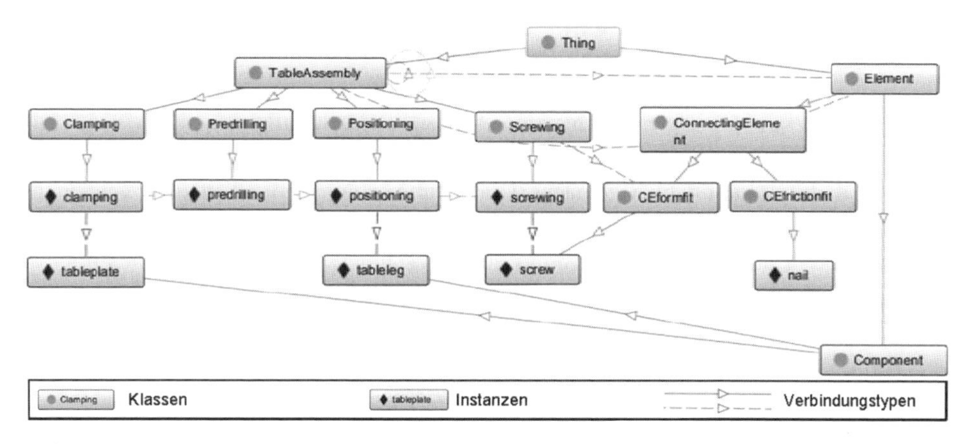

Abb. 16.18 Ontologiebasiertes Fabrikdatenmanagement: Veranschaulichendes Beispiel

Tischplatte (tableplate) und die Tischbeine (tableleg) sind als Instanzen der Klasse Komponenten (Component) modelliert. Als zusätzliche Information, welche das Potential des Einsatzes von Ontologien im Bereich des Fabrikdatenmanagements veranschaulichen soll, ist hinterlegt, dass die Prozessklasse des Schraubens (Screwing) nur mit einem Verbindungselement (ConnectingElement) der Klasse der formschlüssigen Verbindungselemente verknüpft werden darf. Falls nun der Prozessschritt des Verschraubens irrtümlicherweise mit einem falschen Verbindungselement wie beispielsweise einem Nagel ausgestattet wird, generiert die Ontologie eine Warnung, dass dies unzulässig ist. Somit kann detailliertes Produktionswissen auf Ebene des Datenmanagements in das Fabrikdatenreferenzmodell selbst integriert werden. Es ist eventuell philosophisch nicht korrekt von Intelligenz in der Maschine zu sprechen, doch wird es mit einer solchen Ontologie möglich, Wissen zu speichern und die Maschine wird in die Lage versetzt, logische Schlussfolgerungen aus verschiedenen Eingaben zu ziehen, welche nicht explizit programmiert beziehungsweise modelliert wurden. Im vorliegenden Beispiel wird dies ausgedrückt, indem die Vermeidung von reibschlüssigen Verbindungselementen bei Prozessschritten wie dem Verschrauben nicht explizit modelliert werden muss. Dieses Wissen kann durch automatische Schlussfolgerungen generiert werden.

16.6 Nutzen

Das ganzheitliche FLM bietet vielfältigen Nutzen. Strukturierende Modelle und das Datenmanagement sind die zentralen Bausteine. Ein ganzheitliches Modell des FLZ ermöglicht eine bessere Beherrschbarkeit der Komplexität einer Fabrik inklusive ihrer Planung und kontinuierlichen Anpassung aller ihrer Strukturen. Durch die ganzheitliche Betrachtung einer Fabrik wird es möglich, den Lebenszyklus in sinnvolle Abschnitte zu unterteilen. Erst diese Modularisierung ermöglicht eine skalierte bzw. anwendungsgerechte Bereitstellung von Informationen. Auch die Fabrikplanung kann in sinnvolle Abschnitte unterteilt werden, wodurch ein frei konfigurierbarer Planungsprozess ermöglicht wird (Schuh et al. 2009). Dies unterstützt die Wiederverwendung von Informationen und Vorgehensweisen trotz einer großen Heterogenität unterschiedlicher Fabrikplanungsprojekte. Mit der Zuordnung von Daten und Informationen in einzelne Phasen des FLZ werden diese organisiert und dadurch handhabbar gemacht. Die Kopplung unterschiedlicher Bereiche kann identifiziert und die resultierenden Zusammenhänge können veranschaulicht werden. Anhand dieser Zusammenhänge wird das Finden geeigneter Maßnahmen unterstützt, da der vollständige Lebenszyklus in Betracht gezogen und nicht nur eine kurzfristige Problemlösung verfolgt wird.

Erst durch die detaillierte Betrachtung der Schnittstellen ist ein sinnvolles und zielführendes Datenmanagement möglich. Kern eines Fabrikdatenmanagements über den kompletten FLZ hinweg ist eine gemeinsame Datenbasis, auch wenn diese durch Internet- und Cloud-Technologien nicht mehr zwingend einer räumlichen Gebundenheit unterworfen bzw. an einen einheitlichen physischen Datenspeicher gebunden sein muss (Vgl. Föderation in Kapitel 21). Eine solche Datenbasis für alle an der Entstehung und dem Betrieb beteiligten digitalen Werkzeuge und IT-Systeme ist eine wichtige Voraussetzung um Aktualität, Integrität und minimale Redundanz der verwalteten und verteilten Daten zu gewährleisten. Damit kann kooperatives Arbeiten zielführend gestaltet und nicht zuletzt Simultaneous Engineering auf Fabrikebene ermöglicht werden.

16.7 Ausblick

Um den erläuterten Ansatz des ganzheitlichen FLM und im Speziellen die stärkere Vernetzung der einzelnen Phasen des ganzheitlichen FLZ weiter vorantreiben zu können, werden in der Zukunft unterschiedliche Aspekte verfolgt.

Der hohe Detailierungsgrad und eine effiziente Modellierung des ganzheitlichen FLZ mit den internen Wirkbeziehungen, Abhängigkeiten und Informationsflüssen zwischen den einzelnen Phasen sind für weiterführende Konzepte und Ansätze unabdingbar. Es sollte versucht werden, den ganzheitlichen Ansatz des FLMs möglichst genau und vollständig abzubilden. Dabei wird es von größter Bedeutung sein, eine Wissensintegration sowohl in das Konzept des ganzheitlichen FLZ als auch in den unterstützenden digitalen Werkzeugen durch eine effiziente und vollständige Wissensrepräsentation anzustreben. So können auch Methoden wie Simultaneous Engineering sinnvoll im ganzheitlichen FLM eingesetzt werden.

Verschiedene, heute bereits eingesetzte digitale Werkzeuge unterstützen die einzelnen Phasen bei der Ausführung der jeweiligen Aktivitäten. Die effiziente Verknüpfung dieser digitalen Werkzeuge mit Hilfe neuer Technologien ist eine zentrale Herausforderung bei der ganzheitlichen Betrachtung von Fabriken. Das damit verbundene Datenmanagement zwischen den einzelnen Phasen und damit auch zwischen den verschiedenen digitalen Werkzeugen, erfordert die Entwicklung und Definition neuartiger Datenstandards bzw. Standards für den Datenaustausch. Darüber hinaus sind weitere und umfassendere Konzepte basierend auf dem ganzheitlichen FLM denkbar. Konzepte zur Synchronisation von Planungsaktivitäten in unterschiedlichen Planungsphasen mit Hilfe von Simultaneous Engineering Methoden werden zukünftig zunehmend an Bedeutung gewinnen. Dabei steht die ganzheitliche Produkt-, Fabrik- und Prozessplanung im Vordergrund, welche durch die Schaffung neuer Methoden, Modelle und Umgebungen mit vernetzten digitalen Werkzeugen eine effiziente Entwicklung ganzheitlicher Produktionssysteme ermöglichen soll.

Literatur

Aggteleky B (1987) Fabrikplanung – Werksentwicklung und Betriebsrationalisierung, Bd. 1 – Grundlagen, Zielplanung, Vorarbeiten, 2. Aufl. Fachbuchverlag Leipzig, Leipzig

Aggteleky B (1990) Fabrikplanung: Werksentwicklung und Betriebsrationalisierung Bd. 2 Betriebsanalyse und Feasibility-Studie. Hanser, München

Aldinger L, Constantinescu C, Hummel V, Kreuzhage R, Westkämper E (2006) Neue Ansätze im „advanced Manufacturing Engineering". wt Werkstattstechnik online, 96:110–114

Arnold D, Isermann H, Kuhn A, Tempelmeier H, Furmans K (2008) Handbuch Logistik. Springer, Berlin Heidelberg

Balzert H (2010) UML 2 kompakt mit Checklisten. Spektrum, Heidelberg

Bao J, Kendall EF, McGuinness DL, Patel-Schneider PF, Ding L, Khandelwal A (2009) OWL 2 WebOntology Language Quick Reference Guide. http://www.w3.org/TR/owl2-quick-reference/. Zugegriffen: 4. Juli 2009

Boespflug A (2007) Virtuelle Inbetriebnahme von Montagesystemen mit Man-Model-Simulation. Dissertation, Technischen Universität Braunschweig

Brockhaus (2006) Brockhaus – Die Enzyklopädie in 30 Bänden. 21., neu bearbeitete Auflage. F. A. Brockhaus, Leipzig

Constantinescu C, Hummel V, Westkämper E (2006) Fabrik-Life-Cycle Management – Kollaborative standardisierte Umgebung für die Fabrikplanung (KOSIFA). wt Werkstattstechnik online 96

Dangelmaier W (2009) Theorie der Produktionsplanung und -steuerung – Im Sommer keine Kirschpralinen? Springer, Dordrecht

Deutsches Institut für Normung e. V. (2003) DIN 31051 Grundlagen der Instandhaltung. Beuth, Berlin

Deutsches Institut für Normung e. V. (2009) DIN IEC 60050-351 Norm – Internationales Elektrotechnisches Wörterbuch – Teil 351. Leittechnik (IEC 60050-351:2006. Beuth, Berlin

Deutsches Institut für Normung e. V. (2010) DIN EN 13306: Instandhaltung – Begriffe der Instandhaltung. Beuth, Berlin

Eigner M, Stelzer R (2009) Product Lifecycle Management – Ein Leitfaden für Product Development und Life Cycle Management. Springer, Berlin

Eriksson HE, Penker M (2000) Business modeling with UML: business pat-terns at work. John Wiley & Sons, New York

Eversheim W (2002) Organisation in der Produktionstechnik – Arbeitsvorbereitung. Springer, Berlin

Feldhusen J, Gebhardt B (2008) Product Lifecycle Management in der Praxis – Ein Leitfaden zur modularen Einführung, Umsetzung und Anwendung. Springer, Berlin

Felix H (1998) Unternehmens- und Fabrikplanung – Planungsprozesse, Leistungen und Beziehungen. REFA Fachbuchreihe Betriebsorganisation. Hanser, München

Grundig CG (2009) Fabrikplanung. Planungssystematik – Methoden – Anwendungen. Hanser, München

Gudehus T (2007) Logistik 2: Netzwerke, Systeme und Lieferketten. Springer, Berlin
Helbing KW, Mund H, Reichel M (2010) Handbuch Fabrikprojektierung. Springer, Heidelberg
Herrmann C (2010) Ganzheitliches Life Cycle Management – Nachhaltigkeit und Lebenszyklusorientierung in Unternehmen. Springer, Heidelberg Dordrecht New York
Hitzler P, Krötzsch M, Rudolph S, Sure Y (2008) Semantic Web – Grundlagen. Springer, Berlin
Hompel TM, Schmidt T, Nagel L (2007) Materialflusssysteme: Förder- und Lagertechnik. Springer, Berlin
International Electrotechnical Commission (2003) IEC 62264-1 Enterprise-control system integration – Part 1: Models and terminology. IEC, Genf
ISA-The Instrumentation, Systems, and Automation Society (2000) ANSI/ISA-95.00.01 Enterprise Control System Integration Part I: Models and Terminology. The Instrument Society of America, North Carolina
Jacobi HF (1992) Begriffliche Abgrenzungen. In: Warnecke HJ (Hrsg) Handbuch Instandhaltung Bd. 1– Instandhaltungsmanagement, 2. Auflage. Tüv Rheinland, Köln
Kettner H, Schmidt J, Greim HR (1984) Leitfaden der systematischen Fabrikplanung. Hanser, München
Kinkel S (2009) Erfolgsfaktor Standortplanung. In- und ausländische Standorte richtig bewerten. Springer, Berlin
Matyas K (2002) Ganzheitliche Optimierung durch individuelle Instandhaltungsstrategien. In: Industrie Management. GITO, Berlin
Matyas K (2008) Taschenbuch Instandhaltungslogistik – Qualität und Produktivität steigern, 3. Auflage. Hanser, München
Müller E, Engelmann J, Löffler T, Strauch J (2009) Energieeffiziente Fabriken planen und betreiben. Springer, Berlin
Object Management Group (2007) Unfied Modeling Language: Superstructure v2.1.1. OMG, Needham
Object Management Group (2011) Business Process Model and Notation (BPMN). OMG, Needham
Panskus G (1985) Integrierter EDV-Einsatz in der Produktion: CIM, Computer Integrated Manufactoring; Begriffe, Definitionen, Funktionszuordnungen. Ausschuss für wirtschaftliche Fertigung, Eschborn
Pawellek G (2008) Ganzheitliche Fabrikplanung. Springer, Berlin
Pellegrini T, Blumauer A (2006) Semantic Web – Wege zur vernetzten Wissensgesellschaft. Springer, Berlin
Pfohl HC (2000) Logistiksysteme: Betriebswirtschaftliche Grundlagen. Springer, Heidelberg
Anderl R, Trippner D et al. (2000) Standard for the exchange of product model data: Eine Einführung in die Entwicklung, Implementierung und industrielle Nutzung der Normenreihe ISO 10303 (STEP) Teubner, Leipzig
Rück R, Stockert A, Vogel F (1992) CIM und Logistik im Unternehmen: praxiserprobtes Gesamtkonzept für die rechnerintegrierte Auftragsabwicklung. Hanser, München
Scheer AW (1989) CIM Computer Integrated Manufacturing – Der computergesteuerte Industriebetrieb. Springer, Berlin
Schenk M, Wirth S (2004) Fabrikplanung und Fabrikbetreib – Methoden für die wandlungsfähige und vernetzte Fabrik. Springer, Berlin
Schenk M, Wirth S, Müller E (2010) Factory Planning Manual: Situation-Driven Production Facility Planning. Springer, Heidelberg
Schlick C, Bruder R, Luczak H (2010) Arbeitswissenschaft. Springer, Heidelberg
Schmigalla H (1995) Fabrikplanung – Begriffe und Zusammenhänge. Hanser, München
Schuh G (2006) Produktionsplanung und -Steuerung Grundlagen, Gestaltung und Konzepte. Springer, Berlin

Schuh G, Franzkoch B, Burggräf J, Nöcker C, Wesch-Potente C (2009) Frei konfigurierbare Planungsprozesse in der Fabrikplanung. wt Werkstattstechnik online, 99:193–198
Spur G, Stöferle T (1994) Handbuch der Fertigungstechnik. – Bd. 6 Fabrikbetrieb. Hanser, München
Steinhilper R (2009) Remanufacturing und Recycling. In: Bullinger HJ, Spath D, Warnecke HJ, Westkämper E (Hrsg) Handbuch Unternehmensorganisation – Strategien, Planung, Umsetzung. Springer, Berlin
Steinhilper R, Hudelmaier U (1993) Erfolgreiches Produktrecycling zur erneuten Verwendung oder Verwertung – ein Leitfaden für Unternehmen. RKW, Eschborn
VDI-Gemeinschaftsausschuss CIM (1992) Rechnerintegrierte Konstruktion und Produktion: Leitfaden des VDI-Gemeinschaftsausschusses CIM. VDI Verlag, Düsseldorf
Verein Deutscher Ingenieure e. V. (2002) VDI 2243 Recyclingorientierte Produktentwicklung. VDI Verlag, Düsseldorf
Verein Deutscher Ingenieure e. V. (2008) VDI 4499 Blatt 1: Digitale Fabrik – Grundlagen. VDI Verlag, Düsseldorf
Verein Deutscher Ingenieure e. V. (2009) VDI 4499Blatt 2: Digitale Fabrik – Digitaler Fabrikbetrieb. VDI Verlag, Düsseldorf
Verein Deutscher Ingenieure e. V. (2009) VDI 5200 Blatt 1: Fabrikplanung – Planungsvorgehen. VDI Verlag, Düsseldorf
Verein Deutscher Ingenieure e. V. (2007) VDI 5600 Fertigungsmanagementsysteme. VDI Verlag, Düsseldorf
W3C OWL Working Group (2009): OWL 2 Web Ontology Language Document Overview. http://www.w3.org/TR/2009/REC-owl2-overview-20091027/#ack. Aufgerufen 4. Juli 2011
Wannewetsch H (2005) Vernetztes Supply Chain Management – SCM-Integration über die gesamte Wertschöpfungskette. Springer, Berlin
Weber K (2006) Inbetriebnahme verfahrenstechnischer Anlagen. Springer, Berlin
Wegener E (2003) Montagegerechte Anlagenplanung. Wiley-VCH, Weinheim
Westkämper E (2004) Technologiekalender als Instrument der strategischen Planung. In: Spath D (Hrsg) Forschungs- und Technologiemanagement. Hanser, München
Westkämper E (2006a) Digitale Produktion. In: Bullinger HJ (Hrsg) Technolgieführer: Grundlagen Anwendungen Trends. Springer, Berlin
Westkämper E (2006b) Einführung in die Organisation der Produktion. Springer, Berlin Heidelberg
Westkämper E (2008a) Digitales Engineering von Fabriken und Prozessen. In: FtK 2008, Gesellschaft für Fertigungstechnik, Stuttgart
Westkämper E (2008b) Fabrikplanung vom Standort bis zum Prozess. In: 8. Deutscher Fachkongreß Fabrikplanung, Ludwigsburg
Westkämper E, Zahn E (2009) Wandlungsfähige Produktionsunternehmen. Springer, Berlin
Wiendahl HP, Nofen D, Klußmann JH, Breitenbach F (2005) Planung modularer Fabriken: Vorgehen und Beispiele aus der Praxis. Hanser, München
Wiendahl HP, Reichardt J, Nyhius P (2009) Handbuch Fabrikplanung – Konzept, Gestaltung und Umsetzung wandlungsfähiger Produktionsstätten. Hanser, München
World Batch Forum (2011) Business to Manufacturing Markup Language (B2MML). http://wbforg.affiniscape.com/displaycommon.cfm?an=1 & subarticlenbr=99. Zugegriffen: 7. Sept. 2012
Wünsch G (2008) Methoden für die virtuelle Inbetriebnahme automatisierter Produktionssysteme. Dissertation, Technische Universität München

Teil V
Nutzung neuer Informationstechnologien für die digitale Produktion

17 Einführung in Trends der Nutzung neuer Informationstechnologien

Dieter Spath

Den stark gestiegenen Anforderungen an Unternehmen, die unter anderem aus der notwendigen Flexibilität in Bezug auf Mengen und Arten, Nachhaltigkeit und Produktindividualisierung resultieren, stehen umwälzende Neuerungen auf Seiten der Informationstechnik als wesentlichem Befähiger der industriellen Produktion gegenüber. Aktuelle Entwicklungen in den Bereichen Hardware, Software und Netzwerktechnik ermöglichen eine immer weitergehende informationstechnische Durchdringung der Produktentstehung und -realisierung und damit deren Unterstützung und Integration mittels digitaler Werkzeuge.

Ein herausragender informationstechnischer Trend wird aktuell als vierte industrielle Revolution, Industrie 4.0, bezeichnet und umfasst die fortschreitende Anbindung von Produkten und gerade auch von Betriebsmitteln als cyber-physische Systeme an das sogenannte Internet der Dinge durch eine zunehmende Vernetzung. Auf der Grundlage der Verfügbarkeit aktueller Detailinformationen aus der Produktion ermöglicht die Industrie 4.0 eine neue Qualität der Verknüpfung von Produktionssystemen mit ihren Modellen in Softwarewerkzeugen zur Planung und Steuerung. Darüber hinaus können mit den nun vorliegenden Rückmeldungen aus der Produktion das Produkt und seine Produzierbarkeit weiterentwickelt werden. Ein weiterer Trend ist die informationstechnische Virtualisierung im Kontext des Cloud Computing. Virtualisiert werden in diesem Zusammenhang nicht nur Server und Speicherplatz, sondern auch Anwendungen, die dann mit Ansätzen wie Software-as-a-Service verfügbar gemacht werden. Durch Leistungssteigerungen im Bereich der Grafikhardware nimmt auch die Verbreitung von 3D-Technologien und realitätsnahen Visualisierungen weiter zu. Entwicklungen aus der Spiele- und Fernsehindustrie

D. Spath (✉)
IAT, Fraunhofer IAO, Fraunhofer-Gesellschaft und Universität Stuttgart,
Nobelstr. 12, 70569 Stuttgart, Deutschland
E-Mail: dieter.spath@iao.fraunhofer.de

E. Westkämper et al. (Hrsg.), *Digitale Produktion*,
DOI 10.1007/978-3-642-20259-9_17, © Springer-Verlag Berlin Heidelberg 2013

sorgen für einen drastischen Preisverfall von Grafikleistung und 3D-Visualisierung und ermöglichen es, immersive Anwendungen nicht nur kostenintensiv in Umgebungen wie Powerwall und CAVE einzusetzen, sondern direkt am Arbeitsplatz. Verstärkt wird dieser Trend noch von preisgünstig verfügbaren neuen Interaktionstechnologien aus der Spieleindustrie, die den Einsatz innovativer Formen der Mensch-Rechner-Interaktion in der digitalen Produktion unterstützen. Immer umfassendere und anwenderfreundlichere Werkzeugplattformen von großen und kleineren Softwareherstellern aus der Anwendungsdomäne ermöglichen darüber hinaus eine immer weitergehende und durchgängigere Unterstützung der an der Produkt- und Produktionsentstehung Beteiligten.

Im Folgenden wird zunächst die konstruktionsintegrierte Arbeitsvorbereitung vorgestellt, ein Ansatz zur Nutzung der mittlerweile verfügbaren umfangreichen Softwarewerkzeugkästen der digitalen Fabrik in der Produktentwicklung. Ziel ist es dabei, Konstrukteuren schon während der Entwicklung des Produkts dessen Produzierbarkeit aufzuzeigen. Durch diese Rückmeldung werden die prozessbezogene Reifung des Produkts beschleunigt und späte Änderungen am Produkt vermieden.

Die Nutzung moderner Visualisierungs- und Interaktionstechnologien zur Unterstützung von an der Produktentstehung Beteiligten wird im Anschluss im Abschnitt Mixed Reality Environments für Konstruktion und Arbeitsvorbereitung aufgezeigt.

Innovative Ansätze der Softwaretechnik wie die Nutzung semantischer Technologien ermöglichen die Realisierung einer abschließend beschriebenen Production-in-the-Loop, mit der auch die künftig mittels Technologien der Industrie 4.0 zur Verfügung stehenden umfassenden Informationen aus der Produktion im Kontext der Produktionsplanung und -steuerung zweckmäßig genutzt werden können.

18 Konstruktionsintegrierte Arbeitsvorbereitung

Holger Eckstein und Jochen Eichert

Der Wandel vom Anbieter- zum Kundenmarkt schreitet weiter fort. Die Unternehmen reagieren auf die daraus resultierenden Anforderungen, indem sie Marktnischen besetzen, kundenindividuelle Produkte und Lösungen anbieten und die Innovationsführerschaft übernehmen. Diese Ansätze sind zwar geeignet zur Sicherstellung der Markterfolge in Branchen wie dem Fahrzeug- und Maschinenbau, aber die mit ihnen verbundene Aufweitung des Produktspektrums mit stark steigender Typen- und Variantenzahl führt häufig zu Produktivitätsverlusten und beeinträchtigt den wirtschaftlichen Erfolg der Unternehmen. Zur Beherrschung der resultierenden Komplexität von Produkten und Prozessen sind ganzheitliche Ansätze erforderlich, um der Gefahr lokaler Optima entlang der Produktentstehung zu begegnen.

18.1 Ausgangssituation, Motivation und Zielsetzung

Die Produkt- und Produktionsentwicklung in Unternehmen ist durch stark arbeitsteilige, funktionsorientierte Strukturen, unterbrochene Abläufe und informationstechnische Insellösungen geprägt. Diese genügen den heutigen markt- und kundenspezifischen Ansprüchen nach geringen Lieferzeiten und hoher Termintreue sowie hoher Produktqualität trotz niedriger Kosten nicht mehr. Die Geschäftsprozesse in den einzelnen Unternehmensbereichen sind nicht auf eine frühzeitige Übergabe von Daten und Informationen an andere Bereiche ausgerichtet. Die Arbeit in der Produktentstehung ist in vielen Unternehmen

H. Eckstein (✉) · J. Eichert
Fraunhofer IAO, Fraunhofer-Gesellschaft
Nobelstraße 12, 70569 Stuttgart, Deutschland
E-Mail: holger.eckstein@iao.fraunhofer.de

J. Eichert
E-Mail: jochen.eichert@iao.fraunhofer.de

E. Westkämper et al. (Hrsg.), *Digitale Produktion*,
DOI 10.1007/978-3-642-20259-9_18,

nach wie vor durch getrennte Fachabteilungen und einem Vorgehen auf der Grundlage zahlreicher Iterationsschleifen geprägt. Die vorhandenen organisatorischen und datentechnischen Schnittstellen führen zu Informationsverlusten sowie unnötigen Iterationen innerhalb und zwischen den Bereichen (Eversheim 2002). Informationen und Erfahrungen aus anderen Fachabteilungen als der eigenen stehen zum Zeitpunkt der Produktentwicklung meist nur in unzureichender Form oder überhaupt nicht zur Verfügung.

Die wirtschaftliche Herstellung hochwertiger Produkte erfordert jedoch, dass Vorgaben und Erkenntnisse aus späten Arbeitsphasen der Produktrealisierung frühzeitig und situationsgerecht in die Produktentwicklung einfließen. Die Grundlagen für ein erfolgreiches Produkt werden vorwiegend in der Konstruktion geschaffen, wodurch dieser Phase eine Schlüsselrolle in der Produktentstehung zukommt. Hier werden die Anforderungen des Kunden und des Markts in Produktlösungen umgesetzt und dabei Entscheidungen getroffen, die in den nachfolgenden Bereichen wie Arbeitsvorbereitung und Produktion nur noch wenig beeinflusst werden können. So werden durch die konstruktive Festlegung eines Produkts auch die Herstellbarkeit und damit der Großteil der später entstehenden Herstellkosten festgelegt. Fehlende Informationen und mangelnde Kenntnisse über die Produktion bedingen später oftmals aufwendige Konstruktionsänderungen oder gar Produktnachbesserungen, die dann ebenfalls erneute Planungsaktivitäten und gegebenenfalls Produktionsänderungen nach sich ziehen.

Produktinformationen bilden die Schnittstelle zwischen der Konstruktion und der Arbeitsvorbereitung. Die Arbeitsvorbereitung ergänzt die Ergebnisse der Konstruktion um Prozess- und Ressourceninformationen. Damit Schnittstellenverluste möglichst vermieden werden, ist eine enge Kopplung zwischen den beiden Bereichen erforderlich.

Ziel der konstruktionsintegrierten Arbeitsvorbereitung ist die effiziente Zusammenführung von Funktionen und Aktivitäten aus Arbeitsvorbereitung und Produktentwicklung sowie die verbesserte Berücksichtigung von Feedback aus nachfolgenden Produktlebenszyklusphasen im Entwicklungsprozess. Im Wesentlichen wird die Integration von Konstruktion und Montageplanung betrachtet, die Vorgehensweise zur Kopplung der Konstruktion mit der Planung der Fertigung erfolgt analog.

Als Basis wurde ein ganzheitliches Prozessmodell zur Integration der Aktivitäten von Konstruktion und Montageplanung entwickelt, das die derzeitig eigenständigen Teilprozesse ablauforientiert zusammenführt sowie die Bereitstellung von Informationen und Wissen der Montagevorbereitung als Rückmeldung in den Entwicklungsprozess unterstützt.

Auf dieser Grundlage wurde ein Reifegradmodell konzipiert, das es dem Konstrukteur ermöglicht, die Montierbarkeit des Produkts im Verlauf des Konstruierens zu optimieren. Im Gegensatz zur alleinigen Bereitstellung der klassischen Gestaltungsregeln für montagegerechte Produkte basiert dieses Vorgehen auf der konsequenten Kopplung von Kriterien zur Montagegerechtheit mit einem durchgängigen Prozessablauf und dedizierten Abstimmungspunkten zur gemeinsamen Bewertung durch Montageplaner und Konstrukteure.

Ebenfalls auf dem Prozessmodell basierend wurde ein methodischer Ansatz für ein Informations- und Wissensmodell erarbeitet und dessen informationstechnische Unterstützung konzeptionell entwickelt. Das Modell ermöglicht zunächst die zeitnahe Abbildung von Feedbackelementen aus der Montageplanung. Die erfassten Feedbackelemente werden dann den an der Entwicklung Beteiligten mit aufgabenspezifischen Detailgraden zeitlich angepasst zur Verfügung gestellt.

18.2 Ablauforientierter Lösungsansatz

Zur Verknüpfung von Entwicklung und Produktionsplanung gibt es bereits verschiedene organisatorische Ansätze, die hauptsächlich auf dem Prinzip des Simultaneous Engineering (Bullinger und Warschat 1995) basieren. Das primäre Ziel dieser Ansätze ist es, eine zeitliche Überlappung der Aufgaben einzelner Unternehmensbereiche zu erreichen beziehungsweise diese zu parallelisieren. So entstanden Konzepte für eine mögliche Zusammenführung der Bereiche Konstruktion und Arbeitsvorbereitung auf der Basis von Matrizen und Informationsmodellen (Bochtler 1996; Gräßler 1999) Weitere Ansätze entwickelten Methodiken, mit deren Hilfe Abläufe beziehungsweise projektbezogene Vorgehenspläne zur Zusammenarbeit von Konstruktion und Montageplanung erstellt werden können (Grunwald 2002; Feldmann 1997). Außerdem wurde ein datentechnisches Modell vorgestellt, das eine Verlagerung von arbeitsplanungsbezogenen Tätigkeiten innerhalb von rechnerbasierten Konstruktionssystemen unterstützt (Grottke 1986). Auch wenn diese Ansätze integrierenden Charakter besitzen, so stellen sie keine durchgehende Verknüpfung der Aktivitäten der Konstruktion mit denen der Arbeitsvorbereitung dar.

Die Einführung von Quality Gates oder anderen Meilensteinen im Produktentstehungsprozess eignen sich für die Beurteilung bezüglich einer vordefinierten Zielerreichung und sind somit Basis für die Bewertung eines Projekts im interdisziplinären Team zu bestimmten Zeitpunkten (Spath et al. 2001). Auch QM-Methoden, wie Qualitätszirkel, Six Sigma, FMEA-Analysen oder die Durchführung der QFD-Methode oder der 8D-Methode, können die Kooperation der Konstruktion und Arbeitsvorbereitung im Projektteam unterstützen. Die Zusammenarbeit geschieht allerdings nur punktuell für bestimmte abgegrenzte Teilaufgaben, beispielsweise um Anforderungen oder Risiken aufzunehmen, den Projektfortschritt zu beurteilen und Lösungsmaßnahmen zu definieren. Für eine schnelle, situative Kopplung der Bereiche ist die systematische Durchführung der genannten Methoden zu aufwendig. Zur Verwendung dieser Ansätze ist außerdem immer auch ein dedizierter, integrativer Prozess notwendig.

Ein informationstechnischer Ansatz zur Integration der beiden Bereiche wird mit Hilfe von Produktdatenmanagement- beziehungsweise Produktlebenszyklusmanagement-Systemen (PDM/PLM) im Rahmen der digitalen Fabrik verfolgt: In der Produktentstehung kommen unterschiedliche Systeme zum Einsatz, die auf die spezifischen Arbeitsinhalte der jeweiligen Nutzer ausgerichtet sind. So wurden CAD/CAE-Systeme entwickelt, die dem Entwurf und der Optimierung von Produktmodellen dienen und somit in der Konstruktion Anwendung finden. Abgeleitet von 3D-CAD Modellen kann den an der Produktentstehung Beteiligten das vollständige Produkt auch als digitaler Zusammenbau (DMU) frühzeitig für ein virtuelles Prototyping und zur Planung zur Verfügung gestellt werden (Spath et al. 2007). Rechnergestützte Arbeitsplanung erfolgt hingegen mit CAP-Systemen, die ebenfalls auf Produktdatensätze aus der Konstruktion aufbauen. PDM-/PLM-Systeme unterstützen nun einerseits die strukturierte und konsistente Verwaltung der erzeugten Daten und andererseits den Prozessablauf (Workflow) entlang der Produktentstehung. Allerdings genügen die Möglichkeiten der PDM-/PLM-Systeme den Anforderungen zur Daten- und Prozessintegration noch nicht vollständig (VDI 4499 2008). Auch hier setzt der rechnergestützte Einsatz eines Ablaufs ein bestehendes Prozessmodell zur Integration voraus. Dieses Prozessmodell ist als grundlegendes Ergebnis im nachfolgenden Unterkapitel beschrieben. Seine Anwendung gewährleistet die Ablauforientierung der weiteren Resultate.

Spezielle Konstruktionsmethoden, wie Design for Assembly, fördern das montagegerechte Konstruieren, indem die Anzahl notwendiger Bauteile reduziert wird und deren Montierbarkeit verbessert wird (Spath 2006). Dies kann helfen, die Anzahl der Iterationen zwischen den beiden Bereichen zu reduzieren. Die Bedeutung und das Potential einer montagegerechten Produktgestaltung sind schon früh in das Bewusstsein der Technologen, Planer und Konstrukteure gerückt (Lotter und Wiendahl 2006). So erkannte beispielsweise Boothroyd, dass die Berücksichtigung von Fertigung und Montage während der Produktentwicklung das größte Potential für eine signifikante Senkung der Herstellkosten und eine Erhöhung der Produktivität birgt (Boothroyd 1992). Nach der von Boothroyd und Dewhurst entwickelten Methode Design for Manufacture and Assembly (DFMA) bedeutet montagegerechte Konstruktion die derartige Auslegung eines Produkts, dass es möglichst einfach zu montieren ist (Boothroyd und Dewhurst 2002). Nach Pahl und Beitz (Pahl und Beitz 2007) ist eine montagegerechte Konstruktion von den Montageoperationen, einer montagegerechten Baustruktur, einer montagegerechten Gestaltung der Fügestellen sowie einer montagegerechten Gestaltung der Fügeteile abhängig.

Zur Umsetzung der montagegerechten Konstruktion wurden Leitlinien entwickelt beziehungsweise Kataloge mit Gestaltungskriterien erstellt (Lotter und Wiendahl 2006; Boothroyd und Dewhurst 2002; Pahl und Beitz 2007). Spätere, meist zeitaufwendige Anpassungen und Änderungen der Konstruktion sind zu vermeiden beziehungsweise auf ein Minimum zu beschränken. Deshalb ist es notwendig, dass bereits mit Beginn der ersten Entwicklungsphase eine konsequente, dem Detaillierungsgrad des Produktmodells angepasste Berücksichtigung dieser Leitlinien zur montagegerechten Konstruktion erfolgen muss. Die vollständige Anwendung aller Regeln und Empfehlungen zur Montagegerechtheit in jedem Prozessschritt ist nicht erforderlich. Dieser Umstand wird durch das entwickelte und unten beschriebene Produktreifegradmodell beachtet.

Bestehende Ansätze von Feedback-Modellen befassen sich mit der gezielten Erfassung, Speicherung und Wiederverwendung von Informationen aus nachfolgenden Phasen des Produktlebenszyklus in die Produktentwicklung (Woll 1994; Koch et al. 2003; Schulte 2006). Allerdings sind diese Ansätze nicht auf eine ablauforientierte Integration von Konstruktion und Arbeitsvorbereitung ausgelegt. So können zwar zukünftige Konstruktionen von diesen zurückgeführten Informationen in Form von Wissensdatenbanken profitieren, aber aktuelle Konstruktionen werden dabei nicht gezielt durch die Arbeitsvorbereitung auf ihre Produktionsreife überprüft. Ein unmittelbares, inhaltlich und zeitlich angepasstes Feedback findet nicht systematisch statt. Das nachfolgend konzipierte Informations- und

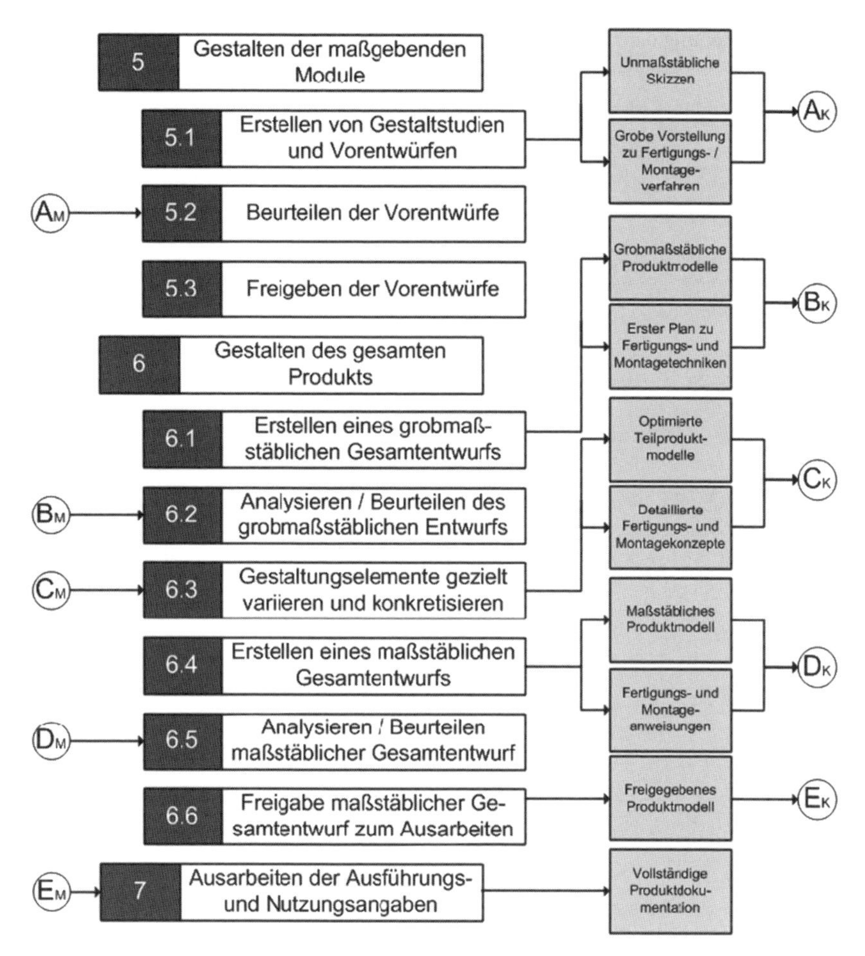

Abb. 18.1 Teilauszug des Konstruktionsprozesses mit Verbindungen zur Montageplanung

Wissensmodell stellt dem Konstrukteur dagegen zeitnah das Feedback der Montageplanung aufgabenspezifisch und ablauforientiert zur Verfügung.

18.3 Ergebnisse – Entwickelte Lösungen

Das Prozessmodell zur Integration von Konstruktion und Montageplanung nach (Eckstein et al. 2010) wird in Abb. 18.1, 18.2, 18.3 und 18.4 in Form von Ablaufdiagrammen dargestellt. Es veranschaulicht mögliche Abstimmungspunkte aus Konstruktion und Montageplanung. Diese Kopplungspunkte haben alle ihren Ursprung im Konstruktionsprozess, wobei an diesen Punkten das Produktmodell mit allen zugehörigen Daten in Abhängigkeit vom jeweiligen Entwicklungsstand zum frühestmöglichen Zeitpunkt an die Montageplanung weitergegeben wird. Diese Informationen werden dort verarbeitet und anschließend

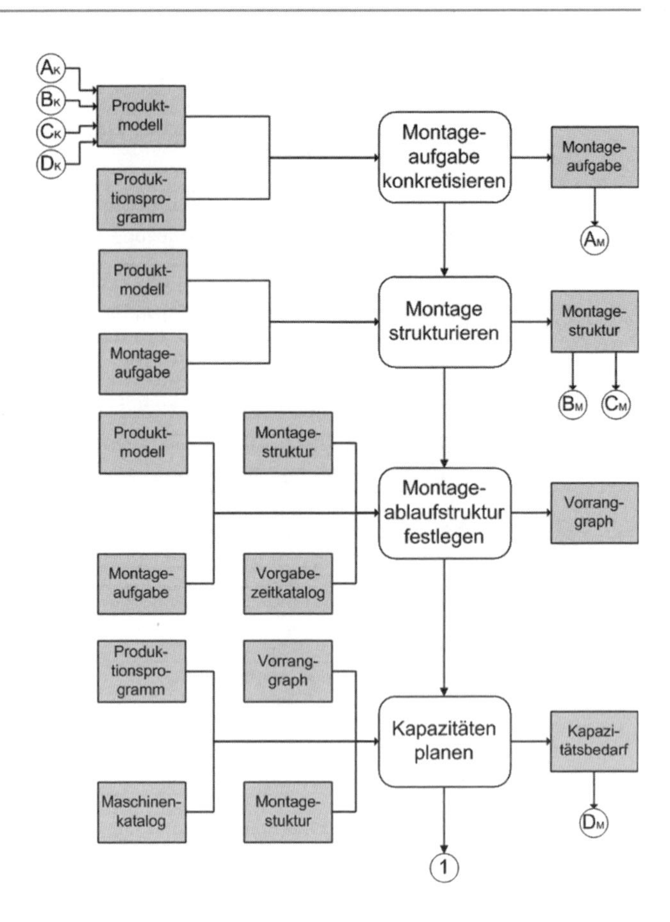

Abb. 18.2 Grobplanung der Montage (I)

wieder als erforderliche Rückmeldungen in den Konstruktionsprozess zurückgeführt. Der in Abb. 18.1 abgebildete Auszug des Konstruktionsprozesses sowie die Ergebnisse beziehen sich auf die Arbeitsabschnitte 5 „Gestalten der maßgebenden Module" bis 7 „Ausarbeitung" der VDI-Richtlinien 2221 (VDI 2221 1993) und 2223 (VDI 2223 2004). Zur Erhöhung der Übersichtlichkeit sind hier allerdings nur die für die Montageplanung relevanten Ergebnisse der Entwurfsphase dargestellt. Weitere Inhalte, wie Produktsimulationen oder FEM-Berechnungen, werden in diesem Prozessmodell nicht berücksichtigt, da sie keinen direkten Bezug zur Montageplanung haben.

Der Montageplanungsprozess orientiert sich an der Montageplanungssystematik des Fraunhofer IAO (Bullinger 1986, 1995). Da die jeweiligen Eingangs- und Ausgangsinformationen der einzelnen Aktivitäten in der Montageplanung vielfältig und komplex sind, wird für die Montageplanung in Abb. 18.2, 18.3 und 18.4 ein erweitertes Prozessmodell vorgestellt, welches Eingangs- und Ausgangsinformationen jedem Prozessschritt zuordnet. Dabei wird die Montageplanung in zwei Phasen gegliedert, die Grobplanung und die Feinplanung. Die Grobplanung wird hierfür detaillierter betrachtet, da ein frühzeitiges Zusammenwirken und Abstimmen mit der Konstruktion das größte Optimierungspotential bietet. Dies wirkt sich insbesondere vorteilhaft auf die Aufwands- und Zeitreduktion sowie Fehlerquellen- und Änderungsminimierung aus.

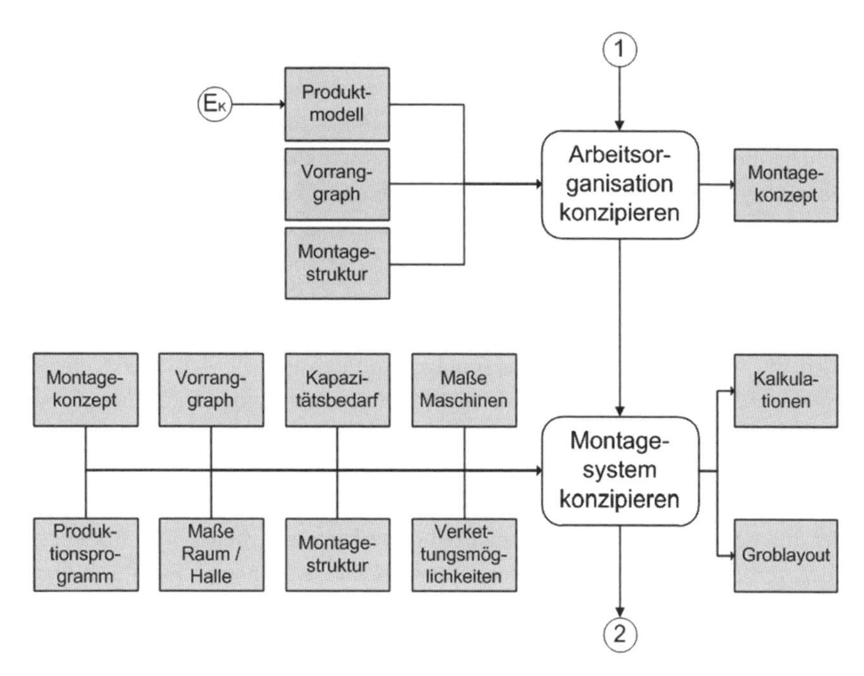

Abb. 18.3 Grobplanung der Montage (II)

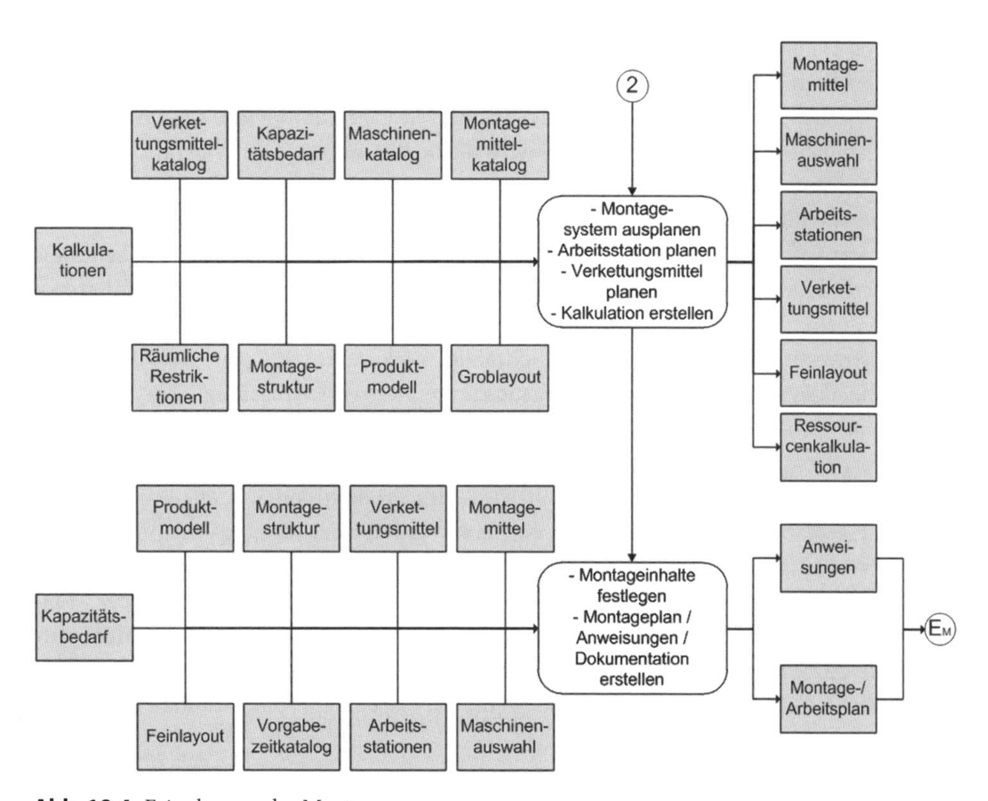

Abb. 18.4 Feinplanung der Montage

In Arbeitsschritt 5.1 der VDI-Richtlinie 2223 werden unmaßstäbliche Skizzen zur ersten Darstellung der Produktgestalt erstellt, mit denen auch ungefähre Vorstellungen zu Fertigungs- und Montageverfahren einhergehen, dargestellt in Verbindung A_K in Abb. 18.1. Wesentliche Produktmodule und deren Elemente sind dabei bereits schemenhaft bekannt und die wichtigsten Funktionsträger werden abgebildet. Die an dieser Stelle des Konstruktionsprozesses erstellten Informationen können somit erstmals an die Montageplanung weitergegeben werden, dargestellt in Verbindung A_K in Abb. 18.2.

Mit diesen Eingangsinformationen kann die Montageplanung angestoßen werden und ermöglicht eine erste Analyse der Montageaufgabe. Zu dieser Analyse sind zudem Informationen über mögliche Arten von Montagetechniken erforderlich. Diese erste Überprüfung der Montageaufgabe wird als Information (A_M) in den Konstruktionsprozess in Arbeitsschritt 5.2 (Abb. 18.1) zurückgeführt. Somit erhält die Konstruktion ein erstes Feedback bezüglich möglicher anwendbarer Fügeverfahren und -techniken. Durch diese als Konstruktionskritik bekannte Absprache zwischen Konstruktion und Montageplanung wird der durchzuführenden Beurteilung der Vorentwürfe in Arbeitsschritt 5.2 eine höhere Sicherheit verliehen und später anfallende Iterationen des Konstruktions- und Planungsprozesses werden verringert.

In Arbeitsschritt 6.1 wird als Ergebnis (B_K) ein grobmaßstäbliches Produktmodell erarbeitet, das eine genauere Darstellung der Produktgestalt beinhaltet. Unwesentliche Details werden dabei lediglich durch Umrisse beziehungsweise Hüllkonturen dargestellt. Das Produktmodell umfasst in dieser Detaillierung auch eine vorläufige Produktstruktur mit lieferbaren Halbzeugen und Zulieferkomponenten. Außerdem wird ein erster Plan zu den möglichen Fertigungs- und Montagetechniken entworfen. Diese Arbeitsergebnisse (B_K) werden wie beim ersten Kopplungspunkt in die Montageplanung zur Bestimmung der Montageaufgabe weitergegeben. Hierbei wird die bereits mit (A_K) durchgeführte Analyse der Montageaufgabe wieder aufgenommen und weiter konkretisiert. Anhand der nun vorliegenden Detaillierung lässt sich bereits ein produktorientiertes, lösungsneutrales Montagepflichtenheft erstellen. Hierzu werden zusätzliche Rahmenbedingungen wie benötigte oder vorhandene Technologien und Qualifikationen berücksichtigt. Es fließen außerdem weitere Informationen aus dem Produktionsprogramm mit ein, wie beispielsweise Anlauftermine, Investitionsvolumina sowie Stückzahlen und -schwankungen. Darüber hinaus werden bei der Analyse der Montageaufgabe auch Automatisierungsmöglichkeiten untersucht (Jonas 2000).

Im Vergleich zum ersten Kopplungspunkt wird mit der zu diesem Zeitpunkt vorliegenden Montageaufgabe und der Detaillierung des Produktmodells der nächste Schritt der Montageplanung durchgeführt und eine erste Struktur der Montage bestimmt. Dabei können vorläufige Montagestücklisten erstellt und der Automatisierungsgrad analysiert werden. Mit diesen noch unvollständigen Informationen kann das Pflichtenheft der Montage erweitert werden. Diese Informationen (B_M) fließen in Arbeitsschritt 6.2 der VDI-Richtlinie 2223 zur Beurteilung des grobmaßstäblichen Gesamtentwurfs zurück. Durch die mögliche Aufteilung in verschiedene vormontierbare Baugruppen können die Anforderungen des Montagepflichtenhefts präziser überprüft und zusätzlich bei der Beurteilung berücksichtigt werden.

In Arbeitsschritt 6.3 werden einzelne Gestaltungselemente durch systematisches Variieren und Konkretisieren gezielt verbessert. Dabei werden makrogeometrische Eigenschaften (beispielsweise Form, Abmessung), mikrogeometrische Eigenschaften (beispielsweise Oberflächengüte, Toleranzen) und Werkstoffeigenschaften variiert und explizit festgelegt. Dadurch ergeben sich als wesentliche Ausgangsgrößen (C_K) ein grobmaßstäbliches Produktmodell mit optimierten Teilproduktmodellen und ein weiter detailliertes Konzept der Fertigungs- und Montagetechniken. Anhand dieser Informationen (C_K) ist eine Konkretisierung von Montageaufgabe und Montagestruktur realisierbar (C_M). Da diese Informationen (C_M) in einer Schleife in den Arbeitsschritt 6.3 zurückgeführt werden, werden die Auswirkungen auf die Montage der einzelnen Teilproduktmodelle besser beachtet und die Konstruktionsergebnisse damit iterativ optimiert.

In Arbeitsschritt 6.4 werden ein maßstäbliches Produktmodell und konkrete, auf der Konstruktion begründete Fertigungs- und Montageanweisungen ausgearbeitet, die nun an die Montageplanung übergeben werden (D_K). Das Produktmodell verfügt jetzt über eine Detaillierung, mit dem die bereits in den vorherigen Kopplungspunkten erstellte Montageaufgabe vollständig bestimmt und die Strukturierung der Montage abgeschlossen werden kann. Mit den nunmehr vorhandenen Konstruktionsständen (D_K) wird die Grobplanung mit der Erstellung der Montagereihenfolgen und der Kapazitätsplanung weitergeführt. Dies ist erst zu diesem Zeitpunkt möglich, da die Ausführung mit den Detailstufen (A_K) bis (C_K) aus der Konstruktion nicht sinnvoll erscheint und weil durch die Variationen (C_K) grundlegende Änderungen der Montagetätigkeiten möglich sind, was wiederum eine erneute Durchführung dieser Planungsschritte erfordern würde.

Zur Festlegung der Montagereihenfolge werden nun Vorranggraphen mit Hilfe eines zusätzlichen Vorgabezeitkatalogs erstellt, Abb. 18.2. Vorranggraphen definieren den frühesten oder spätesten Zeitpunkt, wann ein Werkstück oder eine Baugruppe montierbar ist und geben die Zeitdauer der einzelnen Tätigkeiten an, erfassen aber auch mögliche Automatisierungsblöcke. Zunächst werden Graphen für die einzelnen Arbeitsschritte erstellt, bevor diese dann zu einem produktspezifischen Vorranggraph zusammengefasst werden. Hierdurch wird die Montageablaufstruktur charakterisiert (Bullinger 1986). Außerdem wird auf Grundlage der zu diesem Zeitpunkt vorhandenen Informationen aus der Konstruktion (D_K) und den bereits geplanten Elementen die Planung der Kapazitäten ausgeführt. Dabei erfolgen erste Abschätzungen des Bedarfs an Mitarbeitern und des Materialflusses, also welches Material in welcher Zeit benötigt wird, und es wird eine Mengen-/Arteilung der Montagetätigkeiten vorgenommen. Die Eingangsinformationen beinhalten hierbei die Montagestruktur, den Vorranggraph und die damit einhergehenden Zeiten, das Produktionsprogramm sowie einen Maschinenkatalog zur Maschinenvorauswahl.

Die bis hierhin erstellten Planungsergebnisse gelangen als erforderliche Rückmeldung (D_M) in den Konstruktionsprozess zur Beurteilung des maßstäblichen Gesamtentwurfs in Arbeitsschritt 6.5. In den Arbeitsschritten 6.4 und 6.5 werden durch die Optimierung der Gestaltungselemente oftmals Schwachstellen lokalisiert, die iterativ behoben werden müssen. Durch die frühe Einbeziehung der Montageplanung können insbesondere späte, zeit- und kostenintensive Schleifen im Entwicklungsprozess vermieden werden.

In Arbeitsschritt 6.6 des Konstruktionsprozesses wird der maßstäbliche Gesamtentwurf durch ein interdisziplinäres Team freigegeben. Mit der Freigabe des Produktmodells (E_K) ist erstmals die durchgehende, vollständige Planung der Montage sinnvoll. Grund dafür ist zum einen, dass die anschließenden Planungsschritte sehr zeitaufwendig sind, wohingegen der Nutzen zur Verbesserung des Gesamtentwurfs aufgrund des Feedbacks der Montageplanung zu diesem Zeitpunkt als gering einzuschätzen ist. Zum anderen ist bis zur Freigabe des Produktmodells noch mit Änderungen des Gesamtentwurfs zu rechnen, weshalb die weiterführende Planung erst mit den konkreten und freigegebenen Daten und Informationen angemessen durchführbar ist. Da sich die Informationen (E_K) zu den letzten Ergebnissen des vorherigen Übergabepunkts D_K aus Arbeitsschritt 6.4 der VDI-Richtlinie 2223 lediglich durch die Freigabe unterscheiden, werden diese Informationen direkt zur Durchführung des Montageplanungsschritts Konzeption der Arbeitsorganisation und für die nachfolgenden Planungsschritte verwendet, ohne nochmals die frühen Arbeitsschritte der Grobplanung durchlaufen zu müssen, Abb. 18.3.

Die Konzeption der Arbeitsorganisation entwirft ein Montagekonzept, bei dem auf Grundlage der vorgesehenen Flussprinzipien eine oder mehrere Tätigkeiten den jeweiligen Arbeitsplätzen als Einzel-, Partner- oder Gruppen- und Fließarbeitsplätze zugeordnet werden. Zusätzlich sind die Montagestruktur und der produktspezifische Vorranggraph mit den einzelnen Montagevorgängen als Eingangsgrößen erforderlich.

Anschließend erfolgt die Konzeption des Montagesystems. Die hierfür benötigten Eingangsgrößen sind die Ergebnisse aus den vorherigen Planungsschritten sowie Informationen über die Maße von Maschinen und verfügbaren Räumlichkeiten, Möglichkeiten der Verkettung der Arbeitsplätze und Daten wie Stückzahlen aus dem Produktionsprogramm. Als Planungsergebnisse gehen Abschätzungen zu Investitionen und Arbeitssystemwerten sowie verschiedene Alternativen für das Groblayout hervor. Diese beinhalten die Prinziplösungen des geplanten Montagesystems sowie die Material- und Informationsflüsse zwischen den Montage- und Arbeitsstationen. Sie bestimmen somit die Anordnungsreihenfolgen auf Grundlage räumlicher Restriktionen und Maße.

In der Feinplanung (Abb. 18.4) werden die Arbeitsergebnisse der Grobplanung vollständig übernommen und mit zusätzlichen Eingangsgrößen, wie Daten über Montagemittel, räumliche Restriktionen und Maschinen, wird als erster Schritt das Montagesystem detailliert durchgeplant.

Bei der Detaillierung des Montagesystems wird der gesamte Montagesystemablauf mit allen Materialbereitstellungsstrategien, nötigen Maschinen und Montagemitteln konzipiert. Dabei werden die möglichen Verkettungsmittel wie Förderbänder oder Stapler sowie Größe und Anzahl der Puffer zwischen den Arbeitsplätzen bestimmt. Darauf folgend werden konkrete Inhalte der Arbeitsstationen und die Arbeitsplatzgestaltung festgelegt, wobei insbesondere auch ergonomische Aspekte berücksichtigt werden. Durch diese Modifikationen und Optimierungen des Groblayouts wird unter der Berücksichtigung der räumlichen Restriktionen das Feinlayout des Montagesystems erstellt. Außerdem wird eine Ressourcenkalkulation mit detaillierten Kapazitäts- und Investitionsplanungen generiert. Es wird zum einen der Arbeitssystemwert ermittelt, zum anderen ein Wirtschaftlichkeitsvergleich anhand statischer und dynamischer Verfahren vorgenommen.

Um die Feinplanung vollständig abzuschließen, werden Arbeitsanweisungen für die Mitarbeiter sowie Montage- und Arbeitspläne für die Bedienung der Maschinen erstellt. Als Eingangsgrößen dienen hierbei neben den in der Grobplanung erzeugten Daten die erarbeiteten Ergebnisse des vorherigen Planungsschritts Montagesystem durchplanen. Anhand der Informationen aus den konzipierten Arbeitsstationen und den Montagemitteln können die im Montageplan festgehaltenen Montageinhalte bestimmt und die Montagemittel der Montagetätigkeit zugeordnet werden. Über ein System bestimmter Vorgabezeiten (beispielsweise MTM-Zeitermittlung) können die zeitlichen Abläufe der Montage festgehalten werden. Neben den Anweisungen zur Bedienung der Maschinen werden auch die Maschinensteueranweisungen (beispielsweise NC-Programme) im Montageplan definiert. Abschließend werden alle relevanten Daten und Informationen für den Montageablauf in Arbeitsplänen dokumentiert.

Der Entwicklungsprozess wird gemäß Arbeitsabschnitt 7 der VDI-Richtlinie 2221 mit der Ausarbeitung der Produktdokumentation abgeschlossen, Abb. 18.1. Die produktbezogenen Resultate der Feinplanung (E_M) fließen zum Abschluss in die vollständige Produktdokumentation mit ein, da die produktbezogenen Montageplanungsergebnisse ebenso wie die Ergebnisse aus der Konstruktion Teil der Produktdokumentation sind.

Auf Basis des soeben vorgestellten Prozessmodells wurde ein Produktreifegradmodell entwickelt (Eichert und Eckstein 2011), das die Montagereife des Produkts bereits mit Beginn und im Verlauf der Konstruktion erhöhen und sicherstellen soll. Für die Beschreibung des Reifegradmodells sind als Kern des Prozessmodells die Kopplungspunkte A bis D in Abb. 18.1 und 18.2 maßgeblich, die vor allem die frühzeitige Weitergabe von Inhalten aus der Konstruktion in die Montageplanung hervorheben und das notwendige, unverzügliche Feedback aus der Planung unterstreichen. Es ist unerlässlich, dass Regeln und Empfehlungen zur montagegerechten Konstruktion bereits frühzeitig mit der ersten Entwurfsphase und entlang des Konstruktionsprozesses stetig und strukturiert angewendet werden, um späte, meist umfangreiche Iterationen erzwingende Modifikationen zu minimieren. Hierfür konnten erarbeitete Kriterien beziehungsweise ausführliche, verfügbare Kataloge mit Gestaltungsrichtlinien berücksichtigt werden (Lotter und Wiendahl 2006; Boothroyd und Dewhurst 2002; Pahl und Beitz 2007).

Es ist allerdings unzweckmäßig, alle Leitlinien und Gestaltungsregeln zur Montagegerechtheit von Beginn der Vorentwürfe explizit heranzuziehen und einzusetzen. Vielmehr sollte zur Ausgewogenheit zwischen Aufwand und Nutzen die Detailbetrachtung der Kriterien im Verhältnis zum Fortschritt der Detaillierung der Konstruktion stehen. Das entwickelte Reifegradmodell berücksichtigt diese Erwägungen. Es bildet für die im integrativen Prozessmodell definierten Kopplungspunkte die jeweils relevanten Kriterien zur Montagegerechtheit in der jeweils erforderlichen Detaillierung ab, Abb. 18.5.

Die in der Tabelle aufgeführten Kriterien haben keinesfalls den Anspruch der Vollständigkeit. Sie sollen vielmehr veranschaulichen, wie mit Fortschreiten des konstruktiven Detaillierungsgrads des Produktmodells entsprechend auch die Kriterien zur Festlegung und Beurteilung der Montagereife eines Produkts immer detaillierter werden. Es wird offen-

Kriterien zur Montagegerechtheit/Kopplungspunkte gemäß Prozessmodell	A	B	C	D
Möglichst wenige und erprobte Funktionsträger	X			
Unnötige Produktfunktionen vermeiden	X	X	X	
Abgeschlossene Funktionsbaugruppen bevorzugen	X	X	X	
Viele eigenständige Baugruppen	X	X	X	
Variantenabhängige nicht mit neutralen Baugruppen zusammenfassen	X	X	X	
Schicht-, Nest-, Baukastenbauweise, da montagefreundlich	X	X	X	
Zwangsfolgen vermeiden; beliebige Montagereihenfolgen ermöglichen	X	X	X	
Standard- und Normteile verwenden	X	X	X	X
Minimum an Bauteilen, Fügeteilen	X	X	X	X
Minimierung Montage-Richtungen	X	X	X	X
Einfache Bewegungsmuster beim Fügen	X	X	X	X
Biegeweiche, elastische Teile vermeiden	X	X	X	X
Baugruppen mit einheitlichen Schnittstellen		X	X	X
Basisteile mit ausgeprägten Stand-, Auflage- und Spannflächen		X	X	X
Ausreichende Freiräume zur Handhabung		X	X	X
Komplexe Bewegungsabläufe vermeiden		X	X	X
Separate Verbindungsmittel meiden		X	X	X
Dichtarbeiten auf Minimum		X	X	X
Verpackungs-, Stapel-, Transportfreundlichkeit		X	X	X
Prüf- und testfreundlich; nur vorgeprüfte Baugruppen in Montage		X	X	X
Rationelle Bindungsverfahren (z.B. Snap-in)			X	X
Fertige Baugruppen standsicher und magazinierbar			X	X
Vermeidung unnötig enger Toleranzen und Überbestimmungen			X	X
Keine weiteren Arbeitsgänge nach Fügen (z.B. Nachpressen, Entgraten, Reinigen)			X	X
Erleichterte Orientierungsvorgänge durch Formelemente			X	X
Möglichst viele Symmetrien oder deutlich erkennbare Unsymmetrien			X	X
Griffstellen und -punkte in Schwerpunktnähe			X	X
Eindeutige und stabile Lagen bei Förderung			X	X
Verbindungsmittel, die zur automatisierten Montage günstig sind			X	X
Teile, die sich im Haufwerk verhaken können, vermeiden			X	X
Raumsparende Magazinierung möglich			X	X
Hohe Oberflächenanforderungen vermeiden			X	X
Gut zugängliche und belastbare Griffflächen				X
Justiervorgänge durch Selbsteinstellung ersetzen (z.B. Feder statt Stellschraube)				X
Vermeiden von Fügestellen, die erhöhte Bewegungskoordination erfordern				X
Vermeiden von Luftpolstern (z.B. Bolzen in Sackloch)				X
Vereinfachtes Positionieren durch Fügefasen und Vorzentrierungen				X
Einführhilfen (z.B. Zentrierabsätze, Suchstifte, etc.)				X
Führungsflächen zum sicheren Führen ohne Beschädigung anderer Flächen				X

Abb. 18.5 Zuordnung von Kriterien der Montagegerechtheit zu Kopplungspunkten

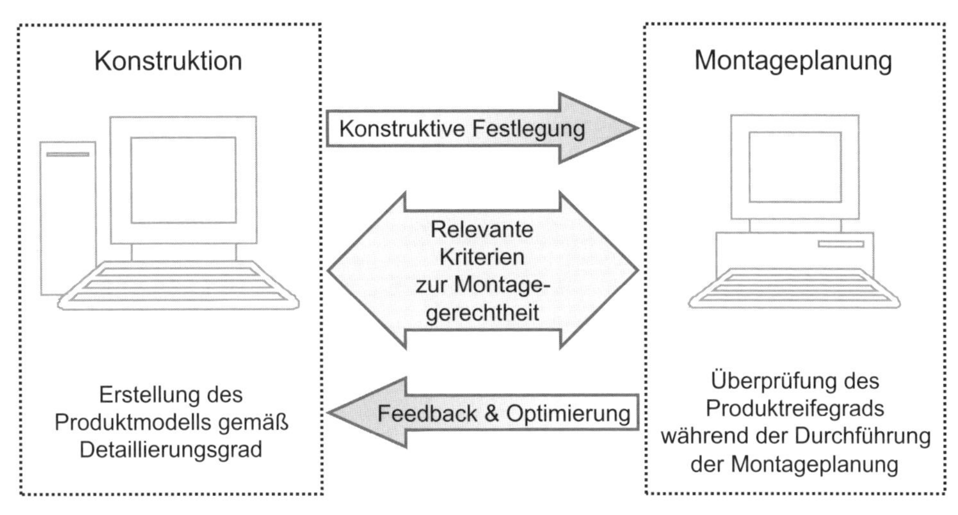

Abb. 18.6 Sicherstellung des montageorientierten Produktreifegrads

sichtlich, dass die meisten Gestaltungskriterien zur Montagegerechtheit nicht nur jeweils einem einzelnen Kopplungspunkt direkt zugeordnet werden können, sondern über mehrere Arbeitsschritte der Konstruktion hinweg zu berücksichtigen sind, wie beispielsweise die Bevorzugung von Standard- und Normteilen in jeder Detaillierungsphase des Produkts. Weiterhin ist es sinnvoll, frühzeitig firmenspezifische und strategische Anforderungen und Rahmenbedingungen, wie etwa Vorgaben zum angestrebten Automatisierungsgrad oder der Standortauswahl, zur Berücksichtigung vorhandener Maschinenbestände für bestimmte Technologien (beispielsweise Kleben oder Schweißen), Abmaße oder Toleranzen zu definieren, damit diese bereits während der Konstruktion berücksichtigt werden.

Eine erfolgreiche Einführung eines Produktreifegradmodells setzt vornehmlich einen durchgängigen, klar strukturierten Prozessablauf voraus, bei dem sowohl Konstruktion als auch Planung pro-aktiv und im Dialog zur Sicherstellung der Montagegerechtheit beitragen, Abb. 18.6. Dazu legt der Konstrukteur seine Bauteile und Baugruppen bereits im Hinblick auf die Montage aus, und der Planer analysiert spätestens bei jedem Kopplungspunkt das Produktmodell direkt während der Durchführung der Planungsaufgaben hinsichtlich seiner Montierbarkeit und meldet Probleme und gegebenenfalls konstruktive Änderungsmöglichkeiten zur Optimierung an die Konstruktion zurück.

Das im Folgenden beschriebene Informations- und Wissensmodell für die konstruktionsintegrierte Arbeitvorbereitung soll dazu dienen, dass Informationen und Wissen aus der Montageplanung in der Konstruktion als direktes, produktbezogenes Feedback situationsgerecht und aufgabenspezifisch zur Verfügung stehen. Zum Gesamtkonzept gehören effiziente Mittel zum Erfassen von Feedback, Benachrichtigungsmechanismen zur Verfügbarkeit von Informationen, geeignete Formen zur Bereitstellung im jeweiligen Arbeitsumfeld, Verfahren zur Nachverfolgbarkeit der Bearbeitung sowie Methoden zur projektübergreifenden Wiederverwendung des gesammelten Wissens.

Abb. 18.7 Notwendige Feedbackelemente des Informations- und Wissensmodells

Notwendige Elemente des Feedbacks	
1. Produkteigenschaften	2. Montageeigenschaften
Was?	*Warum?*
Verortung an Produktelementen als Ergebnisse der Konstruktion (Produktmodell oder begleitende Unterlagen)	Begründung durch Problembeschreibung auf Basis der Montagetätigkeit
Beispiele: Geometrie, Werkstoffe, Toleranzen	Beispiele: Fügeschritt, Montageverfahren, Automatisierungsgrad

Vor diesem Hintergrund ist es essenziell, dass das Feedback systematisch, methodisch, strukturiert und formalisiert erfasst, verarbeitet und bereitgestellt wird. Wie in Abb. 18.7 dargestellt, lässt sich das Feedback generell in zwei notwendige Feedbackelemente gliedern: die Produkteigenschaften und die Montageeigenschaften.

Unter Produkteigenschaften sind die Aspekte zu verstehen, die in unmittelbarem Bezug zum Produktmodell stehen, wie etwa Dimensionen und Bauraum, Geometrie, Form und Gestalt, Material und Rohstoffe, Gewichte, Toleranzen und Passungen sowie Gestaltungsrichtlinien und –normen, die das Produkt, seine Baugruppen und Einzelteile definieren. Dieses Feedbackelement stellt die direkte Zuordnung der Änderungsanfrage zu einem oder mehreren bestimmten Produktelementen im Produktmodell sicher, also was geändert werden soll. Es gibt in der Sprache des Konstrukteurs an, für welche Teile im Produktmodell aus Sicht der Planung ein Änderungsbedarf zur Erhöhung der Montagereife besteht. Außerdem wird mit dem Wissensmodell eine automatische Weiterleitung der Rückmeldung zum verantwortlichen Konstrukteur beziehungsweise den verantwortlichen Konstrukteuren ermöglicht, da die Zuständigkeit für jedes Einzelteil von Beginn der Konstruktion an festgelegt ist.

Die Montageeigenschaften stellen dagegen den Auslöser für das Feedback dar. Sie beschreiben das Problem auf Basis der Montagetätigkeit und geben somit den Grund des Feedbacks an, also warum geändert werden soll. Diese Beschreibung ist nicht direkt aus dem Produktmodell ablesbar. Sie beinhaltet beispielsweise Informationen oder Vorgaben zu zentralen Kerntechnologien, Montageschritten, -verfahren und -techniken, Vorrichtungen und Werkzeugen, der Anzahl von Bearbeitungsvorgängen, dem Automatisierungsgrad, der Qualitätsprüfung oder bezüglich der Verwendung bestimmter Maschinen, Arbeitsplätze, Betriebsmittel, Puffer und Transportmittel, aber auch Aspekte der Anthropometrie und Arbeitsphysiologie.

Das vorliegende Informations- und Wissensmodell sieht vor, dass Feedback seitens der Montageplanung grundsätzlich sowohl die produktbezogenen als auch die montagebezogenen Bestandteile enthält und es muss so genau wie möglich beschrieben beziehungsweise spezifiziert werden, welche Elemente konstruktiv geändert werden sollten und was der

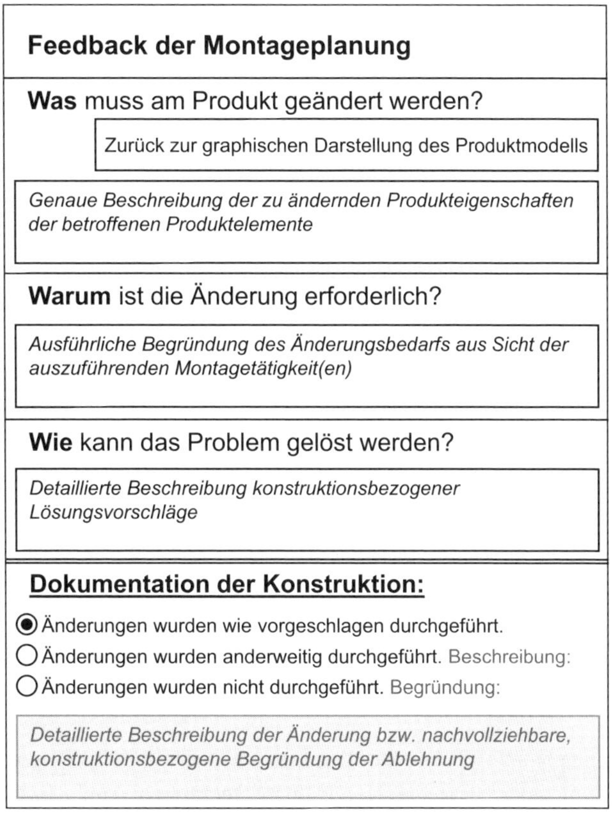

Abb. 18.8 Beispielhafte Darstellung des Feedback-Formulars

Feedback der Montageplanung

Was muss am Produkt geändert werden?

Zurück zur graphischen Darstellung des Produktmodells

Genaue Beschreibung der zu ändernden Produkteigenschaften der betroffenen Produktelemente

Warum ist die Änderung erforderlich?

Ausführliche Begründung des Änderungsbedarfs aus Sicht der auszuführenden Montagetätigkeit(en)

Wie kann das Problem gelöst werden?

Detaillierte Beschreibung konstruktionsbezogener Lösungsvorschläge

Dokumentation der Konstruktion:

◉ Änderungen wurden wie vorgeschlagen durchgeführt.
○ Änderungen wurden anderweitig durchgeführt. Beschreibung:
○ Änderungen wurden nicht durchgeführt. Begründung:

Detaillierte Beschreibung der Änderung bzw. nachvollziehbare, konstruktionsbezogene Begründung der Ablehnung

Grund dafür ist. Genauso ist seitens der Konstruktion auch die Berücksichtung oder die Ablehnung einer Anpassung zu dokumentieren und insbesondere die abschlägige Antwort nachvollziehbar, konstruktionsbezogen zu begründen. Weitere Inhalte als Feedback sind nicht zwingend erforderlich, da im Minimalfall der Bezug zum Produktmodell und der Grund der Änderung genügt, damit der Konstrukteur die Montierbarkeit des Produktmodells verbessern kann. Sofern bekannt, sollte die Montageplanung konstruktionsbezogene Lösungsmöglichkeiten so konkret wie möglich vorschlagen, also Optionen benennen, wie die Montierbarkeit verbessert werden kann.

Die Vorgehensweise zur Aufnahme des Feedbacks aus der Montageplanung verfolgt einen pragmatischen Ansatz. Sobald Änderungsbedarf bei der Überprüfung des Produktmodells mit den verschiedenen, relevanten Produkteigenschaften erkannt wird, erfasst der Planer das Feedback umgehend in der verwendeten Anwendung. Hierzu stellt er grafisch am Produktmodell den Produktbezug des Feedbacks her, indem er die betreffenden Elemente, also Einzelteile oder Baugruppen, kennzeichnet. Anschließend hat er über ein informationstechnisch unterstütztes Formular die Möglichkeit, weitere Details zur genauen Eingrenzung des Produktelements sowie zu den zu ändernden konstruktiven Eigenschaften zu machen, Abb. 18.8. Danach ist eine genaue Beschreibung des Montageproblems aus Sicht der jeweiligen Montagetätigkeit zur Begründung des Änderungsbedarfs und zur detaillierten Erklärung für den Konstrukteur erforderlich, damit dieser den Änderungsgrund versteht und die notwendigen Produktüberprüfungen und gegebenenfalls -änderungen durchführen kann. Abschließend soll der Planer durch eine weitere Eingabe Lösungsvorschläge mit Bezug auf das Produktmodell eingeben, auf die der Konstrukteur zur Behebung des Problems zurückgreifen kann.

Im Anschluss daran wird das Feedback an den verantwortlichen Konstrukteur weitergeleitet, unterstützt durch eine Anwendung mit Workflowfunktionalität. Nun hat der Konstrukteur die Möglichkeit, den Änderungsbedarf zu analysieren und konstruktiv umzusetzen oder diesen abzulehnen. Zur Nachvollziehbarkeit ist das Ergebnis der Überprüfung im Formular zu dokumentieren und eine Ablehnung zu begründen. Die strukturierte und formalisierte Erfassung und Bearbeitung des Feedbacks ermöglicht die spätere Wiederverwendbarkeit und erleichtert den projektübergreifenden Gebrauch schon gemachter Erfahrungen und Vorschläge. Beispielsweise kann konstruktionsbegleitend mit Hilfe intelligenter Software-Agenten in der ständig erweiterten Wissensbasis nach möglichem Änderungsbedarf gesucht oder es kann häufig wiederkehrender Änderungsbedarf an bestimmten Produktelementen in Gestaltungsregeln für die Konstruktion überführt werden.

18.4 Anwendungsszenario

Die oben beschriebenen Ergebnisse werden nun im Folgenden anhand der Produktentstehung eines Herstellers von Haushaltsgeräten exemplarisch erläutert. Die zur Anwendungsbeschreibung des Reifegrad- und Wissensmodells erforderlichen Inhalte des Prozessmodells aus Kap. 18.2 sind zum besseren Verständnis in Abb. 18.9 in einem Ablaufdiagramm zusammengefasst. Der Schwerpunkt liegt hierbei auf der Darstellung der Kopplungspunkte von Konstruktion und Montageplanung.

Die Produktentwicklung im vorliegenden Beispiel erfolgt in Anlehnung an die VDI-Richtlinie 2223. Demzufolge werden zunächst in Arbeitsschritt 5.1 unmaßstäbliche Skizzen für die Produktdarstellung mit seinen Hauptmodulen, -gruppen und -funktionen erstellt. Aufgrund der Strukturierung des Gesamtkonzepts und der zueinander in Beziehung stehenden Produktmodule und Elemente lassen sich hier schon erste Anforderungen und Rückschlüsse auf die Fertigungs- und Montageverfahren ableiten. Durch geeignete Vorüberlegungen zu Funktionsträgern, Baugruppen, Standard- und Normteilverwendung seitens der Konstruktion kann bereits in dieser frühen Phase positiver Einfluss auf die Effizienz der Produktmontierbarkeit ausgeübt werden.

Mit Übergabepunkt A_K findet die erste direkte Abstimmung zwischen Konstruktion und Montageplanung statt. Diese beinhaltet die Analyse der Montageaufgaben und der Montagegerechtheit auf Basis der Gestaltstudien und Vorentwürfe des Produktmodells, wobei insbesondere die allgemeine Montierbarkeit der Vorentwürfe, aber auch die Montagetechniken und Fügeverfahren untersucht werden und erste Überlegungen zu Möglichkeiten einer Automatisierung stattfinden. Als sogenannte Konstruktionskritik werden die

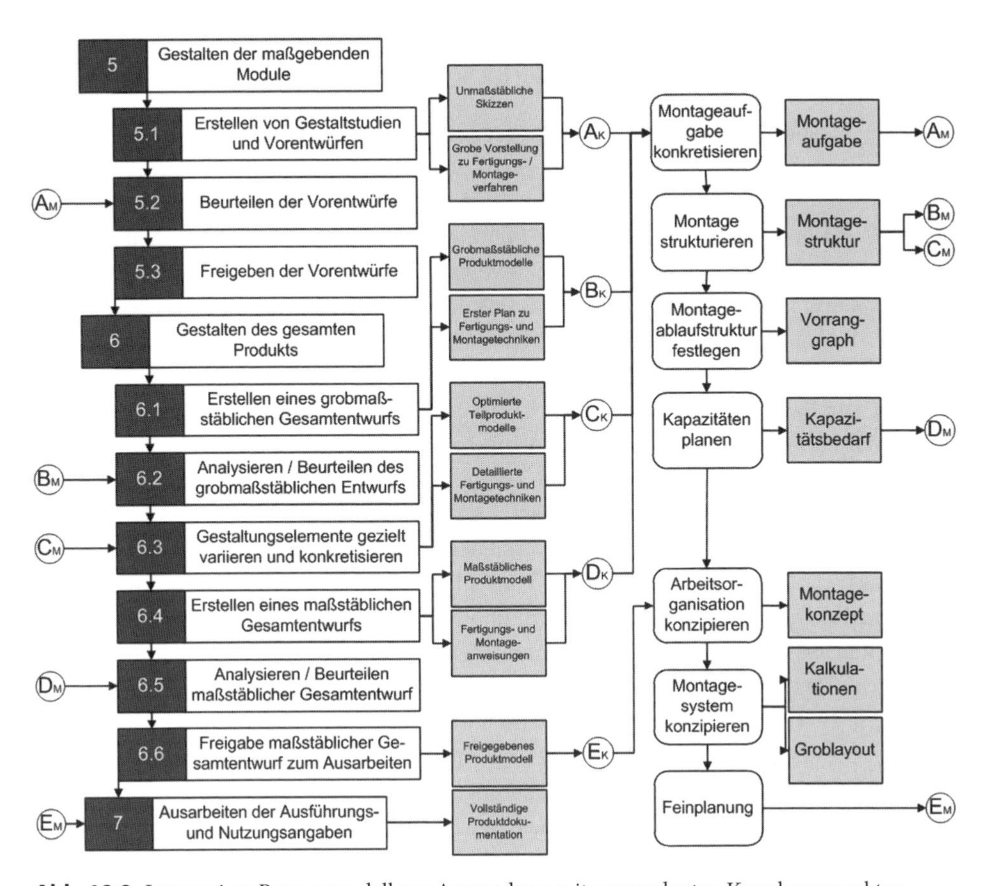

Abb. 18.9 Integratives Prozessmodell zur Anwendung mit zugeordneten Kopplungspunkten

hieraus abgeleiteten Verbesserungsvorschläge und Vorgaben an die Konstruktion als Feedback zurückgeliefert (Übergabepunkt A_M). Für die Beurteilung der Vorentwürfe (Arbeitsschritt 5.2) bedeuten diese Erkenntnisse mehr Sicherheit hinsichtlich der weiteren Planung der Produktentwicklung. Für die Konstruktion bedeutet dies außerdem, dass die Vorentwürfe des Produktmodells den Anforderungen aus der Analyse der Montageaufgaben genügen und somit den zu diesem Detaillierungsstand erforderlichen Reifegrad erfüllen.

Auf Grundlage der maßgebenden Module, Gestaltstudien und Produktbeurteilung wird nun in Arbeitsschritt 6.1 ein grobmaßstäbliches Gesamtmodell des Produkts ausgearbeitet. Hiermit werden die erforderlichen Produktstrukturen und -daten abgebildet und beschrieben, Halbzeuge und Zulieferkomponenten definiert und ein erstes Fertigungs- und Montagekonzept für das Gesamtprodukt festgelegt. Weiterhin werden für kritische Gestaltungselemente alternative Produktentwürfe entwickelt. Im Hinblick auf die montagegerechte Auslegung müssen von den Konstrukteuren Montagekriterien wie Baugruppen- und Bauteilminimierung, einheitliche Schnittstellen und hinreichende Freiräume zur Montagehandhabung ebenfalls mitberücksichtigt werden. Neben einer genaueren

Betrachtung der Montageinhalte von Kopplungspunkt A aufgrund der nun vorliegenden, detaillierteren Entwürfe werden hierbei auch die Baugruppen der Vor-, Haupt- und Endmontage zugeordnet, der Automatisierungsgrad dieser Baugruppen festgelegt und vorhandene Technologien sowie die erforderliche Mitarbeiterqualifikation beachtet. Mit Abschluss dieses Arbeitsschritts werden die neuen Teilergebnisse erneut zwischen Entwicklung und Planung abgestimmt (Übergabepunkte B_K und B_M), auf deren Basis dann auch die Beurteilung des grobmaßstäblichen Entwurfs (Arbeitsschritt 6.2) erfolgt.

Unter Berücksichtigung des Feedbacks aus der Montageplanung (B_M) und der Ergebnisse der Produktanalyse kann nun in Arbeitsschritt 6.3 die Konkretisierung und Variantenbildung der einzelnen Gestaltungselemente begonnen werden. Als zusätzliche Maßnahmen zur Bauteiloptimierung können Versuche und Berechnungen sowie Schwachstellenanalysen durchgeführt werden. In diesem Stadium sollen Montagekriterien hinsichtlich Bindungsverfahren, Griffstellen, Toleranzen oder der Standsicherheit und Magazinierbarkeit von Baugruppen für die Weiterentwicklung berücksichtigt und konstruktiv umgesetzt werden. Mit den Ergebnissen, bestehend aus detaillierten Teilproduktmodellen, Fertigungs- und Montagetechniken, wird anschließend eine weitere Abstimmungsschleife (Übergabepunkt C_K) zwischen Konstruktion und Montageplanung initiiert, die seitens der Montageplanung die sukzessive Konkretisierung von Montageaufgabe und -struktur ermöglicht. Das darauf aufbauende Feedback (C_M) bewirkt konstruktive Änderungen beispielsweise auf Grund der Montierbarkeit oder der Prüfbarkeit eines Montageschritts oder mehrerer Montageschritte hintereinander und dient der gezielten Optimierung der jeweils betroffenen Teilproduktmodelle und Gestaltungselemente. Der Teilprozess, bestehend aus Arbeitsschritt 6.3 (Übergabepunkt C_K) und der Konkretisierung der Montageaufgabe beziehungsweise -struktur (Übergabepunkt C_M), wird hierbei solange iterativ durchlaufen, bis die resultierenden Ergebnisse den Anforderungen und Präferenzen aus Konstruktion und Montageplanung gleichermaßen genügen.

Nachdem im vorangegangen Prozessschritt Einvernehmen zwischen Konstruktion und Planung erzielt wurde, wird in Arbeitsschritt 6.4 konstruktionsseitig der detaillierte, maßstäbliche Produktgesamtentwurf ausgearbeitet. Nun müssen die Kriterien zur montagegerechten Gestaltung im Detail angewendet werden. Dies beinhaltet unter anderem das Ersetzen von Elementen mit Justieraufwand (beispielsweise Feder zur Selbsteinstellung statt Stellschraube), das Anbringen von Einführhilfen (beispielsweise Zentrierabsätze oder Suchstifte) oder die Erstellung belastbarer und gut zugänglicher Griffflächen. Als Ergebnisse liegen dann das detaillierte, maßstäbliche Produktmodell für das Gesamtprodukt inklusive Baugruppen und Einzelteile vor, einschließlich der zugehörigen, konstruktiv bedingten Fertigungs- und Montageanweisungen. Diese Ergebnisse werden wiederum zur Abstimmung und Beurteilung an die Montageplanung weitergeleitet (Übergabepunkt D_K). Seitens der Montageplanung wird zusätzlich zu den schon bei den Kopplungspunkten B und C überprüften Planungstätigkeiten die Montageablaufstruktur festgelegt und die Kapazitätsplanung durchgeführt. Hierdurch ergibt sich weiteres Feedback auf Basis der Montagereihenfolge und der Auswahl von Arbeitsplätzen, Maschinen und Betriebsmitteln,

Transportmitteln und Puffern, Werkzeugen und Vorrichtungen sowie Ergonomieuntersuchungen.

In Arbeitsschritt 6.5 erfolgt im interdisziplinären Team die finale Analyse und Gesamtkontrolle der Produktmodelle auch hinsichtlich der Erfüllung aller konstruktiven und montageseitigen Anforderungen, Funktionalitäten und Randbedingungen. Mit positiver Begutachtung und somit umgesetztem Reifegrad kann nun in Arbeitsschritt 6.6 die offizielle Freigabe des maßstäblichen Gesamtentwurfs erfolgen. Nach der Freigabe werden ohne Einleitung eines Produktänderungsprozesses keine konstruktiven Tätigkeiten mehr am Produktmodell vorgenommen. Somit sind gemäß Vorgehensweise auch keinerlei Gestaltungskriterien mehr zu berücksichtigen und kein Feedback aus der Planung mehr zu geben.

Das finale, freigegebene Produktmodell wird dann mit Übergabepunkt E_K zur Vervollständigung der Grobplanung und zur Durchführung der Feinplanung an die Montageplanung weitergeleitet. Abschließend müssen die produktbezogenen Resultate der Feinplanung der Montage (Übergabepunkt E_M) zum Ausarbeiten der vollständigen Produktdokumentation in Arbeitsabschnitt 7 zurückgeführt werden.

Es wird darauf hingewiesen, dass die Anwendung der entwickelten Konzepte und Modelle eine systematische Vorgehensweise sowohl in der Konstruktion als auch in der Montageplanung erforderlich macht. Dabei ist es nicht zwingend notwendig, dass explizit nach VDI 2221 methodisch konstruiert beziehungsweise nach VDI 2223 methodisch entworfen wird und die Planung nach der Montageplanungssystematik des Fraunhofer IAO erfolgt. Die Ergebnisse lassen sich stattdessen an die Gegebenheiten im Unternehmen anpassen. Allerdings wird zumindest vorausgesetzt, dass Konstruktion und Montageplanung methodisch strukturiert ablaufen, ausgehend von Konzeptstudien beziehungsweise produktseitigen Montageerfordernissen schrittweise iterativ zu immer detaillierteren Lösungen für Gesamtprodukt, Baugruppen und Einzelteile beziehungsweise Montagesystem und -arbeitsplätze.

18.5 Nutzen, Zusammenfassung und Ausblick

Zur stetigen Erhöhung der Montagereife eines Produkts bereits während seiner Konstruktion ist es erforderlich, dass die Kriterien zur montagegerechten Produktgestaltung kontinuierlich mit Beginn der ersten Phasen der Produktentwicklung angewendet werden. Es müssen sowohl Gesamtprodukt, Baugruppen als auch alle Einzelteile hinsichtlich ihrer Montierbarkeit bei jedem konstruktiven Arbeitsschritt erneut kritisch hinterfragt und gegebenenfalls montagegerecht optimiert werden.

Die ablauforientierte Basis hierfür liefert die Einführung eines ganzheitlich integrativen Prozessmodells mit dedizierten Kopplungspunkten zwischen Konstruktion und Montageplanung. Das Produktreifegradmodell ermöglicht die frühzeitige Erhöhung der Montagereife bereits während des Konstruierens. Das Informations- und Wissensmodell unterstützt die systematische, aufgabenspezifische und zeitlich abgestimmte Erfassung, Bereitstellung und Wiederverwendung von Erkenntnissen und Erfahrungen aus der Montageplanung in der Konstruktion. Gemeinsam helfen diese Ergebnisse, den Zeitaufwand für Konstruktion und Montageplanung als Ganzes deutlich zu verringern. So wird vermieden, dass produktbezogene Montageanforderungen oder Optimierungspotentiale erst relativ spät im Zuge einer Montageplanung im Anschluss an die Konstruktion aufgedeckt werden. Dies hatte in der Vergangenheit meist langwierige, konstruktive Produktänderungen zur Folge, da viele der Arbeitsschritte der Konstruktion nochmals durchlaufen werden mussten, um anschließend auch Tätigkeiten der Montageplanung entsprechend erneut auszuführen.

Durch die hier vorgestellte Vorgehensweise werden die Feedbackschleifen zur Abstimmung zwischen Konstrukteuren und Planern deutlich effizienter und direkter an den jeweiligen Konstruktionsfortschritt des Produkts gekoppelt. Des Weiteren können strategische und erfahrungsbasierte Anforderungen seitens der Montageplanung frühzeitiger und gezielter in die Produktkonstruktion einfließen und berücksichtigt werden, sowohl in Form von Gestaltungsrichtlinien des Reifegradmodells als auch in Form von aufgabenspezifischen Feedback durch das Informations- und Wissensmodell. Somit lassen sich viele Änderungen und Fehlerquellen schon vorab vermeiden und der Gesamtablauf von Konstruktion und Montageplanung entspricht wesentlich besser den allseits angestrebten Idealen der Null-Fehler- und „Do-it-right-the-first-time"-Ansätze.

Mit Hilfe einer Kombination des Reifegradmodells sowie des Informations- und Wissensmodells können darüber hinaus die gesammelten Erkenntnisse, Erfahrungen und Best Practices aus dem Kontext der einzelnen, projektbezogenen Produktentwicklung auch auf neue und andere Entwicklungsprojekte situationsgerecht übertragen und als langfristige, stetig wachsende Wissensquelle genutzt werden.

Hierfür erscheint eine umfassende, informationstechnische Unterstützung der Ergebnisse durch das Einbinden der konzipierten Lösungen in Standardsoftware erstrebenswert, die dann durch zusätzliche Anwendungen in Unternehmen weiterentwickelt und um weitere Inhalte der Arbeitsvorbereitung ergänzt wird.

Literatur

Bochtler W (1996) Modellbasierte Methodik für eine integrierte Konstruktion und Arbeitsplanung. Shaker, Aachen

Boothroyd G (1992) Assembly automation and product design. Marcel Dekker, New York

Boothroyd G, Dewhurst P (2002) Product design for manufacture and assembly. Marcel Dekker, New York

Bullinger HJ (1986) Systematische Montageplanung – Handbuch für die Praxis. Carl Hanser, München

Bullinger HJ (1995) Arbeitsgestaltung. B.G. Teubner, Stuttgart

Bullinger HJ, Warschat J (1995) Concurrent Simultaneous Engineering Systems: The way to successful product development. Springer, London

Eckstein H, Eichert J, Waidmann J (2010) Prozessmodell zur Integration von Konstruktion und Montageplanung. Zeitschrift für wirtschaftlichen Fabrikbetrieb (ZWF) 105:200–205

Eichert J, Eckstein H (2011) Montageorientiertes Produktreifegradmodell – Ein Modell zur Erhöhung der Montagereife während der Produktkonstruktion. wt Werkstatttechnik online 101:141–145

Eversheim W (2002) Organisation in der Produktionstechnik – Arbeitsvorbereitung. Springer, Berlin

Gräßler R (1999) Planungs- und Workflow-Methodik für eine integrierte Konstruktion und Arbeitsplanung. Shaker, Aachen

Grunwald S (2002) Methode zur Anwendung der flexiblen integrierten Produktentwicklung und Montageplanung. Herbert Utz, München

Feldmann C (1997) Eine Methode für die integrierte rechnergestützte Montageplanung. Springer, Berlin

Grottke W (1986) Integration von Konstruktion und Arbeitsvorbereitung durch technologische Modellierung. Carl Hanser, München

Jonas C (2000) Konzept einer durchgängigen, rechnergestützten Planung von Montageanlagen. iwb-Forschungsbericht Nr. 145. Herbert Utz, München

Koch A, Rückel V, Hauck C, Ernst R (2003) Verkürzung der Prozesskette „Konstruktion - Qualitätsmanagement - Montage" durch Rückkopplung von Prozesswissen. In: Robuste, verkürzte Prozessketten für flächige Leichtbauteile, Tagungsband zum Berichts- und Industriekolloquium des SFB 396. Meisenbach, Bamberg, 2003. S 105 -129

Lotter B, Wiendahl HP (2006) Montage in der industriellen Produktion. Springer, Berlin

Pahl G, Beitz W (2007) Konstruktionslehre. Springer, Berlin

Spath D (2006) Neue FuE-Konzepte in der Digitalen Produktion. In: FTK 2006 - Fertigungstechnisches Kolloquium. Stuttgarter Impulse. Gesellschaft für Fertigungstechnik Stuttgart 2006. S 543 -555

Spath D, Scharer M, Landwehr R, Förster H, Schneider W (2001) Tore öffnen – Quality- Gate-Konzept für den Produktentstehungsprozess. Qualität und Zuverlässigkeit (QZ) 46(12):1544–1549

Spath D, Richter M, Lentes J (2007) Neue Ansätze für die Integration von Konstruktion und Planung im Rahmen der digitalen Produktion. Zeitschrift für wirtschaftlichen Fabrikbetrieb (ZWF) 102:73–77.

Schulte S (2006) Integration von Kundenfeedback in die Produktentwicklung zur Optimierung der Kundenzufriedenheit. Dissertation, Universität Bochum

VDI-Richtlinie 2221 (1993) Methodik zum Entwickeln und Konstruieren technischer Systeme und Produkte. VDI Verlag, Düsseldorf

VDI-Richtlinie 2223 (2004) Methodisches Entwerfen technischer Produkte. VDI Verlag, Düsseldorf

VDI-Richtlinie 4499 (2008) Digitale Fabrik – Grundlagen. Beuth Verlag, Berlin

Woll R (1994) Informationsrückführung durch Optimierung der Produktentwicklung. Carl Hanser, München

19 Mixed Reality Environments für die montagegerechte Konstruktion und Montageplanung von komplexen Produkten

Manfred Dangelmaier, Philipp Westner und Frank Sulzmann

Die fortschreitende Digitalisierung beraubt Entwickler, Planer und Entscheider des physischen Zugangs zu Gegenständen ihrer Arbeitswelt, die eben nur virtuell existieren. Prozesse und Entscheidungen werden dadurch behindert. Daher müssen neue Zugänge geschaffen werden, wobei der Bildschirm als Fenster in die Datenwelt oft nicht ausreicht.

Durch die Digitalisierung an allen Fronten sind Insellösungen bei der Software entstanden, die nicht miteinander verbunden sind. Auch dadurch ergeben sich Probleme im Datenaustausch und Barrieren im Entwicklungs- bzw. Planungsprozess, die überwunden werden müssen.

Die Softwarewerkzeuge sind in der Regel sehr speziell in ihrer Funktionalität und wenig benutzerfreundlich. Das erfordert veränderte Qualifikationen und auch eine hohe Spezialisierung bei den Anwendern. Letzteres kann man in der Konstruktion noch hinnehmen. In anderen Entwicklungs- und Planungsprozessen ist dies vor allem in kleinen und mittleren Unternehmen personell nicht mehr darstellbar.

In einer globalisierten Wirtschaft unter hohem Wettbewerbs- und Innovationsdruck sind die Anforderungen an die Vernetzung von Prozessen stetig gewachsen, beispielsweise in der Kooperation zwischen externen und internen Projektmitarbeitern aber auch intern zwischen Produktentwicklung und Produktionsplanung. Die Digitalisierung kommt die-

M. Dangelmaier (✉) · P. Westner
Fraunhofer IAO, Fraunhofer-Gesellschaft, Nobelstraße 12,
70569 Stuttgart, Deutschland
E-Mail: manfred.dangelmaier@iao.fraunhofer.de

P. Westner
E-Mail: philipp.westner@iao.fraunhofer.de

F. Sulzmann
E-Mail: frank.sulzmann@iao.fraunhofer.de

E. Westkämper et al. (Hrsg.), *Digitale Produktion*,
DOI 10.1007/978-3-642-20259-9_19,

ser Anforderung zunächst entgegen: Virtuelle Prototypen und Planungsstände können auf einfache, schnelle und effiziente Weise elektronisch verfügbar gemacht werden, sei es im Unternehmen oder auch weltweit. Andererseits führt die Inselbildung bei der Software zu einer kontraproduktiven Segmentierung in den Prozessen.

Diesen Herausforderungen kann man nur teilweise mit Organisations- und Qualifizierungsmaßnahmen begegnen. Es müssen sich vor allem die Entwicklungs- und Planungswerkzeuge hinsichtlich ihrer Benutzbarkeit und der sinnvollen Abdeckung von Prozessketten ändern.

Das Teilkapitel widmet sich dieser Problematik am Beispiel der montagegerechten Konstruktion und der Montageplanung von komplexen Produkten. Mit der Unterstützung der Optimierung von Entwicklungs- und Planungsprozessen und –werkzeugen geht das Teilkapitel unmittelbar auf den Bedarf der Industrie ein.

Die innovierenden Unternehmen sind besonders auf die Ausschöpfung der Potentiale der digitalen Produktion angewiesen, um ihre Produkte und ihre Fertigung ohne Umweg zu einer hohen Reife zu bringen und damit eine schnelle Markteinführung zu gewährleisten. Am kostenintensiven Standort Deutschland ist dabei die Optimierung nicht automatisierbarer, personalintensiver Montageprozesse ein wesentlicher Kostenfaktor.

Prominente Beispiele liefert die Automobil- und Zulieferindustrie. Eine Steigerung der Produktivität wird von der Automobilindustrie als Voraussetzung für eine Standortsicherung in Deutschland gesehen. Hohe Packungsdichten von Komponenten im Fahrzeug machen dabei die Montage immer komplexer. Die Montierbarkeit wird zu einer wesentlichen und möglichst früh nachzuweisenden Eigenschaft des Maßkonzepts und der Komponenten. Um die Baubarkeit sicherzustellen ist eine enge Kooperation zwischen Entwicklung, Montageplanung und den Zulieferern der Montageanlagen erforderlich, da die Geometrien der Komponente selbst, die Montageanlage, der Mitarbeiter und die automatisierten und manuellen Arbeitsprozesse zusammen betrachtet werden müssen. Sinngemäßes gilt zunehmend auch für Unternehmen im Maschinen- und Anlagenbau, der Automatisierungstechnik oder in der Luft- und Raumfahrt.

19.1 Stand der Forschung und Technik

Die digitale Produktentwicklung als ein Teil der digitalen Produktion kann durch den Einsatz von CAD, PDM und PLM-Systemen grundsätzlich als eingeführt betrachtet werden. Noch nicht ganz abgeschlossen ist die Umstellung von 2D- auf 3D-CAD-Systeme als Grundlage für das Virtual Prototyping. Bei der Ersetzung von physischen durch virtuelle Prototypen und deren Validierung mittels Simulationstechniken steht die Entwicklung trotz Fortschritten beispielsweise in den Bereichen der Festigkeitsanalyse oder der Strömungsmechanik oder auch interaktiver Benutzungssimulatoren gemessen an ihren Potentialen erst in ihren Anfängen.

Auch auf der Produktionsseite nimmt der Reifegrad der verfügbaren digitalen Planungswerkzeuge immer mehr zu. Die aktuelle Entwicklung im CAD- und PLM-Markt ist gekennzeichnet durch Produktfamilien, die auch Werkzeuge für die Produktplanung integrieren. Dabei geht es um einheitliche Datenformate und Interoperabilität der Systeme, allerdings primär innerhalb der Produktfamilie des jeweiligen Softwareherstellers. Die grundsätzlichen Probleme der Beherrschbarkeit bzw. Benutzbarkeit auf der Planungsseite sind aber weitgehend ungelöst und wachsen noch mit zunehmendem Funktionsumfang. Der Benutzer ist in der Regel darauf angewiesen, Fragestellungen in Verbindung mit hochkomplexen dreidimensionale Geometrien und Kinematiken mit Maus, Tastatur und Bildschirm sehr ineffizient zu bearbeiten. Oft wird deshalb auf die Anwendung solcher Systeme bei kleineren und mittleren Unternehmen immer noch verzichtet.

Immersive Umgebungen mit intuitiv nutzbarer und effizienter 3D-Interaktion bieten einen Ausweg. Entsprechende Systeme für die virtuelle Realität (VR) wurden seit Ende der neunziger Jahre abseits des Mainstreams der CAD- und PLM-Welt entwickelt und werden heute primär in der Produktentwicklung eingesetzt. In der Automobilindustrie sind sie inzwischen Stand der Technik beispielsweise bei der Präsentation von digitalen Mock-Ups für Vorstandsentscheidungen, aber auch für Ergonomieanalysen, Sichtanalysen, die Überprüfung von CAD-Zeichnungen oder Baubarkeitsuntersuchungenbei kritischen Baugruppen. Teilweise können digitale Fahrzeugprototypen in Mixed-Reality-Fahrsimulatoren sogar gefahren werden. Eine Ausweitung des Einsatzes auf andere Branchen ist derzeit im Gange. Nachteile sind hier die immer noch mangelhafte Integration der VR-Systeme in die Standardprozesskette und die geringe Verbreitung solcher immersiver Systeme in den Firmen. Meist sind die Ressourcen dort auf wenige zentrale Einrichtungen beschränkt und nur für wenige Entwickler zugänglich.

Für die eigentliche Produktionsplanung kommen immersive Umgebungen in der Industrie bislang nicht in nennenswerter Zahl zum Einsatz. Industrielle Anwendungen sind insbesondere die Visualisierung von Produktionsanlagen inklusive Kinematik (virtuelle Begehung), Analysen der Montierbarkeit in komplexen Fällen, allerdings ohne ausreichende Berücksichtigung des Menschen, und die Echtzeitanimation von Menschmodellen für einfache Montageaufgaben. Wichtige Faktoren für eine weitere Verbreitung in der Planung sind noch mehr als in der Entwicklung kostengünstige, intuitiv benutzbare und robuste VR-Systeme sowie die optimale Unterstützung der industriellen Prozesse beziehungsweise der Kooperation zwischen Entwicklung und Produktionsplanung.

Blickt man zurück in die Geschichte der Softwarewerkzeuge für die Montageplanung, so legten die wissenschaftlichen Arbeiten von Lay (Lay 1988) und Menges (Menges 1991) am Fraunhofer IAO 1989 den Grundstein zur Entwicklung der inzwischen von Dassault vertriebenen Planungssoftware. Seit 1992 arbeitet das Institut auch als einer der Vorreiter in Deutschland an der Forschung und Entwicklung für eine industrielle Anwendung der Virtuellen Realität (Bullinger et al. 1999). Auch hier erfolgte im Jahr 2000 eine Ausgründung (ICIDO), welche die für verschiedene Engineeringzwecke entwickelte hochwertige PC-basierte VR-Lösungen (Bues et al. 2001) vermarktet.

Die wissenschaftlichen Arbeiten der letzten Jahre konzentrierten sich zunächst auf die Erforschung und Entwicklung arbeitsplatztauglicher VR-Systeme, die ständig weiter optimiert wurden (Stefani et al. 2005) und die auch mittlerweile für die Produktionsplanung und das Marketing von Produktionsanlagen eingesetzt werden. Hier entstand auch unter ergonomischen Anforderungen eine neue Generation von praxistauglichen 3D-Interaktionsgeräteprototypen, die sowohl die intuitive Navigation in komplexen dreidimensionalen Datenstrukturen ermöglichen als auch die Handhabung von virtuellen Objekten und Menschmodellen vereinfachen.

In einem Forschungsprojekt mehrerer Fraunhofer-Institute (VRAx: VR-unterstützte Baukastenlösungen zur technologieoptimierten Werkzeugmaschinenmodellierung) wurde in Erweiterung wichtige technologische Grundlagen zur Kopplung von VR-Systemen mit CAD-Systemen gelegt und eine entsprechende CAD-VR-Schnittstelle realisiert. Ferner wurde ein Baukastensystem konzipiert und exemplarisch umgesetzt, das sich universell für Planungsprozesse einsetzen lässt.

Im Rahmen des Virtuellen Kompetenznetzwerks zur Virtuellen und Erweiterten Realität ViVERA entstand als Demonstrator unter anderem eine Lösung für Zusammenbaukonstruktionen am immersiven Ingenieursarbeitsplatz.

Auch bei der Einbindung von Menschmodellen liegen Erfahrungen vor, die bis in die neunziger Jahre zurückreichen. So wurden in die VR-Basissoftware Lightning bereits zwei verschiedene Menschmodelle integriert und in diversen Vorhaben eingesetzt (Dangelmaier und Stefani 2004; Deisinger und Breining 2000; Deisinger et al. 2000).

In den vergangenen Jahren wurde insbesondere die Steuerung von Menschmodellen durch Echtzeit-Motion-Capturing von Kopf und Händen für eine hochproduktive Analyse von Arbeitsplätzen als Prototyp entwickelt und im industriellen Einsatz erprobt (Schirra und Hoffmann 2005; Schirra 2006).

Die Herausforderungen im Bereich der Montageplanung in den kommenden Jahren sind

- die virtuelle Planung komplexer Montagevorgänge mit virtuellen Menschen,
- die Bereitstellung geeigneter Interaktionstechnologien wie Motion Capturing in Echtzeit für die Simulation virtueller menschlicher Arbeit,
- geeignete Einbeziehung haptischer Aspekte und auftretender Kräfte bei der Planung,
- Bereitstellung einer kooperativen Plattform für Konstrukteure und Montageplaner, die beiden Benutzergruppen gerecht wird und in diesem Zusammenhang
- die räumliche Interaktion mit umfangreichen Produkt- und Prozessstrukturen zur Analyse von Montagevorgängen und zur Rekonfiguration von Prozessen und Produkten.

19.2 Zielsetzung

Zielsetzung der „Mixed Reality Environments für die montagegerechte Konstruktion und Montageplanung von komplexen Produkten“ ist es, die vorhandenen Ansätze weiterzuentwickeln. Dabei soll das entstehende System:

- sowohl vom Planer auf der Produktionsseite als auch den Konstrukteur auf Entwicklungsseite genutzt werden können,

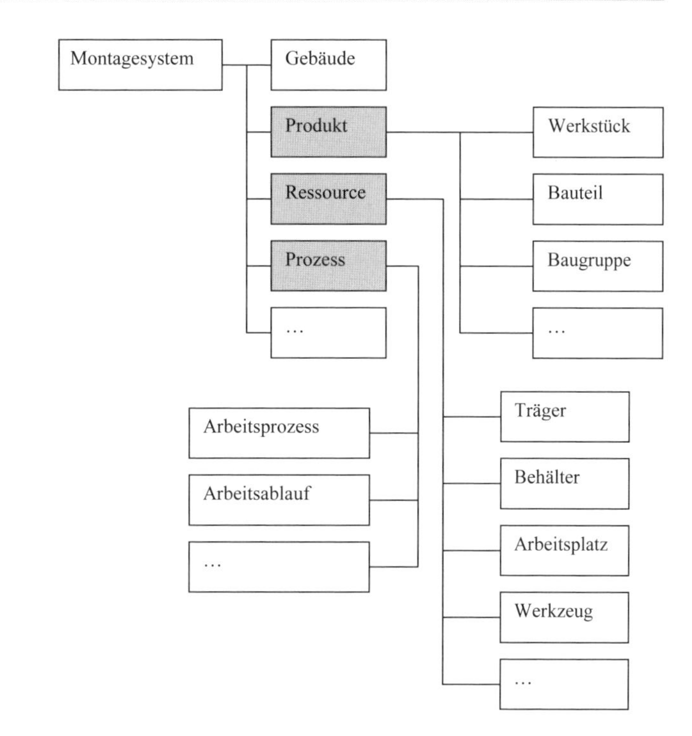

Abb. 19.1 Taxonomische Strukturontologie

- eine arbeitsprozessgerechte Kommunikation und Zusammenarbeit zwischen Produktion und Fertigung beim montagegerechten Konstruieren und Entwickeln und der Montageplanung ermöglichen,
- durch einen integrierten Mixed-Reality-Ansatz den Benutzern einen intuitiven, effektiven und hochproduktiven Zugang zu und effiziente Eingriffsmöglichkeiten in die virtuelle Produkt- und Planungswelt ermöglichen,
- alle Komponenten des Planungsprozesses aufgabengerecht modellieren und in der Simulation zusammenführen: das Produkt, Maschinen, Anlagen, Werkzeuge, die arbeitenden Menschen sowie die Arbeitsprozesse und
- zu besseren und montagegerechteren Produkten und höherer Produktivität bei Berücksichtigung ergonomischer Kriterien führen.

19.3 Lösungsansatz

Als Vorarbeit wurde zunächst eine Ontologie und ein Prozessmodell entwickelt, um das Verständnis und die Wissenswelt der Beteiligten aus Entwicklung und Montagesystemplanung in einer relevanten Form abzubilden. Zugleich wurden die Anforderungen ermittelt, die aus der Produktentwicklung und der Produktionsplanung an die zu entwickelnden Werkzeuge gestellt werden. Abbildung 19.1 zeigt einen Ausschnitt aus der Strukturontologie eines Montagesystems.

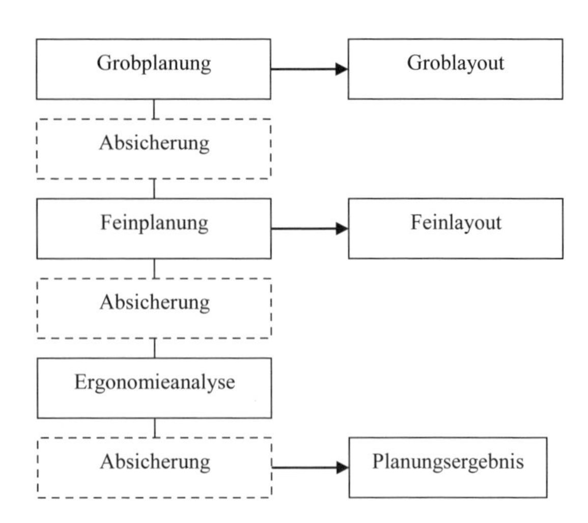

Abb. 19.2 Phasenmodell und Ergebnisse

Im Wesentlichen ist sie gekennzeichnet durch die Teilsysteme Produkt, Prozesse und Ressourcen. Das sich hieraus ergebende PPR-Modell kann als Taxonomie bzw. auch als Strukturmodell für die Montageplanung verstanden werden. Es deckt einerseits das zu fertigende Produkt ab, andererseits auch die zur Montage erforderlichen Ressourcen. Unter Prozessen sind schließlich die Vorgänge zu verstehen, die zur Fertigung beziehungsweise Montage des Produkts erforderlich sind. Eine Einheitlichkeit in der Sprechweise und Taxonomie ist in im Detail allerdings kaum mehr gegeben. Hier sind Produkte und die damit verbundenen Begriffe zu unterschiedlich.

Dem gegenüber steht das Prozessmodell, das den Ablauf des Planungsprozesses darstellt (Abb. 19.2). Eine Einteilung in die Planungsschritte Grobplanung, Feinplanung, Ergonomieanalyse und jeweilige Absicherung erwies sich dabei als sinnvoll. Insgesamt zeigten die Gespräche mit Fachleuten aus der Industrie jedoch, dass Planungsprozesse hochiterativ und nichtlinear verlaufen und sich im Detail ebenfalls deutlich voneinander unterscheiden. Ein allgemein gültiges detailliertes Modell kann deshalb nicht existieren.

Das Ergebnis basiert auf dem Stand der Forschung und Technik unter Berücksichtigung heute üblicher Sprechweisen in der Industrie.

Als weiterer Schritt entstanden Entwürfe für geeignete räumliche Darstellungsformen und Interaktionen für Struktur und Prozessinformationen. Hierbei werden Arbeitsstationen und andere Ressourcen durch einfache geometrische Formen repräsentiert. Durch räumliche Pfeile werden die Verkettung und der Materialfluss dargestellt. Zudem lassen sich die Laufwege der Werker in der Montage analog zum Materialfluss planen und darstellen. Materialströme werden durch die Größe des Querschnitts der Verkettungspfeile und durch numerische Angaben dargestellt. Im Gegensatz zu den üblichen auf einem Grundriss basierenden Formen der Grobplanung, kann man hier mit dem räumlichen Modell des Gebäudes beziehungsweise Bestandes in drei Dimensionen planen und erhält so einen räumlichen Eindruck der fertigen Produktlinie. Dadurch können Planungsfehler, die zum Beispiel aus einer unklaren Verortung im Bestand resultieren, wesentlich früher im Planungsprozess erkannt werden.

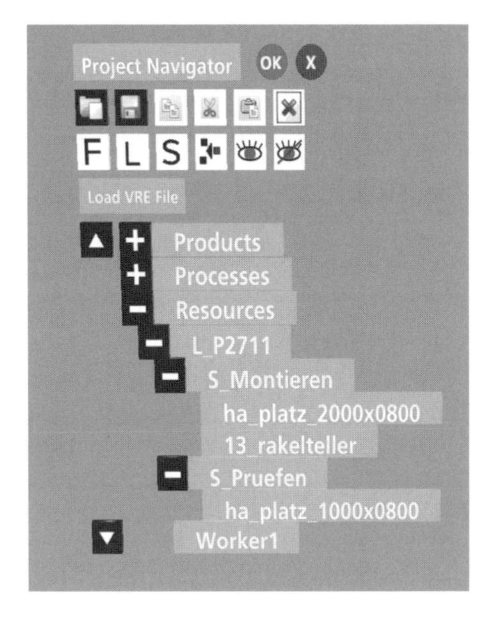

Abb. 19.3 Strukturmodell als interaktives positionierbares Baumdiagramm für immersive Umgebungen

Abb. 19.4 Immersives Layouten in der virtuellen Realität

Die für das PPR-Strukturmodell eines konkreten Montagesystems erforderlichen Informationen lassen sich analog zu Abb. 19.1 in einem Baumdiagramm darstellen. Durch die Benutzung von Baustrukturen in anderen Anwendungen wie CAD oder auch in der Dateiverwaltung sind Benutzer gut mit der Interaktion auf der Basis von Baumdarstellungen vertraut. Sie sind auch auf immersive Anwendungen übertragbar. Abbildung 19.3 zeigt beispielhaft ein solches Diagramm, das sich für die Darstellung in der virtuellen Realität eignet. Es handelt sich dabei um eine zweidimensionale Darstellung, die sich aber im Gegensatz zu den bislang bekannten Strukturbäumen frei im Raum des Planungskontextes platzieren lässt.

Abbildung 19.4 und Abb. 19.5 zeigen beispielhaft wie sich auch in immersiven Umgebungen über 3D-Zeigegeräte oder den Baum des PPR-Strukturmodells Ressourcen auswählen und in der Fabrikhalle einfach und intuitiv verschieben lassen.

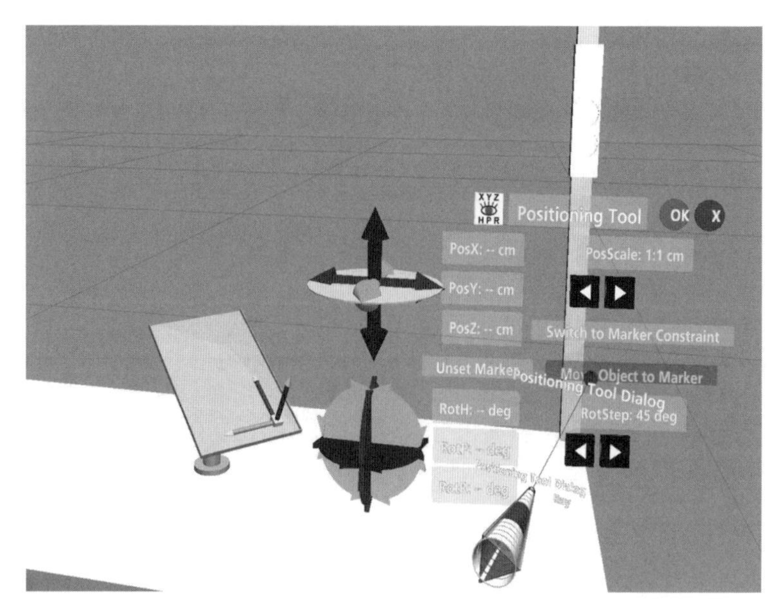

Abb. 19.5 Immersives Bewegen von Ressourcen über ein neues Positionierwerkzeug

Fortschritte sind insbesondere durch eine Erweiterung der Interaktionsmöglichkeiten in der immersiven Umgebungen sichtbar, die es erlauben, Planungsprozesse und insbesondere das Layouten deutlich effizienter durchzuführen, indem man die Vorteile herkömmlichen und immersiven Arbeitens in einer Benutzungsoberfläche miteinander verbindet.

Die Softwarebausteine für die Groblayoutplanung und die Feinlayoutplanung wurden erweitert. Die Anwendung kann zum einen vollständig im 3D-Raum gesteuert werden aber auch über zusätzliche 2D-Bedienoberflächen (beispielsweise mit einem zusätzlichen Multitouch-Monitor als Bedienkonsole).

Ferner wurden Softwarestrukturen für das Anlegen von Komponentenbibliotheken in Form einer Datenbank entworfen und realisiert. Exemplarisch wurden Arbeitsmodule aus sieben verschiedenen Klassen implementiert. Eine vorhandene Datenschnittstelle für CAD-Systeme wurde optimiert, um die Übernahme von Moduldaten aus einer CAD-Bibliothek zu ermöglichen. Exemplarisch wurde dies für das Inventor-Format umgesetzt. Tabelle 19.1 zeigt Klassen von Modulen in der Bibliothek.

Die Arbeitsmodulbibliothek dient letztlich der Feinlayoutplanung. Die Platzhalter aus der Groblayoutplanung werden durch detaillierte 3D-Modelle der physischen Module ersetzt. Diese können ebenfalls durch Direktmanipulation im Layout bewegt und angeordnet werden.

Auch für die Verwendung der Bibliothek und das Feinlayout wurde eine immersive Benutzungsoberfläche geschaffen (Abb. 19.6).

Ein weiterer Schritt hat die optimale Interaktion in einem Mixed-Reality-System zur Montageplanung zum Ziel. Dazu sind einerseits Möglichkeiten für die Analyse mit virtuellen Menschmodellen zu schaffen (Analyse aus der Perspektive der dritten Person). Ande-

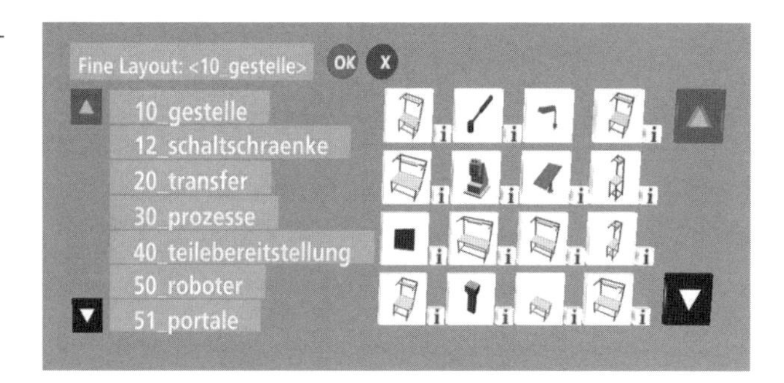

Abb. 19.6 Benutzungsschnittstelle für das Feinlayout bzw. die Modulauswahl

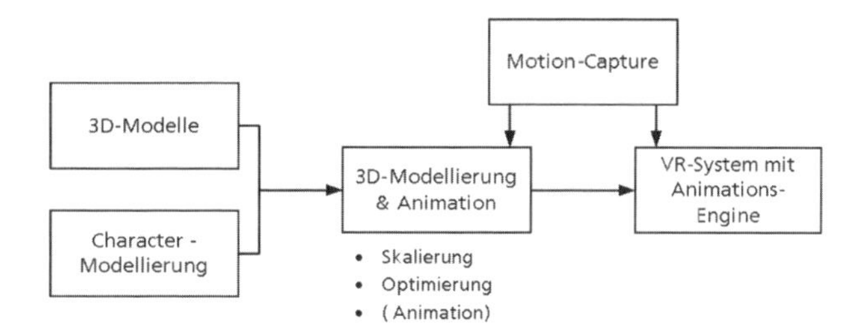

Abb. 19.7 Prozessmodell für die Integration von 3D-Menschmodellen für die immersive Echtzeitanimation mit Motion-Tracking

rerseits soll auch der Benutzer die Stelle der Arbeitsperson einnehmen können. Auch hierfür sind die erforderlichen Werkzeuge bereitzustellen (Analyse aus der Egoperspektive).

Für die effiziente Analyse aus der Perspektive der dritten Person sind intuitiv und in Echtzeit animierbare Menschmodelle erforderlich. Die für die Produktions- und Montageplanung bisher eingesetzten Menschmodelle sind dafür aufgrund aufwändiger Berechnungsalgorithmen nur bedingt verwendbar. Daher musste eine Prozesskette entwickelt werden, welche die Einbindung von 3D-Menschmodellen aus unterschiedlichen Datenquellen erlaubt. Diese ist in Abb. 19.7 dargestellt.

Die äußere Hülle und das Skelett für die Animation der virtuellen Menschen können beispielsweise aus einer Bibliothek von 3D-Menschmodellen oder von einer Software zur Generierung virtueller Menschen stammen. Diese Modelle werden für die Echtzeitanwendung optimiert und dann in einer VR-Laufzeitumgebung dargestellt. Dabei werden sie vom Benutzer in Echtzeit über das sogenannte Motion Capturing gesteuert. Alternativ können die Animationen auch aus einer Aufzeichnung oder einer Animationsbibliothek abgespielt werden.

Abbildung 19.8 zeigt auf der linken Seite ein relativ detailliertes Drahtgittermodell, das für die Echtzeitanwendung im oben genannten Prozess noch vereinfacht werden muss. In der Mitte und rechts ist ein Menschmodell in verschiedenen anthropometrischen Ausprägungen dargestellt. Trotz eines relativ einfachen Drahtgittermodells wird durch Texturen und vorberechnete Schatten eine visuell hochwertige Darstellung erzielt.

Für die maximale Genauigkeit kann für die Steuerung des Menschmodells ein hybrides Motion-Capturing-System verwendet werden (Abb. 19.9). Die über Inertialsensoren und optisches Tracking ermittelte Körperhaltung und Position des realen Menschen wird auf

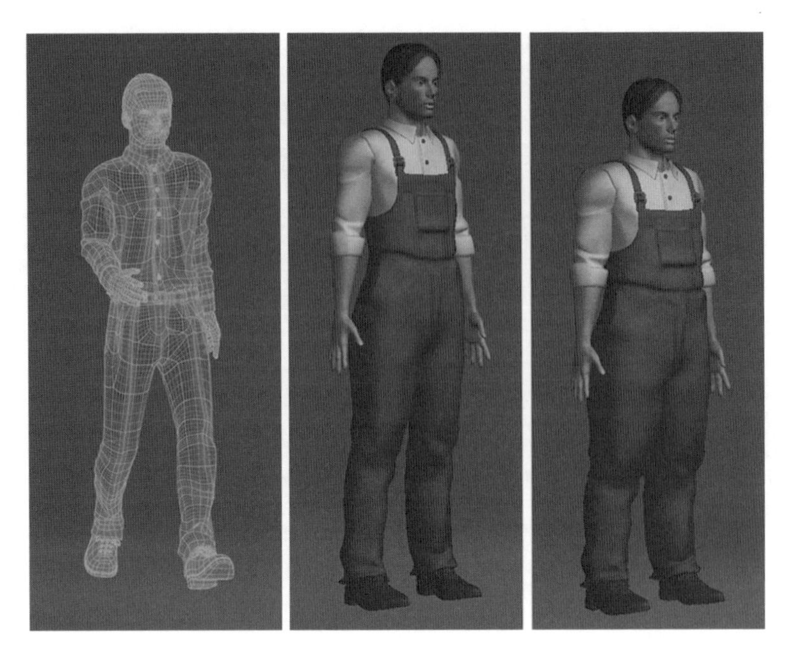

Abb. 19.8 Beispiele für echtzeitanimierbare Menschmodelle und ihre Topologie

ein Stabgelenkmodell übertragen. Dieses dient der Verformung der Außenhülle des virtuellen Menschen mittels der sogenannten Animationsengine.

Da die Verwendung dieses Systems für erste Analysen oft zu aufwändig ist wurden verschiedene Abstufungen der Eingabe entwickelt. Beispielsweise können in der einfachsten Variante nur die Handtargets zur Eingabe benutzt werden, die Visualisierung des virtuellen Menschmodells erfolgt dann über kinematische Ketten (Abb. 19.10).

Für die Analyse aus der Egoperspektive nimmt der Benutzer die Rolle der Arbeitsperson im Montageprozess ein und arbeitet in der virtuellen Umgebung. In vielen Anwendungsfällen fehlt allerdings die haptische Rückmeldung eines Werkzeugs oder Werkstücks in der Hand. Deshalb wurde eine weitere Prozesskette zur Verwendung von „haptischen Widgets" im Rahmen eines Mixed-Reality-Ansatzes erarbeitet (Abb. 19.11).

Als Anwendungsbeispiel wird die folgende Konfiguration eines Gesamtsystems verwendet:

- Hochauflösender Bildschirm mit Multitouchscreen als Konsole für Arbeitsplatzkomponentenauswahl bzw. einfache Interaktionen wie Texteingabe zur Applikationssteuerung,
- Projektionswand 2,5 × 1,8 m für immersive Echtzeit-Stereovisualisierung,
- Interaktionsraum vor Projektion 2,5 × 2,5 × 2,5 m,
- Diverse 3D Eingabegeräte:
  - haptische Widgets (beispielsweise Schrauber, Schraubendreher),
  - optisch getrackte Eingabegeräte zur Cursorsteuerung und Navigation,

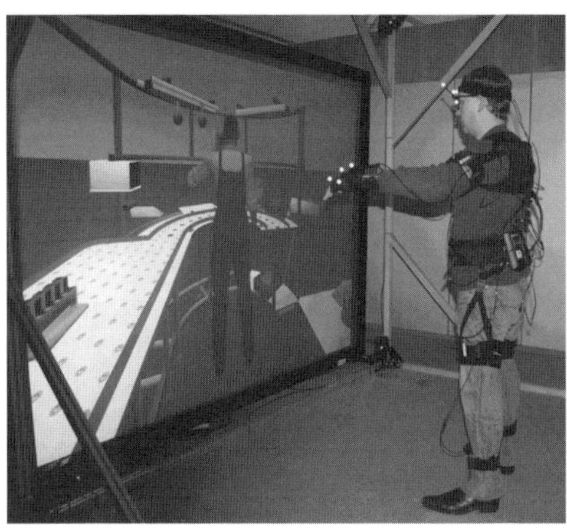
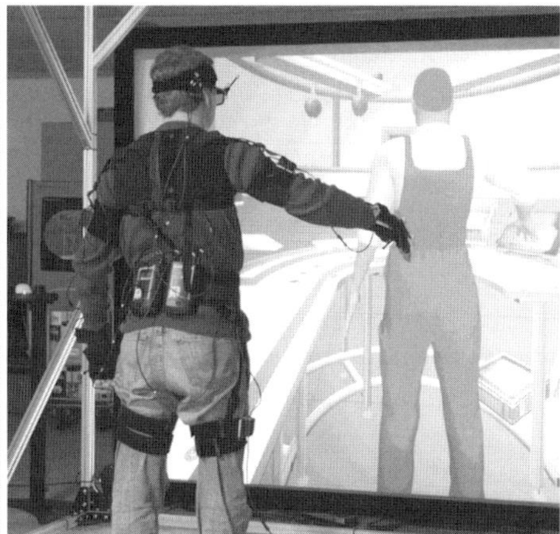

Abb. 19.9 Hybrides Motion-Capturing-System mit Inertialsensorik und optischem Tracking

- Inertialsensorikanzug zur Erfassung von Bewegungen und Haltungen für die Ergonomieanalyse,
- optisches Trackingsystem mit acht Kameras zur Erfassung von Positionen (Kopfposition, Eingabegeräteposition, Navigationseingabe, Skelettreferenz und haptischen Widgets).

Die Benutzerschnittstellen können je nach Konfiguration auf den verschiedenen Displays verwendet werden. So ist die Auswahl des Moduls über ein Menü auf der Benutzerkonsole ebenso möglich wie direkt auf der immersiven Projektionswand.

Für die frühen Planungsphasen oder zur ersten Datenerfassung hat sich auch ein kleineres Setup (Abb. 19.4) bewährt.

Die wichtigsten Kennzeichen der Anwendung sind:

- Der Planer kann das System durch die Reviewfunktionalität dazu nutzen, um beispielsweise anhand der 3D-Daten des Konstrukteurs durch die 3D-Visualisierung im Originalmaßstab des Produkts erste Abschätzungen bezüglich der zu verwendenden Vorrichtungen, Baubarkeit oder Zuordnung der einzelnen Baugruppen zu den jeweiligen Arbeitsstationen treffen.
- Das System enthält Funktionen wie eine Screenshot-Funktionalität oder frei platzierbare Annotationsmarker. Damit können Konstrukteur und Planer Änderungsanforderungen dokumentieren.
- Mit dem Groblayoutmodul kann der Planer ein einfaches Layout der einzelnen Arbeitsstationen erzeugen. Dazu kann er verschiedene Platzhalter für die Arbeitsstation erstellen:
  - Platzhalter (Box mit realen Dimensionen) für Arbeitsplatzresourcen, beispielsweise Tische, Maschinen
  - Platzhalter (Box mit realen Dimensionen) für Teilebereitstellung oder Produktabfuhr

Tab. 19.1 Klassen von Montagesystemmodulen für eine Bibliothek

Modulklasse	Funktion	Repräsentation im Dialog (Beispiel)
Gestell	Tragstrukturen	
Schaltschrank	Elektrische Peripherie	
Materialtransfersystem	Anbindung Materialfluss	
Behälter	Teilebereitstellung	
Arbeitstisch	Nutzflächen	
Produkt	Montageobjekte	
Werkzeuge	Arbeitsmittel	

  - Materialfluss- oder Produktflusspfeile mit visueller Annotation (beispielsweise Pfeildurchmesser analog zur Prozentzahl des Materialflusses)
- Das Feinlayoutmodul ermöglicht das Platzieren von Arbeitssystemkomponenten aus einer Bibliothek (Tab. 19.1). Diese Bibliothek enthält beispielsweise Teilebereitstellungselemente wie Behälter für Kleinteile oder auch Vorrichtungen. Jedes Element besitzt verschiedene Attribute, die im System verwendet werden können. Dazu gehören die 3D-Geometrie zur Anzeige im System, Zusatzinformationen wie Beschreibung, Platzierungsanforderungen oder ergonomierelevante Daten. Diese können beispielsweise über eine Schnittstelle direkt aus einem PLM-System abgefragt werden.
- Anhand des Ergonomiemoduls kann der erstellte Arbeitsplatz mit virtuellen Menschmodellen und haptischen Widgets analysiert werden. Die Eingabe kann in mehreren Detailstufen erfolgen, beispielsweise mit wenigen Targets und inverser Kinematik (Abb. 19.11) für einen schnellen Überblick. So kann über das Einblenden von Greif-

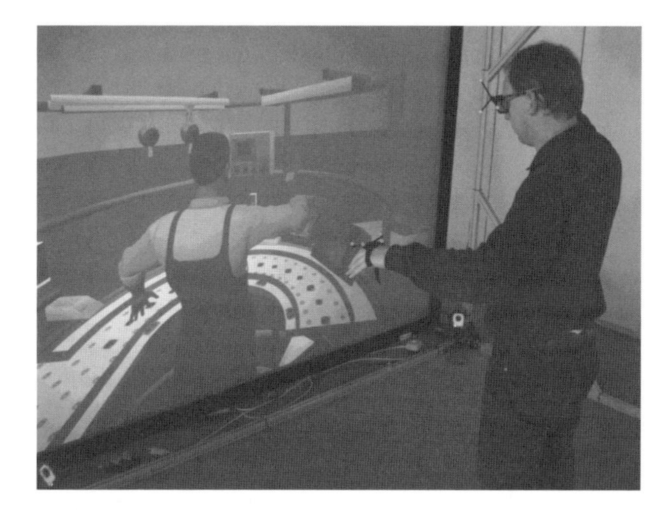

Abb. 19.10 Steuerung über zwei Handtargets

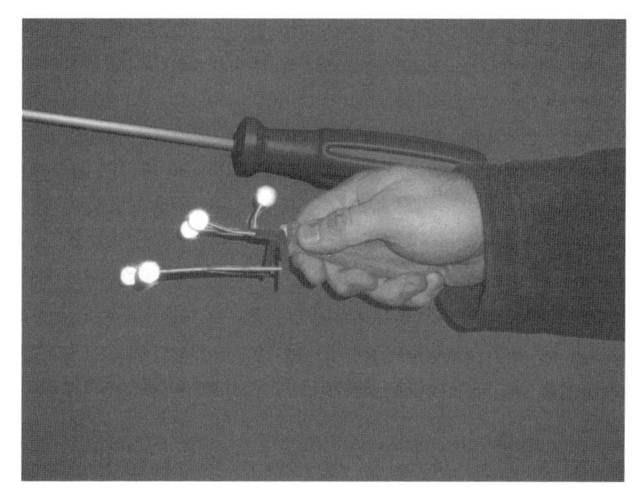

Abb. 19.11 Haptisches Widget (handgeführtes Werkzeug) mit Tracking Targets und Repräsentation in der virtuellen Realität

bzw. Sichträumen die Erreichbarkeit oder Sichtverdeckungen an einer Arbeitsstation bewertet werden. Es kann aber auch eine erschöpfende Ergonomieanalyse mit einem kompletten Inertialsensorikanzug (Abb. 19.9) erfolgen. Des Weiteren kann durch ein zuschaltbares Modul die Belastung bzw. Beanspruchung des Werkers in Echtzeit angezeigt werden. Als Ausgabe erhält man eine Bewertung anhand einer ampelartigen Anzeige.

- Jede Phase des Planungsprozesses (Abb. 19.2) kann iterativ mit dem entsprechenden Modul bearbeitet werden. Die Module können zur Laufzeit des Systems interaktiv gewechselt werden, beispielsweise wenn bei der Evaluation der Ergonomie das Einsetzen zusätzlicher Arbeitsstationen notwendig wird oder zusätzliche Vorrichtungen eingefügt werden müssen.
- Modulübergreifende Funktionen sind:
  - Der aktuelle Planungsstand (Sitzung) kann jederzeit gesichert und geladen werden.

- Operationen auf Bauteilhierarchieebene wie beispielsweise das Kopieren, Löschen und Umbenennen von Subknoten ist möglich.
- Schnappschüsse können erzeugt und Annotationen eingefügt werden. Diese werden zusammen mit der Sitzung gespeichert.

19.4 Anwendungsbeispiel

Ein Hersteller von Reinigungssystemen plant die Markteinführung eines neuen Reinigungsroboters. Das Produktkonzept sieht eine modulare Bauweise vor, um verschiedene Varianten des Produkts für unterschiedliche Reinigungsaufgaben für den Markt konfigurieren zu können. Beim Entwurf der Produktplattform ergeben sich alternative Aufbauvarianten. Die Baugruppen können unterschiedlich konfektioniert werden. Die drei von ihm ausgearbeiteten alternativen Lösungen scheinen dem Konstrukteur hinsichtlich der Montierbarkeit nicht gleichwertig.

Das Unternehmen fördert Frontloading in der Entwicklung und die engere Verzahnung zwischen Produktion und Konstruktion. Bei den regelmäßig stattfindenden Projektreviews des Produktmanagements spricht der Konstrukteur die Problematik gegenüber dem Fertigungsplaner an. Konstruktion und Fertigungsplanung verständigen sich darauf, die Baugruppen für die Serie gemeinsam unter anderem montageoptimal zu konfektionieren. Der Konstrukteur stellt dem Fertigungsplaner seine drei alternativen Baugruppen-Entwürfe A, B und C aus dem CAD-System zur Verfügung.

Der Planer erstellt dazu in seinem Büro am PC mit einer verbreiteten kommerziellen Visualisierungs-Software für die drei Varianten zunächst annotierte Vorranggraphen, die die Montagereihenfolge für alle drei Varianten beschreiben. Dann beginnt er mit der Arbeit am Mixed-Reality-Planungssystem. Dort erstellt er auf Grundlage der Arbeitsschritte im Vorranggraphen zunächst ein Groblayout des jeweiligen Montagesystems: Er definiert die Montagestationen nach ihren Funktionen sowie den Materialfluss, der sich ebenfalls aus den annotierten Vorranggraphen ergibt. Die Montagestationen werden ihm dabei in der virtuellen Fabrikhalle auf dem Stereobildschirm durch Platzhalter dargestellt. Im nächsten Schritt werden die Platzhalter durch geometrisch korrekte Montagesystemkomponenten aus dem Katalog ersetzt. Erforderliche Sonderbetriebsmittel werden in dieser frühen Phase nur als Grobgeometrie im CAD-System erstellt, in die Szene geladen und im Layout positioniert. So entstehen innerhalb von drei Stunden drei Varianten von Montagesystemen zu den drei Baugruppenvarianten. Dann werden vom Planer in die jeweilige virtuelle Fertigung die drei von der Konstruktion bereitgestellten virtuellen Baugruppenvarianten des Reinigungsroboters aus dem CAD geladen und ergänzende Informationen wie Gewichte eingegeben. Der Planer spielt dann die drei Montagevarianten Schritt für Schritt durch. Bei der Montage verwendet er einen Mixed-Reality-Schrauber. In der Hand hält er dabei einen realen Schraubergriff, während in der Projektion ein kompletter virtueller Schrauber dargestellt wird. Dabei werden seine Bewegungen und die des Schraubergriffs über das Trackingsystem aufgezeichnet. Für diese Arbeit benötigt der Planer weitere 3 Stunden.

In einer gemeinsamen 90-minütigen Besprechung diskutieren Konstrukteur und Planer die Aufzeichnung der Analyse. Sie sehen dabei wie ein virtueller Werker die vorher registrierten Bewegungen des Planers ausführt. Der Montageablauf lässt sich also aus Sicht einer dritten Person verfolgen. Mängel werden für den Fachmann dabei sofort sichtbar.

Bei Variante A zeigt sich, dass aufgrund wechselnder Arbeitsrichtungen ein häufiges Umgreifen am Schrauber sowie das Drehen des Werkstücks in zwei Achsen erforderlich sind. Das Drehen des Werkstücks um die Horizontalachse geschieht manuell. Die Anzeigen der im Hintergrund mitlaufenden Ergonomieanalyse machen deutlich, dass eine Ausführung der Arbeit über eine Achtstunden-Schicht nicht für alle Mitarbeiter möglich ist. Um die Variante ausführbar zu gestalten, müsste in Handhabungstechnik am Arbeitsplatz investiert werden.

Bei Variante C sind mehr Arbeitsstationen erforderlich als bei Variante A, entsprechend wächst auch der investive Aufwand. Die summierten Zeiten aller Arbeitsschritte sind hier geringer als bei Variante A. Variante C beinhaltet den Einsatz eines zusätzlichen Werkers. Die Zeiteinsparung scheint aber nicht hinreichend, um diesen Aufwand zu rechtfertigen. Außerdem treten bei dieser Variante bei zwei Arbeitsschritten extreme Haltungen im Schultergürtel auf, die durch die rote Einfärbung der betroffenen Gelenke in der Simulation angezeigt werden. Hier wären korrektive Maßnahmen in der Werkstückführung erforderlich.

Variante B ist aus Sicht der Fertigungsplanung die beste von den dreien. Fast alle Baugruppen lassen sich von vorn oder von oben montieren. Es treten keine kritischen Körperhaltungen auf. Die Montagetätigkeiten sind über die gesamte Schicht zumutbar. Die Diskussion ergibt jedoch weitere Verbesserungspotentiale für die Konstruktion. Durch eine Änderung der Achsrichtung für drei Verschraubungen lässt sich die Montierbarkeit weiter verbessern. Die Gehäusemontage kann auch ohne Verschraubung durch Schnappverbindungen teilweise rationeller realisiert werden. Die Kabel- und Schlauchverbindungen in Geräten erfordern teilweise aufwändige und ineffiziente rotatorische Bewegungen (Schraub- und bajonettartige Verbinder). Diese sind sowohl ergonomisch ungünstig als auch zeitaufwendig. In der Baugruppensimulation ist die Ausführung noch unklar. Planer und Konstrukteur vereinbaren präventiv, in der weiteren Ausführung der Konstruktion möglichst Steckverbindungen mit linearer Fügebewegung zu verwenden und die Wirtschaftlichkeit der Zusammenlegung von einzelnen Verbindern zu Steckeinheiten zu prüfen.

Das Debriefing zur exemplarisch durchgeführten Maßnahme ergibt folgende Einschätzungen:

- Der Personaleinsatz von zusätzlichen 10 Personenstunden für die frühe Maßnahme amortisiert sich voraussichtlich vielfach durch die identifizierten Rationalisierungspotentiale und die vermiedenen Änderungskosten in der weiteren Entwicklung. Der zusätzliche Zeitaufwand ist nur vorgezogen und wird später in der Planung wieder eingespart.

- Der Einsatz des immersiven Planungssystems erfordert zwar mehr Arbeit als die bisher durchgeführten Besprechungen. Es liefert aber auch zusätzlichen Erkenntnisgewinn ohne Mehraufwand, vor allem in der Ergonomie, die bisher in frühen Phasen nicht systematisch berücksichtigt wurde.
- Die teilvirtuelle Interaktion (Mixed Reality) mit physischem Schraubergriff ergibt realistischere Körperhaltungen als eine Interaktion nur über Motion Tracking ohne physische Repräsentation der Werkzeughandseite.
- Durch die Diskussion anhand der anschaulichen virtuellen Darstellung lernt der Konstrukteur montagegerechte Konstruktion und wird die erkannten Mängel in Zukunft schon im Entwurf vermeiden.
- Die gewonnenen Zeitabschätzungen sind hilfreich und angenehmer sowie schneller durchzuführen als mit Tabellen vorbestimmter Zeiten.
- Das systematische Durchspielen der Montagesituation in frühen Phasen in der virtuellen Welt führt zu besseren und detaillierteren Ergebnissen als die bloße gedankliche Auseinandersetzung auf der Basis von Plänen.
- Es wäre wünschenswert, das immersive Planungssystem auch im produktiven Einsatz nutzen zu können. Dies soll der Planer künftig ohne Unterstützung durch einen IT-Fachmann benutzen können.

19.5 Nutzen und Zusammenfassung

Mit den „Mixed Reality Environments für die montagegerechte Konstruktion und Montageplanung von komplexen Produkten" ist ein immersives Planungssystem entstanden, das es erlaubt, die Montage von komplexen Produkten zu simulieren. Dazu wurden Technologien wie CAD, Echtzeit-Computergraphik, Stereovisualisierung, Bewegungsregistrierung und Rapid Prototyping kombiniert, um eine intuitiv und effizient benutzbare Hard- und Software-Plattform zu entwickeln, die das Durchspielen der Montage in der virtuellen Fabrik erlaubt.

Solche interaktive Mixed-Reality-Umgebungen mit virtuellen Werkern haben sich als effiziente und für den zukünftigen industriellen Einsatz aussichtsreiche Werkzeuge für die Montageplanung erweisen. Sie sind geeignet, die enge Kooperation zwischen Konstruktion und Fertigungsplanung wirkungsvoll zu unterstützen. Sie gestatten es, sowohl Montagevorgänge aus der Sicht des Werkers zu erleben (Ego-Perspektive) als auch aus der Sicht eines Beobachters (Perspektive der dritten Person) zu beurteilen.

In der virtuellen Montage treffen Produktbaugruppen und Fertigungseinrichtungen erstmalig im Entwicklungsprozess auf einer für alle Beteiligten anschaulichen und verständlichen Plattform zusammen. Dadurch wird die Kommunikation zwischen den Welten der Produktionsplanung und der Produktentwicklung verbessert. Bislang waren beide Welten durch unterschiedliche Werkzeuge, Sicht- und Denkweisen getrennt. Durch das immersive Planungssystem wird eine gemeinsame Sicht ermöglicht.

Das Durchspielen des Montagevorgangs liefert dabei einen natürlichen Leitfaden für eine systematische Bewertung. Im Gegensatz zu herkömmlichen Verfahren erzwingt das Umsetzen des Vorranggraphen in eine Montagereihenfolge und deren schrittweises Abarbeiten mit dem immersiven Planungssystem in Grobplanung und Feinplanung einen vollständigen „Walkthrough" und stellt sicher, dass kein Aspekt vergessen wird. Dafür sorgt auch die im Hintergrund mitlaufende ergonomische Bewertung, die auf ergonomische Schwachstellen aufmerksam macht.

Im Gegensatz zu rein virtuellen Umgebungen bringt insbesondere auch die teilweise physische Repräsentation von Werkstücken aus dem Rapid Prototyping und von Arbeitsmitteln in der Mixed-Reality-Umgebung zuverlässigere Planungsergebnisse. Dies ist der Fall weil einerseits das Erleben der Arbeitssituation realistischer ist und andererseits die Haltungen den realen geometrischen Kopplungsbedingungen genügen und so eine weit bessere Haltungsabschätzung des Schultergürtels beziehungsweise im Hand-Arm-Systems möglich wird.

Durch das Wahrnehmen beziehungsweise Erleben der geplanten zukünftigen Realität können Konstruktion und Planung wesentlich enger zusammenarbeiten. Die Planung verwendet die Daten der Konstruktion, um diese bereits sehr früh im Entwicklungsstadium zu analysieren. Ferner erhält sie von der Fertigungsplanung ein frühes Feedback für die fertigungsoptimale Konstruktion. Dies unterstützt wirkungsvoll das Frontloading mit der Zielsetzung durch frühe Klärung Fehlerfolgekosten und Entwicklungs- bzw. Planungszeit einzusparen: Konstruktionsdefizite werden früher erkannt, die Produkte sind sicher baubar beziehungsweise montierbar und die Produktqualität wird verbessert.

Auch die Planung wird dadurch rationeller. Durch die ergonomischen Analysen im Hintergrund des Montageprozesses erhält der Planer wertvolle Informationen. Montagesysteme werden dadurch ergonomisch optimiert. Durch das Vorziehen von Planungsleistungen in die frühen Phasen werden zum einen Fehlerfolgekosten vermieden und die Zeit bis zum SoP verkürzt. Durch die Virtualisierung werden zudem weniger Prototypen beziehungsweise weniger Testaufbauten in der Produktion benötigt.

Die Herausforderung für die Zukunft besteht darin, immersive Planungssysteme zu industrialisieren. Sie müssen auch für mittlere Unternehmen erschwinglich und preislich attraktiv werden. Ferner muss der erforderliche Betreuungsaufwand für Aufbau und Wartung durch spezielles IT-Personal minimiert und Schnittstellen zu den existierenden digitalen Planungs- und Entwicklungsplattformen geschaffen werden, um die Integration in bestehende industrielle Prozesse zu vereinfachen.

Literatur

Bullinger H-J, Blach R, Breining R (1999) Projection technology applications in industry. Theses from the design and use of the current tools. In: 3. International Immersive Projection Technology Workshop 1999 10–11 Mai 1999, Center of the Fraunhofer Society Stuttgart IZS. Springer, Berlin

Bues M, Blach R, Stegmaier S, Häfner U, Hoffmann H, Haselberger F (2001) Towards a scalable high performance application plat-form for immersive virtual environments. In: Immersive projection technology and virtual environments 2001: Proceedings of the Eurographics Workshop in Stuttgart, Germany, 16–18 May, Springer

Dangelmaier M, Stefani O (2004) Menschmodelle in virtuellen Umgebungen einsetzen. Ergonomische Analysen mittels Checklisten in der virtuellen Realität. Application of human models in virtual environments – human factors analyses using checklists in virtual reality. wt Werkstattstechnik online 94, Nr. 1/2

Deisinger J, Breining R (2000) Ergonaut: A tool for ergonomic analyses in virtual environments. Virtual Environments 2000, Proceedings of the 6th Eurographics Workshop on Virtual Environments. 1–2 June, Amsterdam. In: Mulder JD, van Liere R (Hrsg) Springer, Wien

Deisinger J, Breining R, Rößler A, Höfle J, Rückert D (2000) Immersive ergonomic analyses of console elements in a tractor cabin. Proceedings of the 4th Immersive Projection technologies Workshop, 19–20 June, Ames/Iowa, Iowa State University, USA

Lay K (1988) Die Arbeitsraumgestaltung manueller Arbeitsplätze mit graphischen und wissensbasierten Methoden, Dissertation, Universität Stuttgart

Menges R (1991) Synthese und Simulation dreidimensionaler Hand-Arm-Bewegungen an manuellen Montagearbeitsplätzen, Dissertation, Universität Stuttgart

Schirra R, Hoffmann H (2005) Application of virtual reality systems in the production planning phase. Proceedings of the 2nd Intuition international workshop. 24–25 November, Paris, France

Schirra R (2006) Einsatz von VR-Systemen in der Arbeitssystemgestaltung – heute und morgen. In: Virtual Reality und Augmented Reality zum Planen, Testen und Betreiben technischer Systeme. 9. IFF-Wissenschaftstage. 21.-22. Juni, Magdeburg

Stefani O, Wiederhold BK, Hoffmann H, Bullinger A (2005) Optimizing immersive virtual reality systems for office workplaces. In: International conference on human-computer interaction: HCI International, 22–27 July, 2005, Las Vegas, USA

Production-in-the-Loop 20

Joachim Lentes

Das Vorgehen zur Produktionssystemplanung in Industrieunternehmen kann häufig durch kaum durchgängige Prozesse über mehrere funktionale Organisationseinheiten hinweg charakterisiert werden. Mit einem integrativen Ansatz auf Grundlage eines adaptiven Modells können Anwender gezielt unterstützt, inselartige Softwaresysteme verknüpft und kontinuierliche Prozesse und Informationsflüsse realisiert werden.

20.1 Ausgangssituation

Ein zweckmäßiger Ansatz zur Beschleunigung der Planung von Produktionssystemen sind durchgängige Prozesse mit einem Minimum an Schnittstellen zwischen Funktionen und Systemen. Dem gegenüber ist das aktuelle Vorgehen zur Produktionssystemplanung in produzierenden Unternehmen meist gekennzeichnet durch wenig integrierte Prozessschritte für Entstehung und Betrieb in getrennten Fachabteilungen. Darüber hinaus werden zwar informationstechnische Systeme eingesetzt. Diese sind allerdings meist wenig bis gar nicht integrierte Insellösungen. In der Konsequenz müssen Datenbestände aufwändig, oft in einem manuellen Ansatz zwischen den Systemen konvertiert werden. Zusätzlich muss häufig händisch oder mittels sogenannter Workarounds die Konsistenz des Gesamtdatenbestands sichergestellt werden.

Ein vielversprechender Ansatz zur Verknüpfung der Aktivitäten bzw. Funktionen entlang des Prozesses vom ersten Entwurf eines Produktionssystems über Betrieb und Optimierung bis hin zum Um- oder Rückbau sowie zur Realisierung des notwendigen Informationsflusses ist eine Production-in-the-Loop (Spath und Lentes 2007) (Abb. 20.1).

J. Lentes (✉)
Fraunhofer IAO, Fraunhofer-Gesellschaft,
Nobelstraße 12, 70569 Stuttgart, Deutschland
E-Mail: joachim.lentes@iao.fraunhofer.de

E. Westkämper et al. (Hrsg.), *Digitale Produktion*,
DOI 10.1007/978-3-642-20259-9_20, © Springer-Verlag Berlin Heidelberg 2013

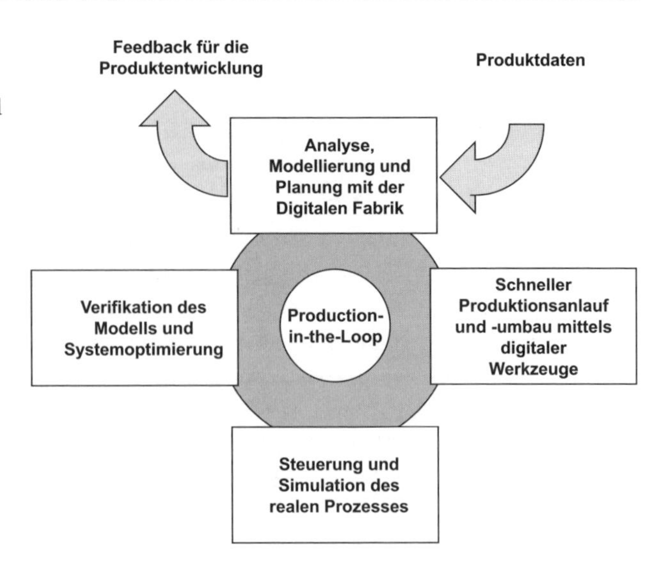

Abb. 20.1 Ansatz einer Production-in-the-Loop. (In Anlehnung an Daimler AG und PSI AG)

Gemäß den Hauptaspekten der Arbeitssystemgestaltung Mensch, Organisation und Technik werden mit dem Einsatz einer Production-in-the-Loop Ziele auf mit-arbeiterorientierter, organisatorischer und technischer Ebene verfolgt.

Die an den einzelnen Aktivitäten während des Lebenszyklus eines Produktionssystems beteiligten Mitarbeiter müssen bei der Bewältigung ihrer Arbeitsaufgaben sinnvoll durch den Einsatz von Softwarewerkzeugen unterstützt werden. Durch den Softwareeinsatz sollen auch Nebenzeiten, wie für das Suchen und für das händische Abgleichen von Daten vermindert und ein möglichst niedriger Mehraufwand verursacht werden. Sinnvolle Unterstützung bedeutet auch, dass die Anwender bei ihrer Arbeit auf verschiedenen Abstraktions- bzw. Detailgraden und vor dem Hintergrund unterschiedlicher Arbeitskulturen unterstützt werden. Die Arbeit und damit Informationsrepräsentation mit verschiedenen Detailgraden ist sinnvoll, da die zur Verfügung stehenden Informationen typischerweise während der Planung vom ersten Entwurf eines Produktionssystems bis zu seiner Realisierung hin zunehmen. Unterschiedliche Arbeitskulturen, die beispielsweise aus der Arbeit mit unterschiedlichen fachlichen Hintergründen, in verschiedenen Teams, Abteilungen, Organisationen oder Ländern entstehen, resultieren in unterschiedlichen Terminologien, Methoden und Arbeitsweisen, die zu unterstützen sind.

Auf organisatorischer Ebene sind die hemmenden Auswirkungen von Grenzen zwischen den Organisationseinheiten und Fachdomänen mit Produkt- und insbesondere Produktionsbezug weitestgehend zu minimieren und betroffene Arbeitsprozesse, Informationsflüsse und Workflows zu verbessern.

Technische Ziele des Einsatzes sind die Verknüpfung von Funktionen und damit Softwaresystemen entlang des Lebenszyklus eines Produktionssystems sowie der durchgängige Informationsfluss entlang des entsprechenden Prozesses. Eine Production-in-the-Loop muss folglich als integratives Element für Modelle und Informationen, die von den unterschiedlichen Softwaresystemen mit Bezug zu Produkten und deren Produktion verwendet werden, wirken und damit zumindest die Lücken zwischen inselartigen Anwendungen durch einen angemessenen Datenfluss schließen.

20.2 Lösungsansatz

Kernelement einer Production-in-the-Loop ist ein adaptives Modell, das die Repräsentation eines Produktionssystems mit den unterschiedlichen Graden an Vollständigkeit und Detail, die während seines Lebenszyklus auftreten, zulässt. Mittels eines derartigen Modells kann eine Datenbasis realisiert werden, welche die verschiedenen Softwarewerkzeuge, die bei Planung, Modellierung, Evaluierung, Betrieb und Optimierung eines Produktionssystems eingesetzt werden, verknüpft. Die Inhalte dieser Datenbasis müssen dann während des Lebenszyklus des Produktionssystems durch definierte organisatorische Prozesse und technische Schnittstellen kontinuierlich aktualisiert werden.

Production-in-the-Loop basiert auf einem Modellierungsansatz, der die Betrachtung des Produktionssystems mit dem Detailgrad, der für die jeweilige Arbeitsaufgabe angemessen ist, unterstützt und erlaubt damit den Einsatz der Methoden und Werkzeuge, der im Hinblick auf den Umfang der benötigten Daten und Informationen und dem entsprechenden Arbeitsaufwand sinnvoll ist. Damit erlaubt das adaptive Modell, das in einer Production-in-the-Loop eingesetzt wird, in den frühen Phasen der Produktionssystemplanung die Arbeit mit einem niedrigen Detail- und hohen Abstraktionsgrad und damit den Einsatz von Methoden mit einem geringen Arbeitsaufwand für ihren Einsatz und die zunehmende Detaillierung des Produktionssystems während dessen Entwicklung. Da während der Entwicklung eines Produktionssystems nicht nur dessen Detailgrad zunimmt, sondern auch die Betrachtungsweise, beispielsweise vom technischen zum betriebswirtschaftlichen Standpunkt wechselt, muss das eingesetzte Modell auch die Verwendung durch verschiedene Fachdisziplinen unterstützen. Dadurch erhalten die funktionalen Abteilungen im Rahmen von Entstehung und Betrieb eines Produktionssystems die Möglichkeit, in ihrer jeweiligen Fachterminologie und mit den von ihnen üblicherweise eingesetzten Methoden zu arbeiten. Folglich kann das Umdenken zwischen Bezeichnungen, Prozeduren und Methoden minimiert werden und die Beteiligten können sich auf ihre tatsächlichen Aufgaben konzentrieren. In der Konsequenz nimmt die Arbeitsleistung während der Planung bei tendenziell besseren Planungsergebnissen zu.

Die Verwendung eines adaptiven Modells ermöglicht die Integration oder zumindest Verknüpfung von Systemen und damit Funktionen entlang des Lebenszyklus eines Produktionssystems. Dies ermöglicht den Übergang von klassisch sequenziellem, oft wasserfallartigem Ablauf zur Planung (a) hin zum zyklischen Vorgehen im Rahmen einer Production-in-the-Loop (b) (Abb. 20.2). Im Zentrum dieses zyklischen Vorgehens stehen das Produktionssystem und sein Modell, die kontinuierlich gemeinsam weiterentwickelt werden. Weitergehende Informationen zum Fabriklebenszyklusmanagement, an das Sichtweise (b) angelehnt ist, werden in Kap. 16 gegeben.

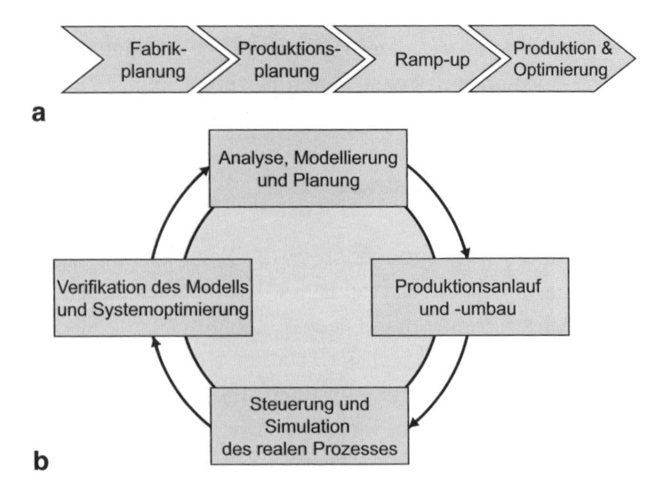

Abb. 20.2 Vorgehen entlang des Lebenszyklus eines Produktionssystems

Auf der Grundlage der Ziele und Merkmale sowie des Ansatzes für Production-in-the-Loop können weiterhin erste allgemeine Anforderungen für die Realisierung einer Production-in-the-Loop ermittelt werden:

1. Die Umsetzung muss die Verständigung und Zusammenarbeit von Anwendern verschiedener Fachdisziplinen und Hintergründe auf „kultureller Ebene" unterstützen.
2. Die Realisierung muss Informationsflüsse und Workflows auf Basis sinnvoller organisatorischer Prozesse ermöglichen („organisatorische Ebene").
3. Die eingesetzte Technologie muss die Integration verschiedenster Softwaresysteme oder zumindest den nahtlosen Datenaustausch zwischen ihnen unterstützen („technische Ebene").
4. Das zugrundeliegende Modell muss die Arbeit auf verschiedenen Detail- und Abstraktionsgraden ermöglichen („individuelle Ebene").

Diese generischen Anforderungen müssen mittels einer angemessen Anforderungsanalyse während der Entwicklung einer konkreten, unternehmensspezifischen Production-in-the-Loop, also während der Entwicklung spezifischer Modelle und Werkzeuge detailliert werden.

20.3 Realisierung und Anwendung

Im Folgenden bezeichnet der Begriff Ontologie eine explizite Spezifikation einer Konzeptualisierung (Gruber 1995). Eine Konzeptualisierung ist eine abstrakte Sicht auf einen Ausschnitt der Welt, der abgebildet werden soll. Die Spezifikation der Konzeptualisierung enthält Definitionen der modellierten Entitäten wie Klassen, Relationen und Funktionen sowie Axiome mit denen die möglichen Interpretationen der Definitionen eingeschränkt werden. Die Ontologie als Menge aus Definitionen und Einschränkungen stellt ein mehr

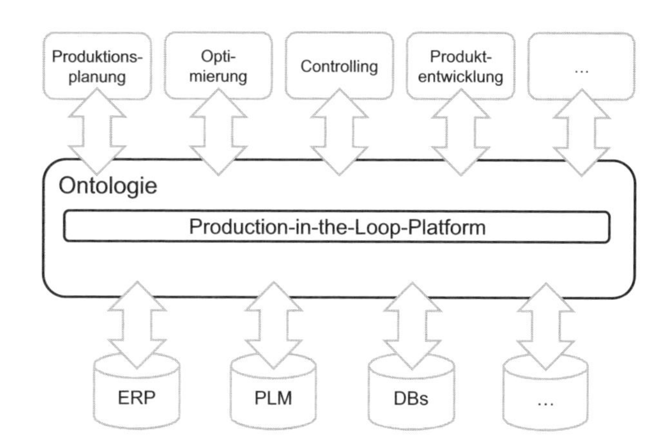

Abb. 20.3 Production-in-the-Loop als offene Softwareplattform

oder weniger formales Vokabular dar. Dieses Vokabular unterstützt die Kommunikation zwischen Individuen, Systemen und Organisationen beziehungsweise Organisationseinheiten.

Ontologiebasierte Ansätze wurden erfolgreich zur Erzeugung eines gemeinsamen Verständnisses zur Verbesserung der Kommunikation zwischen menschlichen und softwarebasierten Agenten sowie Organisationen zur Unterstützung der Wiederverwendung und gemeinsamen Nutzung von Informationen und Wissen sowie zur Erleichterung der Interoperabilität und Integration von Informationssystemen (Geerts und McCarthy 2000; Wache et al. 2001) eingesetzt und dabei Anwendungsfälle aus Produktentwicklung (Ciocoiu et al. 2001; Kitamura und Mizoguchi 2002; Nanda et al. 2004), Produktionssystemplanung (Spath et al. 2005) und Fertigung (Knutilla et al. 1998) betrachtet. Folglich können die Anforderungen, die auf kultureller, organisatorischer und technischer Ebene an eine konkrete Realisierung einer Production-in-the-Loop gestellt werden durch Verwendung eines ontologiebasierten Ansatzes erfüllt werden. Dessen Eignung für die Realisierung wesentlicher Teilaspekte einer Production-in-the-Loop wurde bestätigt.

Die informationstechnische Implementierung einer Production-in-the-Loop bedeutet die Integration von Informationen und Funktionalitäten aus einer Vielzahl an Systemen. Dies stellt eine Aufgabe dar, die insbesondere durch Anwendung eines verteilten Systems als Softwareplattform gelöst werden kann. Der Einsatz einer Ontologie als integrierendem semantischen Datenmodell und die mögliche lose Kopplung der einzelnen Bausteine führt zu einem offenen, erweiterbaren System (Abb. 20.3). Dabei ermöglicht die Offenheit des Systems einerseits die Anbindung von im Unternehmen vorhandenen betrieblichen Informationssystemen. Andererseits können auch aktuelle Entwicklungen der Informations- und Kommunikationstechniken, die unter dem Begriff Internet-der-Dinge beziehungsweise Industrie 4.0 (Kagermann et al. 2012) subsumiert werden, zur Anbindung von Betriebsmitteln in der Werkhalle an die Production-in-the-Loop eingesetzt werden. Durch den Einsatz von cyber-physischen Systemen kann die Verbindung der realen Produktion mit ihrem Abbild in Softwarewerkzeugen weitergehend unterstützt werden.

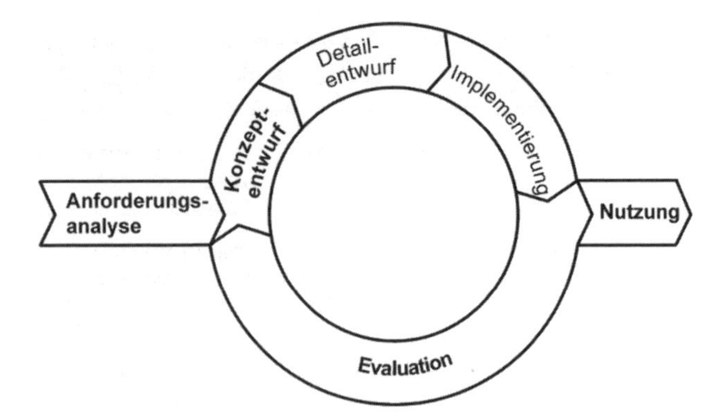

Abb. 20.4 Vorgehen zur Ontologieentwicklung unter Nutzereinbindung

Die programmtechnische Realisierung eines ontologiebasierten Ansatzes unter Verwendung einer Softwarebibliothek wie Apache JENA (McBride 2002) und einer Notation wie der Web Ontology Language (OWL) (W3C 2012) ermöglicht die Arbeit auf unterschiedlichen Ebenen einer Konzepttaxonomie und die monotone Erweiterung einer Ontologie nach der Inbetriebnahme eines Softwaresystems, das diese Ontologie verwendet. In der Folge kann auch die Anforderung auf der individuellen Ebene durch die Anwendung eines ontologiebasierten Softwarewerkzeugs erfüllt.

Die im Folgenden beschriebene Vorgehensweise wurde mit dem Ziel erarbeitet, die Entwicklung einer Ontologie für eine gegebene Aufgabe in einem definierten Anwendungsbereich wie die Planung von Produktionssystemen zu unterstützen (Spath et al. 2005). Die Vorgehensweise basiert auf der (Wieder-)Verwendung und Kombination existierender generischer Aufgaben- und Bereichs-Ontologien, die, soweit erforderlich, erweitert werden. Auf diese Weise können die künftigen Anwender der Ontologie und des auf ihr basierenden Systems in die Ontologieentwicklung eingebunden werden, da sie sich jeweils nur mit dem für ihre Arbeit wesentlichen Teil der Gesamtontologie auseinandersetzen müssen.

Grundlage der unter besonderer Berücksichtigung der Einbindung von Anwendern erarbeiteten Vorgehensweise sind typische Vorgehensweisen zur Produktentwicklung und generische Ansätze zur Ontologieentwicklung. Die Aktivitäten im Rahmen der Vorgehensweise können in Phasen eingeteilt werden (Abb. 20.4). Die Phasen Konzeptentwurf, Detailentwurf, Implementierung und Evaluation bilden dabei einen Iterationszyklus, der durchlaufen wird, bis das Prozessergebnis, die Ontologie, die gestellten Anforderungen erfüllt. In der Abbildung sind Phasen mit besonders starker Anwendereinbindung durch fette Schriftart markiert.

Zur Unterstützung ihrer Anwendung sowie zur Formalisierung der Ergebnisse ihrer Anwendung basiert die Vorgehensweise zur Ontologieentwicklung auf Basistechnologien wie Notationen und Softwarewerkzeugen. Neben natürlichsprachigen Texten werden während der Anforderungsanalyse Anwendungsfalldiagramme im Stil der Unified Modeling Language (UML) eingesetzt. Während des Konzeptentwurfs werden Taxonomien mittels hierarchischer Bäume zur Modellierung von „ist-ein"-Beziehungen im Sinne von Spezialisierungen von Superklassen zu Subklassen dargestellt. Im Detailentwurf, der haupt-

Abb. 20.5 Struktur der Ontologie

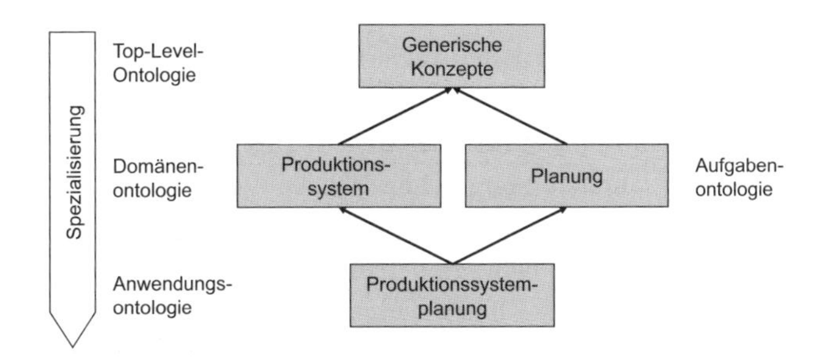

sächlich von Ontologieentwicklern bzw. Spezialisten in der Entwicklung von Ontologien durchgeführt wird, werden Klassendiagramme gemäß der UML eingesetzt.

Die Anwendung der Vorgehensweise zur Ontologieentwicklung muss aufgrund der typischen Komplexität der erzeugten Ontologien im Anwendungsfall Production-in-the-Loop durch Softwarewerkzeuge wie Editoren für Taxonomien und für vollständige Ontologien sowie Kollaborationswerkzeuge angemessen unterstützt werden.

Die mit der vorgestellten Vorgehensweise entwickelte Ontologie besteht aus Teilontologien, wodurch ihre Verwendung und Wiederverwendung erleichtert wird (Abb. 20.5). Ein typischer Ansatz zur Aufteilung einer Ontologie in Teilontologien ist die Einführung einer generischen Top-Level-Ontologie, einer Domänenontologie (Guarino 1998), hier für den Betrachtungsbereich „Produktionssystem", einer Aufgabenontologie, beispielsweise für die Aufgabe „Planung" und einer resultierenden Anwendungsontologie für den jeweiligen Anwendungsfall wie Produktionssystemplanung. Die einzelnen Teilontologien können wiederum aus mehreren Ontologien zusammengesetzt sein.

Die generische Top-Level-Ontologie selbst besteht aus existierenden Ontologien mit hohem Verbreitungsgrad wie der Ontologie für Ingenieurmathematik von Gruber und Olsen (1994). Durch diese Wiederverwendung kann die Interoperabilität der Ontologie mit Ontologien aus anderen Projekten erhöht werden, ohne dass wesentlicher zusätzlicher Abstimmungsaufwand entsteht.

Die Domänenontologie zur Abbildung von Produktionssystemen basiert auf der Prämisse, dass Produktionssysteme als gerichtete Graphen modelliert werden. Folglich werden Produktionssystemelemente wie Bearbeitungsstationen als Knoten und Verkettungen zwischen Systemelementen als Kanten abgebildet. Die Modellierung von Produktionssystemen als Graphen ermöglicht den Einsatz kontextfrei implementierter Problemlösungsmethoden auf der Grundlage der Graphentheorie zur Analyse und Optimierung des modellierten Systems.

Die Aufgabenontologie zur Beschreibung der Planung basiert auf der Interpretation des Begriffs Planung als systematischen und im Hinblick auf ein bestimmtes Ziel rational durchgeführten Entscheidungsprozess. Folglich enthält diese Aufgabenontologie die Konzepte Ziel und Zielerfüllung. Da eine Zielerfüllung nicht notwendigerweise in quantifizierter Form gemessen, sondern auch durch den eher subjektiven Eindruck eines oder mehrerer Experten beurteilt werden kann, ermöglicht die Ontologie nicht nur Ja-/Nein-Aussagen sondern auch die Verwendung linguistischer Terme wie „sehr gut" oder

„schlecht". Um derartige unscharfe Terme abzubilden, ermöglicht die erarbeitete Ontologie die Verwendung linguistischer Variablen auf der Grundlage der Theorie der unscharfen Mengen und folglich die Anwendung von Methoden der Fuzzy-Multi-Attribut-Entscheidungsunterstützung (Chen 1992).

Im Rahmen der Anwendungsontologie wird die Planung in globale und lokale Planung unterteilt. Globale Planung betrifft die Planung des gesamten Produktionssystems während im Rahmen der lokalen Planung Entscheidungen bezüglich einzelner Produktionssystemelemente wie Puffer getroffen werden. Die Beurteilung von Planungsalternativen erfolgt funktional sowie bezüglich der Zielerfüllung durch die Alternativen. Funktionale Beurteilungen beziehen sich auf die Leistungsfähigkeit der Produktionssystemalternative bei einer gegeben Systemlast wie den Durchsatz. Zur Evaluierung der Zielerfüllung wird das Konzept „Ziel" in mitarbeiterorientierte, organisationale, ökonomische, technische und leistungsorientierte Ziele, die damit im Rahmen einer konkreten Planung definiert werden können, spezialisiert.

20.4 Nutzen und Zusammenfassung

Production-in-the-Loop ist ein Ansatz zur Integration von Funktionen und Informationen während des Prozesses vom ersten Entwurf eines Produktionssystems über seinen Betrieb und seine Optimierung bis zu seinem Um- oder Rückbau. Production-in-the-Loop unterstützt Produktionssystemplaner gezielt und beschleunigt Prozesse zur Planung neuer und zur Optimierung bestehender Produktionssysteme begleitet von verbesserten Planungsergebnissen. Folglich fördert Production-in-the-Loop die Verkürzung der Zeit bis zum Markteintritt neuer Produkte und die Anpassungsfähigkeit von Industrieunternehmen. Wesentliche Teilelemente einer Production-in-the-Loop sind die Verwendung adaptiver Modelle und die Integration von Funktionen und Informationen bzw. Informationssystemen entlang des Lebenszyklus eines Produktionssystems. Die Realisierung einer Production-in-the-Loop kann ontologiebasiert unter Verwendung einer offenen Engineering-Plattform erfolgen. Der Einsatz cyber-physischer Systeme im Sinne einer Industrie 4.0 bietet dabei zusätzliche Möglichkeiten zur Verbindung des realen Produktionssystems mit seinen Modellen in Softwarewerkzeugen.

Literatur

Chen S-J, Hwang C-L (1992) Fuzzy multiple attribute decision making: methods and applications. Springer, Berlin

Ciocoiu M, Nau D, Gruninger M (2001) Ontologies for integrating engineering applications. J Comput Info Sci Eng 1:12–22

Geerts G, McCarthy W (2000) The ontological foundation of REA enterprise information systems. Arbeitsbericht, University of Delaware and Michigan State University

Gruber T (1995) Towards principles for the design of ontologies used for knowledge sharing. Int J Hum-Comput Stud 43:907–928

Gruber T, Olsen G (1994) An ontology for engineering mathematics. In: Proceedings of 4th International Conference on Principles of Knowledge Representation and Reasoning KR'94

Guarino N (1998) Formal ontology and information systems. In: Proceedings of the First International Conference FOIS'98

Kagermann H, Wahlster W, Helbi J (2012) Deutschlands Zukunft als Produktionsstandort sichern – Umsetzungsempfehlungen für das Zukunftsprojekt Industrie 4.0 – Abschlussbericht des Arbeitskreises Industrie 4.0. Forschungsunion, Berlin

Kitamura Y, Mizoguchi R (2002) Ontology-based modeling of product functionality and use – part 1: functional knowledge modeling. In: Proceedings of Third International Seminar and Workshop Engineering Design in Integrated Product Development EDIProD

Knutilla A, Schlenoff C, Ivester R (1998) A robust ontology for manufacturing systems integration. In: Proceedings of Second International Conference on Engineering Design and Automation

McBride B (2002) Jena: a semantic web toolkit. IEEE Internet Comput 6:55–59

W3C (2012) OWL 2 Web ontology language – Document overview, 2. Aufl. http://www.w3.org/TR/owl2-overview/. Zugegriffen: 02. Sept. 2013

Nanda J, Thevenot H, Simpson T, Kumara S, Shooter S (2004) Exploring semantic web technologies for product family modeling. In: Proceedings of DETC'04 ASME 2004 International Design Engineering Technical Conferences and Computers and Information in Engineering Conference

Spath D, Lentes J (2007) Production-in-the-loop. In: Proceedings of ICPR-19: 19th international conference on production research

Spath D, Lentes H-P, Lentes J (2005) Towards an ontology supporting the planning of production systems. Production Engineering: Research and development in Germany – Annals of the German Academic Society for Production Engineering 12:117–120

Wache H, Vögele T, Visser U, Stuckenschmidt H, Schuster G (2001) Ontology-based integration of information – a survey of existing approaches. in: proceedings of international joint conference on artificial intelligence (IJCAI-01) Workshop Ontologies and Information Sharing

Smart Factory 21

Dominik Lucke

Durch verschiedene parallel verlaufende Entwicklungen erfuhr die industrielle Produktion in den vergangenen Jahren einen starken und tiefgreifenden Wandel. Fabriken sind heute mehr denn je unvorhersehbaren Turbulenzen und gleichzeitig der Forderung nach steigender Produktivität ausgesetzt. Die Produktionssysteme von morgen müssen sich daher sowohl an äußere Turbulenzen wie Auftragsschwankungen als auch an innere Turbulenzen wie Maschinenausfälle oder Qualitätsmängel flexibel anpassen können (Westkämper 2008). Ansatzpunkte zur Lösung sind die Optimierung von Kosten, Zeiten und Qualität vom einzelnen Arbeitsplatz bis hin zu Unternehmensnetzwerken. Jedoch müssen nicht nur diese Leistungseinheiten des Stuttgarter Unternehmensmodells (Westkämper und Zahn 2009) in sich, sondern auch die Abläufe zwischen diesen Einheiten verbessert werden.

Neben den Arbeitsplätzen wie beispielsweise Werkzeugmaschinen oder Montagestationen sind mobile Betriebsmittel wie Werkzeuge oder Messmittel zur Herstellung eines Produkts notwendig. Informationen wie beispielsweise Fertigungsaufträge, Maschineneinstellungen oder Werkzeugverfügbarkeit haben eine Schlüsselrolle, da sie die einzelnen Leistungseinheiten verknüpfen und ihnen Ziele vorgeben. Während in den vergangenen Jahren Fortschritte in der Entwicklung der Maschinen und Anlagen in Bezug auf Modularisierung und Flexibilität gemacht wurden, sind die Informationen über diese Maschinen und Anlagen, den ablaufenden Prozessen und Zuständen auf viele unterschiedliche Informationssysteme verteilt. Sie arbeiten meist mit eigenen spezifischen Daten und Formaten innerhalb der domänenspezifischen Anwendungen. Diese Informationssysteme müssen jedoch alle nahtlos zusammenspielen, damit Kosten-, Zeit- und Qualitätsvorgaben erfüllt

D. Lucke (✉)
Fraunhofer IPA, Fraunhofer-Gesellschaft,
Nobelstr. 12, 70569 Stuttgart Deutschland
E-Mail: dominik.lucke@ipa.fraunhofer.de

E. Westkämper et al. (Hrsg.), *Digitale Produktion*,
DOI 10.1007/978-3-642-20259-9_21,

werden können. Der Zugriff auf die richtigen Informationen zum richtigen Zeitpunkt am richtigen Ort ist immer noch eine Herausforderung. Hierzu ist es notwendig, nicht nur statische Typinformationen über ein Objekt wie beispielsweise einer Maschine zu kennen, sondern auch damit zusammenhängende Information wie den Maschinenzustand, anstehende Fertigungsaufträge oder die Hallentemperatur und die Luftfeuchtigkeit.

Die Heterogenität der Informationssysteme, die sich in Schnittstellen, Datenformaten und Datenmodellen widerspiegelt, verursacht hohe Kosten bei der Anpassung an neue Varianten und Produkte sowie im laufenden Betrieb. Ein weiteres Problem ist die vorhandene Dezentralität der Datenhaltung. Die Daten können hier sowohl logisch als auch physisch auf Informationssysteme in der gesamten Fertigung verteilt sein. Die oft vorhandene mangelhafte Synchronisation und die daraus folgende unterschiedliche Aktualität der Datenbestände in den jeweiligen Informationssystemen führen direkt zu Problemen in der Produktion. Für richtige Entscheidungen zur Bewältigung von Turbulenzen sind aktuelle und vor allem korrekte Informationen eine wesentliche Voraussetzung. Neben den Informationen kommt der Suche eine Schlüsselrolle zu. Ziel sollte eine möglichst genaue Kenntnis des Zustands einer Produktion mit allen enthaltenen Objekten sein. So kann die Produktion unter ständig veränderlichen Einflüssen geregelt werden. Eine Konsequenz ist, dass Werkzeuge entwickelt werden müssen, die aktuelle Informationen in der Produktion erfassen, verarbeiten und bereitstellen, damit sie den Menschen bei den zu treffenden Entscheidungen in Turbulenzsituationen unterstützen können. Daraus ergeben sich die folgenden Schlüsselfragen:

- Wie können Informationen der realen Welt einfach und wirtschaftlich erfasst und mit den Informationen der digitalen Welt synchronisiert werden?
- Wie können diese Informationen verarbeitet, gesucht, gefunden und zusammengefasst werden?
- Wie können die *richtigen* Informationen zum *richtigen* Zeitpunkt und am *richtigen* Ort dem *richtigen* Nutzer zur Verfügung gestellt werden?

21.1 IT-Technologie

Parallel zu den Entwicklungsströmungen im Produktionsbereich verlaufen die Entwicklungen in der Elektrotechnik und Informatik, die Ansatzpunkte für die Lösung der aufgeworfenen Fragestellungen bieten. Die dort vorherrschenden Trends der Miniaturisierung bei gleichzeitigem Preisverfall von Elektronik und Sensorik ermöglichen eine automatisierte, wirtschaftliche Informationserfassung und –bereitstellung in neuen Einsatzgebieten innerhalb einer Fabrik. Beispiele sind der wachsende Einsatz von automatischen, berührungslosen Identifizierungstechnologien wie Radio Frequency Identification (RFID). Damit können Informationen über die reale Welt, wie Positionen oder Zustände von Bauteilen, Produkten oder Werkzeugen beobachtet werden und in stationären sowie mobilen Informationssystemen verarbeitet werden.

Marc Weisers Vision des „Smart Environments" (Weiser 1991) beschreibt eine physische Welt, die eng und unsichtbar mit Sensoren, Aktoren, Displays und Elementen von Computern verwoben ist. Diese sind nahtlos in Objekte des täglichen Lebens eingebettet und durch ein ständiges Netzwerk miteinander verbunden (Weiser 1991). In der Umsetzung dieser Vision, die heute in Teilen bereits Realität ist, haben sich unterschiedliche Hauptströmungen herausgebildet. Zum einen sind dies Sensornetzwerke, die zum Erfassen und Beobachten größerer Sachverhalte dienen und zum anderen intelligente Objekte (Smart Objects), die eine Funktion möglichst autonom erledigen sollen (Mattern 2008). Als Mischform treten intelligente Objekte auf, die mit Hilfe von externen Informationen wie beispielsweise aus Sensornetzwerken ihre Funktionen selbständig erledigen. Entscheidender Vorteil dieser Mischform ist es, dass dabei externe Informationen in einer Funktion berücksichtigt werden können, ohne dass diese von dem Objekt selbst erfasst werden müssen. Weitere wichtige Aspekte sind hierbei die sich stark ändernde Mensch-Maschine-Schnittstellen. Zusammenfassend werden diese kombinierten Hard- und Softwaresysteme als „Ubiquitäre Computersysteme" (Ubi Comp Systeme) oder als sogenannte cyber-physische Systeme bezeichnet (Friedewald et al. 2010; acatech 2011). Diese erledigen mit Hilfe von Informationen aus der physischen und digitalen Welt wie beispielsweise aus Sensornetzwerken oder anderen intelligenten Objekten ihre Funktionen selbständig, um den Menschen zu unterstützen (acatech 2011). Durch die damit einhergehende starke Verringerung von expliziten Eingaben durch den Benutzer findet eine Verlagerung der Komplexität in intelligente Hintergrundprozesse statt. Um den Menschen zu unterstützen, müssen diese die Vielfalt der auftretenden Situationen erkennen und in der Verarbeitung berücksichtigen können. Hierfür ist zusätzliches Wissen über den Hintergrund und Zusammenhang, in dem ein Ereignis oder Vorgang steht, notwendig, um daraus Schlussfolgerungen ziehen zu können und in der Verarbeitung zu berücksichtigen (Friedewald et al. 2010). Hiermit eng verknüpft ist der Begriff des Kontexts. Dey und Abowd definieren Kontext als jede Information, die verwendet werden kann, die Situation einer Entität zu charakterisieren. Eine Entität ist eine Person, ein Ort oder ein Objekt (Dey und Abowd 1999). In Anlehnung an Nicklas werden Informationssysteme beziehungsweise Anwendungen, deren Verhalten durch Informationen über ihren Kontext beeinflusst wird, kontextbezogene Anwendungen genannt (Nicklas 2005). Diese können als Untergruppe von ubiquitären Computersystemen angesehen werden, die sich auf die Berücksichtigung der umgebenden Objekte und Zusammenhänge, während der Informationsverarbeitung für eine verbesserte bedarfsangepasste Informationsfilterung und -bereitstellung, fokussieren.

21.2 Lösungsansatz Smart Factory

Eine Produktion der nächsten Generation muss sich auf die geänderten Rahmenbedingungen und aufgeworfenen Fragestellungen anpassen können. Dabei wird die Optimierung des Fabrikbetriebs durch die Verbesserung und Beschleunigung der Kommunikation angestrebt. Einen Ausgangpunkt zur Lösung bietet die Übertragung der Vision „Smart Environment" auf die Produktion.

Darauf aufbauend wird in diesem Buch die „Smart Factory" als eine Fabrik definiert, die Menschen und Maschinen in der Ausführung ihrer Aufgaben kontextbezogen unterstützt (Lucke et al. 2008a).

Kontextbezogen bedeutet, dass Informationen, welche ein Fabrikobjekt charakterisieren und die Zusammenhänge, wie der derzeitige Ort oder Zustand, in der Informationsbereitstellung berücksichtigt werden können. Ein Fabrikobjekt kann jedes Objekt in einer Fabrik sein wie beispielsweise die Produkte, die Ressourcen, die Prozesse und Aufträge.

Kontextbezogene Anwendungen und Systeme in der Produktion bieten einen Ansatz eine Smart Factory technisch umzusetzen. Diese können kontextrelevante Informationen erfassen, vernetzen, verwalten, entsprechend der ausgewählten Kriterien dynamisch filtern und überall bereitstellen. Die kontextrelevanten Informationen können dabei auf verschiedene Informationssysteme, wie Maschinen, Anlagen, RFIDs einzelner Bearbeitungswerkzeuge und Materialbehälter, Manufacturing Execution Systems (MES) oder Produktlebenszyklusmanagement-Systeme (PLM-Systeme) in der Produktion verteilt sein.

Für die Ausprägung einer kontextbezogenen Anwendung und von Systemen in der Produktion können zwei Kategorien unterschieden werden:

- Integrierte, autonome Anwendungen, die in physische und logische „Smart Objects" gekapselt sind.
- Verteilte Anwendungen, die sich physisch und logisch auf mehrere Informationssysteme erstrecken. Vernetzte „Smart Objects" mit eigenen Kommunikationsfähigkeiten werden hier als spezielle Form eines Informationssystems angesehen.

Während sich bei der ersten Kategorie die Integrationsproblematik lokal auf notwendige Sensoren beschränkt, ist diese bei der zweiten Kategorie kontextbezogener Anwendungen und Systeme ungleich größer. Hier müssen die notwendigen, meist dezentral vorhandenen, benötigten Informationen integriert werden, die über die gesamte Produktion verteilt sein können wie beispielsweise in ERP-Systemen, Maschinen und Anlagen. Zur Lösung dieser Integrationsproblematik können sogenannte Föderationsansätze verwendet werden. Kennzeichen dieser Ansätze sind, dass auf dezentrale, verteilte Informationen über eine gemeinsame zentrale Schnittstelle zugegriffen werden können (Abb. 21.1). Das anfragende System kommuniziert nur mit einer zentralen Schnittstelle, als wäre dieses ein monolithisches System. Die Verteilung auf die jeweiligen dezentralen IT-Systeme, die Zusammenführung und die Homogenisierung der Antworten läuft im Hintergrund ab. Technisch wird dies mit sogenannten Middleware-Systemen umgesetzt. Bei der Lösung vereinfacht ein übergeordnetes Informationsmodell die Integration. Das sogenannte Umgebungsmodell, welches ein übergeordnetes Informationsmodell ist, bildet eine Fabrik, die enthaltenen Objekte und deren Zusammenhänge dynamisch ab. Es kann als eine Art dynamisches Verzeichnis aufgefasst werden, dessen Eigenschaft eine schnelle Filterung der großen Menge an Informationen ermöglicht. Die kontextbezogenen Anwendungen und Systeme verwenden eine Sicht auf das Umgebungsmodell, die ihrem Einsatzzweck ange-

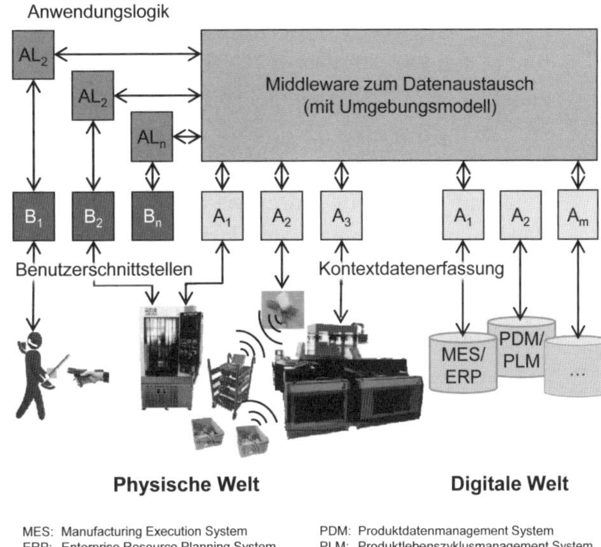

Abb. 21.1 Konzept der Smart Factory

passt ist. Damit setzen sich kontextbezogene Anwendungen und Systeme aus folgenden prinzipiellen Komponenten zusammen:

- Komponenten für die Erfassung von kontextrelevanten Informationen der physischen und digitalen Welt.
  Für die Umsetzung des Föderationsansatzes ist die Kenntnis über die enthaltenen Objekte und deren dynamische Zusammenhänge wichtig. Die Erfassungskomponenten für kontextrelevante Informationen haben als Aufgabe, Informationen zu erfassen, um die dynamischen Zusammenhänge zwischen den Objekten für einen schnellen Zugriff abzubilden. Weitere Aufgaben sind die Aufbereitung von Daten zu normierten Informationen und die Möglichkeit des Zugriffs auf Informationen des jeweiligen IT-Systems, wie beispielsweise von Messwerten. Je nach Ausprägung können diese Adaptoren auch eine Transformation in andere Datenformate beinhalten. Dies ist jedoch von der Ausprägung des genutzten Ansatzes abhängig. Diese kann bereits in den Erfassungskomponenten geschehen oder erst in den Middleware Systemen. Die eigentlichen Informationen können dabei in den Systemen verbleiben, auf die über Schnittstellen zugegriffen werden kann. Für die Erfassung kontextrelevanter Informationen in der physischen Welt umfassen diese Erfassungskomponenten Hardware und Software wie:
  - Sensoren und Sensornetzwerke (Diese beinhalten Messgrößenaufnehmer und deren Signalaufbereitung beispielsweise zur Messung von Temperaturen, Vibrationen, Kräften oder elektrischen Strömen),
  - Automatische Identifikations- und Datenerfassungsverfahren (Diese schließen Barcode oder Radio Frequency Identification (RFID) ein),

  - Ortungsverfahren (In der Praxis verwenden diese, optische, ultraschall- oder funkbasierte Verfahren zur Bestimmung der Position eines Objektes innerhalb und außerhalb von Gebäuden. Bekanntestes Beispiel für ein Ortungssystem, ist das Global Positioning System (GPS)),
  - Komponenten zur mobilen Kommunikation (Diese ermöglichen es mobile Objekte innerhalb einer Produktion wie beispielsweise Gabelstapler, Materialbehälter oder Werkzeuge zu vernetzen und kommunizieren zu lassen. Diese umfassen Hardware und Software, die Standards wie LTE, UMTS bzw. HDSPA, EDGE, GPRS, WLAN, ZigBee oder Bluetooth umsetzen) und
  - Mikrocontroller und eingebettete Systeme (Embedded systems) (Diese stellen die notwendige Rechenkapazität bereit, um gegebenenfalls Sensordaten bereits lokal aufzubereiten oder intelligente Funktionen zu realisieren und die Komponenten zur mobilen Kommunikation anzusteuern.).
- Für Komponenten zur Erfassung der digitalen Welt, also andere Informationssysteme sind dies Schnittstellen in Form sogenannter Adaptoren. Diese erfassen zum einen die kontextrelevanten Informationen, damit diese in Zusammenhang mit den erfassten kontextrelevanten Informationen aus der physischen Welt gebracht werden können. Zum anderen ermöglichen diese den Zugriff auf enthaltene Informationen und Funktionen.
- Middleware Systeme zum Management und Austausch der erfassten Informationen.
  Diese umfassen vor allem administrative Basisdienste und -funktionen wie die Registrierung und das Auffinden von Diensten, die Auflösung von Rechnernamen in Netzwerkadressen oder die Überwachung von Netzwerkressourcen, Netzwerkprotokollen, Anfragesprachen und Programmierhilfen, um den Zugriff auf Daten aus unterschiedlichen Quellen zu vereinfachen (Fleisch und Mattern 2005). Im vorliegenden Ansatz beinhalten die weitergehenden Funktionen die Speicherung der erfassten kontextrelevanten Informationen, die Verteilung von Anfragen auf unterschiedliche IT-Systeme und Zusammenführung der Antworten über eine gemeinsame Schnittstelle. Gegebenenfalls sind zusätzlich weitere Funktionen zur Transformation von Datenformaten, je nach Ausprägung, integriert. Die erfassten kontextrelevanten Informationen bilden hierbei das Umgebungsmodell zur Laufzeit.
- Komponenten für die Realisierung der eigentlichen Anwendungslogik mit kontextbezogenen Funktionen.
  Die Unterscheidung als eigenständiges Modul ermöglicht es, ein kontextbezogenes System auf unterschiedliche Hardwareressourcen zu verteilen und Daten, Logik und Präsentation zu trennen. Für den Einsatz in der Produktion bringt dies auch weitere Vorteile, da hierdurch auf der Präsentationsebene einfache mobile Endgeräte mit einer geringen Leistungsfähigkeit verwendet werden können oder falls mehrere Präsentationsmodule dasselbe Funktionsmodul verwenden. Diese Komponenten setzen Funktionen zur Analyse, Simulation und Evaluation wie zum Beispiel online parametrierte Materialflusssimulationen um. Das Simulationsmodell wird hier anhand der aktuellen

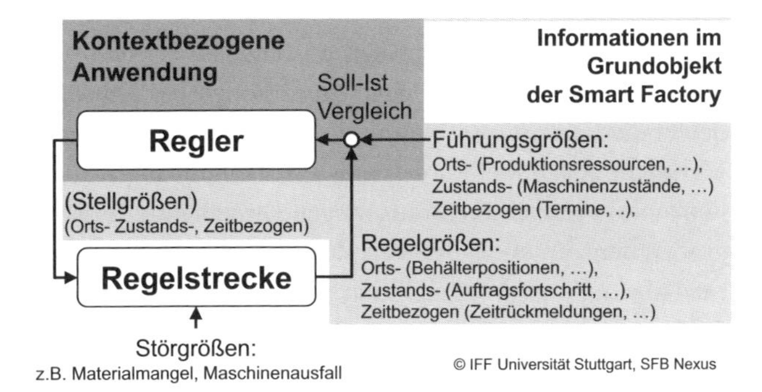

Abb. 21.2 Grundmodell einer kontextbezogenen Anwendung in der Smart Factory. (Lucke et al. 2008b)

kontextrelevanten Informationen aus dem Umgebungsmodell parametriert und es können damit schnell kurzfristige Optimierungen, etwa verschiedene Auftragsszenarien, durchgeführt werden. Workflowmanagementsysteme können zur Automatisierung der organisatorischen Prozesse und zum Einleiten von Maßnahmen zur Dokumentation, wie beispielsweise zum intelligenten Betriebsmittelmanagement (Jendoubi 2007) oder kontextbezogenen Störungsmanagement (Wieland et al. 2010) verwendet werden.

- Benutzer- und Maschinenschnittstellen.
  Eine weitere wichtige Funktion kontextbezogener Anwendungen und Systeme ist die Interaktion mit dem Menschen, die über verschiedene Schnittstellen, wie etwa mobile Endgeräte (Smartphones und Tablets) oder sprachgesteuert per Telefon erfolgen kann.

21.3 Umgebungsmodell der Smart Factory

Das Umgebungsmodell bildet das Informationsrückgrat für die kontextbezogenen Systeme der Smart Factory. Es ist ein erweitertes Fabrikdatenmodell und enthält die notwendigen Fabrikobjekte und deren Zusammenhänge. Im Gegensatz zu den in den Planungsphasen verwendeten Fabrikdatenmodellen muss das Umgebungsmodell auch Bewegungsdaten wie beispielsweise Aufträge und Maschinenzustände abbilden können. Außerdem muss es die Anforderungen an Fabrikdatenmodelle bezüglich Generalität, Modularität, Erweiterbarkeit und Offenheit erfüllen, die in Kap. 16 dargestellt sind.

Ausgangspunkt für die Modellierung bildet die Analyse der Informationsströme der real vorhandenen Objekte wie Gebäude, Maschinen und Anlagen oder Werkzeuge und immaterielle Objekte, wie Arbeitspläne, Aufträge oder sonstige Dokumente, die zum Betrieb einer Fabrik benötigt werden. Hieraus werden sogenannte Fabrikobjekte definiert, welche über Merkmale die jeweiligen Objekte charakterisieren. Ein Punkt, der die Modellierung hier stark beeinflusst, ist die Funktionsweise kontextbezogener Systeme. Um zu Systemen zu gelangen, welche kontextbezogene Funktionen selbstständig im Hintergrund ausführen können, wird das Modell eines Regelkreises zugrunde gelegt, wie es in Abb. 21.2 dargestellt ist. Das kontextbezogene System bildet das Regelglied. Jedoch dürfen, im Unterschied zu einem herkömmlichen Regler, kontextbezogene Systeme die Führungsgrößen anderer Objekte als Stellgrößen des eigenen Regelkreises ändern, sofern sie intelligente Funktionen besitzen. Für das Grundmodell der Fabrikobjekte in der Smart Factory bedeutet dies, dass neben Merkmalen zur Identität wie Typ, ID, Name oder der Kostenstelle, Merkmale abgebildet werden müssen, die Führungs- und Regelgrößen sind. Führungsgrößen sind Informationen überwiegend aus Planungssystemen der Fabrik, während Regelgrößen den aktuellen Ort oder Zustand eines Fabrikobjektes wiedergeben. Die Merkmale für Führungs- und Regelgrößen eines Fabrikobjektes können in die Kategorien Zustand, Ort und Zeit eingeteilt werden, auf die nachfolgend besonders eingegangen werden soll (Lucke et al. 2009).

21.3.1 Zustandsbezug

Weitere wichtige Führungs- und Regelgrößen für kontextbezogene Systeme sind die zustandsbezogenen Größen. In den Fabrikobjekten werden sie sehr vielschichtig abgebildet. Dies können Kapazitätsmodelle, Soll-Lagerbestände, Prüfpläne oder Maschinenzustände als Führungsgrößen sein. Hingegen werden Regelgrößen durch Ressourcenauslastungen, Ist-Lagerbestände oder Messergebnisse wie Temperatur, Kraft oder Drehmoment repräsentiert und ermöglichen damit den kontextbezogenen Anwendungen eine zustandsbasierte Regelung der Abläufe und Prozesse.

21.3.2 Ortsbezug

Für die Ausführung von Fertigungsaufträgen, muss ein Ort in der Fabrik spezifiziert sein. Genauso müssen für eine Regelung wie beispielsweise im Sinne einer Ressourcenumplanung der aktuelle Ort des Fertigungsauftrags und das damit verknüpfte Material bekannt sein. Für die Modellierung in einem Objekt der Smart Factory wird daher die Frage aufgeworfen, wie der Ort als Führungs- und Regelgröße abgebildet wird. Zur Abbildung im Modell kann eine Ortsreferenzierung der Objekte grundsätzlich anhand von symbolischen oder geografischen Koordinaten erfolgen. Symbolische Koordinaten werden beispielsweise bei Postadressen verwendet, wohingegen die geografische Adressierung auf Basis von Längen- und Breitengraden erfolgt. Die heute in einer Fabrik verwendeten Datenmodelle, die von digitalen Fabrikplanungswerkzeugen kommen, verwenden meist die symbolische Adressierung. Falls konkrete Layouts hinterlegt sind, so haben diese nur kartesische Koordinaten innerhalb eines Modells. Sie erstrecken sich meist nur über eine Fabrik. Vorteil von symbolischen Koordinaten ist die schnelle Ordnung von Strukturen für den Menschen. Hauptnachteil der symbolischen Koordinaten ist die wesentlich aufwendigere Adressierung einer genauen Position im Vergleich zu einer geografischen. Eine absolute geografische Adressierung besitzt den Vorteil, dass der Ort eines Realweltobjektes global gültig, eindeutig und sehr genau ausgedrückt werden kann. Dies ist dann wichtig, wenn Objekte über mehrere Standorte hinweg überwacht werden sollen. Die Forderung nach Aktualität des Fabrikzustandes bedingt auch, dass der reale Ort eines Objekts erfasst

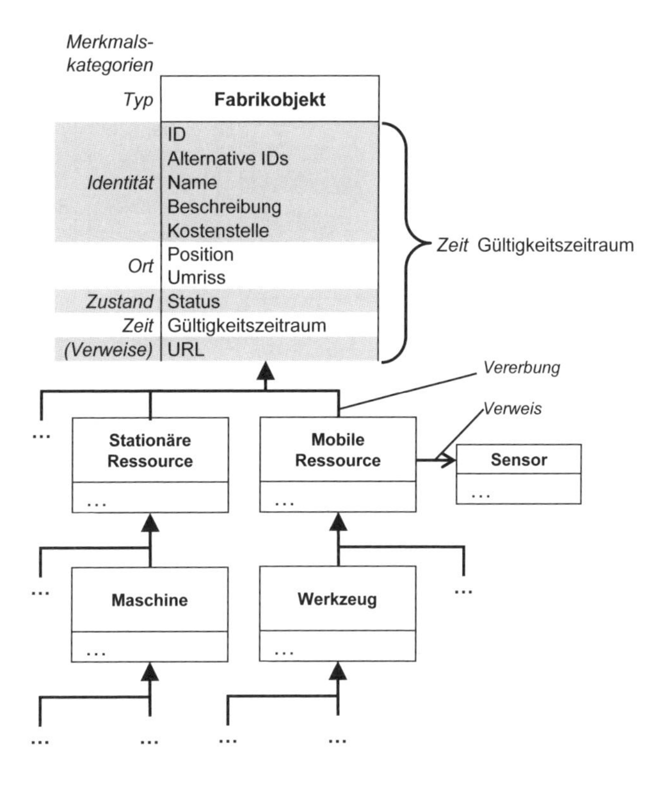

Abb. 21.3 Allgemeines Fabrikobjekt der Smart Factory

wird. Lokalisierungssysteme geben dazu immer kartesische oder geografische Koordinaten aus. Für den Menschen kann eine Umwandlung von symbolischen Koordinaten in geo-grafische über eine Schnittmengenbestimmung erfolgen. So ist etwa der Umriss einer Fabrikhalle durch geografische Koordinaten festgelegt und besitzt außerdem eine symbolische Adresse (Werk 5, Halle 1). Wird gefragt, ob eine Maschine in Halle 1 ist, so muss der Umriss der Maschine innerhalb den Koordinaten der Halle liegen.

21.3.3 Zeitbezug

Einen anderen Aspekt für die Regelung von Fabrikobjekten durch kontextbezogene Anwendungen stellen die zeitbezogenen Führungs- und Regelgrößen dar. Sie sind in den Fabrikobjekten durch die Abbildung von beispielsweise Gültigkeitszeiträumen eines Objekts oder Merkmals aber auch eines Terminen oder dem Betriebskalender als Führungsgrößen repräsentiert. Als Regelgrößen dagegen sind sie nicht unabhängig, sondern mit orts- oder zustandsbezogenen Messwerten verknüpft. Beispiele hierfür sind die Zeitstempelung von Prozessschritten oder Ortskoordinaten.

Für die Modellierung werden diese Hauptmerkmale in einer generischen Fabrikobjektklasse zusammengefasst, von der spezialisierte Klassen abgeleitet werden können (Abb. 21.3). Dadurch ist sichergestellt, dass alle Objekte die Hauptmerkmale enthalten.

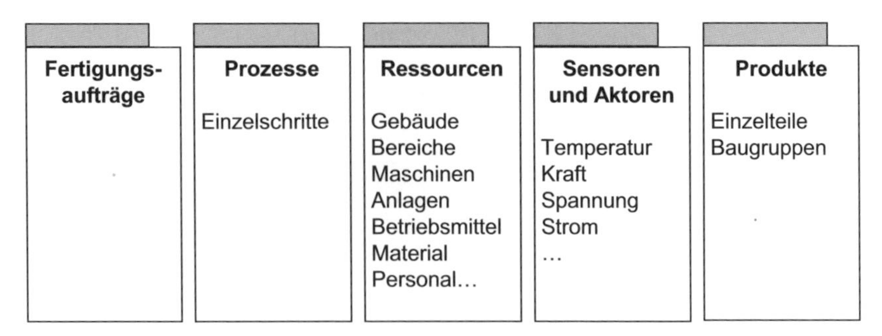

Abb. 21.4 Übersicht der Pakete des Kontextdatenmodells der Smart Factory

Die abgeleiteten Klassen können weitere Merkmale zur Beschreibung enthalten und werden in Paketen ähnlicher Klassen zusammengefasst (Abb. 21.4). Unter Ressourcen werden die gesamten Realweltobjekte einer Fabrik, wie Gebäude, Produktionssegmente, Maschinen und Anlagen, Betriebsmittel (Werkzeuge, Vorrichtungen und Prüfmittel), Lagermittel, Transportmittel, das Rohmaterial, Halbzeuge, Zukaufteile und das Personal eingeordnet. Weiterhin sind diese Realweltobjekte immer mit Produkten, Prozessen und Aufträgen verknüpft, die benötigt werden, um Regelungsfunktionalitäten abbilden zu können. Eine weitere Besonderheit ist die gesonderte Abbildung von Sensoren und Aktoren. Dies ermöglicht die Integration nachträglicher Sensorik in die Maschinen und Anlagen. Die gesondert modellierten Sensorobjekte ermöglichen es darüber hinaus, kontextbezogenen Systemen über verschiedensten Bereiche und Maschinen, Messwerte auf einfache Weise aus der realen Produktion als Regelgrößen zu verwenden.

21.4 Nutzen

Der Smart-Factory-Ansatz ermöglicht als Hauptnutzen eine effizientere Informationsbereitstellung und Ressourcennutzung durch eine Verbesserung der Kommunikation. Dies wird durch eine konsequente Strukturierung und Erfassung der Informationen einer Fabrik sowie deren kontextbezogenen Verarbeitung, Filterung und Bereitstellung erreicht. Daraus ergeben sich nachgelagerte positive Effekte in unterschiedlichen Bereichen einer Fabrik, die nachfolgend beschrieben werden.

Durch die Verwendung eines Umgebungsmodells als übergeordnete Instanz werden die Informationen einer Fabrik strukturiert und vereinheitlicht. Bereits der Analyse- und Auswahlprozess der Informationen zu einem Fabrikobjekt ermöglicht eine einheitliche Fabrikstruktur und fördert die Informationstransparenz. Diese dient als Basis für eine kontinuierliche Überwachung und Verbesserung der Informationsqualität. Aktuelle und korrekte Informationen sind hier die Vorrausetzung für die richtigen Entscheidungen, die mit Hilfe kontextbezogener Systeme unterstützt werden können. Sobald Daten über alle im Betrieb verfügbaren Ressourcen dem Entscheidungsträger aktuell vorliegen, kann zu jeder Zeit schnell und dynamisch reagiert werden. Dies ist beispielsweise bei einem Maschinenausfall notwendig. Als Folge müssen die Instandsetzung veranlasst, Fertigungsaufträge umgeplant und Werkzeuge an Alternativmaschinen angepasst werden. Damit kann die Produktion am optimalen Betriebspunkt gehalten werden. Zudem kann die Ergonomie der Prozesse erhöht werden, indem die gesammelten Informationen kontextbezogen dargestellt werden. Der optimale Einsatz der zur Verfügung stehenden Ressourcen stellt gerade am Standort Deutschland eine Kernkompetenz erfolgreicher Unternehmen dar, weil hier ein starker Kostendruck im internationalen Vergleich besteht.

Ein weiterer positiver Effekt ist die Möglichkeit zur Synchronisation der Informationen, die aus dem realen Fabrikbetrieb stammen, mit den Informationen, die für die digitale Planung der Fabrik verwendet werden. Kontextbezogene Systeme für Planer können beispielsweise ständig aktualisierte, kombinierte Medien- und Layoutpläne oder der schnelle Zugriff auf aktuelle Prozesszeiten sein. Die Planungen können damit beschleunigt werden, bei einer gleichzeitigen Erhöhung der Planungsqualität. Kostenwirksame Planungsfehler können vermindert, der Anlauf verkürzt und Fehlproduktionen weiter reduziert werden.

Gleichzeitig wird die Integration neuer kontextbezogener Systeme durch das übergeordnete Umgebungsmodell vereinfacht. Der Smart-Factory-Ansatz insgesamt ermöglicht den Aufbau eines dynamischen Produktionsnetzwerks, welches sich permanent an neue Einflüsse, wie Störungen und Vorgaben anpassen kann.

21.5 Anwendungsbeispiele

In den folgenden Anwendungsbeispielen werden in den prototypischen Implementierungen die erarbeiteten Konzepte und Modelle in technische Lösungen umgesetzt.

21.5.1 Implementierung des Umgebungsmodells

In der Umsetzung stellt sich die Frage, wie die Informationen in einem Artefakt abgebildet werden sollen. Dazu existieren verschiedene Möglichkeiten bei der Modellierung und beim Abbilden aller Informationen zu einem Fabrikobjekt:

1. Alle Informationen als Attribute der Fabrikobjekte
   Alle Informationen werden direkt als Attribute in den Fabrikobjekten gespeichert. Der Vorteil ist hier, dass jede Information unmittelbar jeder Anwendung zu Verfügung steht. In der Praxis besitzt dieser Ansatz jedoch Nachteile. Wird jede Information direkt im Modell eines Fabrikobjektes abgebildet, so kann dieses sehr umfangreich werden. Die Folge ist, dass das Modell schwerfällig im Gebrauch wird, da es lange dauert, alle Informationen zu übertragen.

2. Abbildung der Informationen vollständig über Verweise
   Das Fabrikobjekt bildet nur einen Container ab, alle Informationen sind über Verweise verfügbar. Hauptvorteil dieser Strategie ist, dass durch die Verlinkung mit anderen Daten die Fabrikobjekte einfach erweiterbar sind. Dies bedeutet, dass der Detaillierungsgrad der Information mitwachsen kann. Informationen von Spezialanwendungen können ebenso abgebildet werden, wie Standardinformationen. Nachteil dieser Strategie ist, dass die Zeit für die Informationsbereitstellung stark von der Leistungsfähigkeit des Netzwerks und der angeschlossenen IT-Systeme abhängt.
3. Hybrider Ansatz (Attribute und Verweise)
   Oft benötigte Informationen werden in den Fabrikobjekten direkt als Attribute hinterlegt, selten benötigte Informationen werden über Verweise verfügbar gemacht. Diese Strategie hat den Vorteil, dass die Objektgröße relativ klein bleibt. Die Leistungsfähigkeit des Systems ist hoch. Diese Strategie vereinigt die Vorteile der ersten und zweiten Modellierungsstrategie. Nachteil an dieser Strategie ist, dass die Informationen unterschiedlich schnell verfügbar sind.

Bei der Modellierung wurde die dritte Strategie gewählt, um die gewünschte Leistungsfähigkeit und Flexibilität des Datenmodells zu erreichen. Eine Lösung für die Umsetzung eines Umgebungsmodells bieten die Konzepte, die im Rahmen des Sonderforschungsbereichs 627 „Umgebungsmodelle für mobile, kontextbezogene Systeme – Nexus" erarbeitet wurden. Die in diesem Rahmen entwickelte Nexus-Plattform stellt die Grundbestandteile zum Datenmanagement von verteilten Informationsquellen bereit. Die Nexus Plattform ist hier die Implementierung einer Middleware zum Informationsaustausch. Durch den zugrundeliegenden Föderationsansatz, können die Informationen im jeweiligen IT-System verbleiben. In der Fabrik sind dies die Sensoren, Maschinen und Anlagen Identifikationssysteme, Enterprise Resource Planning (ERP) System oder Produktlebenszyklusmanagement Systeme. Die Plattform besteht aus sogenannten Kontextservern zur Speicherung von erfassten kontextrelevanten Informationen und der Nexus Föderation, welche als Hauptaufgabe die Verteilung von Anfragen auf unterschiedliche Kontextverwaltungssysteme und Zusammenführung der Antworten hat. Da das Umgebungsmodell nur zur Laufzeit existiert, wird ein Datenschema, das sogenannte Kontextdatenschema, benötigt, in welchem die einzelnen Klassen der Fabrikobjekte definiert sind. Das Datenmodell der Smart Factory ist eine Erweiterung des Nexus-Standarddatenmodells (Lucke et al. 2009). Es werden daher auch die Basisklassen des Nexus-Datenschemas übernommen. Die einzelnen Klassen für die Objekte folgen den Eigenschaften des Grundmodells für Fabrikobjekte in der Smart Factory. Um den aktuellen Zustand einer Fabrik abbilden zu können, muss das Datenmodell Informationen über Ressourcen mit den enthaltenen Sensoren und Aktoren, den gefertigten Produkten, die ablaufenden Prozesse und Aufträge enthalten. In der technischen Umsetzung werden die gesamten Objekte von den sogenannten Nexus-Standardklassen abgeleitet (Bauer et al. 2004). Jede Klasse kann von mehreren Klassen erben und besitzt Attribute, in denen die Daten abgelegt werden. Dadurch ist sichergestellt, dass alle Objekte die Primärkontextattribute (Typ, Ort, Zeit) enthalten. Zusätzlich erben die Fabrikobjekte in fabrikspezifischen Erweiterungsklassen, den Smart-Factory-Basiserweiterungen, oft benötigte Attribute für Kostensätze, ABC-Klassifizierungen, Termine, Bestandsinformationen oder Dokumentenverweise. Selten benötigte oder umfangreiche Daten (zum Beispiel Handbücher, Prüfdokumentationen, 3D-Modelle) werden im Modell über Verweise auf ein Dokument oder eine Website berücksichtigt. Dadurch sind alle Informationen zu einem Objekt in der Fabrik im Modell repräsentierbar.

Die technische Umsetzung des Umgebungsmodells ermöglicht die Vernetzung und den Datenaustausch der unterschiedlichen Informationssysteme. Um die spätere Weiterverwendung in der Industrie zu gewährleisten werden in der technischen Konzeption der Smart Factory Standardtechnologien wie Ethernet (LAN), WLAN mit TCP/IP als Kommunikationsbasis gewählt. Die Vernetzung der verschiedenen erfassten Kontextinformationen der Objekte erfolgt mit Hilfe von Webservices. Die kontextbezogenen Anwendungen greifen dabei auf die entsprechend benötigten Webservices zu, die z. B. Zustands- und Positionsdaten von Maschinen anbieten, um die Partialmodelle zu realisieren. Die Umsetzung der Partialmodelle mit Hilfe von Webservices und kontextbezogenen Anwendungen ergeben als Gesamtheit das Umgebungsmodell zur Laufzeit. Durch die Verwendung von Webservices wird eine hohe industrielle Umsetzbarkeit der entwickelten kontextbezogenen Anwendungen gewährleistet, da neue Informationssysteme in Unternehmen immer häufiger Webservices-Schnittstellen anbieten. Diese technische Grundarchitektur der Smart Factory erlaubt die einfache Anpassung und Erweiterung auf verschiedene Unternehmen und Fabriken.

21.5.2 Kontextbezogene Anwendungen und Systeme

Durch die Umsetzung des Umgebungsmodells wurden die Voraussetzungen für eine effektive Assistenz mit kontextbezogenen Anwendungen und Systemen geschaffen. Diese bilden die Brücke zwischen digitaler und realer Welt. Das Umgebungsmodell wird durch die Informationen aus der realen Welt aktualisiert und verändert. Eine Auswahl möglicher kontextbezogener Anwendungen und Systeme wird in den folgenden Beispielen aufgezeigt.

21.5.2.1 Kontextdatenerfassung stationärer Fabrikobjekte am Beispiel der Zustandserfassung von Maschinen und Anlagen

Die Kontextdatenerfassung bildet die Grundlage für die übrigen kontextbezogenen Anwendungen und Systeme. Die Zustandserfassung von Maschinen und Anlagen ist hier die wichtigste Funktion in der Kontextdatenerfassung stationärer Fabrikobjekte, da die übrigen Kontextdaten sich langsam, oder nur wenig, beziehungsweise gar nicht ändern. Viele Maschinen und Anlagen besitzen oft proprietäre Schnittstellen zum Auslesen der Maschinen- und Zustandsdaten. Für kontextbezogene Anwendungen und Systeme, die Informationen über den Zustand von Maschinen und Anlagen benötigen, müssen daher zusätzliche Schnittstellen implementiert werden. Aus diesem Grund wurde ein entsprechender Webservice entwickelt, der den kontextbezogenen Anwendungen die aktuellen Zustände von Maschinen vereinheitlicht zur Verfügung stellt.

Tab. 21.1 Beispielzustände des Maschinenzustandswebservice

Zustand	Beschreibung
NotAvailable	Die Maschine ist abgeschaltet und nicht verfügbar
Idle	Die Maschine ist betriebsbereit und befindet sich im Leerlauf
Busy;ProductionorderNo 3675([17 %])	Die Maschine bearbeitet Fertigungsauftrag 3675, der zu 17 % fertiggestellt ist
Error;3000;Notaus	Die Maschine befindet sich im Störungszustand. Fehlernummer 3000 und Beschreibung Notaus

Neben der Bereitstellung von charakterisierenden Kontextdaten, wie beispielsweise Name, Typ, Ort, geometrischen Abmessungen oder Kostensätzen, ist die Hauptfunktion des Maschinenwebservices die Aktualisierung des aktuellen Zustands. Eine Übersicht über die Beispielzustände ist in Tab. 21.1 dargestellt. Neben üblichen Zuständen, wie „Maschine an" und „verfügbar", wird bei der Bearbeitung der Fortschritt des Auftrags kontinuierlich aktualisiert und dem Stand der Bearbeitung des Fertigungsauftrags auf der Maschine angepasst. Diese im Vergleich zu Standard-Erfassungssystemen feinere Auflösung ermöglicht die direkte dezentrale auftragszustandsbasierte Steuerung nachfolgender Bearbeitungsschritte oder die verursachungsgerechte Bereitstellung von Werkzeugen für den nächsten Auftrag. Der Auftragsfortschritt wird als Bruchteil der bereits vergangenen Bearbeitungszeit zur Gesamtbearbeitungszeit dokumentiert. Er wird mit Hilfe der erfassten Zustände (zum Beispiel Pause oder Fehlermeldungen) und zusätzlich eingefügten „Trigger"-NC-Sätzen synchronisiert, um eine leichte Integration in vorhandene Maschinen zu ermöglichen. Die Trigger-NC Sätze aktualisieren hierbei eine Variable, die außerhalb der NC-Steuerung ausgelesen werden kann. Die Gesamtbearbeitungszeit wird mit Hilfe einer NC-Simulation bei Neuteilen oder über bereits erfasste Bearbeitungszeiten bei Wiederholteilen umgesetzt.

21.5.2.2 Kontextdatenerfassung mobiler Fabrikobjekte: Ortsüberwachung von Betriebsmitteln

Eine weitere wichtige dynamische Kontextinformation neben dem Zustand eines Objektes ist dessen Aufenthaltsort. Herkömmliche Betriebsdatenerfassungssysteme sind für eine permanente Verfolgung von Fabrikobjekten nicht ausgelegt. Die Erfassung erfolgt nur an festgelegten Orten (etwa einem Auftragsterminal). Für die ständige Lokalisierung mobiler Fabrikobjekte wie Materialbehälter oder Werkzeuge bietet sich die RFID (Radio Frequency Identification) Technologie an. Die Genauigkeit der Lokalisation hängt vom Typ der verwendeten RFID-Tags ab. Passive RFID-Tags besitzen keine zusätzliche Batterie und ermöglichen bei geringen Kosten eine zellbasierte Lokalisierung innerhalb der Reichweite der verwendeten Schreib- oder Lesegeräte. Sogenannte „Indoor-Lokalisierungssysteme", die aktive RFID-Tags mit Batterien verwenden, ermöglichen eine permanente Verfolgung der mobilen Fabrikobjekte. In der Umsetzung der Smart Factory stellt der implementierte Webservice des Lokalisierungssystems die Positionsattribute für die zugeordneten Fabrikobjekte im Umgebungsmodell bereit. Die anderen Attribute des Umgebungsmodells, wie

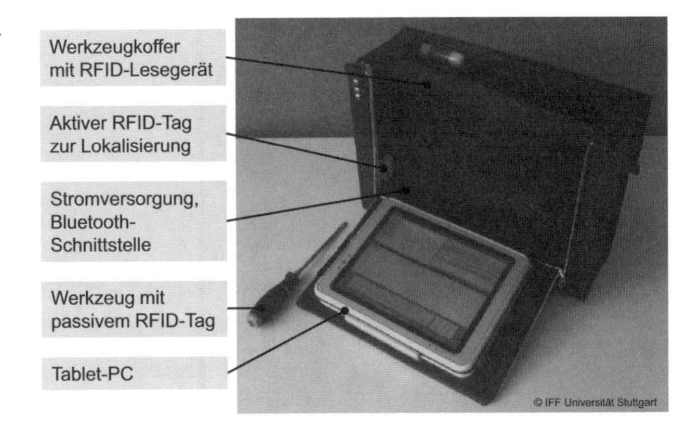

Abb. 21.5 Intelligenter Werkzeugkoffer zur Kontextdatenerfassung von Werkzeugen. (Lucke und Constantinescu 2011)

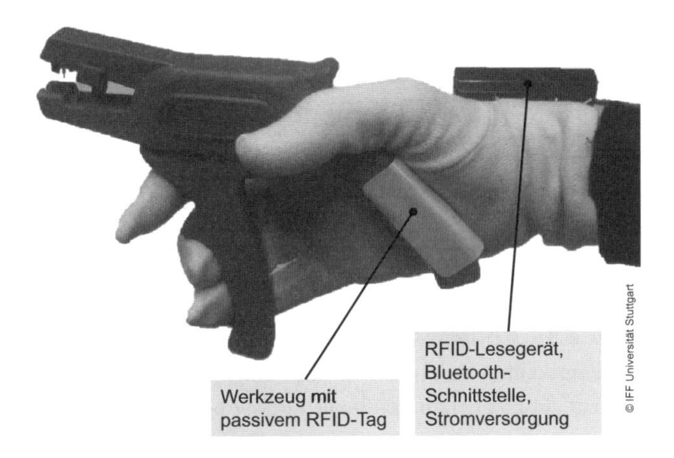

Abb. 21.6 RFID-Handschuh zur Erfassung von intuitiven Kontextdaten. (Lucke und Constantinescu 2011)

beispielsweise der Status eines Werkzeugs, werden von anderen Webservices im Umgebungsmodell bereitgestellt. Eine Kombination aus beiden zuvor beschriebenen Möglichkeiten der Lokalisierung bietet sich bei Fabrikobjekten an, für die aktive RFID-Tags entweder zu teuer oder zu groß sind. Es wird dabei der Behälter mit einem aktiven RFID-Tag zur Lokalisierung ausgestattet. Der Behälter wiederum enthält ein mobiles RFID-Lesegerät, um darin liegende Fabrikobjekte zu erfassen. Die Position identifizierter Fabrikobjekte kann über die aktuelle Position des Behälters zugeordnet werden. Abbildung 21.5 zeigt die Umsetzung in einem mobilen Werkzeugkoffer, wie sie von Instandhaltern zur Instandsetzung verwendet werden. Hier wurde ein RFID-Lesegerät integriert. Die enthaltenen Werkzeuge sind mit passiven RFID-Tags ausgestattet, so dass sie identifiziert werden können. Der Werkzeugkoffer wiederum ist mit einem aktiven RFID-Tag des Lokalisierungssystems ausgestattet, um die Position des Werkzeugkoffers in der Fabrik zu bestimmen. Zur Interaktion mit dem Benutzer ist ein Tablet-PC integriert, der außerdem die RFID-Lesegerät-Kommunikation und die aktuellen erkannten Werkzeuge als Webservice bereitstellt.

Ein weiteres Werkzeug des Koffers zur Kontextdatenerfassung ist ein Handschuh (Abb. 21.6), in den ein RFID-Lesegerät integriert ist. Er ist ebenfalls mit dem Tablet-PC

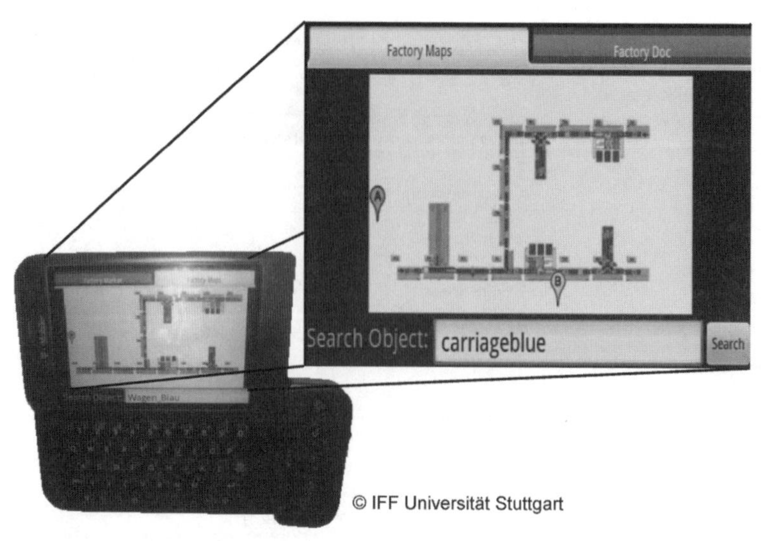

Abb. 21.7 FactoryMap-Anwendung

drahtlos gekoppelt. Damit können Werkzeuge und Ersatzteile parallel zur Instandsetzung erfasst werden, so dass die Dokumentation vereinfacht und gleichzeitig die Fehler bei der Eingabe reduziert werden.

21.5.2.3 Kontextbezogene Analyseanwendung FactoryMap

Im Fabrikalltag treten häufig Situationen auf, bei denen der Benutzer in der Fabrikhalle Zugriff auf Informationen benötigt, wie beispielsweise den Standort von Werkzeugen und Vorrichtungen oder weiterführende Dokumente und Anleitungen zu einem Objekt.

Mobile Endgeräte wie Smartphones oder Tablet-Computer bieten sich als Hardware-Lösung an. Die FactoryMap-Anwendung bietet einen einfachen kontextbezogenen Zugriff auf umgebende Fabrikobjekte. Die Hauptfunktion ist die ortbezogene Suche von Fabrikobjekten. Die Navigation erfolgt über eine kartenbasierte Darstellung, da sich diese in der Praxis als intuitive und schnelle Möglichkeit bewährt hat. Das Interface erlaubt die Darstellung des Fabriklayouts und ermöglicht über eine Suchmaske die Suche nach Fabrikobjekten. Abbildung 21.7 zeigt, wie die eigene Position (A) und die Position des nächsten entsprechenden Fabrikobjektes (B) auf dem Interface in der Fabrikstruktur markiert und angezeigt werden.

21.5.2.4 Kontextbezogene Dokumentationsanwendung FactoryDoc

Die Vermittlung von Informationen, wie beispielsweise komplexen Montageanweisungen, bereitet im realen Fabrikalltag häufig Probleme. Bei der Einführung neuer Produkte in die Montage ist es zum Beispiel das Ziel, mit möglichst wenig Schulungsaufwand eine gute Produktqualität innerhalb kurzer Anlaufzeit zu fertigen. Die Erstellung und der Abruf derartiger Informationen bedeuten immer noch einen großen Aufwand. Die FactoryDoc-Anwendung unterstützt die Dokumentation von Fabrikobjekten und Arbeitsvorgängen. Sie

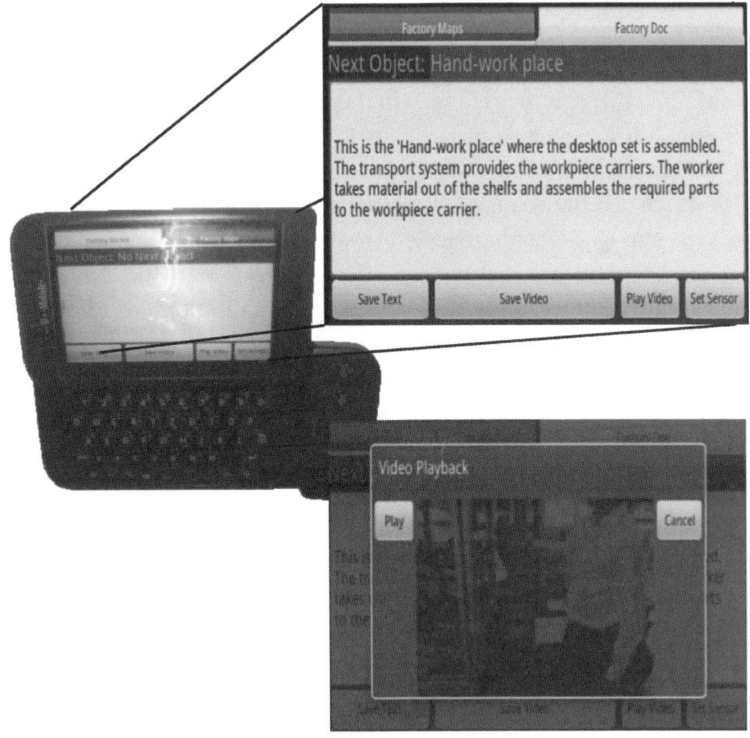

© IFF Universität Stuttgart

Abb. 21.8 FactoryDoc-Anwendung

hat Funktionen zum Erstellen, Bearbeiten und Abrufen der Prozessinformationen von Fabrikobjekten. Kernidee ist es, auf einfache Art Informationen, wie etwa Texte und Videos, bei der Erstellung bereits mit einem Fabrikobjekt zu verknüpfen. So wird zum Beispiel ein Montagevideo mit dem zugehörigen Produkt und der Vorrichtung verknüpft. Diese hinterlegten Kontextinformationen können anschließend bei einer erneuten Montage mit Hilfe der FactoryDoc-Anwendung direkt am Fabrikobjekt abgerufen werden (Abb. 21.8).

21.6 Ausblick und Roadmap

Der Smart-Factory-Ansatz ermöglicht den Aufbau eines dynamischen echtzeitfähigen Produktionssystems. Die kontextbezogenen Anwendungen und Systeme mit dem gemeinsamen Umgebungsmodell als „lebendes" digitales Abbild der Fabrik sind hier die Kernideen. Die ständige Zugänglichkeit aktueller Informationen über Zustände von Produkten, Fertigungsressourcen oder Kundenaufträgen ermöglicht eine Produktion am optimalen Betriebspunkt und unterstützt Entscheidungen bei der Turbulenzbewältigung. Damit entspricht der Smart-Factory-Ansatz den Bedürfnissen sowohl der klein- und mittelständischen Unternehmen, als auch der Großindustrie.

Die Ergebnisse unserer Untersuchungen bilden die Grundlagen für eine kontextbezogene Unterstützung der Menschen und Maschinen und werfen gleichzeitig weitere Fragestellungen auf. Zukünftige Entwicklungen in diesem Bereich verfolgen mehrere Entwicklungsrichtungen. Ein Aspekt zukünftiger Entwicklungen wird weiterhin die stärkere Vernetzung der Informationssysteme zwischen den verschiedenen Bereichen in der Produktion sein. Die durch den Bereich Logistik getriebene Entwicklung des „Internet of Things" fördert die Verbreitung kontextbezogener Anwendungen und Systeme durch steigende Verbreitung der dezentralen Steuerung logistischer Objekte mit Hilfe von RFID-Technologie. Weiteres Entwicklungspotential bietet die Synchronisation der Informationen des Fabrikbetriebs und der Planungsphasen sowie die Implementierung kontextbezogener Funktionen in die Werkzeuge der digitalen Fabrik. Nächster Schritt in der Evolution der kontextbezogenen Anwendungen und Systeme ist die Einführung und Erkennung von Situationen. Diese werden als Profil mehrerer Zustände und Ereignisse beschrieben, die sich in den Kontextinformationen finden. Damit kann die Informationsbereitstellung und Prozessregelung besser der Situation angepasst und weiter verfeinert werden.

Literatur

acatech (2011) Cyber-physical systems: Innovationsmotor für Mobilität, Gesundheit, Energie und Produktion (acatech POSITION). Springer, Berlin

Bauer M, Dürr F, Geiger J, Grossmann M, Hönle N, Joswig J, Nicklas D, Schwarz T (2004) Information Management and Exchange in the Nexus Platform. Universität Stuttgart: Sonderforschungsbereich SFB 627 (Nexus: Umgebungsmodelle für mobile kontextbezogene Systeme), Technischer Bericht Informatik Nr. 2004/04

Dey A, Abowd G (1999) Towards a Better Understanding of Context and Context-Awareness. In: HUC '99: proceedings of the 1st international symposium on handheld and Ubiquitous computing, Springer, Heidelberg, S 304–307

Fleisch E, Mattern F (2005) Das Internet der Dinge. Springer, Berlin

Friedewald M, Raabe O, Georgieff P, Koch DJ, Neuhäuser P (2010) Ubiquitäres Computing: Das „Internet der Dinge"- Grundlagen, Anwendungen, Folgen. Auflage sigma, Berlin

Jendoubi L (2007) Management mobiler Betriebsmittel unter Einsatz ubiquitärer Computersysteme in der Produktion. Dissertation, Universität Stuttgart

Lucke D, Constantinescu C (2011) Anwendungen zur Kontextdatenerfassung: Bausteine für kontextbezogene Anwendungen in der Smart Factory. wt Werkstattstechnik online 101(3):158–161

Lucke D, Constantinescu C, Westkämper E (2008a) Kontextbezogene Anwendungen in der Produktion: Smart Factory – Gestern, heute und in der Zukunft. wt Werkstattstechnik online 98(3):138–142

Lucke D, Constantinescu C, Westkämper E (2008b) Smart factory – a step towards the next generation of manufacturing. In: Mitsuishi M, Ueda K, Kimura F (Hrsg) Manufacturing systems and technologies for the new frontier: proceedings of the 41st CIRP conference on manufacturing systems, Springer, London, S 115–118

Lucke D, Constantinescu C, Westkämper E (2009) Fabrikdatenmodell für kontextbezogene Anwendungen: Ein Datenmodell für kontextbezogene Fabrikanwendungen in der „Smart Factory". wt Werkstattstechnik online 99(3):106–110

Mattern F (2008) Allgegenwärtige Datenverarbeitung – Trends, Visionen, Auswirkungen. In: Rossnagel A, Sommerlatte T, Winand U (Hrsg) Digitale Visionen – Zur Gestaltung allgegenwärtiger Informationstechnologien. Springer, Berlin, S 3–29

Nicklas D (2005) Ein umfassendes Umgebungsmodell als Integrationsstrategie für ortsbezogene Daten und Dienste. Dissertation, Universität Stuttgart

Weiser M (1991) The computer for the twenty-first century. Sci Am 265(3):94–110

Westkämper E (2008) Manufuture and Sustainable Manufacturing. In: Mitsuishi M, Ueda K, Kimura F (Hrsg) Manufacturing systems and technologies for the new frontier: proceedings of the 41st CIRP conference on manufacturing systems, Springer, London, S 11–14

Westkämper E, Zahn E (2009) Wandlungsfähige Produktionsunternehmen – Das Stuttgarter Unternehmensmodell. Springer, Berlin

Wieland M, Leymann F, Schäfer M, Lucke D, Constantinescu C, Westkämper E (2010) Using context-aware workflows for failure management in a smart factory: proceedings of UBICOMM 2010. In: The fourth international conference on mobile Ubiquitous computing, systems, services and technologies, Xpert Publishing Services, Wilmington, DE, USA, S 379–384

Der Manufacturing Service Bus

22

Jorge Minguez

Im heutigen globalen Wettbewerb müssen produzierende Unternehmen ihre technischen Prozesse und Ressourcen in der Fabrik an die sich ständig verändernden Geschäftsbedingungen anpassen. In diesem Umfeld gewinnt der Einsatz digitaler Werkzeuge zunehmend an Bedeutung. Die Datenverwaltung in der Fabrik setzt auf Informationsflüsse, die auf verschiedene Systeme zugreifen. Das Problem in vielen produzierenden Unternehmen liegt darin, dass die meisten digitalen Werkzeuge sehr heterogene Insellösungen sind. Dies stellt für die Systemverknüpfung eine gewaltige Herausforderung dar, da mangelnde Schnittstellenkompatibilität den Datenaustausch zwischen Einzelanwendungen erschwert und den Aufwand der Integration neuer Systeme erhöht. Häufig werden Einzellösungen durch individuelle Anpassungen für die Kopplung digitaler Werkzeuge eingesetzt. Solche Ansätze basieren auf einer starren Integration, die sich meist nur aufwendig erweitern und ändern lassen. Dies führt zu hohen Wartungskosten bedingt durch die Komplexität und die Unzuverlässigkeit einer starren Vernetzung. Hierfür ist eine Infrastruktur notwendig, die eine effiziente Anpassung der systemübergreifenden informationstechnischen Prozesse ermöglicht.

Hier wird ein Integrationsansatz vorgestellt, der, auf dem Konzept der Serviceorientierten Architektur (SOA) basierend, die Problematik der Umsetzung einer flexiblen Integration adressiert. Die entwickelte Plattform wird als Manufacturing Service Bus (MSB) bezeichnet. Hierzu wurden die Prinzipien der Anwendungsintegration und der Serviceorientierung angewendet, die als Leitfaden einer erfolgreichen Umsetzung wandlungsfähiger informationstechnischer Strukturen dienen. Bei der Erprobung dieser Plattform in der Lernfabrik für advanced Industrial Engineering am Institut für Industrielle Fertigung und Fabrikbetrieb der Universität Stuttgart (Riffelmacher et al. 2007) konnte eine Verbesserung der Anpassungsfähigkeit im Gegensatz zum bisherigen starren Integrationsansatz

J. Minguez (✉)
GSaME, Universität Stuttgart, Nobelstr. 12, 70569 Stuttgart, Deutschland
E-Mail: jorge.minguezc@googlemail.com

E. Westkämper et al. (Hrsg.), *Digitale Produktion*,
DOI 10.1007/978-3-642-20259-9_22, © Springer-Verlag Berlin Heidelberg 2013

aufgezeigt werden. Des Weiteren wurde ein Prototyp entwickelt, der über die Verarbeitung von Daten aus der realen Fabrik in Echtzeit einen vorher nicht vorhandenen, bedeutungsvollen Kontext bereitstellt, welcher durch logische Schlussfolgerungstechniken einen besseren Einblick in die reale Produktion anbietet. Dadurch ist eine effiziente Anpassung von Integrationsprozessen möglich, welche eine der fundamentalen Voraussetzung darstellt, um die gewünschte Wandlungsfähigkeit der Produktion in der Echtzeit-Fabrik gewährleisten zu können.

22.1 Motivation

Die zugrundeliegende Arbeit befasst sich mit der Kernfrage der Umsetzung von Wandlungsfähigkeit auf informationstechnischen Ressourcen in der Fabrik. Produktiosunternehmen sind jedoch heutzutage für diese Umsetzung nicht vorbereitet und leiden laut Studien an Flexibilitätsmangel, Schnittstelleninkompatibilität, fehlenden Standards und mangelhaften Informationsflüssen. All diese Faktoren werden immer wichtiger und führen zu einem durch eine starre Integration mit hoher Komplexität und enormen Wartungskosten geprägten Notzustand in der Informationstechnik von produzierenden Unternehmen.

Die Ergebnisse in den Forschungsbereichen zur agilen Turbulenzbehandlung zeigen, dass Kommunikations- und Integrationstechnologien dazu beitragen, die Wandlungsfähigkeit produzierender Unternehmen zu unterstützen. Jedoch müssen alle Anwendungspotentiale eines flexiblen Integrationsansatzes umgesetzt werden, um die gewünschte Wandlungsfähigkeit und schnelle Anpassung der in der realen Produktion laufenden Informationsflüsse gewährleisten zu können. Dabei stellt sich die Frage, durch welche Methoden sich die in der Fabrik laufenden, systemübergreifenden Informationsflüsse effektiv und effizient anpassen lassen.

Das Themengebiet der zugrundeliegenden Arbeit wird durch das aus dem im Stuttgarter Unternehmensmodell (Westkämper und Zahn 2009) beschriebenen Konzept der Wandlungsfähigkeit und deren Auswirkungen auf die Integration von Informationssystemen in der Fabrik definiert. Neuesten Studien zufolge hat sich die digitale Fabrik sowohl hinsichtlich der Produkt- und der Prozessdatenhaltung als auch der Produktionsplanung weiterentwickelt, aber manche Ziele wurden noch nicht erreicht, wie zum Beispiel die Wiederverwendbarkeit digitaler Modelle, eine integrierte Datenhaltung oder eine lose gekoppelte Integration digitaler Werkzeuge. Besonders relevant in diesem Gebiet ist die Anpassungsfähigkeit von Integrationsprozessen, welche als systemübergreifende Datenbearbeitungsprozesse definiert werden. Die Anpassungsfähigkeit, die in der vorgestellten IT-Architektur erzielt wird, ist von großer Bedeutung, denn die Fabrik wäre damit in der Lage, nicht nur eine statische Abbildung der Produktion zu verwalten, wie es durch die in der digitalen Fabrik vorhandenen Modelle möglich ist, sondern auch eine Ist-Analyse der laufenden Produktion in Echtzeit durchzuführen. Die Auswertung von Produktionsdaten ermöglicht dann, Wissen aus der realen Fabrik zu extrahieren, um später durch einen kontinuierlichen Simulationsprozess einen optimalen Ablauf der Produktion zu erreichen.

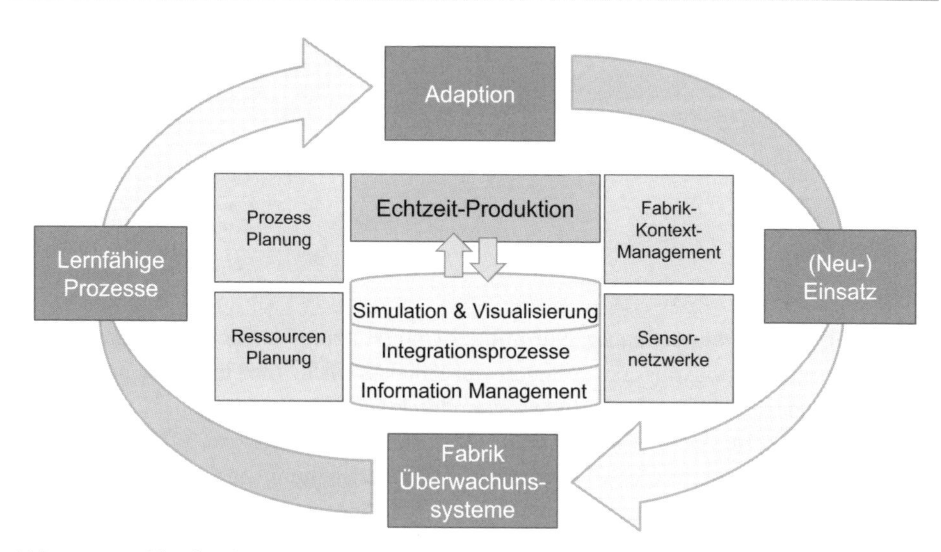

Abb. 22.1 Zyklus für die Wandlungsfähigkeit informationstechnischer Prozesse in der Fabrik

Dieser Zyklus, definiert durch die Informationsflüsse zwischen der realen und der digitalen Fabrik, ist die Hauptanforderung für die sich in kontinuierlichem Wandeln befindende Fabrik, welche auch als Echtzeit-Fabrik bezeichnet wird. Diese Informationsflüsse, auch informationstechnische Prozesse in der Echtzeit Fabrik genannt, gehen durch vier Phasen: (i) Einsatz, (ii) Überwachung (oder auch Monitoring genannt), (iii) Analyse und (iv) Adaption. In der ersten Phase werden diese informationstechnischen Prozesse in der Fabrik eingesetzt, um den Datenaustausch zwischen den verschiendenen Produktionssystemen und anderen digitalen Werkzeugen zu ermöglichen. In der Überwachungsphase werden alle relevanten Datentransaktionen in den Informationsflüssen aufgezeichnet. Diese Aufzeichnung erfolgt in Form von Ereignissen, die in einer Datenbank abgelegt werden. Diese Daten werden dann in der dritten Phase analysiert, um durch lernfähige Prozesse Zusammenhänge und Schlussfolgerungen zu ziehen. Wenn diese Zusammenhänge zwischen den unterschiedlichen Ereignissen in der Fabrik zu einer Anpassung eines oder mehrerer Informationsflüsse hindeuten, werden diese in der vierten Phase (Adaption) mittels geeigneter Werkzeuge angepasst. Die Umsetzung dieses Zyklus ist nur möglich, wenn die entsprechenden Fabrik-Kontextinformationen bereitgestellt werden. Hierbei spielt die Verknüpfung von digitalen Planungswerkzeugen (Prozesse und Ressourcen) mit Sensornetzwerken eine entscheidende Rolle (Lucke et al. 2008), denn dieser Adaptionszyklus kann nur erfolgen, wenn die Daten aus der realen Fabrik einen Einfluss in der digitalen Planung haben können. Dieser Zyklus ist in Abb. 22.1 dargestellt.

Zahlreiche Publikationen in der Literatur zeigen, dass die Umsetzung eines solchen Zyklus heutzutage leider noch nicht hundertprozentig gelungen ist. Schnittstelleninkompatibilität, fehlende Standards und Flexibilitätsmängel sind typischerweise die Probleme, die eine erfolgreiche Realisierung der Echtzeit-Fabrik verhindern. Aus den oben genannten Gründen ist bei der Integration unterschiedlicher Informationssysteme ein bestimm-

Abb. 22.2 SOA-Dreieck

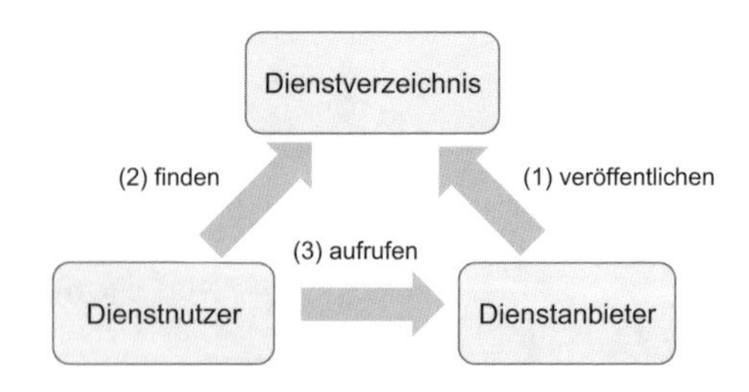

ter Grad an Flexibilität notwendig. Nur mit der Unterstützung der richtigen Infrastruktur können die Informationsflüsse so gesteuert werden, dass solch eine Flexibilität gewährleistet ist. Diese Flexibilität kann nur ein Systemarchitekturkonzept erbringen: SOA.

Serviceorientierte Architektur (engl. Service-oriented Architecture, SOA) ist ein Systemarchitekturkonzept für die Strukturierung und Bereitstellung von Diensten (Erl 2005). Dienste sind gekapselte Software-Komponenten mit einer wohldefinierten Schnittstelle, die plattformunabhängig sind, die in einem Verzeichnis registriert sind und dynamisch verbunden werden können. Diese Eigenschaften zeichnen SOA mit zwei Prinzipien aus: lose Kopplung und Wiederverwendbarkeit. Durch diese zwei Prinzipien hat sich dieses führende Softwareparadigma auf der Geschäftsebene der Industrie durchgesetzt.

Dienste können ohne Anforderung an spezifische Vorkenntnisse über die jeweilige Implementierung interagieren. Somit hat eine Änderung nur eine lokale Auswirkung. Bei einer engen Kopplung erfordert die Änderung einer Komponente zusätzlich die Anpassung gekoppelter Komponenten. Die Komplexität eines solchen Ansatzes im Produktionsumfeld endet letztendlich in langen Entwicklungszeiten und gewaltigen Integrationsaufwänden. Bei SOA handelt es sich um eine Struktur, welche die Komplexität der einzelnen Anwendungen hinter den standardisierten Schnittstellen verbirgt. Das Potential liegt in der Ermöglichung der Umsetzung einer flexiblen Unternehmensanwendungsintegration.

Implementierte Dienste mit einer bestimmten Funktionalität sind in der Regel auf einer sogenannten *Service-Registry* von Serviceanbietern registriert. Dort können Dienste von Servicekonsumenten (auch Dienstnutzer genannt) gefunden werden, die anschließend den Dienst aufrufen. Dieser Mechanismus ist als SOA-Dreieck bekannt (Abb. 22.2) und trägt dazu bei, bestehende Dienste wiederverwenden zu können (Oracle 2005).

Das Potential für produzierende Unternehmen ist hierbei die langfristige Kostensenkung in der Entwicklung von Punkt-zu-Punkt Verbindungen sowie das Erreichen einer höheren Flexibilität der Geschäftsprozesse durch Wiederverwendung bestehender Services, was für Unternehmen im heutigen Geschäftsumfeld von großer Bedeutung ist.

Webservices werden bei der Implementierung von SOA am häufigsten eingesetzt, da sie einen sehr hohen Standardisierungsgrad aufweisen (Weerawarana et al. 2005). Webservices basieren auf XML Standards, wie SOAP (W3C 2007), UDDI (OASIS 2004) und WSDL (Christensen et al. 2001), die die Identifizierung und Registrierung von Diensten ermöglichen. Diese Standards definieren das sogenannte WS-I Basic Profile (Web Services Interoperability WS-I 2004). Darüber hinaus, wird die Interaktion mit anderen Diensten unter der Verwendung von XML-Nachrichten über Internet-Protokolle als Kommunikationskanal unterstützt (Curbera et al. 2005).

Die Problematik der Schnittstellenkompatibilität von den verschiedenen IT-Systemen in einem Produktionsumfeld stellt sich als größte Herausforderung für die Umsetzung eines ganzheitlichen Lösungsansatzes dar. Die SOA-Prinzipien einer losen Kopplung und Wiederverwendbarkeit können nur in einer Architektur umgesetzt werden, wenn alle notwendigen Systemfunktionen in gekapselten Diensten zu Verfügung stehen. Das Ziel der Integration gekapselter Services in einer SOA ist eine höhere Flexibilität der Geschäftsprozesse durch die Wiederverwendung bestehender Services. Um diese Flexibilität umzusetzen, ist eine Integrationsplattform notwedig, die die Kommunikation zwischen den eingebundenen Diensten ermöglicht.

22.2 Zielsetzung

Die Zielsetzung der zugrundeliegenden Arbeit ist eine IT-Infrastruktur zu konzipieren, die die Hindernisse zur Realisierung der Echtzeit-Fabrik überwinden kann. Hierzu ist eine unverzügliche Umsetzung eines Adaptionszyklus nötig, der durch kontinuierliche Überwachung des IST-Zustands der Fabrik die entsprechenden Informationsflüsse an die aktuellsten operationalen Bedingungen anpassen kann. Die Konzeption einer solchen Infrastruktur muss folgende Ziele verfolgen: (1) Flexibilität, (2) Interoperabilität und (3) Anpassungsfähigkeit.

Mit dem ersten Ziel, Flexibilität, wird die Reduktion der Komplexität bei der Konzeption, Entwicklung und Ausführung von Integrationsprozessen beabsichtigt. Flexibilität wird durch die Komposition von unabhängigen und lose gekoppelten Diensten definiert.

Das zweite Ziel, Interoperabilität, ist eine grundlegende Voraussetzung. Das Problem der Schnittstelleninkompatibilität muss gelöst werden. Das heißt, die Interoperabilität zwischen unterschiedlichen Informationssystemen muss gewährleistet sein.

Mit dem dritten Ziel, Anpassungsfähigkeit, wird die Fähigkeit beschrieben, Änderungen der Integrationsprozesse mit der Unterstützung digitaler Werkzeuge durchzuführen. In der Fachliteratur gibt es keinen konsolidierten Lebenszyklus für Webservices. Es gibt aber einen von M. Papazoglou definierten Entwicklunszyklus für Webservices (Papazoglou 2008), der sehr oft für die Anpassung von Diensten angewendet wird. In Anlehnung an diesem Zyklus, der in der Abb. 22.3 dargestellt wird, werden informationstechnische Dienste für die Fabrik in der vorgestellten Architektur geplant, entwickelt, eingesetzt, überwacht, analysiert und angepasst.

Zwei Aspekte sind hierzu in der Echtzeit-Fabrik entscheidend: Agilität und Wissensgewinnung. Die Auswertung von Daten aus der Fabrik muss mit adäquaten Methoden und Tools unterstützt werden, damit Änderungen, falls nötig, unverzüglich umgesetzt werden können. Darüber hinaus müssen die Daten aus der Fabrik für Maschinen so interpretierbar sein, dass sie importiert werden und in Echtzeit analysiert werden können. Die Verarbeitung solcher Daten stellt Kontextinformationen bereit, die durch logische Schluss-

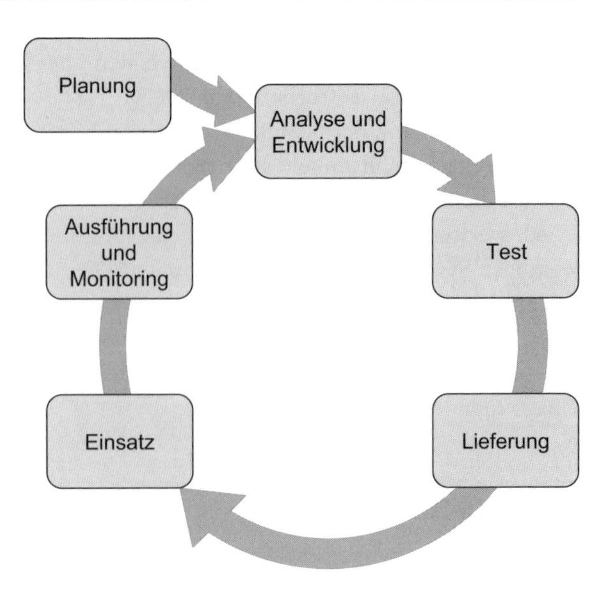

Abb. 22.3 Der Lebenszyklus informationstechnischer Dienste

folgerungstechniken einen besseren Ausblick auf die reale Produktion anbietet. Dieser Prozess wird als Wissensgewinnung bezeichnet.

Diese drei Ziele definieren die Zielsetzung der vorgestellten Architektur. Die Vorgehensweise und Entwicklung einer IT-Infrastruktur, die diese Ziele erreicht, wurden mit den Prinzipien der Anwendungsintegration und der Serviceorientierung durchgeführt.

Die Anwendung der genannten SOA-Prinzipien in einem Produktionsumfeld für die Realisierung einer Integrationsplattform, die Interoperabilität, Flexibiliität und Anpassungsfähigkeit gewährleistet, stellt die beste Voraussetzung für eine erfolgreiche Umsetzung wandlungsfähiger informationstechnischer Strukturen dar.

Im vorgestellten Lösungsansatz wird die beabsichtigte informationstechnische Infrastruktur nicht nur als Unterstützung für die wandlungsfähige Fabrik gesehen, sondern sogar als sich selbst verändernde, anpassungsfähige, adaptive Teilstruktur der Fabrik. Diese Ansicht stellt eine neuartige Dimension der IT-Infrastruktur in der wandlungsfähigen Fabrik dar und hat ein gewaltiges Potential für zukünftige Entwicklungen.

22.3 Lösungsansatz: Der Manufacturing Service Bus

Um die Problematik der Schnittstellenkompatibilität zu lösen, wird hier eine Integrationsplattform vorgestellt, die basierend auf den SOA-Prinzipien, eine flexible Verknüpfung von verschiedenen Produktionsanwendungen ermöglicht. Die Verbindungen werden über den sogenannten Manufacturing Service Bus (MSB) realisiert (Minguez et al. 2010). Der MSB erweitert das Konzept des Enterprise Service Bus (ESB) für Produktionsumgebungen. Der ESB bildet eine Kommunikationsinfrastruktur, über die Nachrichten zwischen Dienstanbieter und Dienstkonsumenten ausgetauscht werden können (Chappell 2004).

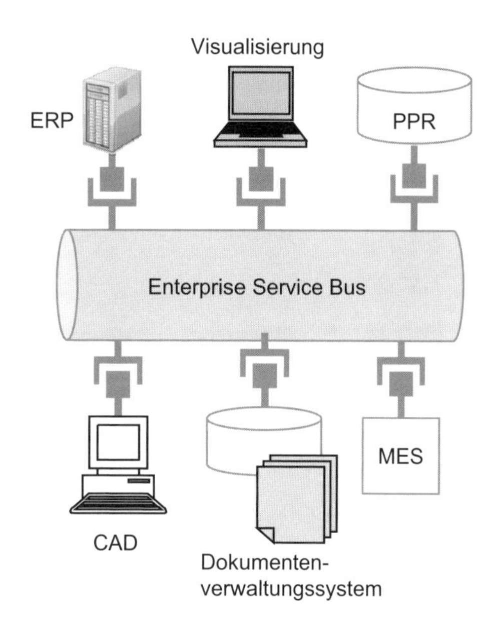

Abb. 22.4 Enterprise Service Bus im Produktionsumfeld

Verschiedene Kommunikationsprotokolle werden von solch einem Kommunikationsbus unterstützt, der auch die notwendigen Routing- und Transformationskomponenten enthält. Die internen Komponenten eines ESB werden Integrationsdienste genannt. Diese können ähnlich wie in der Anwendungslandschaft verteilt sein. Die wichtigsten Integrationsdienste eines ESB sind (i) die Transformationsdienste, welche die Unterschiede in den Datenformaten und Datenmodellen überbrücken; (ii) der Routingdienst, der eine Nachricht entgegen nimmt und sie nach vordefinierten Routingregeln an die entsprechenden Empfänger weiterleitet; und (iii) der Orchestrierungsdienst, der nach vordefinierten Prozessmodellen, den Fluss von Nachrichten zwischen Dienstkonsumenten und Dienstanbietern steuert. Ein Orchestrierungsdienst ist in der Regel ein Workflowmanagementsystem (WfMS), das Prozesse ausführen kann. Die Verbindung unterschiedlicher Informationssystemen mittels eines ESB im Produktionsumfeld ist in Abb. 22.4 dargestellt.

Ein Produktionsumfeld lässt sich in fünf Abstraktionsebenen aufteilen, wie in der Abb. 22.5 dargestellt. Der MSB befindet sich in der mittleren Ebene (Ebene 2) und stellt einen Routingdienst und verschiedene Integrationsdienste zu Verfügung, um Ereignisse von der Produktion zu den entsprechenden digitalen Werkzeugen weiterzuleiten. Der Routingdienst ist ein bekanntes Integrationsmuster (Hohpe und Woolf 2003) und basiert auf Konzepten, die in SOA schon erprobt sind (Cugola und Di Nitto 2008). Zusätzlich bietet der MSB einen Orchestrierungsdienst an, um vordefinierte Abläufe auszuführen. Diese Abläufe können zum Beispiel Reaktionsprozesse sein, die auf spezifische Ereignisse in der Produktion reagieren. Ziel dieser Architektur ist die Anpassung der Integrationsprozesse in einer Produktionsumgebung, welche als systemübergreifende Datenbearbeitungsprozesse gesehen werden können. Diese definieren zusammen mit verschiedenen Anwendungen, die das operationale Umfeld in der Produktion unterstützen, eine Zwischenebene

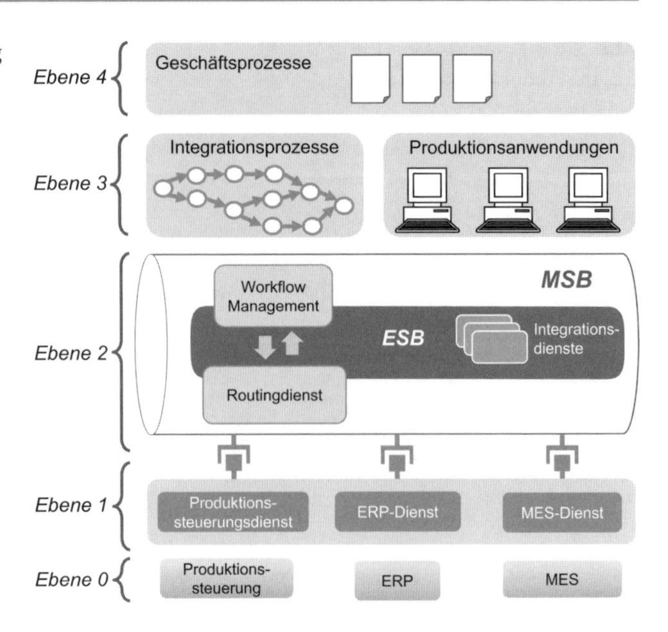

Abb. 22.5 Der Manufacturing Service Bus

(Ebene 3), die die Geschäftsprozesse im Produktionsumfeld mit dieser Architektur verbindet. Die zu verbindenden Systeme (Ebene 0) benötigen eine Dienstschnittstelle (Ebene 1), um an den MSB angeschlossen werden zu können.

Bei der Implementierung einer Erweiterung einer ESB-Infrastruktur für ein Produktionsumfeld müssen die Eigenschaften der Kommunikation in einer Produktionsumgebung berücksichtigt werden. Produktionsprozesse werden in der Regel nach Eintreten eines konkreten Ereignisses, Alarms oder nach einer Benachrichtigung gestartet. Eine Störung löst beispielsweise einen Reparaturprozess aus oder ein Kundenauftrag startet den Prozess der Auftragsbearbeitung. In Produktionsumgebungen ist die Kommunikation also üblicherweise asynchron. Die Verwaltung und Automatisierung von ereignisgesteuerten Prozessen spielt eine entscheidende Rolle bei der Wandlungsfähigkeit eines produzierenden Unternehmens. Die Verbindung zwischen den verschiedenen Informationssystemen im Produktionsumfeld darf nicht nur auf eine reine Datenintegration begrenzt werden, sondern muss auch die Integration auf der Anwendungs- und Prozessebene ermöglichen. Dies ist die Basis für die Wiederverwendbarkeit der Prozesse.

Aus diesem Grund müssen die oben genannten MSB-Integrationsprozesse (auch als Informationsflüsse benannt) definiert werden (Abb. 22.6). In der MSB-Architektur bestehen diese Prozesse aus drei möglichen Komponenten (Teilprozesse), die mehrfach verbunden werden können. Die erste Gruppe von möglichen Teilprozessen sind BPEL-Prozesse (OASIS 2007) (auch BPEL-Workflows genannt). Diese Gruppe hat das Ziel, bekannte informationstechnische Workflows automatisch auszuführen. Die zweite Gruppe von Teilprozessen sind die sogenannten Integrationsdienste. Diese bestehen aus Transformationsdiensten (wie beispielsweise Dienste auf Basis von XSLT-Skripten) (W3C 1999a),

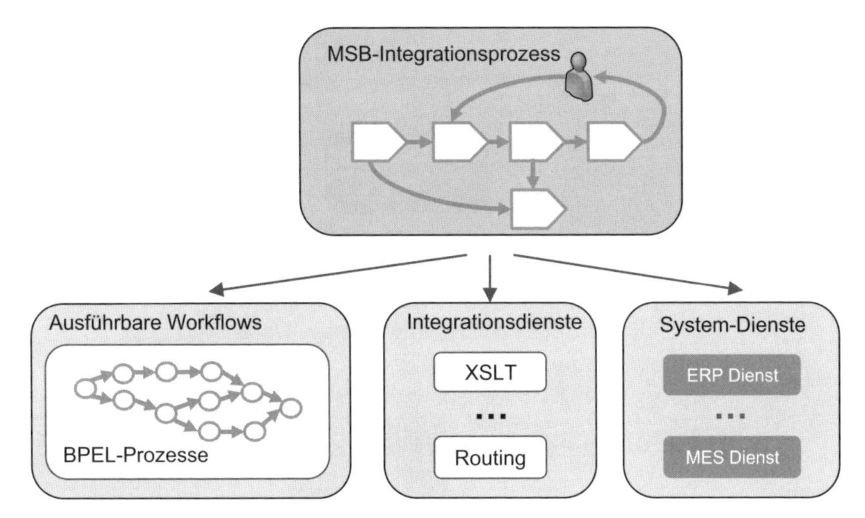

Abb. 22.6 Struktur der MSB-Integrationsprozesse

Routingdiensten oder anderen Sorten von Mediationsdiensten. Diese Teilprozesse übernehmen typischerweise Funktionen zur Umwandlung von Datenmodellen. Die letzte Gruppe besteht aus den Systemdiensten, die die Datenquellen und -senken in den MSB-Integrationsprozessen darstellen. Die Kommunikation zwischen allen Teilprozessen wird auf Basis dienstorientierter Schnittstellen realisiert, so wie Dienste üblicherweise in einer SOA integriert werden.

Um die in Punkt-zu-Punkt Verbindungen entstandene Komplexität zu reduzieren, kann man einen sogenannten *Broker* einsetzen, der die direkte Kommunikation zwischen Dienstkonsument und Dienstanbieter übernimmt. Die Vorteile eines solchen Ansatzes sind die Abschaffung direkter Abhängigkeiten zwischen Datenkonsumenten und Datenquellen, sowie die Reduzierung der Anzahl von Verbindungen und damit auch die Reduzierung von Wartungskosten. Der MSB bietet durch den Routingdienst und die Unterstützung von mehreren Kommunikationsprotokollen eine Brokerrolle an. Hierfür ist ein ganzheitliches Datenformat notwendig. Ziel des MSB ist durch die Bearbeitung und das Management von Ereignissen die Reaktionsfähigkeit zu steigern. Deshalb basiert das ganzheitliche MSB-Datenformat auf einem Ereignisdatenmodell, das die Darstellung und Bearbeitung von Ereignissen ermöglicht.

Dieses Ereignisdatenmodell (Abb. 22.7) ist XML-basiert und ermöglicht (i) die Modellierung von Ereignis-Metadaten, wie zum Beispiel Ereignis-Typ oder Ereignis-Herstellungszeitpunkt; (ii) die Spezifizierung von Routingdaten, nämlich Ereignis-Zielpunkt und Ereignis-Quelle und (iii) die Modellierung von anwendungsspezifischen Ereignisdaten, wie zum Beispiel Störungsmeldungen oder Kundenaufträge.

Dieses Datenmodell soll maschinen-interpretierbare Ereignisse darstellen, da sie an den Routingdienst und durch die Ereignis-Metadaten automatisch interpretiert und weitergeleitet werden. Aus diesem Grund wird XML als Modellierungssprache genutzt. Die

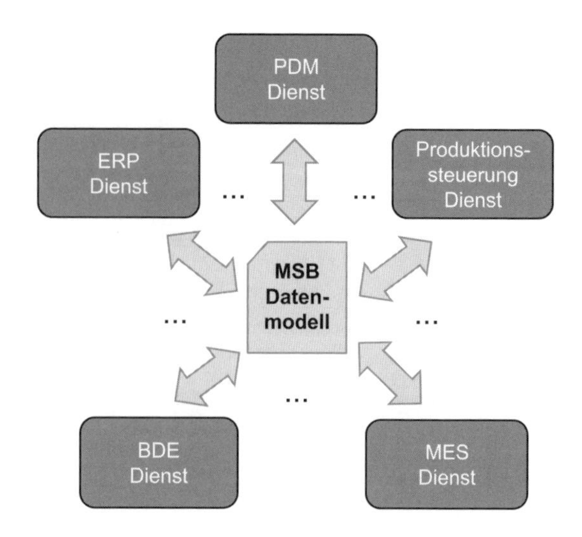

Abb. 22.7 MSB-Ereignisdatenmodell

Interpretation und Bearbeitung von Ereignissen wird im Routingdienst über Ausdrücke einer standardisierten XML-Abfragesprache durchgeführt.

Der Routingdienst, der in Abb. 22.8 dargestellt ist, bildet den Eingangspunkt im MSB, der alle Ereignisse entgegennimmt (Schritt 1 in Abb. 22.8) und weiterleitet. Zuerst speichert der Router-Prozess das Ereignis in einer Datenbank ab (Schritt 2), sofern die Registrierung vom Ereignis noch nicht stattgefunden hat. Danach werden die Ereignisabhängigkeiten mit anderen Ereignissen geprüft und dem entsprechenden Event-Flow in einer Event-Flow-Registry zugewiesen (Schritt 3), die die Korrelation von Ereignissen abspeichert. Das Wissen über die Kausalität in einer Ereignis-Datenbank stellt einen enormen Wert dar, um den Kontext in der realen Fabrik abzubilden. Anschließend werden die Ereignis-Metadaten durch Ausdrücke der XML-Abfragesprache XPath (W3C 1999b) analysiert (Schritt 4). Dadurch werden die Abhängigkeiten ausgewertet, um zu erkennen, an welche Systeme die Nachricht weitergeleitet werden soll. Diese Abhängigkeiten sind nichts anderes als Abonnements von Systemen, die für sie wichtige Nachrichten empfangen möchten. Dieses Konzept ist in der Literatur auch als *Publish-Subscribe* oder Datenpropagation bekannt. Im letzten Schritt vor der Weiterleitung, werden die Zielsysteme bestimmt (Schritt 5) und eine Nachricht an den entsprechenden Dienst weitergeleitet (Schritt 6).

Der erste Prototyp des MSB wurde in der Testumgebung der Lernfabrik advanced Industrial Engineering realisiert und getestet. Die Testumgebung bietet mit einer digitalen Planungsumgebung und einem realen, wandlungsfähigen Montagesystem alle Fähigkeiten, um auf interne und externe Turbulenzen zu reagieren. In verschiedenen Studien wurden interne Turbulenzen wie ein Ressourcenausfall oder externe Turbulenzen wie Änderungen bei den Kundenaufträgen als relevante Turbulenzen für Unternehmen identifiziert.

Abb. 22.8 MSB-Routingdienst

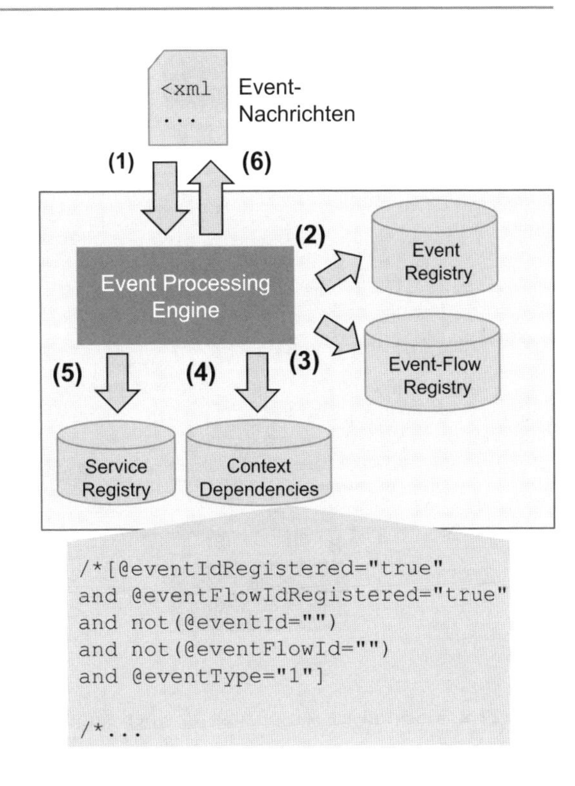

22.4 Workflow für Kundenbestellungen

Für die Validierung des service-orientierten Ansatzes, sowie des MSB als zentrale Integrationsebene in einer ereignisgesteuerten digitalen Planungsumgebung wurde beispielsweise eine kurzfristige Änderung bei den Kundenaufträgen herangezogen. Für die Turbulenzbewältigung wurden an den MSB, der als Middleware zwischen den einzelnen Systemkomponenten agiert, ein Kundenportal, ein MES-System und das wandlungsfähige Montagesystem angeschlossen. Dieses Szenario ist in Abb. 22.9 dargestellt.

Für die Turbulenzbewältigung bei kurzfristigen Änderungen von Kundenaufträgen gilt es, einen Integrationsprozess für Kundenbestellungen zu erstellen, damit die Einlastung in die Produktion erfolgen kann. Die Kundenbestellung wird zunächst automatisiert oder durch einen Mitarbeiter im ERP-System erfasst, wobei die Kundendaten geprüft und die Bestelldaten (Artikel und Menge) aufgenommen werden. Nach Abschluss der Eingabe wird im ERP-System automatisch ein Ereignis vom Event-Typ „Bestellung" ausgelöst und an den MSB gesandt (Schritt 1 in Abb. 22.9). Im MSB werden alle eingehenden Nachrichten zunächst durch die Ereignisregistrierung im „Event-Registry-Service" und die Ereignisflussregistrierung „Event-Flow-Registry-Service" katalogisiert (Schritt 2). Im Falle eines Event-Typs „Bestellung" wird das Ereignis anschließend an den zugehörigen BPEL-Prozess „Kundenbestellung Workflow" (Schritt 3) weitergeleitet. Im Workflow wird eine Nachricht an den Produktionsplaner geschickt (Schritt 4), der mittels eines MES-Clients

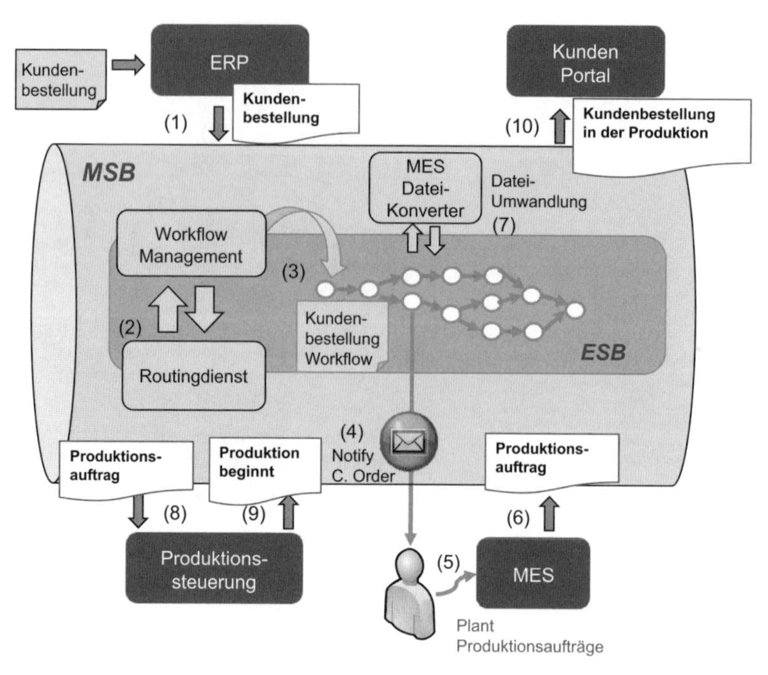

Abb. 22.9 MSB-Integrationsprozess für einen Kundenauftrag

den entsprechenden Produktionsauftrag erstellt (Schritt 5). Wenn der Auftrag freigegeben wird, schickt der MES-Dienst eine entsprechende Ereignis-Nachricht mit dieser Information an den MSB (Schritt 6). Der Workflow nimmt diese Nachricht entgegen und ruft einen Transformationsdienst auf (Schritt 7), der eine Umwandlung in das Format des Produktionsauftrags macht. Anschließend wird eine Nachricht an den Produktionssteuerungsdienst geschickt (Schritt 8). Die Produktionssteuerung übernimmt den Auftrag und meldet „Produktionsbeginn" in einer Nachricht, die der MSB entgegennimmt (Schritt 9). Als letzter Schritt wird diese Information an das Kundenportal geschickt (Schritt 10). In diesem Beispiel kann man sehen, dass die Produktionssysteme kein Wissen über die Empfänger ihrer Nachrichten brauchen, um einen regulären Produktionsablauf durchzuführen. Der MSB übernimmt die Steuerung der Informationsflüsse in der Fabrik, wodurch eine lose Kopplung der Systeme ermöglicht wird, die für höhere Flexibilität sorgt.

22.5 Anpassung von Integrationsprozessen

Informationstechnische Systeme und Prozesse sind auch Fabrikressourcen, die als sich verändernde Strukturen betrachtet werden können. Ein produzierendes Unternehmen muss im IT-Bereich sowohl Services als auch Integrationsprozesse unter kontinuierlicher Überwachung und Anpassung ausführen. Die Überwachung und Steuerung von Services und ganzheitlichen Prozessen bildet ein Lebenszykluskonzept, welches unter dem Dach

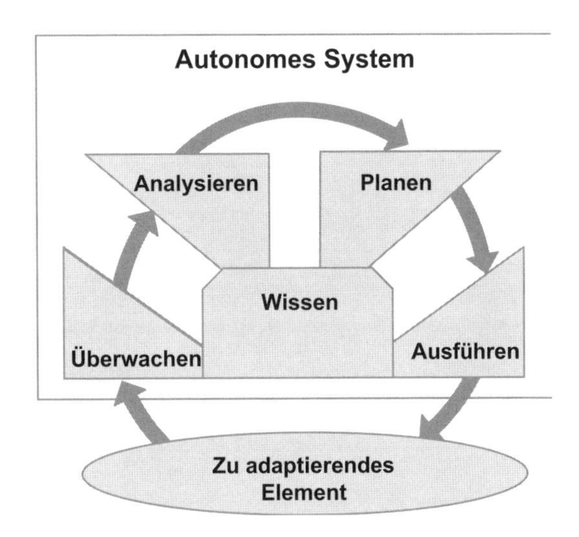

Abb. 22.10 Adaptionszyklus im Autonomic Computing

der IT-Governance im Unternehmen betrachtet wird. Im turbulenten Umfeld ist es für produzierende Unternehmen extrem wichtig, alle ihre IT-Ressourcen unter kontinuierliche Überwachung zu stellen und entsprechende Anpassungen schnellstmöglich durchzuführen (Minguez 2011b). Dies stellt die zentrale Herausforderung bei der Umsetzung wandlungsfähiger informationstechnischer Prozesse dar.

Der Ansatz von „Autonomic Computing" (IBM 2005) ist eine mögliche Lösung für die Umsetzung wandlungsfähiger informationstechnischer Prozesse in der Fabrik. In Abb. 22.10 ist ein autonomes System dargestellt. Ein autonomes System enthält einen Anpassungszyklus mit vier Phasen: Überwachen (engl. Monitor), Analysieren (engl. Analyze), Planen (engl. Plan) und Ausführen (engl. Execute). Aus dem Akronym der englischen Wörter (M, A, P, E) ergibt sich der Name, der in der englischsprachigen Literatur für diesen Zyklus verwendet wird: MAPE Cycle. Bei einem MAPE-Zyklus geht es darum, ein System zu realisieren, das sich selbst organisieren, steuern und anpassen kann: ein sich selbst regierendes System. Dieser Zyklus ist der Kern des „Autonomic Computing" und kann auch zum Zweck der Anpassungsfähigkeit und Wandlungsfähigkeit einer Fabrik eingesetzt werden.

Ein autonomes System überwacht und steuert auf Basis von Wissen immer ein zu adaptierendes Element. In der oben vorgestellten MSB-Architektur sind das die Elemente, die an Ereignisse in der Fabrik angepasst werden sollen. Im vorliegenden Fall sind das alle Informationsflüsse, die den Datenaustausch zwischen Produktionssystemen ermöglichen, nämlich die MSB-Integrationsprozesse. Eine angepasste Ansicht von dem zu erstellenden autonomen System ist in Abb. 22.11 dargestellt. Hierbei wird bei der Überwachung dieser Integrationsprozesse ein Symptom entdeckt. Der Begriff Symptom bezeichnet ein auffälliges Ereignis in den Daten. Symptome führen in der Regel zu einem suboptimalen Ablauf der Produktion. Bei der Analyse wird eine Lösung oder Verbesserung gefunden, die in Form einer Änderungsanforderung in einem oder mehreren MSB-Integrationsprozessen weitergegeben wird. Anschließend wird diese Anforderung in einem Änderungsplan

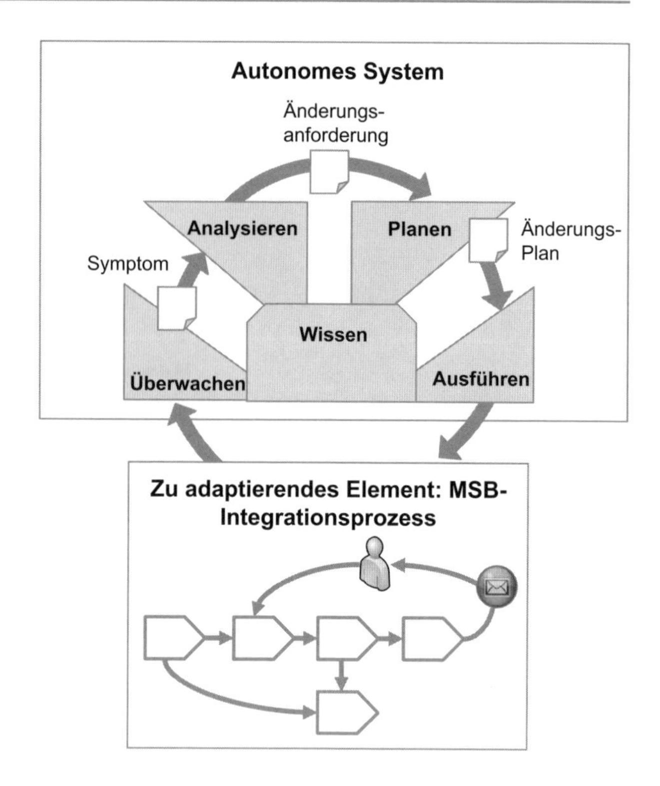

Abb. 22.11 Adaption von MSB-Integrationsprozessen

umgewandelt und im Planungstool umgesetzt. Abschließend wird der angepasste Integrationsprozess neu eingesetzt und weiter überwacht. So schließt sich der Zyklus, der die Fabrik in ein sich selbst adaptierendes System umwandelt.

Die Bereitstellung aller notwendigen Kontextinformationen über die in der Fabrik installierten Services erfolgt über ein Service Repository, das die Analyse- und Anpassungsmethoden für Integrationsprozesse zur Verfügung stellt. Dieses Repository umfasst eine semantische Datenbank für Service-Metadaten (engl. Provenance-aware Service Repository), die als Service-Verzeichnis („Service Knowledge Base" in Abb. 22.12) mit Such- und Versionierungsfunktionalitäten eingesetzt wird (Minguez 2011a). Die „Service Knowledge Base" ist nach einer im Repository abgespeicherten Service-Ontologie abgebildet. Die Besonderheit bei dem Service Repository ist die Speicherung von Kontextdaten, die das Wissen über Abhängigkeiten zwischen Fabrikkontext und Services darstellt („Semantic Service Provenance"). Das Konzept von „Semantic Provenance" wurde ursprünglich in der E-Science-Domäne eingeführt (Sahoo et al. 2008). Die Information über die Dienstabhängigkeiten in MSB-Integrationsprozessen wird in einer sogenannten „Process Knowledge Base" abgespeichert. Die „Process Knowledge Base" ist nach einer im Repository abgespeicherten Prozess-Ontologie abgebildet. Durch den Subscription-Manager kann man die entsprechenden Dienstinhaber benachrichtigen, wenn eine Änderungsanforderung registriert wird.

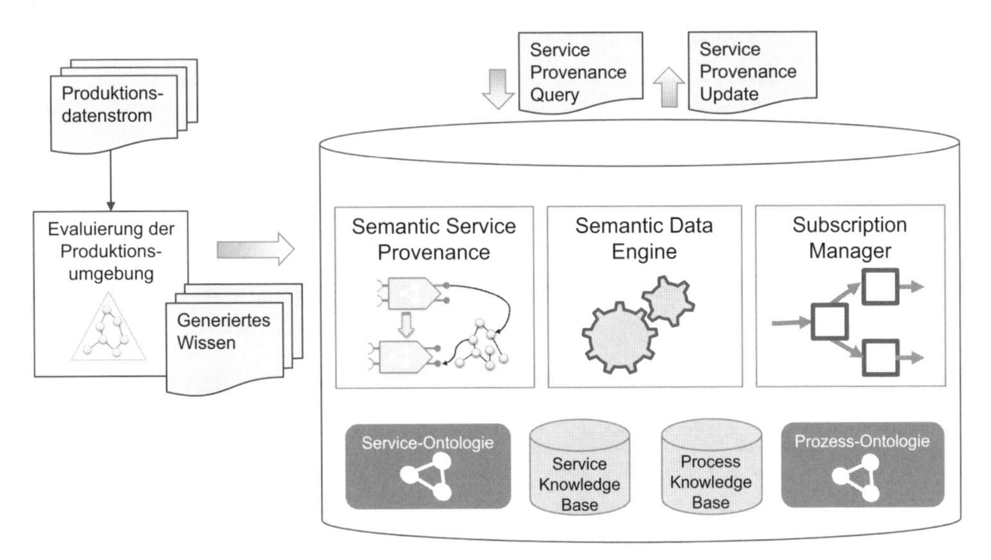

Abb. 22.12 Provenance-aware Service Repository

Die Verbindung zwischen realer Fabrik und Service Repository wurde über eine webbasierte Schnittstelle realisiert. Über diese Schnittstelle kann man generiertes Wissen aus der Fabrik ins Repository abspeichern und durch die „Semantic Data Engine" analysieren.

Die Integration von Produktionsdaten im Service Repository besteht aus einer Sequenz von Operatoren, die auf einem datenstrombasierten System ausgeführt werden. Diese Sequenz wurde prototypisch umgesetzt und besteht aus sechs Operatoren:

- Quelle (Q): Datenstrom vom Quellensystem.
- Filter (F): Dieser Operator filtert die Daten bis zu einer Menge, die relevant für die Analyse ist.
- Parametrisierung (P): Bei diesem Operator werden die Daten zusammengeführt und damit für die Klassifikation vorbereitet.
- Klassifikation (K): Der Klassifikationsoperator führt die Analyse-Operationen durch, in dem die Daten klassifiziert werden. Nach dieser Klassifikation werden Daten nach einer Schwellenwert-Prüfung als auffällig oder nicht auffällig gekennzeichnet.
- Transformation (T): In diesem Schritt werden die auffälligen Daten in einen semantischen RDF-Ausdruck (W3C 2004) umgewandelt. Dieser Operator gibt ein Symptom als Ausgangsdaten.
- Senke (S): Der letzte Operator schickt den RDF-Ausdruck an das Senke-System. In der vorgestellten Architektur ist das Provenance-aware Service Repository das Senke-System.

Diese Operatoren stellen einen Wissensentdeckungs-Algorithmus dar, der Datenströme analysiert und in Domainwissen konvertiert. Somit können interpretierbare Daten aus

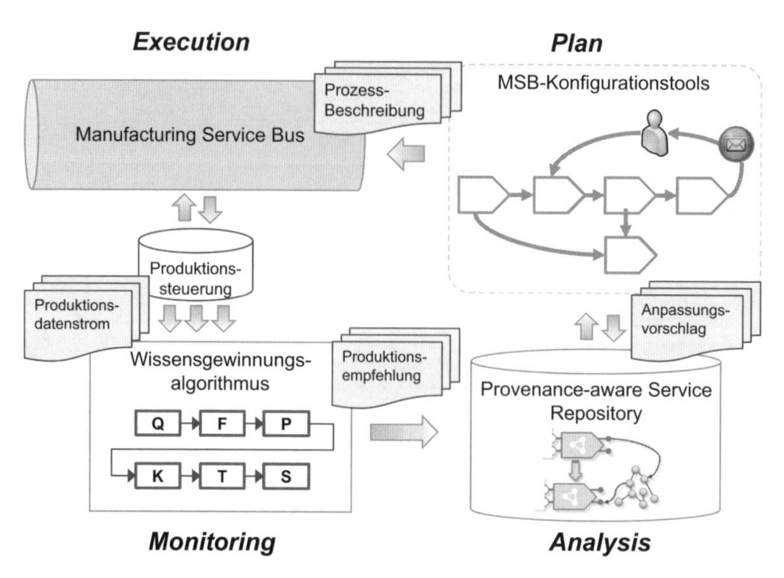

Abb. 22.13 Adaptionszyklus für informationstechnische prozesse in der Echtzeit-Fabrik

der Fabrik im Service Repository importiert und in Echtzeit analysiert werden. Die Verarbeitung solcher Daten stellt einen vorher nicht vorhandenen, bedeutungsvollen Kontext bereit, der durch logische Schlussfolgerungstechniken einen besseren Ausblick auf die reale Produktion bietet. Die Nutzung neuer Kontextinformationen für die Optimierung der IT-Prozesse in der laufenden Produktion stellt ein großes Potential dar, was durch den geschlossenen MAPE-Zyklus erst ermöglicht wird. Wie dieser Zyklus in der Echtzeit-Fabrik umgestezt wird, ist in Abb. 22.13 dargestellt.

22.6 Ergebnisse

Zum Validierungszweck wurden verschiedene Anwendungsfälle herangezogen. Mit der Erprobung von vier Szenarien in einem echten Produktionsumfeld wurde die Verbesserung der Integrationsfähigkeit, Flexibilität und Anpassbarkeit von informationstechnischen Prozessen gezeigt. Dies steht im Gegensatz zur bisherigen starren Integration einzelner Systeme. Dabei konnten die Potentiale des serviceorientierten Ansatzes in der Verknüpfung heterogener Systeme gezeigt werden, indem sowohl die Integration neuer Systeme als auch die Anpassung vorhandener Prozesse deutlich vereinfacht wurden. Des Weiteren hat der vorgestellte servicebasierte Integrationsansatz zur Verwaltung der IT-Prozesse mit dem MSB als zentrale Integrationsebene in einer ereignisgesteuerten Produktionsumgebung den Nachweis der Funktionalität anhand der Bewältigung mehrerer Turbulenzen erbracht.

Mit der Reduktion der aufwendigen und kostenintensiven Verknüpfung von Systemen, die ein wesentliches Hindernis für den Einsatz der digitalen Fabrik darstellt, können die

Potentiale der Verbindung zur realen Fabrik leichter erschlossen werden. Gerade die Aktualität und Konsistenz der Daten in den verschiedenen Systemen, sowie die Mehrfachverwendung sind dabei zu nennen.

Mit dem entwickelten Prototyp wurde aufzeigt, wie es in der realen Fabrik gelingt, eine stetige Adaption umzusetzen. Der Prototyp stellt eine technische Intelligenz dar, die aktuelle Daten aus der realen Fabrik in Echtzeit an die digitale Fabrik übertragen kann. Die Auswertung dieser Daten kann mit der Unterstützung verschiedener digitaler Werkzeuge automatisiert werden und dadurch Wissen aus der Fabrik generieren. Mittels verschiedener Szenarien wurde auch aufgezeigt, wie es gelingt Integrationsprozesse anhand dieses Wissens so anzupassen, dass ein besserer Ablauf der Produktion erreicht wird.

Der Mehrwert des vorgestellten Ansatzes kann in drei Punkten zusammengefasst werden:

- Die Anwendung der genannten SOA-Prinzipien in einem Produktionsumfeld stellt sicher, dass die Interoperabilität, Flexibilität und Anpassungsfähigkeit gewährleistet werden können.
- Durch die Auswertung von Produktionsdaten, die mithilfe eines Wissensentdeckungs-Algorithmus durchgeführt wird, kann die Fabrik in einem kontinuerlichen Prozess überwacht werden. Somit können interpretierbare Daten aus der Fabrik importiert und in Echtzeit analysiert werden. Die Verarbeitung solcher Daten stellt einen vorher nicht vorhandenen, bedeutungsvollen Kontext bereit, der durch logische Schlussfolgerungstechniken einen besseren Ausblick auf die reale Produktion anbietet.
- Das generierte Wissen aus der realen Fabrik kann durch die Unterstützung digitaler Werkzeuge genutzt werden, um Integrationsprozesse in der laufenden Produktion anzupassen. Diese Anpassungsfähigkeit stellt einen gewaltigen Fortschritt für die Realisierung der Echtzeit-Fabrik und die erfolgreiche Umsetzung wandlungsfähiger informationstechnischer Strukturen dar.

22.7 Ausblick

Hinsichtlich weiterer wissenschaftlicher Arbeiten können folgende Schlussfolgerungen aufgelistet werden:

- Eine erfolgreiche Umsetzung des vorgestellten Ansatzes über den ganzen systemübergreifenden Produktlebenszyklus hinweg bietet vereinfachte Möglichkeiten für die Integration von Systemen, die in den Unternehmen bisher als Insellösungen vorhanden sind. Deshalb sind ähnliche Ergebnisse zu erwarten, wenn die gleichen SOA-Prinzipien im gesamten Produktlebenszyklus angewandt werden würden. Der Mehrwert für die Produktionsplanung wäre durch die Verwendung aktueller Daten aus der Produktion eminent.

- Die Wiederverwendbarkeit von Diensten hat viele Vorteile. Es gibt jedoch auch Aspekte die berücksichtigt werden müssen, wie beispielsweise die sogenannte „Quality of Service" (QoS). Wenn ein Dienst von mehreren Konsumenten genutzt wird, kann es dazu führen dass der Dienst nicht mehr performant ist. Anschließend ergibt sich die Frage, welcher Service-Konsument für eine inadäquate Nutzung verantwortlich ist. Noch wichtiger ist die Frage, welche Instanz verantwortlich dafür ist, die Leistung eines Dienstes zu überwachen und die Erfüllung sogenannter Service Level Agreements zu gewährleisten. Diese Fragen sind unter dem Dach des QoS zu beantworten und wären im Produktionsumfeld mit einer höheren Anzahl von Diensten zu berücksichtigen.
- Der vorgestellte Ansatz wurde in der Lernfabrik der Universität Stuttgart mit einer relativ kleinen Anzahl von Services getestet. Wäre dieser Ansatz als zentrale IT-Infrastruktur einer großen Fabrik in der Serienfertigung vorgesehen, dann sollte unter anderen Aspekten ein Flaschenhals-Effekt sorgfältig geprüft werden. Ein solcher Effekt kann durch die Auslagerung von bestimmten Diensten vermieden werden. Dadurch würde man einem cloud-basierten Ansatz folgen. Hierbei muss ein Thema mit höchster Wichtigkeit für den Wettbewerb und Existenz eines Unternehmens berücksichtigt werden: Datensicherheit.

Literatur

Chappell D (2004) Enterprise service bus. 1. Aufl. O'Reilly Media, Sebastopol

Christensen E, Curbera F, Meredith G, Weerawarana S (2001) Web Services Description Language (WSDL) 1.1. www.w3.org/TR/wsdl. Zugegriffen: 24. Apr. 2013

Cugola G, Di Nitto E (2008) On adopting content-based routing in service-oriented architectures. Inf Softw Technol 50:22–35

Curbera F, Leymann F, Storey T, Ferguson D, Weerawarana S (2005) Web services platform architecture: SOAP, WSDL, WSPolicy, WSAddressing, WS-BPEL, WS-Reliable messaging and more. Prentice Hall, New Jersey

Erl T (2005) Service-oriented architecture: concepts, technology, and design. Prentice Hall, New Jersey

Hohpe G, Woolf B (2003) Enterprise integration patterns: designing, building, and deploying messaging solutions. Addison-Wesley Longman, Amsterdam

IBM (2005) An architectural blueprint for autonomic computing, White Paper. IBM, Hawthorne

Lucke D, Constantinescu C, Westkämper E (2008) Smart factory – a step towards the next generation of manufacturing. The 41st CIRP Conference on Manufacturing Systems, Tokyo

Minguez J, Lucke D, Jakob M, Constantinescu C, Mitschang B, Westkämper E (2010) Introducing SOA into production environments – the manufacturing service bus. In: The 43rd. CIRP International Conference on Manufacturing Systems, Vienna

Minguez J, Niedermann F, Mitschang B (2011a) A Provenance-aware service repository for EAI process modeling tools. In: The 12th IEEE International Conference on Information Reuse and Integration (IRI 2011), Las Vegas

Minguez J, Silcher S, Mitschang B, Westkämper E (2011b) Towards intelligent manufacturing: equipping SOA-based architectures with advanced SLM services. In: The 44th CIRP International Conference on Manufacturing Systems, Madison

OASIS – Organization for the Advancement of Structured Information Standards (2004) UDDI Version 3.0.2. http://www.uddi.org/pubs/uddi_v3.htm. Zugegriffen: 24. Apr. 2013
OASIS – Organization for the Advancement of Structured Information Standards (2007) Web Services Business Process Execution Language (WS-BPEL) Version 2.0– OASIS Standard. http://docs.oasis-open.org/wsbpel/2.0/wsbpel-v2.0.htm. Zugegriffen: 24. Apr. 2013
Oracle (2005) Service-Oriented Architecture (SOA) and Web Services: The Road to Enterprise Application Integration. http://www.oracle.com/technetwork/articles/javase/soa-142870.html. Zugegriffen: 24. Apr. 2013
Papazoglou M (2008) Web services: principles and technology. Prentice Hall, Harlow
Riffelmacher P, Kluge S, Kreuzhage R, Hummel V, Westkämper E (2007) Learning factory for the manufacturing industry. In: The 20th International Conference on Computer-Aided Production Engineering (CAPE)
Sahoo S, Sheth A, Henson C (2008) Semantic provenance for eScience. In: Blake MB, Huhns MN (eds.) IEEE Internet Computing, S 46–54
Web Services Interoperability Organization WS-I (2004) Basic profile version 1.1. http://www.ws-i.org/Profiles/BasicProfile-1.1-2004-08-24.html. Zugegriffen: 24. Apr. 2013
W3C (1999a) XSL Transformations (XSLT). http://www.w3.org/TR/xslt. Zugegriffen: 24. Apr. 2013
W3C (1999b) XML Path Language (XPath) Version 1.0. http://www.w3.org/TR/1999/REC-xpath-19991116. Zugegriffen: 24. Apr. 2013
W3C (2004) RDF Primer. http://www.w3.org/TR/rdf-primer/. Zugegriffen: 24. Apr. 2013
W3C (2007) SOAP Version 1.2. http://www.w3.org/TR/soap/. Zugegriffen: 24. Apr. 2013
Weerawarana S, Curbera F, Leymann F, Storey T, Ferguson DF (2005) Web services platform architecture. Prentice Hall, New Jersey
Westkämper E, Zahn E (2009) Wandlungsfähige Produktionsunternehmen. Springer, Berlin

Grid Manufacturing

23

Carmen Constantinescu, Martin Landherr, Michael Neumann
und Johannes Volkmann

Im Folgenden wird der innovative Ansatz Grid Manufacturing zur Vernetzung und Verteilung nicht nur von Methoden und digitalen Werkzeugen sondern auch von Daten, Informationen und Berechnungsaufgaben auf informationstechnischer Ebene vorgestellt.

23.1 Ausgangssituation

Eine Fabrik ist ein hochkomplexes, soziotechnisches System, dessen Planung, Optimierung und Betrieb eine Vielzahl an Disziplinen vereint (Abb. 23.1). Interne und oftmals auch externe Beteiligte aus verschiedensten Fachabteilungen befassen sich mit der effektiven Auslegung und dem effizienten Betrieb einer Fabrik. Nach den betriebswirtschaftlich orientierten, strategischen Planungsschritten schließt sich die technische Gestaltung der Gebäude und der Produktionseinrichtungen an. Dies erfordert eine Zusammenarbeit von Produktentwicklern, Unternehmens-, Fabrik- und Logistikplanern, Architekten, Bauingenieuren, Prozess- und Produktionsexperten.

C. Constantinescu (✉)
Fraunhofer IAO, Fraunhofer-Gesellschaft, Nobelstr. 12, 70569 Stuttgart, Deutschland
E-Mail: carmen.constantinescu@iao.fraunhofer.de

M. Landherr · M. Neumann
GSaME, Universität Stuttgart, Nobelstr. 12, 70569 Stuttgart, Deutschland
E-Mail: martin.landherr@gsame.uni-stuttgart.de

M. Neumann
E-Mail: michael.neumann@gsame.uni-stuttgart.de

J. Volkmann
Fraunhofer IPA, Fraunhofer-Gesellschaft, Nobelstr. 12, 70569 Stuttgart, Deutschland
E-Mail: johannes.volkmann@ipa.fraunhofer.de

E. Westkämper et al. (Hrsg.), *Digitale Produktion*,
DOI 10.1007/978-3-642-20259-9_23,

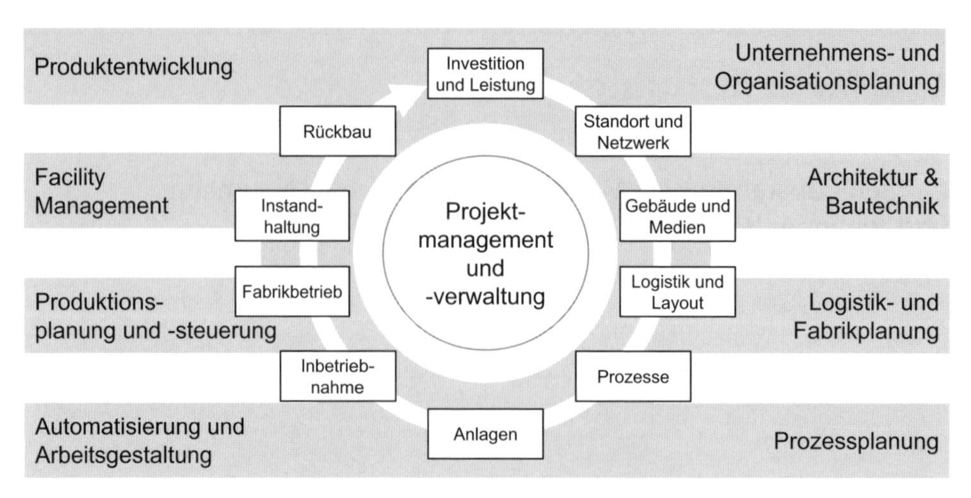

Abb. 23.1 Beteiligte Disziplinen an Fabrikplanungsprojekten

Bedingt durch gewachsene Strukturen in der Unternehmensorganisation existieren oftmals nicht nur organisatorische, sondern auch infrastrukturelle Hürden bei der Zusammenarbeit involvierter Fachabteilungen. Als ein möglicher Schlüssel zur Überwindung dieser Hürden wird die Ermöglichung eines reibungsfreien Informationsflusses betrachtet (Mertens 2009). Motiviert durch das Ziel der Unterstützung einer plattform- und organisationsunabhängigen Zusammenarbeit wird das Grid Manufacturing entwickelt. Dabei liegt der Fokus auf der Verteilung und Vernetzung von Daten, Modellen, Werkzeugen und Rechenressourcen mit Hilfe von Grid Technologien zur Modellierung, Simulation, Optimierung und Visualisierung aller relevanten Informationen im gesamten Fabriklebenszyklus (Kap. 16).

23.2 Lösungsansatz

Grid Manufacturing ist die Übertragung des Grid Gedankens aus dem Grid Computing Welt der IT in die Welt der Produktion. Um diesen Ansatz weiter zu umreißen, werden im Folgenden der Begriff des Grid Computings und weitere verwandte Begriffe erläutert, um daraus den Lösungsansatz abzuleiten.

Der Begriff Grid steht im Englischen für Netz, Gitter oder Raster und wird vornehmlich für Stromnetz beziehungsweise power grid verwendet. Analog behandelt das Grid Computing geographisch unabhängige, autonome Ressourcen, die gemeinsam agieren. Ausgangspunkt des Ansatzes ist die Aussage, dass in vielen professionellen Umgebungen die vorhandenen PCs nur geringfügig ausgenutzt werden. Die Definition des Grid Computing, aufgekommen Anfang der 1990er Jahre, wurde immer verfeinert (Foster und Kesselman 1999; Bote-Lorenzo et al. 2003). Eine allgemeine Definition, welche eine hier sinnvolle Grundlage zur Weiterentwicklung des Gedankens in andere Bereiche bietet, ist:

> A computational grid is a hardware and a software infrastructure that provides dependable, consistent, pervasive, and inexpensive access to high-end computational capabilities. (Thain und Livny 2003)

Das heißt, beim Grid Computing ist der Anwender in der Lage die vollständige im Haus verfügbare Rechenkapazität zu nutzen. Zu beachten ist, dass für Grid Computing nicht nur Hard- sondern auch Softwareanpassungen notwendig sind. Eine Verbindung ist nur dann sinnvoll möglich, wenn die verwendete Software in der Lage ist, ihre Rechenoperationen und die dazugehörigen Daten zu verteilen. Dies setzt eine angepasste Programmierung voraus, welche einen signifikanten Mehraufwand erzeugt und im Falle bestehender Software ohne eine vollständige Neuprogrammierung oftmals nicht möglich ist. Hardwaretechnisch ist eine Anpassung gegebenenfalls in Form der Verbesserung des Netzwerks notwendig, sofern viele Einzelrechner verbunden werden sollen, um einen umfangreichen Datentransfer zu ermöglichen. Technisch bietet das Grid Computing zwei Möglichkeiten der Verwendung. Einerseits wird eine Verteilung der Daten, andererseits die Verteilung der Rechenoperationen ermöglicht (Fey et al. 2010).

Bei der Verteilung der Daten, werden diese auf vorhandene Ressourcen verteilt, um eine signifikant höhere Kapazität zu ermöglichen. Dieser Kapazitätsgewinn kann unter anderem genutzt werden, um durch Replikation oder vergleichbare Verfahren die Datensicherung zu verbessern. Zusätzlich entsteht durch die Parallelisierung der Datenspeicher bei geschickter Nutzung eine verbesserte Zugriffsgeschwindigkeit. Dies setzt jedoch angepasste Datenhaltungssysteme voraus.

Eine zweite Möglichkeit ist die Verteilung der Rechenoperationen auf verfügbare Ressourcen. Diese findet vornehmlich bei aufwendigen Simulationen Anwendung. Solche Simulationen zeichnen sich oftmals durch einen umfangreichen Datenbestand aus, was wie bereits beschrieben eine schnelle Anbindung der Einzelrechenkapazitäten bedingt. Es ist zwingend notwendig, angepasste Software zu verwenden, da die Verteilungsfähigkeit programmtechnisch aufwendig und bis heute Gegenstand der Forschung im Feld der Informatik ist.

In Anbetracht schnell wechselnder Technologien, insbesondere des Grid und des Cloud Computings, stellt sich die Frage der Abgrenzung. Dafür ist zuerst eine eindeutige Definition des Grid Computings notwendig, welche beispielsweise durch Foster in Form einer Checkliste versucht wird und häufig Anwendung findet. Nach dieser Checkliste

- verbindet und orchestriert Grid Ressourcen, die in ihrem Ursprung keiner zentralen Kontrolle oder Verbindung unterliegen,
- verwendet ein Grid offene, standardisierte und universelle Protokolle sowie Schnittstellen und
- wird für die Darstellung nichttrivialer Dienste verwendet (Foster 2002).

Dieser Checkliste folgend wird jedoch insbesondere durch den dritten Punkt ein gewisser Interpretationsspielraum ermöglicht. Vom National Institute of Standards and Technology gibt es eine genauere Definition für das Cloud Computing:

> Cloud computing is a model for enabling ubiquitous, convenient, on-demand network access to a shared pool of configurable computing resources (e.g. networks, servers, storage, applications, and services) that can be rapidly provisioned and released with minimal management effort or service provider interaction. (Mell und Grance 2011)

Um die Unterscheidung weiter zu schärfen können zusätzliche Ansätze verwendet werden, die jeweils eine Unterscheidung über eine Untermenge der vorhandenen Vielzahl an Unterschieden versuchen. Die wichtigsten Unterschiede sind dabei der Fokus auf Webtechnologien für den Zugang im Gegensatz zu spezialisierter Middleware beim Grid und die zentrale Steuerung im Gegensatz zur dezentralen Steuerung eines Grid (Weinhardt et al. 2009). Auch die Zielsetzung unterscheidet sich deutlich, da der Cloud Ansatz den Fokus auf die Skalierbarkeit der Dienste legt (Baun et al. 2009).

Der Ansatz „Grid Engineering for Manufacturing" (GEM) entsteht wie eingangs erwähnt durch die Adaption des Gedankens des Grid Computings auf die Nutzung der verfügbaren und verteilten Ressourcen im Engineeringbereich. Die Adaption besteht somit in der kooperativen und dynamischen Nutzung der vorhandenen Ressourcen. Der Ansatz ist als Weiterentwicklung oder Nutzungskonzept für die digitale, vernetzte und mehrskalige Produktion zu verstehen. Es wird über den Fabriklebenszyklus (Kap. 16) die Zusammenarbeit über die Planungsphasen der Fabrik hinweg betrachtet. Diese Zusammenarbeit sprengt somit typische Grenzen, um eine weitreichende Kooperation zu ermöglichen (Constantinescu und Westkämper 2008). Die technische Umsetzung bedingt vernetzte IT-Systeme, deren Realisierung im folgenden Kapitel beschrieben wird.

Es existieren im Bereich der Produktion weitere Ansätze, welche auf dem Grundgedanken des Grid Computings basieren. Diese Ansätze zeigen deutliche Unterschiede im Fokus. Die Universitäten Huazhong und Camebridge verwenden ihren Ansatz des Manufacturing Grid zur Adaption auf Unternehmensnetzwerke und somit zur Verteilung von Dienstleistungen im unternehmensübergreifenden Netzwerk (Liu und Shi 2006). Der an der Universität Wuhan entwickelte Ansatz des Manufacturing Grid (MGrid) legt den Fokus auf die Verteilung und Verfügbarkeit von Fertigungsressourcen (Tao et al. 2007). Im Unterschied dazu legt der hier vorgestellte, ganzheitliche Ansatz Wert auf die Abdeckung aller Phasen im Fabriklebenszyklus mit einer klaren Fokussierung auf die Phasen der Fabrikplanung (Kap. 16).

23.3 Umsetzung und Anwendungsbeispiel

Zur Verwirklichung des oben beschriebenen Ansatzes der durchgängigen und integrierten Fabrikplanung und des Fabrikbetriebs wurde das auf einer Grid Architektur basierende Grid Engineering for Manufacturing Laboratory (GEMLab) am Fraunhofer IPA entwickelt und umgesetzt.

Das GEMLab ist eine state-of-the-art Umgebung für die Entwicklung und den Einsatz innovativer digitaler Werkzeuge. Es vereint dabei die vier Kernkomponenten Modellie-

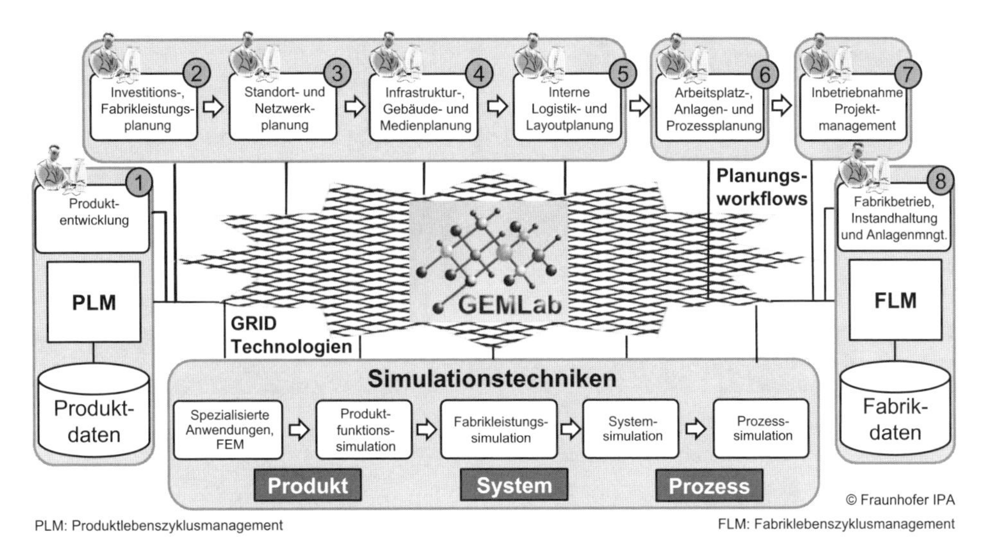

Abb. 23.2 Umsetzung des GEMLabs unter Berücksichtigung des Ansatzes Grid Engineering for Manufacturing

rung, Simulation, Optimierung und Visualisierung für Produkte, Prozesse und Fabriken über deren jeweiligen Lebenszyklus hinweg. Es ermöglicht die Verteilung und Vernetzung von Daten, Modellen, digitalen Werkzeugen und Rechenressourcen mit Hilfe der Grid Technologie. Abbildung 23.2 stellt die Realisierung des GEMLab zur Umsetzung des Ansatzes „Grid Engineering for Manufacturing" dar.

In der Umsetzung wird insbesondere auf die folgenden Aspekte Wert gelegt:

- Verteilung und Vernetzung von Modellen, Daten und Rechenressourcen
- Unterstützung des kooperativen und interdisziplinären Arbeitens aller Beteiligter
- Ganzheitliches und kontinuierliches Datenmanagement über die Lebenszyklen des Produkts, der Prozesse sowie der Fabrik hinweg
- Vermeidung redundanter Daten unter Sicherstellung der Datenkonsistenz

Die Realisierung besteht in ihrer Gesamtheit aus einer einzigartigen technischen Architektur, in der digitale Werkzeuge mit Hilfe eines Workflowmanagementsystems(GEMFlow) verknüpft werden können. Diese Verknüpfung bezieht sich sowohl auf die Prozessebene als auch auf die Daten- und Informationsebene. Dies ermöglicht eine automatisierte Ausführung von Planungsprozessen und die optimale Unterstützung der am Planungsprozess Beteiligten. Durch die Verfügbarkeit aktueller Planungsstände und Planungsergebnisse, aktuell erforderlicher Informationen und Daten anderer Planungsphasen sowie zusätzlicher Rechenressourcen wird die Nutzung der jeweilig benötigten Simulationstechniken in allen Planungsphasen gewährleistet.

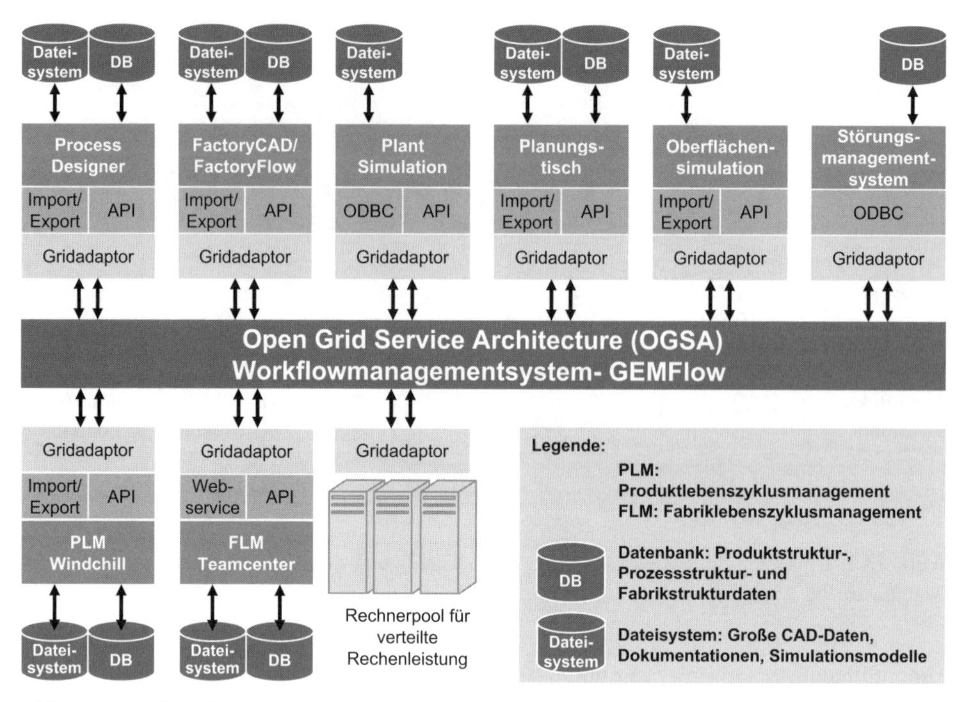

Abb. 23.3 Technische Architektur des GEMLab

Eine Übersicht über die Komponenten der Realisierung des GEMLab sowie ihre Schnittstellen ist in Abb. 23.3 gegeben. In den folgenden Abschnitten werden die Kernelemente, das Workflowmanagementsystem und die Schnittstellen, detailliert beschrieben.

23.3.1 GEMFlow Workflowmanagementsystem

Um die Effizienz und Effektivität des situationsbasierten Planungsprozesses zu maximieren, müssen die einzelnen Planungsaktivitäten im Voraus betrachtet, anschließend unterstützt und soweit möglich standardisiert werden. Eine Möglichkeit, um dies für die Prozesse in der Fabrik- und Prozessplanung zu realisieren, ist der Einsatz von Workflowmanagementsystemen. Das entwickelte Workflowmanagementsystem GEMFlow hat dabei die Aufgabe die situationsbasiert zusammengestellten Planungsprozesse in der Grid Umgebung auszuführen. Das heißt, das Workflowmanagementsystem GEMFlow kann als spezielles Werkzeug der digitalen Fabrik betrachtet werden und übernimmt zusätzlich zur reinen Planung und Darstellung der Arbeitsprozesse die Rolle einer anwendungsunabhängigen Middleware, welche die Modellierung, die Ausführung und die Überwachung von Planungsprozessen auf technischer Ebene unterstützt. Dieses Werkzeug basiert auf dem Workflowmanagementsystem GridNexus (University of North Carolina Wilmington) und wurde für die Anwendung in der Grid Architektur des GEMLab angepasst und um notwendige Funktionen erweitert. Die Hauptfunktionen des GEMFlow Systems werden im Folgenden beschrieben:

23.3.1.1 Workflowdefinition

Innerhalb eines Workflows können verschiedene Modelle strukturiert und dargestellt werden. Dabei wird zuerst die organisationale Struktur der Umgebung (Unternehmen, Netzwerk oder einzelne Bereiche) strukturiert und beschrieben. Anschließend wird die operationale Struktur mit den Beziehungen zwischen allen am Planungsprojekt Beteiligten definiert. Basierend auf den vorhergehenden Schritten werden die für die Planungsaktivität benötigten Prozesse, die jeweils durch ein Softwarewerkzeug und spezifische Datenaustauschfunktionen charakterisiert sind, modelliert. Zudem können die definierten Workflows simuliert und so vor dem eigentlichen Einsatz in der Planung evaluiert werden. Zur Steigerung der Effizienz bei der Workflowmodellierung können Templates aus einer zuvor zu definierenden Workflow- und Prozessbibliothek mit vordefinierten Planungsgegenständen und Planungsschritten verwendet werden.

23.3.1.2 Workflow- und Prozessbibliothek

Workflowbibliotheken beinhalten einzelne vordefinierte Planungsschritte, die für einen bestimmten Bereich, eine bestimmte Branche oder Industrie typisch sind. Für jeden dieser Planungsschritte können digitale Werkzeuge hinterlegt werden, welche die auszuführenden Prozesse optimal unterstützen. Die Architektur der Bibliothek ist dabei so angelegt, dass alle Bibliotheken mit geringem Aufwand jederzeit erweitert und angepasst werden können. Die Integration standardisierter und vordefinierter Planungsschritte in die Workflows führt dabei zu einer signifikanten Reduktion des Modellierungs- und somit des Planungsaufwands.

23.3.1.3 Anwendung und Ausführung der Workflows

Die modellierten und definierten Workflows sowie deren einzelne Planungsaktivitäten werden in Planungsprojekten instanziiert. Durch die Anwendung und Ausführung der Workflows werden die definierten Aktivitäten den zuständigen Personen und Rechenressourcen zugewiesen. Die an der Ausführung des Workflows Beteiligten werden benachrichtigt und erhalten eine Anweisung, um den korrekten Ablauf des Planungsprozesses und somit des ganzen Workflows sicherzustellen.

Abbildung 23.4 zeigt die Benutzeroberfläche des Workflowmanagementsystems GEMFlow.

23.3.1.4 Grid-Adaptoren

Grid-Adaptoren sind die Bindeglieder und Schnittstellen des Grid Engineering for Manufacturing. Sie stellen die Kommunikation zwischen den digitalen Werkzeugen und dem GEMFlow Workflowmanagementsystem sicher. Die Grid-Adaptoren greifen auf die in den digitalen Werkzeugen gespeicherten Informationen zu und stellen diese den folgenden digitalen Werkzeugen zur Bearbeitung zur Verfügung. Die Hauptfunktion eines

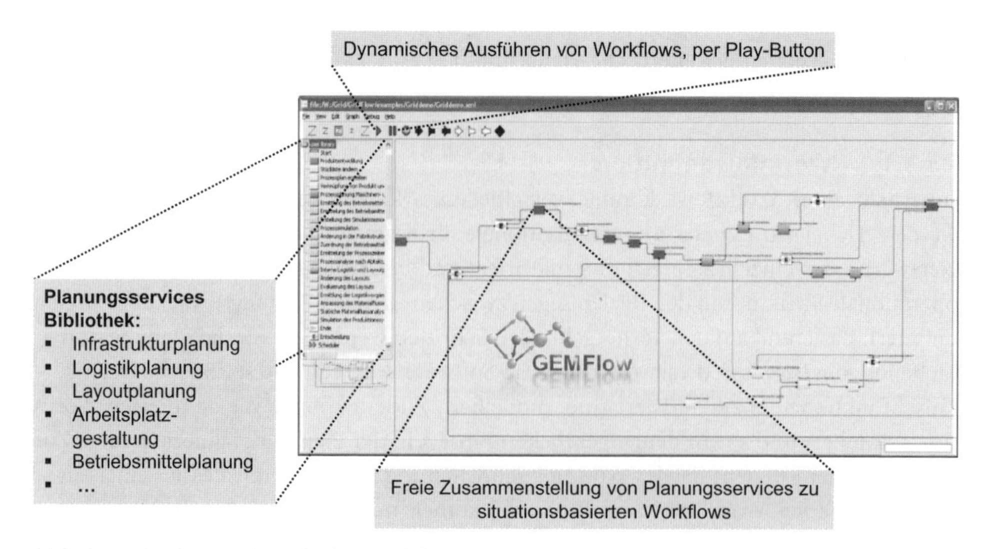

Abb. 23.4 Funktionsübersicht des Workflowmanagementsystems GEMFlow

Grid-Adaptors ist die verlustarme bis -freie Transformation der Fabrikdaten (Produkt-, Prozess-, Ressourcen- und Fabrikstrukturdaten) von einem werkzeugspezifischen Datenformat in das Format des im Workflow folgenden digitalen Werkzeugs. Grid-Adaptoren haben mehrere Möglichkeiten auf die in das GEMLab integrierten digitalen Werkzeug zuzugreifen. Im Folgenden werden diese Möglichkeiten kurz dargestellt:

- Zugriff durch Einbettung in Programmcode: Ein Grid-Adaptor ist in den Programmcode und das Datenmodell des digitalen Werkzeugs direkt eingebunden. So wird der volle Zugriff auf die Funktionen und Informationen ermöglicht.
- Zugriff durch Application Programming Interface (API): Ein Grid-Adaptor verwendet für den Zugriff auf das digitale Werkzeug eine vom Hersteller bereitgestellte API, die bestimmte vordefinierte Funktionen und Informationen gekapselt bereitstellt.
- Direkter Zugriff auf die Datenbank des digitalen Werkzeugs: Ein Grid-Adaptor hat direkten Zugriff auf die Informationen des digitalen Werkzeugs indem auf die Datenbank des Werkzeugs direkt zugegriffen wird.
- Import und Export Funktionen: Ein Grid-Adaptor verwendet die Import- und Export-Funktionen des digitalen Werkzeug.

Abbildung 23.5 verdeutlicht die typische Arbeitsweise des Grid-Adaptors zwischen dem GEMFlow Workflowmanagementsystem und dem digitalen Werkzeug. Hier sind weitere wichtige Funktionen eines Grid-Adaptors notwendig, insbesondere die Steuerung und Überwachung der digitalen Werkzeuge. Diese Funktionen können in zwei Teilen gegliedert betrachtet werden. Zum einen werden Funktionen betrachtet, die den Informationszugriff auf das digitale Werkzeug betreffen. Hier enthalten sind Funktionen, die das Lesen,

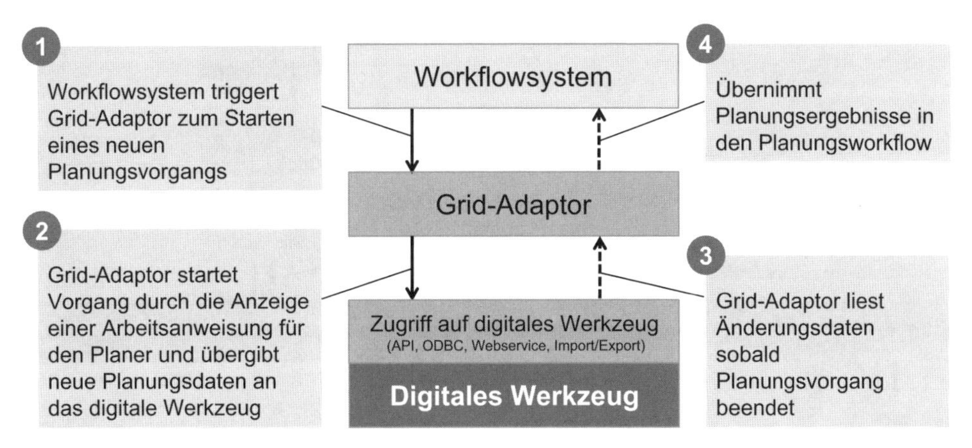

Abb. 23.5 Funktionsweise eines Grid-Adaptors

das Erzeugen, das Ändern und das Löschen von Informationen betreffen. Der zweite Teil betrifft Funktionen die das Ausführen von Funktionen des digitalen Werkzeugs beinhalten. Dies sind insbesondere Funktionen, um ein Ausführen von Funktionen des digitalen Werkzeugs auf einem bestimmten PC im Grid auszulösen oder den Benutzer über neue Planungsaufgaben zu benachrichtigen.

Für die Umsetzung der Kommunikationsschnittstelle zum GridFlow Workflowmanagementsystem werden aktuelle Auszeichnungssprachen wie die Extensible Markup Language (XML) und Spezifikationen wie Web Service Resources (WS-Resources) verwendet. Diese Web Services ermöglichen nicht nur das Aufrufen einer Funktion, sondern auch die Übertragung von Informationen hinsichtlich des Zustands der Funktion. Somit sind sie eine Erweiterung herkömmlicher Web Services und dienen beispielsweise der Überprüfung des Status einer Planungsaufgabe. Anhand dieser zusätzlichen Statusmeldungen kann das GEMFlow Workflowmanagementsystem den durchgängigen und automatisierten Planungsprozess steuern. Dieser Typ von Web Services ist auch in der Open Grid Services Architecture (OGSA) verwendet, welche die geeigneten technischen Grundlagen für die Grid Engineering for Manufacturing Plattform bereithält.

23.3.1.5 Digitale Werkzeuge in der Grid Umgebung

Innerhalb des Grid Engineering for Manufacturing Ansatzes bilden die digitalen Werkzeuge die Basis für die Bearbeitung der Aufgaben, die in den Planungsprozessen anfallen. Für diese große Anzahl an digitalen Werkzeugen ist umfangreiche Hardware notwendig. Im Falle des GEMLab handelt es sich dabei um:

- Eine stereoskopische 3D-Projektionswand, auf der zur Vereinfachung der Kommunikation einzelne Bildschirme der verschiedenen Arbeitsrechner projiziert werden können.
- Zwölf dedizierte PCs als grundliegende Arbeitsstationen für die beteiligten Planer.
- Zwölf Hochleistungs-PCs für stereoskopische Projektionen im 3D-Cube-System.

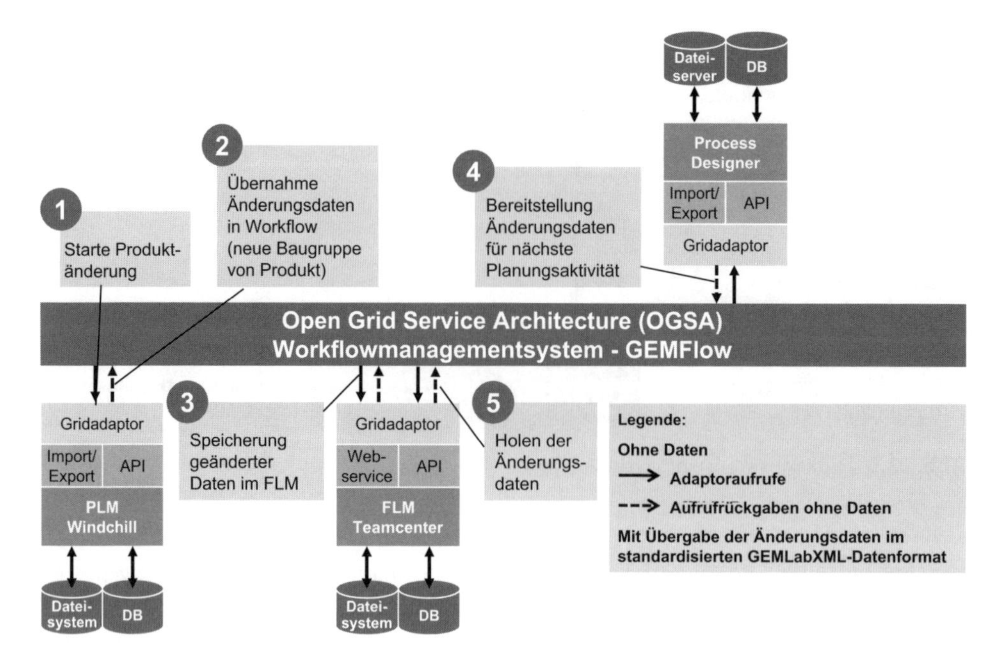

Abb. 23.6 Anwendungsbeispiel für die Funktion des GEMLab

- 14 flexibel ausgelegte weitere PCs für zusätzliche Arbeitsstationen und Virtual-Reality-Systeme.
- Ein innovativer Planungstisch für partizipative Fabriklayoutplanungen.

Die einmalige Engineering-Umgebung ermöglicht es Simulationsberechnungen im Bereich der molekulardynamischen Simulation (beispielsweise Galvanik und Lackierprozesse) verteilt berechnen zu lassen. Durch die vorhandene Hardware wird eine Verringerung der Planungs- und Simulationslaufzeiten bei gleichzeitiger Qualitätssteigerung ermöglicht, was mitunter hohe Kosteneinsparpotentiale birgt. Zudem zeichnet sich das GEMLab neben aktuellster Planungs- und Entwicklungswerkzeuge von Software Anbietern wie Siemens Industry Software GmbH & Co. KG oder Parametric Technology GmbH (PTC) auch durch innovative und international anerkannte Entwicklungen zur Entscheidungsunterstützung des Fraunhofer IPA aus.

23.4 Anwendungsbeispiel und Nutzen

Das im Folgenden beschriebene Anwendungsbeispiel (Abb. 23.6) veranschaulicht die Funktionsweise und den Datenaustausch zwischen den Planungspartnern.

Der Datenaustausch der Planungspartner wird durch das innovative Workflowmanagementsystem GEMFlow erreicht. In einem ersten Schritt werden von einem Produktentwickler Daten und Informationen über eine neue Produktvariante aus einem PLM-System, in diesem Fall Windchill (Parametric Technology Corporation), an das Workflowmanagementsystem GEMFlow übergeben. Das PLM-System ist dabei über die Grid-Adaptoren an das Workflowmanagementsystem angeschlossen, um einen direkten Datenaustausch zu ermöglichen. Anschließend werden die Daten und Informationen durch das GEMFlow aufbereitet und an das Fabrikdatenmanagementsystem übergeben. Das Fabriklebenszyklusmanagementsystem Teamcenter Manufacturing (Siemens Industry Software GmbH & Co. KG), welches ebenfalls über Grid-Adaptoren an das Workflowmanagementsystem angebunden ist, dient dabei als Datenbackbone für alle Werkzeuge in den verschiedenen Planungsaktivitäten. Jede Änderung der Daten, die während der Planung auftritt, startet dort und wird wieder dort abgelegt. Dies sichert den Zugang jedes Planers auf aktuelle und redundanzfreie Daten. In dem hier beschriebenen Anwendungsbeispiel greift der mit der Anpassung des Produktionssystems beauftragte Prozess- und Layoutplaner mit dem digitalen Werkzeug Process Designer (Siemens Industry Software GmbH & Co. KG) auf die mittels GEMFlow eingespeisten Daten in Teamcenter zu. Der Grid-Adaptor bereitet die Daten für den Process Designer auf, so dass der Planer seine Anpassungen durchführen kann. Nachdem die Änderungen am digitalen Modell durchgeführt sind, werden die aktualisierten Daten an das Workflowmanagementsystem übergeben und im Datenbackbone Teamcenter Manufacturing abgelegt. Auf dieser Basis können weitere Planungen durchgeführt werden.

In Abb. 23.7 ist die gesamte, für Anwendungsbeispiele verfügbare Umgebung des GEM-Lab in Analogie zum Fabriklebenszyklus (Kap. 16) dargestellt. Zentral stehen die Erstellung des Planungsworkflows und die als Datenbackbone verwendete Software Teamcenter Manufacturing (Siemens Industry Software GmbH & Co. KG). Im stetigen Fluss der kontinuierlich integrierten Produkt- und Fabrikplanung stehen Stationen mit vielen Funktionen über den gesamten Fabriklebenszyklus von der strategischen Grobplanung bis zur detaillierten Betrachtung in molekulardynamischen Oberflächensimulationen für Lackierprozesse bereit. Die verfügbaren Werkzeuge sind dabei nicht auf kommerziell verfügbare Lösungen beschränkt, sondern werden zusätzlich um Eigenentwicklungen des Fraunhofer IPA ergänzt, um die ganzheitliche Planung und Optimierung in den bisher kommerziell wenig adressierten Bereichen, wie beispielsweise die Fabrikleistungs- und Investitionsplanung, sowie die Standort- und Netzwerkplanung zu unterstützen.

Durch den vielfachen Einsatz in Anwendungsbeispielen wird unter Verwendung verschiedener Kombinationen der Lebenszyklusphasen der Nutzen eruiert. Trägt man die Dauern für das Erstellen der notwendigen Modelle in üblichen IT-Landschaften gemeinsam mit der anschließenden Planungsdauer im jeweiligen Schritt vergleichend für die Grid Architektur auf (Abb. 23.8), so lassen sich die Nutzenaspekte schnell ableiten.

Sichtbar wird in den meisten Anwendungsfällen eine verlängerte Dauer für die Modellierung der Daten zu Beginn des Projekts. Der Umfang der notwendigen Mehrarbeit bestimmt sich aus der Integrationstiefe der als Vergleich verwendeten IT-Landschaft und der Komplexität der Projekte. Aus dieser umfangreichen Modellbasis ergeben sich in den nachfolgenden Schritten deutlich sichtbare Zeiteinsparungen, da durch die hohe Integra-

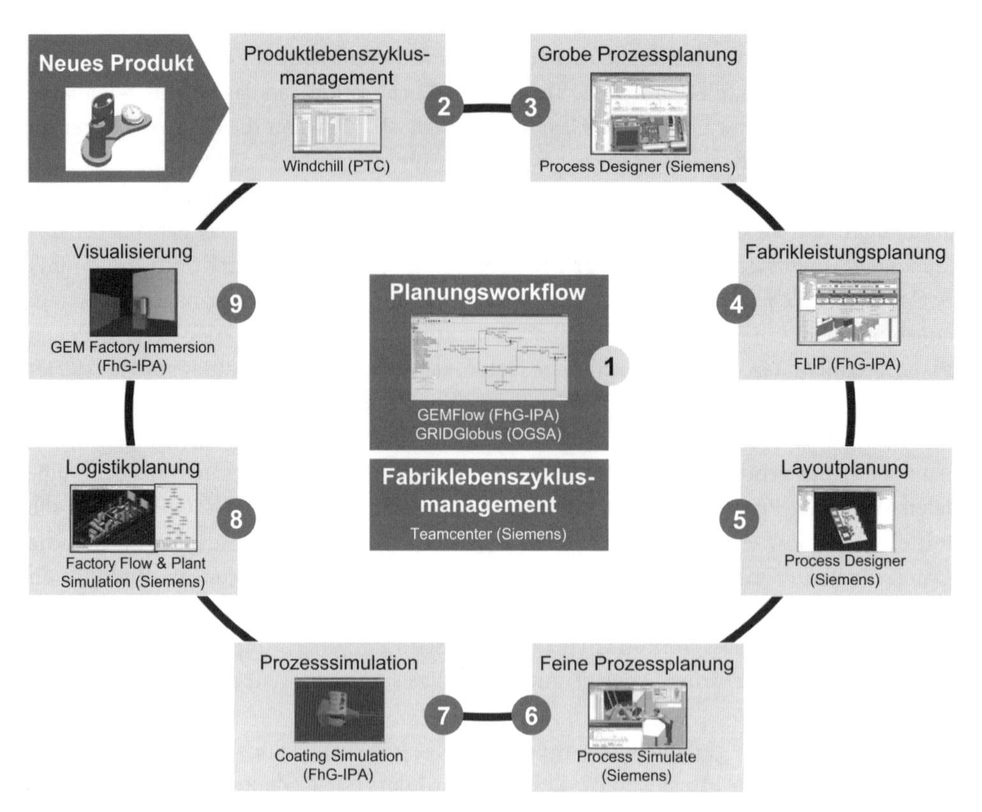

Abb. 23.7 Verfügbare GEMLab Architektur für Anwendungsbeispiele

tionstiefe und die flexible Übertragung mittels der Grid-Adaptoren die vorhandene Datenbasis oftmals nur marginal angepasst werden muss. Die direkte Anbindung und das zentrale Workflowsystem ermöglichen zusätzlich eine Parallelisierung auch komplexer Schritte, da für alle beteiligten Planer einfach und ohne Zeitverzögerung der aktuellste Stand zur Verfügung gestellt werden kann und das Vorgehen insgesamt leichter zu koordinieren ist. Zu beachten ist, dass die Planungsdauer, also die geistige Arbeit des Menschen nur bedingt verkürzt werden kann, da kreative Prozesse weitestgehend von der Modellsicht gelöst sind. Als Ansatzpunkt geben sich hier durch die Verwendung des Grid Ansatzes durch verbesserte Visualisierungen und die kurzen Kommunikationswege zwischen ansonsten oftmals nicht nur räumlich getrennten Planern. Stark beeinflusst wird die Ausführungsdauer in Prozessen, deren Geschwindigkeit stark durch die verfügbare Rechenkraft beeinflusst wird. Insbesondere bei komplexen Simulationen, wie beispielsweise molekulardynamischen Oberflächensimulationen, zeigen sich somit schnell die Vorteile des verteilten Rechnens auf der verfügbaren Hardware. Betrachtet man die Summe der aufgebrachten Zeit, ist der gesamte Nutzen schnell ersichtlich. Insgesamt steigt der Nutzen mit dem Umfang der Anwendung des Ansatzes, da der höhere Aufwand der Datenmodellierung dann mehrfach ausgeglichen werden kann. Zusätzlich ist der Nutzen insbesondere bei stark heterogenen

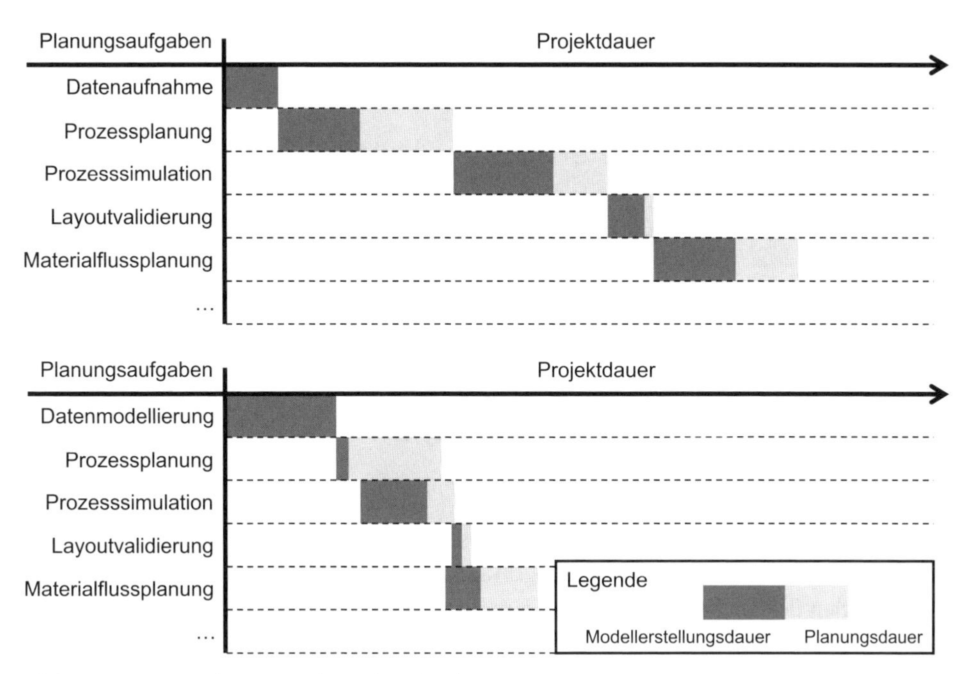

Abb. 23.8 Nutzen der GEMLab Grid Architektur

IT-Landschaften mit einem geringen Integrationsgrad durch den Grid Engineering for Manufacturing Ansatz signifikant.

23.5 Ausblick und Roadmap

Wie in diesem Kapitel verdeutlicht, stellt das Grid Engineering for Manufacturing einen Weg dar, nicht nur heterogene Daten, Modelle und digitale Werkzeuge, sondern auch Rechenressourcen zu verteilen und zu vernetzen. Hinsichtlich zahlreicher, während eines Fabrikplanungsprojekts involvierter Personen und Systeme ist besonders die mehrfache Verwendung von Modellen eine Möglichkeit hohe Einsparungspotentiale in der Digitalisierung zu realisieren. Zur näheren Bestimmung und Ausnutzung dieses Potentials wird das GEMLab als Implementierungs- und Textumgebung entwickelt. In diesem Labor werden Modelle auf Basis des in Kapitel 16 eingeführten Fabriklebenszyklus zur Verwendung in unterschiedlichen Planungsphasen und digitalen Werkzeugen aufbereitet und kommuniziert. Diese Datenkommunikation zwischen verschiedenen Planungstätigkeiten beziehungsweise den jeweiligen digitalen Werkzeugen geschieht unter Verwendung eigenentwickelter Schnittstellen, den sogenannten Grid-Adaptoren. Zur Steuerung des Planungsprojekts wird das auf GridNexus basierende und auf Tätigkeiten im Fabrikumfeld angepasste Workflowmanagementsystem GEMFlow eingesetzt. Damit können trotz dy-

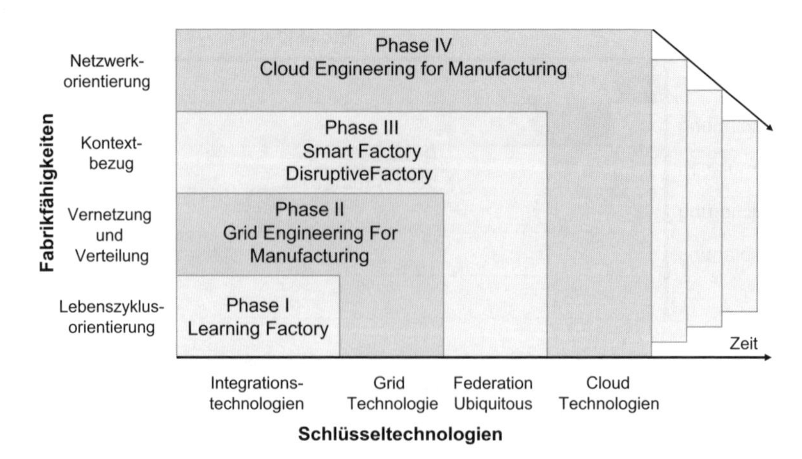

Abb. 23.9 Roadmap im Gebiet des Grid Manufacturing

namischer Workflows bei Fabrikplanungsprojekten alle Beteiligten mittels aktueller Grid Technologien flexibel angebunden und immer mit aktuellen Daten versorgt werden.

Um die Beteiligten nicht nur mit aktuellen Daten sondern auch mit exakt den Informationen zu versorgen, die für eine spezielle Tätigkeit in einem bestimmten Zusammenhang benötigt werden, setzt die Smart Factory (Kap. 21) auf eine Kontextbezogenheit in der Fabrik. Hingegen ist eine weitere Flexibilisierung der Anbindung unterschiedlichster Planungstätigkeiten und -werkzeuge, sowie eine stärkere Berücksichtigung nicht nur innerbetrieblicher Abteilungen, sondern aller an einem Fabrikplanungsprojekt Beteiligter das Ziel des Cloud Engineering for Manufacturing. Dadurch kann es als direkte Weiterentwicklung des Grid Engineering for Manufacturing angesehen werden. (Abb. 23.9)

Es soll dabei ein allgegenwärtiger Zugriff auf alle relevanten Daten zur Lösung einer spezifischen Herausforderung ermöglicht werden. Die Ablösung schwerfälliger und überladener IT-Systeme durch kleine, flexibel miteinander vernetzbarer Lösungen birgt großes Potential. Allerdings ist dies auch mit großen Herausforderungen verbunden. Die Vordringlichste ist das Schaffen einer Vertrauensbasis bei der Verwendung einer Cloud Infrastruktur für Planungs- und Optimierungstätigkeiten. Zum einen muss eine bisher unerreichte Transparenz erreicht werden, womit die Daten- und Informationskommunikation nachvollziehbar wird. Sicherheitsmechanismen müssen gefunden werden, die eine sichere Datenhaltung trotz der Aufhebung einer physischen Trennung gewährleisten. Zum anderen müssen Leistungsgarantien ausgesprochen werden können, damit auch zeitkritische Berechnungen und Verwaltungen in eine Cloud Struktur ausgelagert werden können. Zusätzlich müssen neue Wege der Bereitstellung und Verwendung von Leistungen (IT-Dienste, Rechenressourcen, Speicherplatz) gefunden werden (Abb. 23.10).

Daraus ergibt sich großes Forschungs- und Entwicklungspotential im Bereich der Verteilung, Vernetzung und Flexibilisierung einzelner Tätigkeiten im weiten Feld eines Fabriklebenszyklus. Bisherige Tätigkeiten mit dem Ergebnis des Grid Enineering for Manufacturing liefern dafür wertvolle Grundlagen und Erfahrungen.

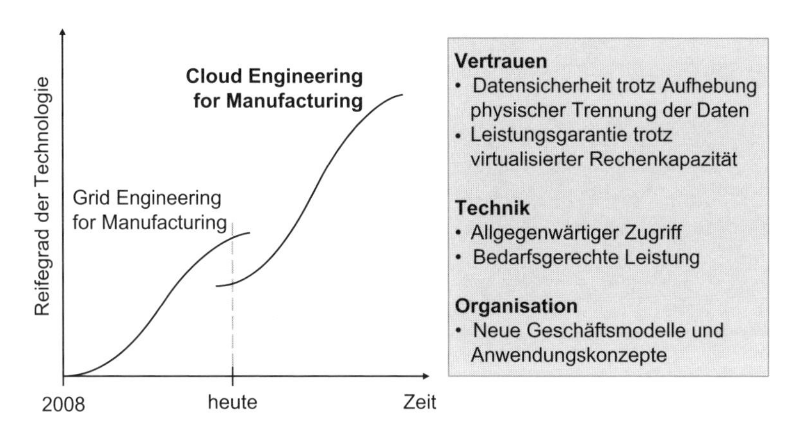

Abb. 23.10 Cloud Engineering for Manufacturing

Literatur

Baun C, Kunze M, Ludwig T (2009) Servervirtualisierung. Informatik Spektrum 32(3):197–205. Springer, Berlin

Bote-Lorenzo ML, Yannis AD, Eduardo GS (2003) Grid characteristics and uses: a grid definition. Grid computing: first european across grids conference, Bd. 1. Springer, Berlin

Constantinescu C, Westkämper E (2008) Grid engineering for net-worked and multi-scale manufacturing. The 41th CIRP conference on manufacturing systems. Tokyo

Fey D et al (2010) Grid-Computing. Eine Basistechnologie für Computational Science. Springer, Berlin

Foster I (2002) What is the grid? A three point checklist. GRIDtoday. Tabor Communications Inc., Camino Santa Fe

Foster I, Kesselman C (1999) The grid: blueprint for a new computing infrastructure. Morgan Kaufmann, San Francisco

Liu Q, Shi YJ (2006) Gird manufacturing: a new solution for cross-enterprise collaboration. Int J Adv Manufact Technol 36:205–212

Mell P, Grance T (2011) NIST 800–145: The NIST definition of cloud computing. national institute of standards and technology, Gaithersburg

Mertens P (2009) Integrierte Informationsverarbeitung – Operative Systeme in der Industrie, 17., überarbeitete Aufl. Gabler, Wiesbaden

Tao F, Hu YF, Zhou ZD (2007) Study on manufacturing grid & its resource service optimal-selection system. Int J Adv Manufact Technol 37:1022–1041

Thain D, Livny M (2003) The grid: blueprint for a new computing infrastructure, 2. Aufl. Morgan Kaufmann, San Francisco

Weinhardt C, Arun A, Blau B, Borissov N, Meinl T, Michalk W, Stößer J (2009) Cloud-Computing – Eine Abgrenzung, Geschäftsmodelle und Forschungsgebiete. Wirtschaftsinformatik 51(5):453–462. Gabler, Wiesbaden

Teil VI
Zukunftsperspektiven und Zusammenfassung

Zukunftsperspektiven der digitalen Produktion

24

Engelbert Westkämper

Die wichtigsten Treiber der Informationssysteme für die Produktion kommen aus den ungebrochenen Innovationen der Informations- und Kommunikationstechnik, die primär in die Massenmärkte fließen und sekundär Applikationen im Bereich der Produktionstechnik finden. Dies galt in der Vergangenheit insbesondere für den gesamten Bereich des Webs, der vorrangig Anwendungen im kommerziellen Bereich fand und Zug um Zug neue Anwendungen in der industriell genutzten Kommunikation fand.

Die digitale Kommunikation ersetzte das Papier als Informationsträger durch vernetze Kommunikation innerbetrieblicher und überbetrieblicher Workflows. Anregungen für innovative Anwendungen kamen zum Beispiel auch aus dem Sektor der Computerspiele, die extrem schnelle Prozessoren und Interaktions- sowie Visualisierungstechniken in den Grenzbereichen der Elektronik einsetzte und sich auf Anwendungen im Bereich der virtuellen Realität oder der Interaktion von Mensch und Maschine erstreckte. Heute finden wir zahlreiche Lösungen in der digitalen Produktion, die aus Techniken der Computerspiele übernommen wurden.

Ein anderer Treiber findet sich in der Automatisierungstechnik, deren hohe Anforderungen an Echtzeitfähigkeit und Zuverlässigkeit das „Embedding Electronics" förderte und sich auf dem Weg zu einer technischen Intelligenz der Maschinen und Anlagen befindet. Diese Entwicklung dezentraler IT wird sehr stark durch die Integrierbarkeit von Sensoren in die Steuerungen unterstützt, da sie dazu beiträgt, Prozesse in Arbeitsbereichen zu betreiben, die sich der menschlichen Wahrnehmungsfähigkeit und Reaktionsfähigkeit entziehen. Echtzeitsysteme lassen sich in der Zukunft mit digitalen Informationen koppeln und eröffnen damit eine Möglichkeit zur Überwindung der Lücken zwischen den realen Prozessen und der digitalen Repräsentation von Daten und Informationen in der

E. Westkämper (✉)
Fraunhofer IPA, IFF und GSaME, Fraunhofer-Gesellschaft und
Universität Stuttgart, Nobelstr. 12, 70569 Stuttgart, Deutschland
E-Mail: engelbert.westkaemper@ipa.fraunhofer.de

E. Westkämper et al. (Hrsg.), *Digitale Produktion*,
DOI 10.1007/978-3-642-20259-9_24,

Produktion. Ereignisgesteuerte Handlungsweisen (event-driven), die verlässliche Informationen des Zustands von Maschinen und ihren Umgebungen zulässt, hat drastische Folgen für die üblichen Zeitabstände zwischen Planung und Realisierung. Planungen werden realitätsnäher, wenn es gelingt, aus den Historien Wissen zu generieren. Die Fachwelt bezeichnet dies als eine kognitive Technologie, die kein Vergessen kennt und Bezug auf reale Gegebenheiten nimmt.

Schließlich zeigen uns übliche kommerzielle IT-Systeme die Möglichkeit zur Gewinnung von Wissen aus dem globalen Netz (bspw. Google). Social Networks sind Lösungen zur Beschleunigung der Kooperation zwischen Akteuren im Netz, die keine Grenzen mehr kennen. Derartige Lösungsansätze haben in der Produktion ein Potential zur Beschaffung von Informationen, die zur Optimierung aller Prozesse benötigt werden. Dabei treten neue Fragen hinsichtlich der Sicherheit der Daten und Informationen sowie zum Schutz von Know-How auf, die im industriellen Bereich unverzichtbare Voraussetzung sind. IT-Konzepte der Zukunft sind also offen für Kommunikation und Wissensgewinnung, benötigen aber Regularien zum Schutz gegen Missbrauch.

Die Forschung und Wissenschaft treibt die Erkenntnisse der Phänomene einzelner Prozesse in großem Ausmaß voran. Sie trägt damit zur Verbesserung der Prozessfähigkeit bei. Bisher wurde dieses Wissen vor allem durch die Mitarbeiter in den Unternehmen mehr oder weniger verarbeitet und genutzt. In der Zukunft fließen derartige Erkenntnisse in Prozessmodelle ein, die digital in Simulationssystemen verarbeitet und genutzt werden können. Damit erreichen Ingenieure und Techniker eine Reduzierung experimenteller Aufwendungen und eine genauere Einstellung der Techniken. Verbunden mit methodischen Prozeduren werden auf diese Weise Arbeitsumgebungen für Entwicklung, Planung, Betrieb und Service geschaffen, welche Verluste an Zeit und Ressourcen drastisch verringern und gleichzeitig die Dynamik der Organisation wesentlich erhöhen können.

Innovationen aus der Informations- und Kommunikationstechnik (IKT) beeinflussen alle Prozesse industrieller Produktion und werden abermals die Arbeitsweisen in der Produktion der Zukunft radikal verändern. Zu diesem Fazit kommen auch die Studien zum deutschen Forschungsschwerpunkt „Industrie 4.0“ (acatech 2012).

Abbildung 24.1 zeigt die wesentlichen Bereiche von IKT-Innovationen, die in der Zukunft noch verstärkt in die Produktion einfließen und Auswirkungen auf die Produktionssysteme haben werden.

Die genannten Innovationen aus dem IKT-Bereich fließen in die Produkttechnologien und in die Prozesse im Lebenszyklus der Produktion. Die Arbeitsweisen verändern sich vor allem durch die Interaktion zwischen den Menschen und den Computern beziehungsweise Maschinen. Die Visualisierung erlaubt die Darstellung komplexer technischer Systeme und technischer Prozesse mit skalierbarer Präsentation und unmittelbarer Interaktion. Die Skalen überdecken Dimensionen vom Makro bis zum Mikro sowie die Dynamisierung der Zeitskalen von der Vergangenheit bis in die Zukunft und von langen Zeitintervallen (Zeitraffer) bis zur Realzeit. Wireless Kommunikation verknüpft Sensoren und Aktoren sowie stationäre und mobile Objekte einschließlich einer Lokalisierung, so dass orts- und objektabhängige Informationen verfügbar gemacht werden (vergleiche Kap. 21). Sie stellen gesicherte Verbindungen zu allen Teilnehmern im Netzwerk sowie zu

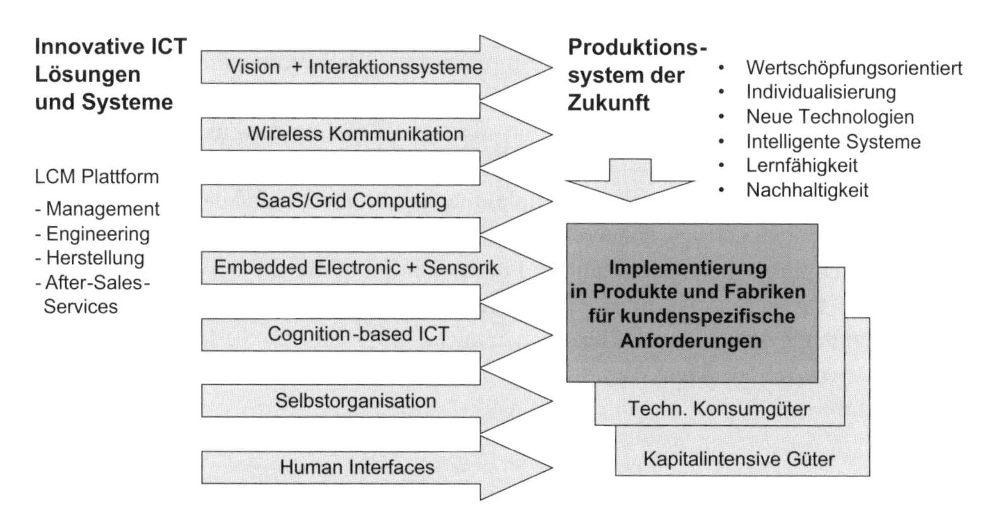

Abb. 24.1 Innovationen für die digitale Produktion

den physischen Objekten zur Verfügung. Grid-Technologien ermöglichen neue Systemarchitekturen mit spezialisierten IT-Diensten einschließlich der Funktionen zur temporären Nutzung von Software. Software-as-a-Service (SaaS) ist ein Teilgebiet des Cloud Ansatzes und basiert auf dem Gedanken, dass die Software und die Rechnerleistung nicht am Arbeitsplatz verfügbar sind sondern von einem zentralen Rechner (interne Cloud) oder von einem Dienstleister bei Bedarf bezogen werden können.

„Embedding Electronics" sind Architekturen, in denen Rechner oder Prozessoren in einen technischen Kontext eingebettet werden. Dabei übernimmt der Rechner entweder Überwachungs-, Steuerungs- oder Regelfunktionen oder ist für eine Form der Daten- beziehungsweise Signalverarbeitung zuständig, beispielsweise beim Ver- beziehungsweise Entschlüsseln, Codieren beziehungsweise Decodieren oder Filtern. Sie sind ein Schlüssel modularer Systemlösungen und erlauben eine Spezialisierung auf bestimmte von außen vorgebbare Funktionen. In Verbindung mit Sensoren können Signalmuster vorgegeben werden, die für das technische Verhalten benötigt werden.

Unter dem Schlagwort „Cognition-based ICT" verbergen sich vielfältige Softwarelösungen, welche aus Daten und Informationen Wissen ableiten und dieses zum Zweck einer Optimierung des technischen Verhaltens nutzen. Die Signalanalytik ist eine Schlüsseltechnologie, um technische Intelligenz, die benötigt wird hohe Prozessleistungen (Zeit, Qualität, Effizienz) auch in instabilen Prozessen zu erreichen. Cognition-based ICT ist nicht nur für technische Lösungen relevant sondern auch zur Gewinnung von Wissen für den Einsatz von Methoden im Lebenslauf der Produkte.

Die Fähigkeit der Selbstorganisation bezieht sich auf das Kooperationsverhalten komplexer technischer und organisationaler Prozesse. Die Kooperation mehrerer Roboter oder das Zusammenwirken mobiler Transportsysteme nach Prinzipien der Selbstorganisation senkt die Aufwendungen einer detaillierten, deterministischen Planung und Steuerung.

Die Prinzipien setzen eine unmittelbare Kommunikation teilautonomer Systemelemente voraus und erreichen damit ein situationsabhängiges Verhalten.

Das „Human-based Interfacing" geht davon aus, dass auch in der Zukunft nahezu alle Prozesse im Lebenslauf der Produkte mit Rechnerunterstützung ausgeführt werden. Technische Lösungen zielen auf die taktilen Funktionen des Menschen und dessen Verhalten.

Alle diese Entwicklungen tangieren die Informationssysteme der Produktion und erweitern die Funktionalitäten der digitalen Produktion um zahlreiche Neuerungen, welche Technik und Organisation in eine neue durch Wissen und technische Intelligenz geprägte Produktion der Zukunft führen. Wir können davon ausgehen dass die Implementierung evolutionär von statten gehen wird. Im Folgenden sollen dazu einige wesentliche Ansätze dargestellt werden.

24.1 Plattformen mit integrierten flexiblen Arbeitsplatz-Umgebungen

Vor dem Hintergrund der Anforderungen an die Flexibilität und Wandlungsfähigkeit der Produktion kann die Architektur der Informationssysteme erhebliche Beiträge zur Flexibilisierung leisten. Dazu ist es erforderlich, Arbeitsplätze mit Funktionen und Werkzeugen so auszustatten, dass sie in kürzester Zeit auf die anstehenden Aufgaben umgerüstet werden können. In der Fertigung und Montage kann das mit flexiblen Fertigungs- und Montagesystemen erreicht werden, die durch die Funktionsintegration eine Ausweitung ihres Arbeitsbereichs erhalten. Modulare Konzepte erlauben die Rekonfigurierbarkeit, wenn Änderungen anstehen. Die wirtschaftliche Problematik derartiger Konzepte kommt dadurch zustande, dass die technische und zeitliche Ausnutzung einzelner Komponenten des Systems durch Bevorratung reduziert wird.

Die permanente Anpassung der Produktion an sich ändernde Aufgaben ist eine der zentralen Herausforderungen der Zukunft. Treiber der notwendigen Anpassungen kommen sowohl aus der Steigerung der Variantenvielfalt der Produkte als auch aus den Märkten und Technologien. In der Folge steigt der Aufwand für Planung und Umrüstung exponentiell und verlangt nach flexiblen Arbeitssystemen, welche die Produktivität der direkten und indirekten Bereiche verbessern. Flexibel verkettete beziehungsweise integrierte Systeme, die schnell und mit minimalem Aufwand umgestellt werden können, sind einer der strategischen Erfolgsfaktoren. In Fertigung und Montage sind derartige Konzepte bekannt. Allerdings kann eine Modularisierung noch weiter zur Rekonfigurierbarkeit beitragen.

In den indirekten Bereichen sind viele Abteilungen an der Vorbereitung der Produktion beteiligt, um das System Produktion zu adaptieren und zu optimieren. Eine Integration mit dem Ziel der partizipativen und simultanen Arbeit, kann die Prozesse wesentlich beschleunigen. Diese Form der Organisation, genannt „Advanced Industrial Engineering", nutzt integrierte Systeme der digitalen Fabrik und der Kommunikation in Verbindung mit rechnergestützten Methoden der Arbeitsorganisation. Es stehen dem Manufacturing Engineering ca. 80 verschiedene Methoden zu Verfügung, die zur Optimierung eingesetzt werden können. Dazu zählen die Methoden der Arbeitsplanung (Vorgangsfolgen, Zeitkal-

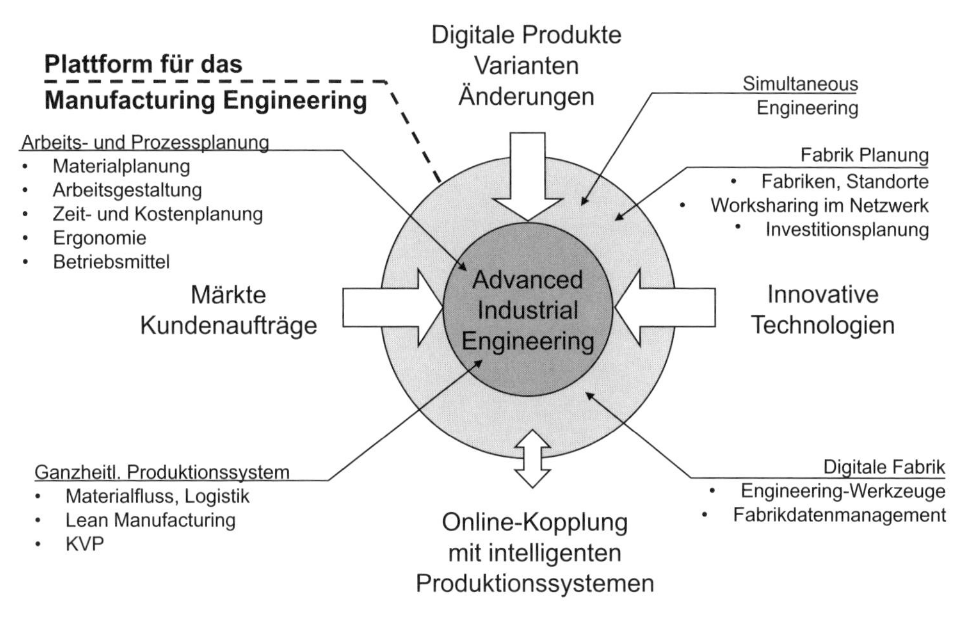

Abb. 24.2 Advanced Industrial Engineering mit einer integrierten flexiblen Plattform

kulation, Kostenkalkulation) ebenso wie Methoden der Ergonomie oder der Optimierung der Materialflüsse und Layouts. Reihenfolgeplanung, das Takten (Balancing) der Linien, die Anwendung von Prinzipien ganzheitlicher Produktionssysteme oder der Prozess- und Betriebsmittelgestaltung. Diese stellen ein hohes Potential für rechnergestützte Werkzeuge dar, die an den Arbeitsplätzen variabel eingesetzt werden können und einen Zugriff auf die digitalen Informationen der Fabrik benötigen. Die partizipative Arbeitsweise, das heißt das gleichzeitige Arbeiten verschiedener Bereiche an einem Produktionssystem setzt eine Onlineverfügbarkeit relevanter Informationen voraus, die über eine integrierte flexible Plattform erreicht werden kann (Abb. 24.2).

Eine IT-Plattform, welche die beteiligten Arbeitsbereiche des Industrial Engineerings verknüpft und die zahlreiche Methoden zur Verfügung stellt, verkürzt die Anpassungszeiten und reduziert die Kosten der Vorbereitung. Sie schafft erst die Voraussetzungen für eine effiziente Produktionsplanung im dynamischen Umfeld der Produkte, Märkte und Technologien.

In den rechnerunterstützen Arbeitsplätzen des Advanced Industrial Engineering können ähnliche Konzepte wie in der flexiblen Fertigung realisiert werden. Dazu müssen dem Anwender mehr Systeme und Funktionen zur Verfügung stehen, als für die jeweilige Entwicklungs- oder Planungsaufgabe momentan erforderlich sind. Systemfamilien aus dem Bereich der digitalen Fabrik oder aus dem CAD-Bereich weisen heute bereits eine hohe Funktionalität und Universalität auf, die den Arbeitsplätzen eine hohe Flexibilität in den Kernfunktionen (beispielsweise Konstruktion oder Prozessplanung) ermöglicht. In der Regel werden zur Arbeit aber auch weitere Funktionen benötigt, für die spezielle digita-

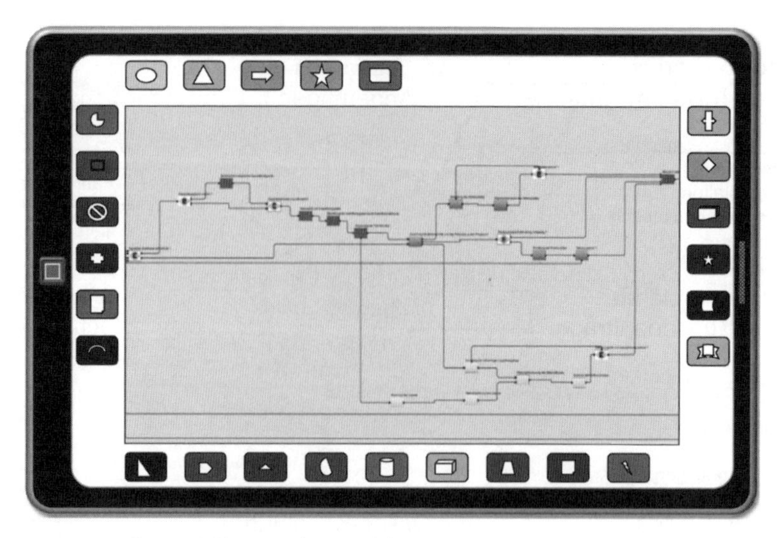

Abb. 24.3 Dynamische Modellierung des Workflows in Planungsprojekten

le Werkzeuge erforderlich sind. In der Konstruktion handelt es sich dabei vor allem um Analysen und Berechnungen, die lediglich sporadisch benötigt werden. Diese könnten natürlich in den Funktionsumfang der IT-Arbeitsplätze aufgenommen werden. Es ist aber durchaus möglich, Werkzeuge und Rechenleistungen im Bedarfsfalle von einem zentralen System oder aus dem Netz zu beziehen (SaaS). Dadurch kann eine noch höhere Flexibilisierung der Arbeitsplätze erreicht werden.

Derartige Konzepte sind vor allem für das „simultaneous" und „concurrent" Engineering relevant, um partizipative Arbeitsweisen zu unterstützen. Ferner Beschleunigen sie die Workflows durch Zusammenführung von Arbeitsaufgaben. Ein besonderer Aspekt liegt aber in der Nutzbarkeit von Hochleistungsrechnern zum Beispiel zum Zwecke der Analyse und Simulation, bei denen umfangreiche Rechenoperationen erforderlich sind. Beispiele finden sich in den Berechnungs- und Analyseoperationen der Aerodynamik, Fluid-Mechanik, Thermodynamik etc. In der Produktionsvorbereitung gibt es vergleichbare Funktionsanforderungen in Optimierungsaufgaben wie beispielsweise den Kapazitäts- und Logistikplanungen, bei denen Massendaten verarbeitet werden müssen.

In den Planungsbereichen der Produktion wechseln die Aufgaben und Projekte permanent. Zahlreiche Aufgaben haben Projektcharakter wie beispielsweise beim Anlauf neuer Serien oder bei Investitionen. Ebenso unterliegt der Betriebsmittelbau in der Regel zeitlichen Zwängen. Zur Unterstützung der Planungsprozesse mit ihrer hohen Dynamik werden deshalb Plattformen benötigt, die über Werkzeuge zur flexiblen Gestaltung der Arbeiten und zum Projektmanagement beitragen. Dazu eignen sich dynamische Workflowmanagementsysteme (WfMS), die es gestatten einen Projektplan mit seinen Schritten und Verknüpfungen individuell zu modellieren (Abb. 24.3).

Abbildung 24.3 zeigt ein einfach zu handhabendes Modellierungswerkzeug, mit dem es möglich ist, einzelne Teilprozesse und Aufgaben mit ihren Relationen abzubilden. Die Re-

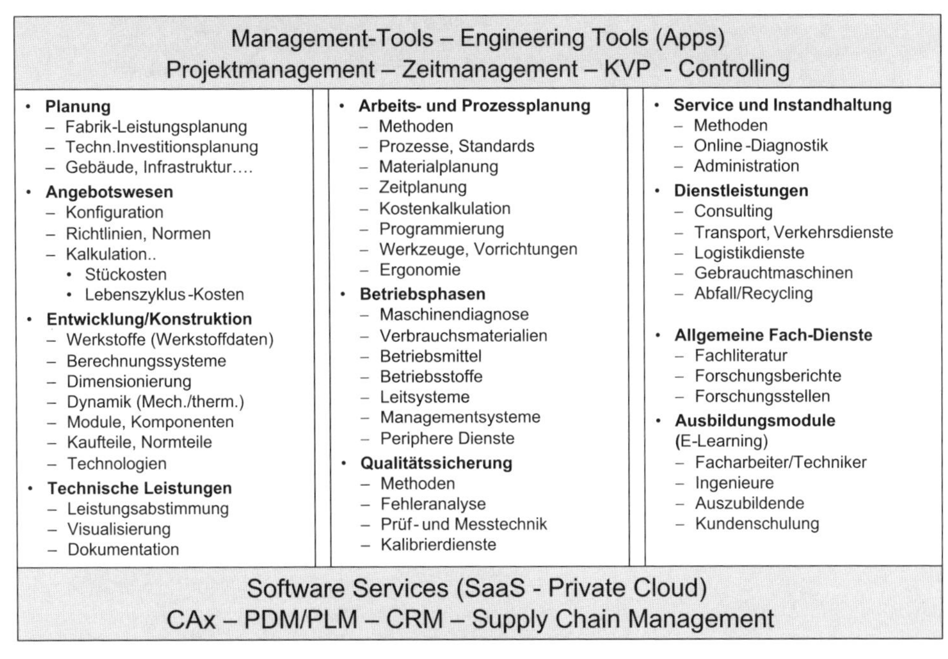

Abb. 24.4 Werkzeuge (Apps) für das Manufacturing Engineering

lationen bestehen aus Vorgänger-Nachfolger-Beziehungen und stellen den Informationsfluss in den Arbeitsschritten eines Projekts dar. Die Systeme verfügen über die bekannten Basisinformationen des Projektmanagements (Zeiten, Termine, Kosten, Ressourcen).

Bei der Verwendung mobiler Tablet-PCs ist es möglich, diese an die innerbetriebliche Informationsverarbeitung zu koppeln und darüber Anwendungssysteme den einzelnen Prozessen zuzuordnen. Mittels eines Drag-and-drop-Verfahrens können Arbeitsgruppen sich auf diese Weise ihre Arbeitsumgebung selbst flexibel gestalten (Abb. 24.4). Die Anwendungssysteme können als sogenannte „Engineering Apps“ aus einer Bibliothek heruntergeladen werden (Westkämper 2012).

Abbildung 24.4 zeigt Kategorien möglicher Apps für das Manufacturing Engineering. Viele dieser Kategorien basieren auf Methoden der Planung und Gestaltung. Vielfach haben sich Mitarbeiter ihre eigenen Werkzeuge gebaut, wenn sie wiederkehrende Aufgaben mit gleicher Vorgehensweise erledigen wollten (oftmals Excel-basiert). Vielfach dienen spezifische Werkzeuge der Wissenssammlung und enthalten Erfahrungswissen. Die Technologie der Tablet-PCs macht es nunmehr möglich, vorhandene oder neue Werkzeuge in einen situativen Workflow einzubinden und damit eine hohe Flexibilität in der Arbeitsumgebung zu erreichen. Die Plattformen binden diese Arbeitsumgebungen mit Standards in die innerbetrieblichen IT-Systeme ein und stellen die außerbetriebliche Kommunikation sicher.

Die Flexibilisierung der arbeitsplatzbezogenen Funktionen kann noch wesentlich ausgedehnt werden, wenn auch kleine und nützliche Werkzeuge zu integrieren sind. Ein wei-

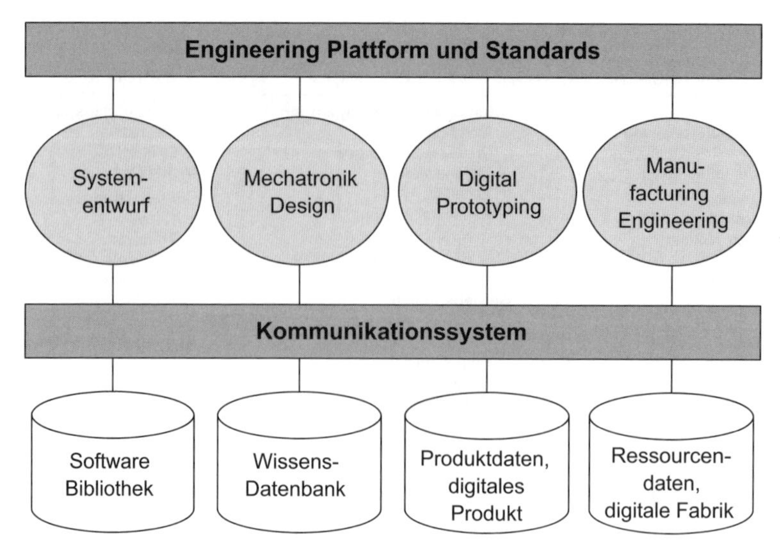

Abb. 24.5 Flexibilisierung der IT-Arbeitsplatzkonfiguration durch Leistungen aus dem Netzwerk

tes Feld betrifft die Methoden der Optimierung der Produktion wie beispielsweise QM-Methoden, Zeit- und Kostenkalkulationen oder Diagnosen in After-Sales-Prozessen. Viele diesbezügliche Anwendungen werden nur temporär benötigt und sollten sich bedarfsgesteuert an den Arbeitsplätzen herunterladen lassen.

Damit eine derartige Flexibilisierung möglich wird, wird eine Standardisierung der Arbeitsplatzumgebung und der Kommunikation benötigt. Plattformen erfüllen heute in begrenztem Umfang derartige Ansätze. Sie stoßen überall dort an Grenzen, wo disziplinarische Linien überschritten werden wie beispielsweise im Design mechatronischer Lösungen. Abbildung 24.5 stellt schematisch die Architektur einer Engineering Plattform vor, mit der eine flexible Konfiguration einzelner Arbeitsplätze möglich ist.

In der Produkttechnologie verschmelzen Mechanik, Elektrik, Elektronik und Software zu mechatronischen Systemen. Sequenzielles Arbeiten in der Produktentwicklung, wie es heute üblich ist, wird bei mechatronischen Systemen durch Integration und systemtechnische Arbeitsweisen überwunden werden. Arbeitsplatzumgebungen für Produktentwickler werden deshalb eine hohe Integration der CAx-Systeme (Mechatronic Design) erreichen. Die Integration setzt die Verfügbarkeit von Software voraus, die spezifisch zur Detaillierung der Entwürfe der mechatronischen Systeme konfiguriert werden kann. Die Konstrukteure erhalten während der Konstruktion unmittelbar Hinweise auf vorteilhafte Lösungen und das Systemverhalten. Zu ihrer Unterstützung können sie auf eine Bibliothek spezifischer und nützlicher digitaler Werkzeuge (Engineering Apps) zurückgreifen, die zur Effizienz der Konstruktion und Zuverlässigkeit der Lösungen entscheidend beitragen. Die Arbeitsplätze sind Bestandteil einer Engineering-Plattform mit Management- und Kommunikationsfunktionen, die ein vollständig papierloses Arbeiten unterstützen.

24.2 Kopplung der digitalen und realen Welt

Sequentielles Arbeiten in den Workflows von der Konstruktion über die Planung bis zur Produktion kennzeichnet die heutige betriebliche Praxis auch beim Einsatz moderner CAx- und MRP-Systeme. Papier als Informationsträger wird dabei vielfach durch digitale Modelle und digitale Information ersetzt. Diese Praxis führt häufig zu einer Diskrepanz zwischen den digitalen Informationen und der realen Praxis in den Fabriken. Unvollständige, ungenaue und nicht aktuelle Daten sowie zeitliche Verzögerungen, führen zu Unsicherheiten und sind häufig Ursachen für Fehlerbeziehungsweise Korrekturen.

Eine Verbesserung kann prinzipiell dadurch erreicht werden, dass die digitalen Informationen eine höhere Aktualität und Realitätsnähe erreichen. Dies kann durch eine Kopplung technischer Elemente und Sensoren in den Prozessen entlang der Wertschöpfungskette geschehen. Dazu ist es erforderlich, alle technischen Objekte mit aktuellen Informationen (Ort, Identifikation, Zustand) digital zu erfassen und ihre Veränderungen in einer Historiendatenbank zu führen. Die Erfassung kann durch jegliche Art von Sensorik (Bilder, Messgeräte, Embedded Electronics, Steuerungen etc.) erreicht werden, wenn diese netzwerkfähig sind. Die Datenübertragung kann sowohl kabelgebunden wie auch kabellos (wireless) erfolgen. Eine permanente Verfolgung mit Anbindung an das Web wird auch als „Internet der Dinge" bezeichnet. RFID-Elemente können so Identifikations-, Orts-und Zustandsdaten von Werkstücken und fertigen Produkten erfassen und im Netz zur Verfügung stellen. Eine Plattform für das Engineering, welche die verschiedenen aktuellen Informationen aus unterschiedlichsten Quellen und Datenspeichern mit Werkzeugen und Applikationen verknüpfen kann, wird als eine Föderationsplattform bezeichnet. Sie hat die Aufgabe der Kopplung von digitalen Umgebungen und realen Prozessen zum Zweck der flexiblen beziehungsweise dynamischen Informationsbereitstellung.

Abbildung 24.6 zeigt die Verbindungen zwischen den digitalen Arbeitsplätzen und den realen physischen Operationen. Durch die Anwendung von Web-Kommunikationstechniken gelingt ein unmittelbarer Zugriff auf alle stationären und mobilen Elemente des Systems Produktion. Techniken der Datenskalierung von Signaldaten zu Informationen und von einer groben Darstellung zum Detail ergänzen die Funktionalität ebenso wie Schnittstellen-Programme und Standards zur Übertragung von Informationen. Es ist möglich, für die Kommunikation einen Manufacturing-Bus als Standard durchzusetzen (Kap. 22).

Diese Technik erlaubt die Verfolgung aller mobilen Geräte. Stationäre Anlagen und Maschinen sind meist an Kabelnetze angeschlossen, über welche Informationen erfasst und kommuniziert werden können. Damit lassen sich Zustandsdaten ebenso erfassen, wie die Nutzungsbedingungen. In der Konsequenz führt diese Technologie zur „Smart Factory" (Kap. 21) und „Smart Logistic". Orts- und Zustandsdaten lassen sich jederzeit und an jedem Ort zur Verfügung stellen. Die Identifizierung der Objekte über eine IP-Nummer erlaubt prinzipiell den Zugriff auf jedes technische Objekt und damit eine umfassende Information der Realität. Über die Identifizierung der Objekte können so Verknüpfungen zu anderen Daten hergestellt und eine stete Aktualisierung der relevanten Informationen erreicht werden.

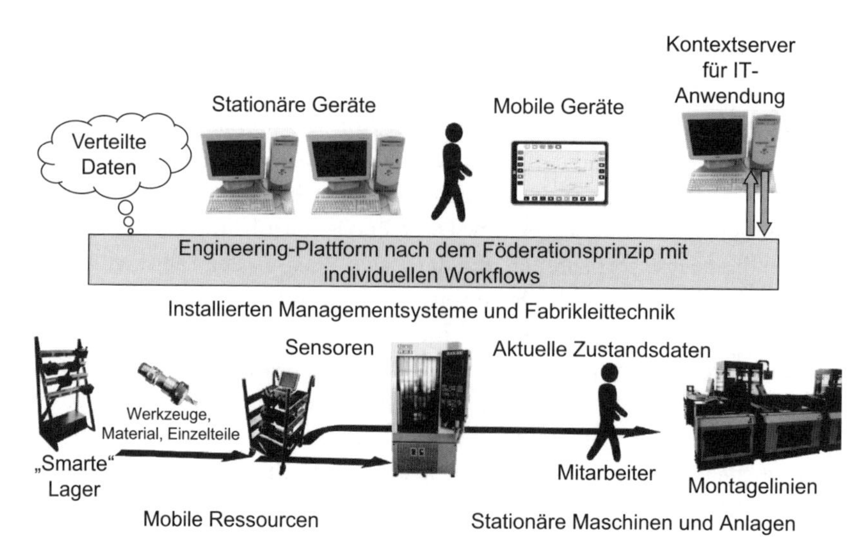

Abb. 24.6 Föderationsplattform für die Produktion

Die Verknüpfung von Daten mit Anwendungssystemen wird als Föderation beziehungsweise als Föderationssystem bezeichnet. Föderationssysteme, die den mobilen Nutzern Informationen im Kontext zuführen, enthalten Datenpropagationsmechanismen, die einen Kontext zu einer Situation erzeugen können. Sie gehen von Fragen aus und suchen dazu die relevanten Informationen aus verschiedensten Datenquellen. Dieses auf die Produktion angewandte Prinzip führt zu einer hohen Flexibilität der Organisation, da es so möglich ist, stets auf aktuelle und ortsbezogene Informationen der Realität zurückzugreifen. Beispielsweise können so zu identifizierten Objekten alle relevanten Zustandsinformationen sowie Informationen aus der Umgebung verfügbar gemacht werden.

Föderationsplattformen verknüpfen zunächst die Anwender mit den technischen Sensoren und Maschinen sowie Kontextinformationen bis hin zu speziellem Wissen. Ferner beziehen sie digitale Informationen über die Objekte (digitale Produkte) sowie über relevante administrative Daten wie beispielsweise Auftragsdaten. In der langfristigen Konsequenz führt dies zu einer Überwindung der Diskrepanzen zwischen der digitalen und der realen Welt und öffnet den Weg zu einer situations- oder ereignisorientierten Arbeitsweise (Abb. 24.7).

Die von den Mitarbeitern in den Prozessen entlang des Lebenszyklus der Produkte eingesetzten digitalen Werkzeuge können bei einer Kopplung von digitaler und realer Welt auf eine weit höhere Aktualität bauen. Da sich durch Sensoriken auch Umgebungsbedingungen erfassen lassen, kann es gelingen eine wesentlich präzisere Vorausschau der Handlungen zu erreichen. Situations- und ereignisorientierte Informationen ergänzen darin die technischen Daten der Objekte um Informationen, die für das zeitliche Verhalten ausschlaggebend sind.

Eine derartige Kopplung zwischen der digitalen Produkt- und Fabrikdarstellung und der realen Fabrik wurde erstmals 2005 mit der Lernfabrik am Institut für Industrielle Fer-

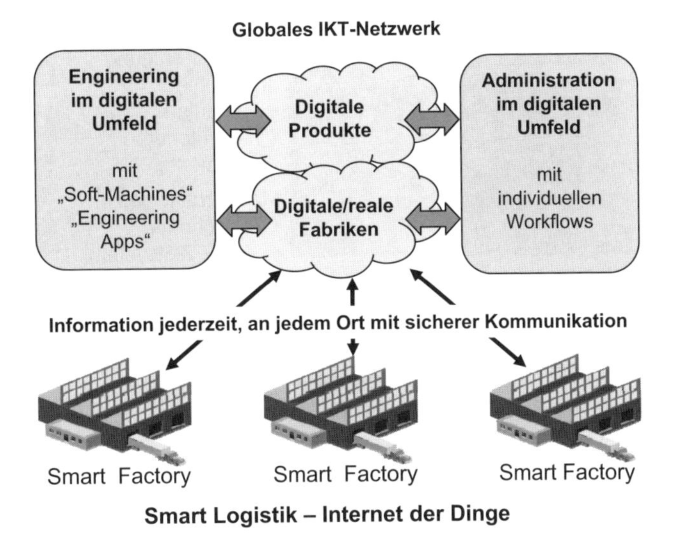

Abb. 24.7 Kopplung der digitalen und realen Produktion in einer föderativen IKT-Umgebung

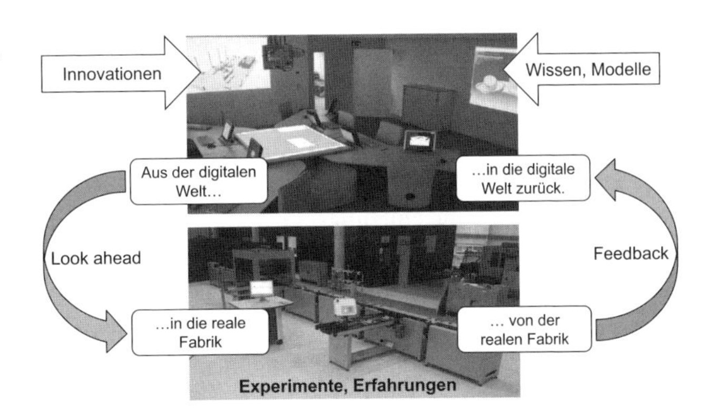

Abb. 24.8 Lernfabrik am IFF, Universität Stuttgart

tigung und Fabrikbetrieb (IFF) der Universität Stuttgart realisiert. Ziel des Konzepts war eine Beschleunigung der Anpassungsprozesse in der Produktionsplanung durch den Einsatz digitaler Arbeitsplätze und durch ein (re-)konfigurierbares Fertigungs- und Montagesystem (Abb. 24.8).

Die digitale Arbeitsumgebung wurde als ein flexibel integriertes Arbeitsplatzsystem aufgebaut das über eine Vielzahl relevanter Anwendungssysteme verfügt. Dazu gehörten CAD-Systeme (DELMIA) für Konstruktion und Berechnung, CAP-Systeme zur Arbeitsplanung und Programmierung, MRP-Systeme (SAP), Ergonomie- und Zeitermittlung (MTM), Simulationsprogramme für die Logistik sowie ein Werkstattsteuerungssystem zur Auftragssteuerung im Betrieb.

Die reale Fabrik besteht aus flexiblen Arbeitsstationen zur Teilefertigung und Montage (CNC, Kunststoffspritzguss, Roboter, Pulverbeschichtung), manuellen Arbeitsplätzen und modularen Transport- und Lagerelementen. Im Umfeld wurde ein lokales Ortungssystem installiert, welches Ortsangaben zu mobilen Objekten (Werkzeuge, Vorrichtungen) liefer-

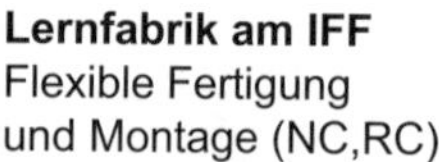

Abb. 24.9 Re-konfigurierbares System der Lernfabrik

te. Die Architektur des Leitsystems wurde durch die Teilautonomie der einzelnen Module geprägt. Eine standardisierte technische Schnittstelle erlaubt die flexible Konfiguration des Systems, um eine hohe Nutzungsrate und einen optimalen Auftragsdurchlauf zu erzielen.

Ein Umbau des Systems (Rekonfiguration) ist innerhalb weniger Minuten möglich (Abb. 24.9). Das Leitsystem gibt die aktuelle Konfiguration bei Veränderungen unmittelbar an das digitale System, so dass Techniker und Ingenieure stets Zugriff auf den aktuellen Stand haben. Veränderungen können sowohl digital geplant und vorbereitet werden als auch unmittelbar in der Werkstatt initiiert und durchgeführt werden. Dieses Beispiel ist wegweisend für eine sinnvolle Kopplung von realer und digitaler Welt, die insbesondere dann große Zeitvorteile schafft, wenn Änderungen an Produkten und Aufträgen häufig sind. Sie verkürzt die Planungs- und Rüstzeiten erheblich und gestattet eine permanente, situationsabhängige Optimierung der Produktion.

24.3 Wissen und Lernen

Wissen ist ein kritischer Erfolgsfaktor der Effizienz von Produktionssystemen. Wissen wird benötigt, um Fehler zu erkennen und zu vermeiden. Wissen kann erlernt und kommuniziert werden. Der große Vorteil von IT-Systemen, die (explizites) Wissen verarbeiten und kommunizieren können, liegt darin, dass Rechner im Allgemeinen nichts vergessen. Wissen kann also akkumuliert werden. Seine Nutzbarkeit ist aber von der Präzision und Aktualität abhängig. Verfahren des regelbasierten Wissensmanagements haben sich in der Praxis nicht durchgesetzt. Die Gründe liegen vielfach darin, dass die Regeln im Einzel-

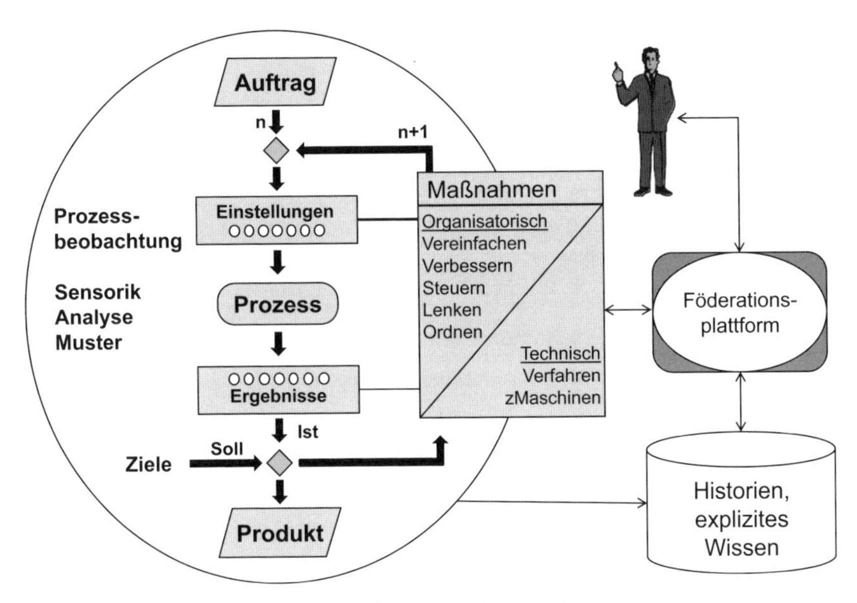

Abb. 24.10 Schema einer lernfähigen Produktion in digitaler Umgebung

fall zu allgemein und zu wenig situationsbezogen waren. Mit der Kopplung von digitaler Informationsverarbeitung, föderativen Systemen und realen Prozessen über Sensoriken kann es gelingen, Wissen an den Arbeitsplätzen zu generieren und zur Optimierung zu verwenden.

Die Fähigkeit, Wissen zu sammeln und bei Bedarf zu nutzen, führt langfristig zu einer lernfähigen Produktion, deren Schema in Abb. 24.10 dargestellt ist.

Lernen in der Produktion entsteht durch die Verwendung von Wissen, welches aus der Prozessbeobachtung gewonnen wird. Dies kann in impliziter Form durch die Mitarbeiter erfolgen, die Erfahrungen aus ihren Handlungen gewinnen oder die Erfahrungen durch schulisches Lernen und Ausbildung einbringen. In dem Maße, in dem es möglich wird, Prozesse und ihre Ergebnisse mittels Sensoren zu beobachten, lässt sich auch explizites Wissen generieren, welches bei Reproduktion beziehungsweise Wiederholung einer Aufgabe nutzbar gemacht werden kann. Da das Speichern von Informationen und Wissen heute sehr preiswert ist, lassen sich folglich umfangreiche Datenbanken mit Historien anlegen, die der oben beschriebenen Plattform und den Gestaltern zur Verfügung stehen. In Verbindung mit Werkzeugen der Datenanalytik und Mustererkennung lassen sich in der Zukunft kognitive Elemente in die Plattform integrieren. Damit wird die Arbeit der Mitarbeiter beim Suchen nach technischen und organisationalen Verbesserungsmaßnahmen wesentlich unterstützt.

Die Mitarbeiter können über Netzwerke außerdem auf externes Wissen zurückgreifen. Semantische Verfahren unterstützen die Suche nach „Best Practices" und Erfahrungen an anderer Stelle. Die digitale Produktion wandelt sich in der Zukunft zu einer lernfähigen und wissensbasierten Produktion.

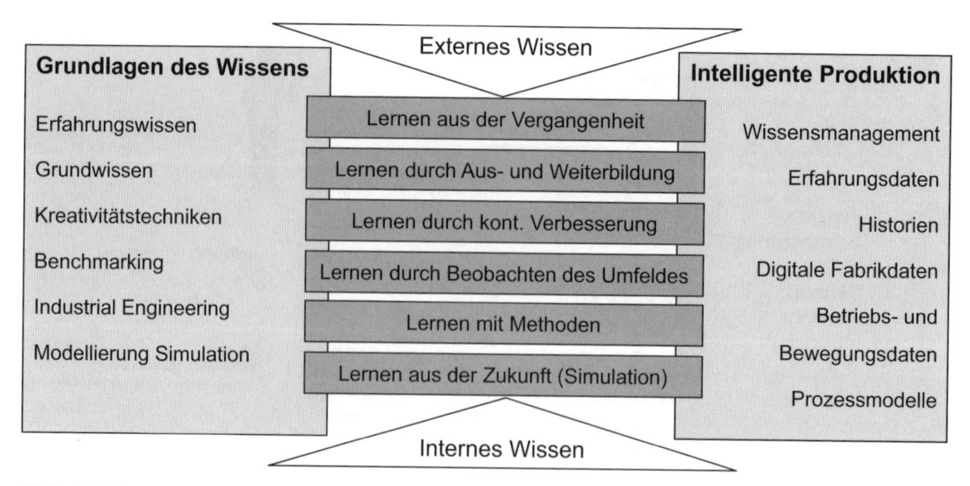

Abb. 24.11 Lernen mit IT-Unterstützung

IT-Systeme unterstützen jedoch nicht allein die Lernprozesse in den Fabriken. Sie können auch massiv zur Qualifizierung der Mitarbeiter eingesetzt werden.

Lernen aus Erfahrungen ist sicher eine der Quellen der Effizienzsteigerung in der Technik. Wie dargestellt lässt sich Erfahrungswissen aus dem laufenden Betrieb gewinnen, speichern und über föderative Plattformen kommunizieren. Die Interpretation und das Verständnis von Sachzusammenhängen und Phänomenen sowie naturwissenschaftlichen Gesetzmäßigkeiten erfordert jedoch ein Grundwissen aus schulischer Ausbildung. Das deutsche duale Ausbildungssystem und die Ausbildung der Techniker und Ingenieure erfahren durch die Bereitstellung digitaler Lernkomponenten und elektronisch verfügbarer Publikationen erhebliche Impulse. Die Vermittlung von Basisfähigkeiten und von Wissen kann in der Zukunft ebenfalls über digitale Darstellungen und Animationen verstärkt werden.

Es bleibt das Feld des arbeitsplatzbezogenen Lernens durch Experimente und Kreativität sowie Beobachtung des Umfelds. Auch diese Wege zur Optimierung einer Produktion werden durch das Web erschlossen (Abb. 24.11). Schließlich liegt ein wichtiger Ansatz in der Anwendung von Methoden, die wie oben gezeigt in Form von Apps in die Plattformen einfließen. Diese Formen der Wissensgenerierung sind durchweg vergangenheits- oder gegenwartsbezogen. Diejenigen, die in Planungsprozessen die Zukunft gestalten, benötigen jedoch eine Analyse der Auswirkungen ihrer Handlungsweisen und vorgeschlagenen Lösungen. Dazu eignen sich prinzipiell die Methoden der Modellierung und Simulation. Modellierung und Simulation gestatten ein „Lernen aus der Zukunft".

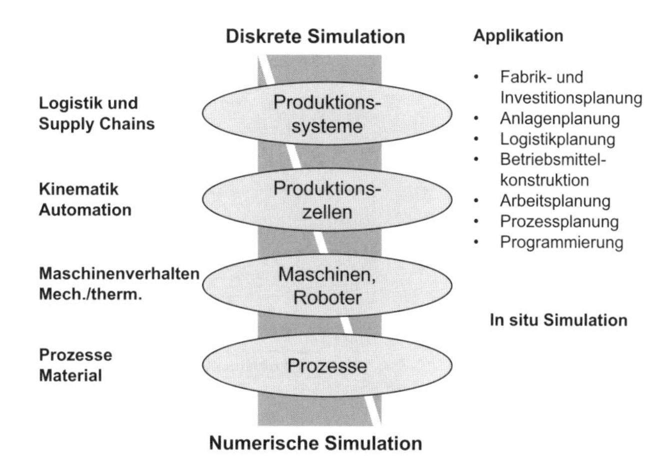

Abb. 24.12 Anwendung von Simulationstechniken in der Produktion

24.4 Modellierung und Simulation

Bereits in den 70er Jahren begannen Ingenieure ihre Lösungen mit Rechnern in Form von Simulationen zu analysieren. Sie wollten herausfinden, wie sich diese unter angenommenen oder wahrscheinlichen Lasten verhalten und Alternativen vergleichen. Erste Anwendungen bezogen sich auf logistische Systeme und flexible Fertigungen sowie auf das mechanische Verhalten von Maschinen (Festigkeit, Steifigkeit, Schwingungsverhalten etc.). Seither gehört die Simulation zu den üblichen Methoden der Analyse des Zeitverhaltens beziehungsweise des dynamischen Verhaltens technischer Systemlösungen. Es erschlossen sich immer weitere Gebiete, die durch die Erforschung der Wirkzusammenhänge einer Simulation zugänglich wurden. Dazu gehörten das kinematische Verhalten von Automatisierungslösungen oder das Verhalten fluidischer Systeme. Erst mit grundlegender Forschung gelang es, auch die technischen Prozesse oder das Materialverhalten zu simulieren (Abb. 24.12).

Man unterscheidet bei den am Markt verfügbaren Simulationssystemen noch immer zwischen den zeitlich diskreten beziehungsweise ereignisorientierten Systemen, die vornehmlich bei der Gestaltung und Optimierung des Materialflusses eingesetzt werden und der numerischen Simulation, mit denen kontinuierliche Veränderungen analysiert werden können. Der gesamte Bereich von Prozessen, für die ein kontinuierliches Verhalten wie beispielsweise ein thermisch bedingtes Verhalten charakteristisch ist, wurde in der Regel mit kontinuierlichen Zeitfunktionen im Rechner nachgebildet. Lange Zeit waren dafür Hochleistungsrechner erforderlich. Heute haben Arbeitsplatzrechner eine derartige Leistung erreicht, die Applikationen auch am Arbeitsplatz möglich machen.

Entscheidend für die Aussagefähigkeit einer Simulation sind die zugrunde gelegten Modelle der technischen Objekte und Systeme. Spezielle Modellierungswerkzeuge erleichtern die Modellierung ebenso wie den Zugriff auf digitale Modelle in der digitalen Fabrik. Die Skalierbarkeit der Modelle in Raum und Zeit sowie die Adaptierbarkeit an die realen

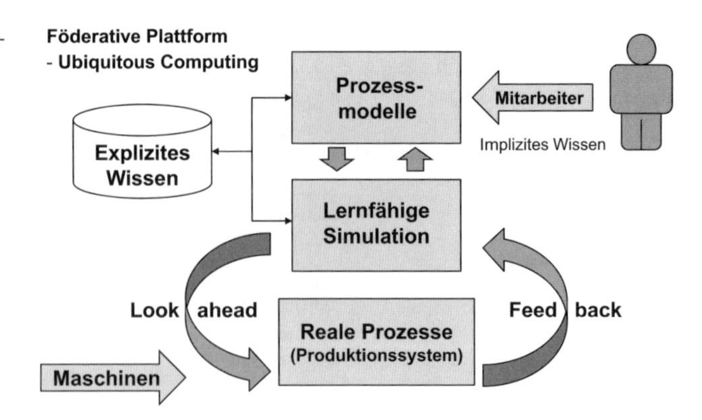

Abb. 24.13 Zukunftsperspektive Lernfähige Simulation

Bedingungen geben der Simulation eine hohe Abbildungsgenauigkeit und Zuverlässigkeit. Ein zweiter Faktor sind die angenommenen Lasten und Belastungen. Diese beruhten in der Vergangenheit überwiegend auf angenommenen Szenarien. In der Zukunft lassen sich auch die Lasten präziser durch eine Datenanalyse sensorisch erfasster Bedingungen aufnehmen und durch Prognosemethoden verbessern.

Viele Anwendungen verbinden die Simulation zugleich mit einer Visualisierung der Vorgänge, mit einer Animation im Raum (VR-Techniken) sowie mit einer Interaktion, bei der sich Parameter während einer Simulation verändern lassen. Darüber hinaus können an Simulationen auch taktile Sensoren gekoppelt werden, die ein haptisches Feedback erzeugen, um zum Beispiel ergonomische Belastungen zu spüren.

Grundsätzlich eignet sich die Simulation als ein Verfahren der Analyse von Lösungen im Vorfeld der Realisierung und trägt damit zur Verringerung experimenteller Untersuchungen bei.

Eine zukünftige Entwicklung ist mit Simulationen möglich die auch mit den beobachtenden Sensoren der Prozesse gekoppelt werden. Sie ermöglichen prinzipiell eine situationsbezogene Vorausschau der kommenden Ereignisse und Wirkungen von Handlungsweisen. Ein derartiges Konzept zeigt Abb. 24.13.

Explizites und implizites Wissen gestattet dabei eine realitätsnahe Modellierung von Prozessen. Die Modelle sind parametrierbar, sodass die Adaption an das reale Verhalten durch Beobachtung der Prozesse erfolgen kann. Die Parameter lassen sich im Experiment oder auch in einer laufenden Produktion gewinnen. Lässt man beispielsweise eine Simulation eine Zeit lang parallel zu den Prozessen laufen und führt gemessene Ergebnisse kontinuierlich in das Simulationssystem zurück, so lernt das Modell das reale Verhalten. Auf diese Weise können die Abweichungen zwischen dem Modell und der Praxis reduziert werden. Durch Anlernen gewinnen Simulatoren eine derartige Realitätsnähe, die sie zu kurzfristigen wissensbasierten Prognosen befähigt. Damit erschließt sich ein weites Anwendungsfeld für die in situ Simulation zur Unterstützung von Selbstorganisation und technischer Intelligenz.

Ein Beispiel einer derartigen Konzeption zeigt die Abb. 24.14. Die Maschine wird mit prozessnaher Sensorik zur Erfassung der Eingangsparameter sowie der Zustands- und Prozessdaten ausgestattet. Das Arbeitsergebnis wird durch Post-Prozess-Messtechnik erfasst.

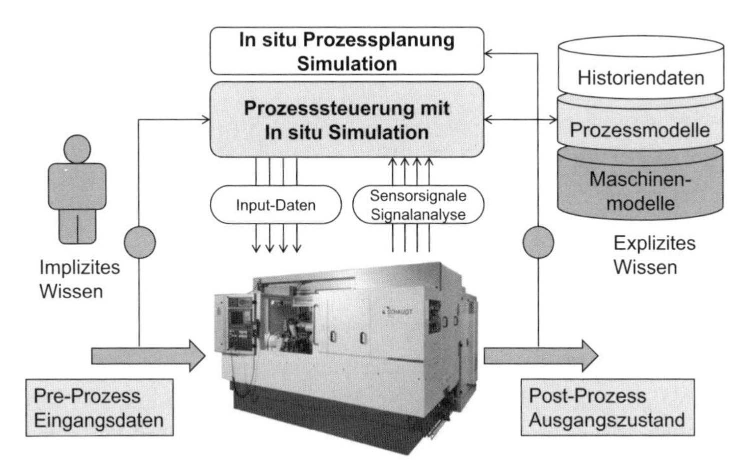

Abb. 24.14 Technische Intelligenz an Maschinen durch Implementierung lernfähiger Simulation

Damit wird es möglich, Leistungs- und Prozessdaten mit Qualitätsdaten zu korrelieren und an die Steuerung zurückzuführen. In die Steuerung werden parametrierbare Prozessmodelle implementiert, die sich durch eine Analyse der Sensordaten (intelligente Signalanalytik) adaptieren lassen. Die Maschine kann aufgabenbezogen andere Prozessmodelle generieren und liefert selbst Historiendaten zur Dokumentation der Prozesse sowie zur Adaption der Maschinenmodelle in der digitalen Fabrik.

Derartige Konzepte können als technisch intelligente Lösungen bezeichnet werden, die ihr Verhalten selbst lernen und gleichzeitig zuverlässiges Wissen für die Optimierung der Prozesse sowie für die Organisation der Produktion liefern.

24.5 Vertrauen und Sicherheit – Virtual Fort Knox

Der entscheidende Schritt von einer konventionellen zu einer digitalen Produktion in einer globalen Web-Kommunikation öffnet den Unternehmen neue Perspektiven:

- Kundennähe und Kundenbindung
- Neue Wertschöpfungspotentiale im Lebenszyklus
- Remote- und Online-Dienste
- Kooperation mit allen an den Prozessen beteiligten Organisationen
- Beschleunigung der Innovationsprozesse
- Effizienzsteigerung in den Operationen
- Zukunftsperspektiven für „Soft-Machines"

Dem stehen jedoch erhebliche Sicherheitsrisiken entgegen. Dazu gehören im Wesentlichen:

- Unbefugter Zugriff auf Daten, Informationen und Wissen
- Wirtschaftsspionage
- Hackerangriffe bis in die Maschinen und Einrichtungen
- Diebstahl von Wissen und Know-How
- Terroristische Eingriffe in das Netz

Es stellt sich deshalb die Frage, wie sich Unternehmen gegen die Gefahren schützen können, ohne die Nutzung der Informationen im Lebenslauf der Produkte bei vernetzter und kooperativer Arbeitsweise in den Entwicklungs-, Produktions- und Vertriebsnetzwerken zu gefährden. In Zusammenarbeit von Unternehmen des Maschinenbaus und IT-Unternehmen aus Baden-Württemberg entstand dazu ein Konzept eines „Virtual Fort Knox" als gemeinsames Kommunikationszentrum mit extremen Sicherheitsstandards.

Kern des Konzepts ist ein gemeinsam betriebenes und regionales IT-Zentrum, welches den angeschlossenen Partnern die notwendigen Dienste und Kommunikationssysteme anbieten kann. Dazu gehören insbesondere:

- Software-Services für die flexiblen Plattformen der Produktion
- High-Performance Rechenleistungen für Simulation technischer/technologischer Prozesse
- App-Store mit nützlichen und zertifizierten Apps
- Datenspeicher für digitale Produkte und digitale Fabriken
- Gesicherte Verbindungen zu Anwendern von Maschinen und Betriebsmitteln für Online- und Remote-Dienste
- Management der Kommunikation einschließlich Sicherheitsmechanismen
- Zertifizierung/Auditierung der Sicherheitsstandards

Das Konzept wurde im Rahmen einer Cluster-Initiative und eines deutschen Cluster-Wettbewerbs entwickelt. Ein erster Prototyp wurde am Fraunhofer-Institut für Produktionstechnik und Automatisierung zwischenzeitlich realisiert.

Ein generalistischer Ansatz, der Vertrauen und Sicherheit in der verteilten und vernetzen Produktion schaffen kann, ist in Abb. 24.15 dargestellt. Er geht davon aus, dass es einer grundlegenden Neuausrichtung der Informationsverarbeitung bei Nutzung der globalen Kommunikation bedarf, um die Risiken einzugrenzen.

Die Realisierung eines derartigen Konzepts überschreitet die finanziellen und technischen Möglichkeiten einzelner Unternehmen und kann daher nur in einer Kooperation von Herstellern und Betreibern von Technik und IT betrieben werden. Die regionale Orientierung wurde bewusst gewählt, um eine hohe Transparenz und Sicherheit zu erreichen.

IT-Sicherheitssysteme dürften nicht ausreichen, um eine Basis der Kommunikation zu schaffen. Dazu bedarf es einer Vertrauenskultur und grundlegender auch gesetzlicher Re-

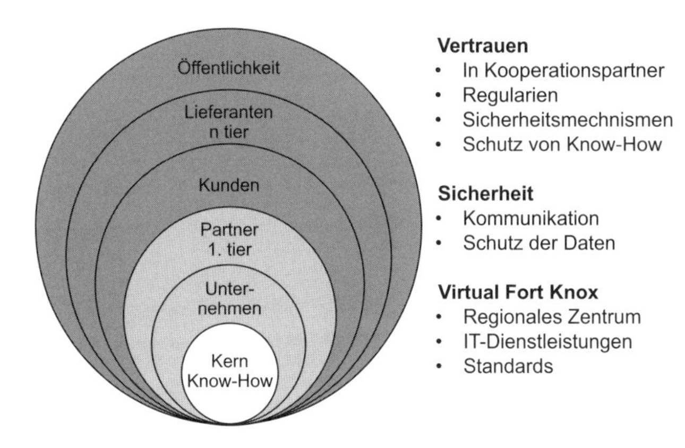

Abb. 24.15 Sicherheit und Vertrauen in der Kommunikation

geln. Ferner müssen die Unternehmen Klarheit schaffen, welche Informationen absolut zu schützen sind und welche über die Unternehmensgrenzen hinweg zu Projektpartnern, Lieferanten und Nutzern kommunizierbar sind. Gerade eine Industrie wie die deutsche Produktions- und Fabrikausrüstungsindustrie ist hoch gefährdet und benötigt eine Infrastruktur für die Nutzbarkeit aller Möglichkeiten, die in diesem Buch aufgezeigt wurden.

Literatur

acatech Promotorengruppe Kommunikation der Forschungsunion Wirtschaft – Wissenschaft (2012) Umsetzungsempfehlungen für das Zukunftsprojekt Industrie 4.0 – Abschlussbericht des Arbeitskreises Industrie 4.0. Büro der Forschungsunion im Stifterverband für die Deutsche Wissenschaft e. V., Berlin

Westkämper E (2012) Engineering Apps – Eine Plattform für das Engineering in der Produktionstechnik. In: wt Werkstattstechnik Online Jahrgang 102 (2012) H. 10, Springer-VDI-Verlag, Düsseldorf

Zusammenfassung 25

Engelbert Westkämper

Die Elektronik und die Informationstechnologie begannen in den 70er Jahren mit ihrer Diffusion in die industrielle Produktion. Die anfänglichen Entwicklungslinien der flexiblen Automation, der graphischen Datenverarbeitung (CAD) und der Massendatenverarbeitung in den PPS-Anwendungen führten zur rechnerintegrierten und automatisierten Fertigung, die seinerzeit unter dem Begriff CIM zu einer visionären Architektur zukünftiger Fabriken summiert wurde. Der in den 90er Jahren entstandene Bruch der Zielvorstellungen hing damit zusammen, dass generalistische Architekturen sich als sehr komplex und wenig flexibel erwiesen. Gleichwohl beschleunigte sich der Diffusionsprozess durch arbeitsplatzorientierte Lösungen und zentralisierte Datenmanagementsysteme. Heute stellen wir fest, dass es nahezu keinen Arbeitsplatz mehr gibt, der nicht durch Rechner unterstützt wird.

Wie keine andere Technologie zuvor bewirkte die Rechnerverwendung eine gründliche und nachhaltige Steigerung der Produktivität und Leistung der Produktion. Sie beschleunigte das Outsourcing und das Management der Supply Chains ebenso wie die dislozierte und kooperative Entwicklung. In den technischen Einrichtungen trug die Elektronik massiv zur Automatisierung und zur Beherrschung der technischen Prozesse bei. Die Informationstechnik für die Produktion schuf neue Geschäftsfelder mit bis heute ständig steigenden Erlösen.

Einen weiteren innovativen Impuls erfuhr die rechnerunterstützte Produktion durch die globale Kommunikation und durch das Internet. Architekturen wurden dadurch offen und ließen eine Erweiterung der Vernetzung auf Kunden und Märkte sowie auf die After-Sales-Dienste zu. Heute steht der Produktion ein vielfältiges Spektrum an Informations- und Kommunikationstechnologien zur Verfügung, welches das Papier als Informations-

E. Westkämper (✉)
Fraunhofer IPA, IFF und GSaME, Fraunhofer-Gesellschaft und
Universität Stuttgart, Nobelstr. 12, 70569 Stuttgart, Deutschland
E-Mail: engelbert.westkaemper@ipa.fraunhofer.de

E. Westkämper et al. (Hrsg.), *Digitale Produktion*,
DOI 10.1007/978-3-642-20259-9_25, © Springer-Verlag Berlin Heidelberg 2013

träger nahezu vollständig ablösen kann und alle Bereiche der Kommunikation einschließt (Video, Audio, Sprache etc.). Die Rechner sind mobil oder zumindest lokal vernetzbar. Interaktion und Animation sind längst Stand der Technik und werden an den Arbeitsplätzen intensiv genutzt. Softwaretechniken unterstützen die effiziente Verarbeitung von Daten zu Informationen und zu Wissen. Information und Wissen sind quasi jederzeit und an allen Orten der Welt verfügbar.

Insgesamt haben die Innovationen in der Informationstechnik die Organisation und die Techniken der Unternehmen nachhaltig verändert und führen zu einer Praxis der digitalen Produktion. Im Zentrum der Digitalisierung stehen zunächst die Produkte mit allen Prozessen, die sie in ihrem Lebenslauf durchlaufen. Die digitale Repräsentation der Produkte erlaubt ihre Skalierung in Raum und Zeit und kann durch Einbeziehung der Nutzung weit über die ursprüngliche grafische Information hinaus getrieben werden. Auf die Produktmodelle und Produktinformationen greifen zahlreiche Unterstützungswerkzeuge bspw. zur Analyse, Berechnung und Optimierung sowie zur Dokumentation zu. Zum Management der Produktdaten wurden Produktdatenmanagementsysteme (PDM) entwickelt, welche allen Prozessen im Produktleben die benötigten Informationen verfügbar machen und kooperatives Arbeiten beschleunigen.

In diesem Buch werden zudem Fabriken als Produkte verstanden. Die Fabriken haben andere und in der Regel längere Lebenszyklen als die in ihnen hergestellten Produkte. Fabriken müssen jedoch permanent verändert und an dynamische Einflüsse angepasst werden. Die Prozesse einer Fabrik beginnen mit der Investitionsplanung und der Prozessplanung und schließen den Fabrikbetrieb sowie die Instandhaltung ein. Es liegt also nahe, Fabriken vollständig mit all ihren Elementen und Relationen in digitaler Form verfügbar zu machen und für Veränderungsprozesse zu nutzen. Deshalb wurde das Konzept eines Fabrikdatenmanagements in Verbindung mit neuartigen Rechnerarchitekturen (Kap. 23: GRID Manufacturing) in Stuttgart vorangetrieben. Derartige Lösungen dürften den Fabrikausrüstern und den Fabrikbetreibern eine wesentliche Hilfestellung bei der Planung und bei der permanenten Adaption geben und damit ihre Wettbewerbsfähigkeit wesentlich verbessern.

In der Produktion gelingt es immer mehr, mit Sensoren die Prozesse zu stabilisieren. Sensoren erlauben die Beobachtung von Zuständen und Veränderungen und können unmittelbar an maschineninterne (Feldbus) und äußere Kommunikationssysteme (LAN) angebunden werden. Verbunden mit einer Technik der „Embedding Electronics" entstehen hieraus mechatronische Systeme, die zu einer technischen Intelligenz der Einrichtungen für die Produktion führen. Damit lassen sich Prozesse auch in Parameterräumen sicher führen, die dem Menschen nicht zugänglich sind (High Performance) und gleichzeitig zur Interaktion mit den Bedienern genutzt werden können.

Es liegt nahe, eine Verknüpfung der prozessnahen Sensoren, Steuerungen und Aktuatoren mit der digitalen Repräsentation zu suchen. Dies ist das Feld cyber-physikalischer Systeme der Zukunft, mit denen die heute noch vorhandene Diskrepanz zwischen digitaler und realer Welt überwunden werden kann. Die Zukunftsperspektiven, die in diesem Buch beschrieben werden behandeln deshalb vor allem den Aspekt der Integration über sogenannte Plattformen. Plattformen enthalten die Standards zum Informationsmanagement ebenso wie der Kommunikationstechnik. Sie gestatten eine Flexibilisierung der Arbeitsplätze durch dynamische Workflows und temporäre Nutzung von Anwendungssoftware.

Auf lange Sicht wird es möglich, sich selbst organisierende und lernfähige Konzepte zu realisieren. Sie unterstützen die ereignisgetriebene Beschaffung und Nutzung von Wissen aus völlig dezentralisierten Informationssystemen. Ferner werden Systeme der Zukunft über Mechanismen der automatischen Erfassung und Vermittlung von Wissen verfügen, welches die Lernprozesse unterstützt. Schließlich kann die umfassende Analyse von Daten der Praxis auch zu realitätsnahen Simulationssystemen führen, welche Nutzern bei der Entscheidungsfindung mit Verhaltensdaten der Zukunft versorgen.

Die digitale Produktion hat erheblichen Einfluss auf alle Geschäftsprozesse. Unternehmen gewinnen an Flexibilität und Effizienz, wenn die Daten und Informationen im Kontext zu realen Anwendungen stehen, aktuell und verlässlich sind sowie flexible Workflows unterstützen.

Moderne Informations-und Kommunikationstechnik kennt auch große Gefahren in Bezug auf den Schutz und auf Störungen. Deshalb sind in der Zukunft Standards gefragt, welche Wissen und Informationen sichern und eine auf Vertrauen basierende Kooperation möglich machen. Mit dem Konzept von Engineering Apps und regionaler Kommunikationszentren nach dem Modell des „Virtual Fort Knox“ hat Stuttgart einen neuen wichtigen Ansatz für die strukturelle Entwicklung der Informationsverarbeitung mit der digitalen Produktion für die Produktion der Zukunft vorgeschlagen.

Sachverzeichnis

E. Westkämper et al. (Hrsg.), *Digitale Produktion*,
DOI 10.1007/978-3-642-20259-9, © Springer-Verlag Berlin Heidelberg 2013

Printing: Ten Brink, Meppel, The Netherlands
Binding: Stürtz, Würzburg, Germany